Diagnosis and Remediation of Soil Heavy Metal Pollution
in Agricultural Producing Area

国家出版基金项目
NATIONAL PUBLICATION FOUNDATION

“十四五”国家重点
出版物出版规划项目

农产品产地环境监测、安全预警与风险管控丛书

农产品产地土壤重金属污染诊断与修复

Diagnosis and Remediation of Soil Heavy Metal Pollution in Agricultural Producing Area

杜兆林　汪鹏　周通　等著

化学工业出版社
·北京·

内容简介　　民以食为天，食以土为本。农产品产地是粮食生产的命根子，是中华民族永续发展的根基，开展农产品产地土壤污染防治对保障粮食安全、维护人民生命健康和推进经济社会可持续发展具有至关重要的作用。本书以农产品产地土壤重金属污染诊断—修复—效果评价为主线，主要介绍了农产品产地土壤重金属污染诊断与修复效果评价的目标、方法和程序，在系统梳理农艺调控、品种选育、土壤钝化和生物修复等单项修复技术的基础上，重点介绍了典型区域的联合修复技术模式及相关案例，旨在全面展示农产品产地土壤重金属污染诊断与修复的技术方法与实践经验。

本书理论与实践相结合，具有较强的科学性、规范性与实用性，可供农田土壤环境保护领域的科研人员及管理人员参考，也可供高等学校环境科学与工程、生态工程、农业工程及相关专业师生参阅。

图书在版编目（CIP）数据

农产品产地土壤重金属污染诊断与修复 / 杜兆林等著. -- 北京 : 化学工业出版社, 2025. 7. --（农产品产地环境监测、安全预警与风险管控丛书）. -- ISBN 978-7-122-48558-8

Ⅰ. X53

中国国家版本馆CIP数据核字第2025N4H189号

责任编辑：卢萌萌　王云霞　刘兴春　刘　婧
文字编辑：王云霞
责任校对：杜杏然
装帧设计：王晓宇

出版发行：化学工业出版社
（北京市东城区青年湖南街13号　邮政编码100011）
印　　装：北京建宏印刷有限公司
787mm×1092mm　1/16　印张20¼　彩插6　字数439千字
2025年10月北京第1版第1次印刷

购书咨询：010-64518888
售后服务：010-64518899
网　　址：http://www.cip.com.cn
凡购买本书，如有缺损质量问题，本社销售中心负责调换。

定　　价：158.00元

"农产品产地环境监测、安全预警与风险管控丛书"

编委会

《农产品产地土壤重金属污染诊断与修复》

著者名单

著　者（按照姓氏笔画排序）：

丁昌峰　王顺扬　王雅君　朱奇宏　刘传平　孙　轩　孙　颖
杜兆林　李　烨　李　翠　吴泽赢　何腾兵　汪　鹏　陈洪安
林大松　周　通　侯　捷　祝　凌　徐应明　唐　仲　黄　辉
黄青青　董　歌　景　峰　程学宇　焦位雄　廖上强　熊　兵

前言

PREFACE

农产品产地是粮食生产的命根子，直接关系粮食安全、人民生命健康及经济社会可持续发展。相关调查结果显示，我国农产品产地环境质量堪忧，土壤重金属污染点多、量大、面广，严重危害农产品质量。党和国家高度重视农产品产地土壤污染防治。随着《中华人民共和国土壤污染防治法》的贯彻实施与《土壤污染防治行动计划》（简称“土十条”）的扎实推进，通过对农产品产地实施分类管理与风险管控，涌现了一批“减量、降活、低吸”等耕地土壤污染治理技术，形成了以“VIP+n”为代表的修复技术模式，轻度和中度污染耕地安全利用与治理修复规模达到5000万亩，土壤污染加重趋势得到初步遏制，土壤环境安全得到基本保障。

为科学规范推进农产品产地土壤污染防治工作，本书著者团队与南京农业大学、中国科学院南京土壤研究所、中国科学院亚热带农业生态研究所、广东省科学院生态环境与土壤研究所、北京农林科学院、南京大学和贵州大学等相关高等学校与科研院所一起，从基本原理、方法要点和实施案例等角度，系统总结并深入剖析了近年来全国范围内已得到大面积应用的农产品产地土壤重金属污染修复技术与模式，撰写完成了本书。

本书共7章。第1章由杜兆林、陈洪安、侯捷、熊兵撰写，概述了我国农产品产地土壤重金属污染总体状况，分析了污染成因，总结了污染源解析方法，介绍了国内外土壤重金属环境质量相关基准与标准的制修订情况。第2章由王雅君、王顺扬、李烨、程学宇撰写，总结了农产品产地土壤重金属污染诊断方法现状，介绍了多种新型诊断方法，系统梳理了农产品产地土壤污染风险评估的规范化流程。第 3 章由汪鹏、唐仲、董歌、黄辉撰写，围绕土壤 - 作物 - 人体健康系统，揭示了镉、砷等典型重金属在水稻中吸收、积累的分子机制，针对性地提出了水稻籽粒镉、砷积累的阻控措施。第 4 章由杜兆林、吴泽嬴、祝凌、陈洪安、熊兵撰写，介绍了国内外农产品产地土壤重金属污染修复相关标准的现状，在此基础上系统梳理了农产品产地土壤重金属污染修复实施细则及修复效果评价流程。第 5 章由周通、汪鹏、王顺扬、焦位雄撰写，从技术原理、适用范围和技术要点等多个层面系统梳理了农艺调控、品种选育、土壤钝化和微生物修复等农产品产地土壤重金属污染单项修复技术。第 6 章由何腾兵、刘传平、朱奇宏、汪鹏、丁昌峰、徐应明、黄青青、廖上强、景峰撰写，在第 5 章单项修复技术的基础上，针对典型地区、不同作物及耕作方式等，因地制宜提出了相应的安全利用技术模式，系统介绍了相关模式原理、适用范围、操作要点和示范推广及效益分析等。第 7 章由林大松、李翠、杜兆林、孙轩、孙颖撰写，详述了 Meta 分析驱动的土壤调理剂修复效果评价，介绍了多种智能修复决策方法，为解决复杂污染场景下的耕地安全利用问题提供了科学工具链。全书最后由杜兆林统稿并定稿。

本书的出版获得了国家自然科学基金（42107081）的支持，在此表示感谢。

限于著者水平及撰写时间，书中不足和疏漏之处在所难免，敬请读者斧正。

著　者

2025 年 1 月

目录

CONTENTS

第 1 章

农产品产地土壤重金属污染特征与成因分析

- 我国农产品产地土壤重金属污染特征
- 重金属污染来源分析
- 国内外土壤重金属环境质量基准与标准的制修订

1.1 我国农产品产地土壤重金属污染特征

1.1.1 污染分布与危害

土壤是地球表面一层疏松的、可耕作的物质，是生态环境重要的组成部分，也是人类赖以生存的自然资源。土壤健康直接关乎国家粮食安全问题，人类补充消耗的能量所摄取的食物大部分来自农业生产，而具有生产力的土壤是必不可少的物质基础[1]。据统计，我国农业耕地面积为19.179亿亩（1亩=666.67m^2），耕地总面积排世界第三，但由于我国人口基数大，人均耕地面积仅为1.4亩，远低于世界人均水平，多地更是处于联合国确定的警戒线之下[2]，现有产地的土壤健康与可耕作性便显得格外重要。

长期以来，我国经济发展方式粗放，在国内生产总值（GDP）高速增长的同时造成越来越多的环境问题[3]，尤其是农田土壤重金属污染日益突出。人类活动以及土壤环境背景值高是造成农田土壤重金属污染或超标的主要原因[4]。重金属在土壤中不易被降解而长期保留，不仅直接影响土壤微生物及依托土壤的植物的生长，更是会被人类摄入和吸收，从而造成人体各类慢性疾病问题甚至致癌[5, 6]。土壤重金属污染目前已然成为一个全球性的问题，我国近年来也十分重视[7]。20世纪60年代，我国开启全国污水灌区农业环境质量普查、农业土壤污染元素环境背景值调查等工作；90年代，中国科学院南京土壤研究所陈怀满研究员统计分析认为，我国受Cd、Pb、Cr等重金属污染的耕地面积达2000万公顷；中国社会科学院环境与发展研究中心报告指出，2001年农业部对全国24个省（市）320个重点污染区耕地的监测结果表明，重金属是土壤与农产品中的主要污染物，占污染物超标农产品总面积和总产量的80%以上。环境保护部和国土资源部于2014年联合发布的《全国土壤污染状况调查公报》调查结果显示，全国土壤环境状况总体不容乐观，全国土壤总的点位超标率为16.1%，耕地土壤点位超标率达到19.4%，以无机型为主，有机型次之，复合型污染比重较小，无机污染物超标点位数占全部超标点位数的82.8%。其中，铬、铅、镉、汞、砷、铜、锌、镍的超标率分别为1.1%、1.5%、7.0%、1.6%、2.7%、2.1%、0.9%、4.8%，镉、汞、砷、铅、铬污染尤为突出；六六六、滴滴涕、多环芳烃3类有机污染物点位超标率分别为0.5%、1.9%、1.4%，耕地土壤环境质量堪忧[4, 8]。从环境保护部和国土资源部联合发布的该份报告来看，我国耕地土壤重金属污染情况已经相当严峻，我国土壤重金属污染状况具有显著的区域性分布特征，南方土壤重金属污染重于北方；长江三角洲、珠江三角洲、东北老工业基地等部分区域土壤污染问题较为突出，西南、中南地区土壤重金属超标范围较大，镉、汞、砷、铅 4 种污染物含量分布呈现从西北到东南、从东北到西南方向逐渐升高的趋势[4]，这主要与矿业、化工业的分布有关，这些产业在生产过程中难免向周边释放大量的重金属污染物。农用地详查结果表明，我国农用地土壤环境状况总体稳定，部分区域土壤污染风险突出，超筛选值农用地安全利用和严格管控的任务依然较重。

当前土壤重金属污染呈现以下几个特点。

① 隐蔽性。土壤污染不像大气和水体污染那样可以被人们直观地感知到，其往往要通过对土壤样品进行分析化验和农作物的残留检测，甚至通过研究对人畜健康状况的影响才能确定。例如，日本的“痛痛病”事件，人们在其出现几十年后才了解到其发生原因[9]。

② 累积性。不同于其他污染物，重金属在土壤环境中流动性小、移动慢，难以降解、扩散和稀释，长时间下来重金属含量只增不减，容易超标，其可通过食物链在生物体内进行富集，严重危害生物健康。重金属还可引起人类各种疾病（如心血管疾病、癌症、认知障碍、慢性贫血），并可损害肾脏、神经系统、脑、皮肤和骨骼[10]。

③ 不可逆性。土壤中的微生物无法分解利用重金属[11]，加上重金属在一定程度上会破坏土壤微生态环境的平衡，从而使土壤重金属的降解难度增大。

1.1.2　农产品质量安全风险关联性分析

受农产品产地土壤重金属污染的影响，近年来食品健康安全事件时有发生，如“镉米”“镉小麦”等农产品重金属污染事件造成了恶劣的社会影响，重金属污染问题成为大多数人关心的重要社会焦点。据估算，我国大约有 13.86% 的谷物由于土壤重金属污染而受影响，每年多达 1200 万吨的粮食受重金属污染，经济损失达 200 亿元[12-15]。国家高度重视耕地土壤污染问题和农产品安全生产问题，2016 年国务院发布了《土壤污染防治行动计划》（简称“土十条”），从土地污染监测与管控、污染修复方法的遴选、相关法律法规的颁布等多方面入手，全面推进受重金属污染土壤的治理修复工作，解决我国农产品产地质量安全问题，提高我国粮食生产的质量[16]。

以目前调查中超标比例最高的镉为例，地壳中镉的丰度在所有元素中排第 64 位，存在于几乎所有岩石和土壤中。土壤中镉的浓度通常在 0.01 ～ 1mg/kg 范围内，与成土母质类型有关[17]。我国土壤镉背景值（20 世纪 90 年代）在 0.097mg/kg 左右[18]，而耕地土壤镉含量范围在 0.058 ～ 0.505mg/kg（10% ～ 90%，$n=38393$），几何平均值为 0.225mg/kg，中位值为 0.140mg/kg[19]。土壤镉含量存在很大的区域差异，其中广西壮族自治区和贵州省的土壤镉含量最高，广东省次之，江苏省、安徽省和黑龙江省等省份土壤镉含量相对较低［图 1-1（a），书后另见彩图］。图 1-1 中，图（a）蓝色虚线为我国土壤镉浓度背景值（0.097mg/kg），图（b）红色虚线为稻米镉食品安全限量标准值。总体而言，我国土壤镉含量要低于欧美国家土壤，我国有 7% 的耕地点位土壤镉含量超过 0.3mg/kg[20]，欧洲大陆农业用地和草地土壤镉含量分布概率 75%

的值分别为 0.27mg/kg 和 0.32mg/kg[21]，意味着欧洲大陆近 30% 的土壤镉含量超过 0.3mg/kg，英国有 45% 的耕地土壤镉含量超过 0.3mg/kg，美国耕地土壤镉含量分布概率 75% 的值为 0.34mg/kg [22]。这些比较表明，就土壤镉总量而言我国土壤镉含量总体来说不算太高 [23]。

农产品中镉积累虽然与土壤镉总量相关，但也取决于土壤镉的活性。例如，英国土壤总镉含量较高，但农产品镉含量很少超标，仅有 0.2% 的小麦籽粒镉含量超过 0.2mg/kg（国际食品法典委员会小麦镉限量标准）[24, 25]。相比而言，我国稻米镉含量超标率较高，市售大米调研表明，部分地区市售大米镉含量超标率为 2% ～ 10%[26-28]，在南方部分污染地区，稻米镉含量超标率达 60% ～ 70%[29-32]。我国产地市售大米镉含量存在明显的地域差异，南方产的大米镉含量普遍比北方高，其中湖南省产的大米镉含量总体较高，超标也较为严重［图 1-1（b），书后另见彩图］，研究发现这可能与湖南土壤镉的活性较高有关 [28]。

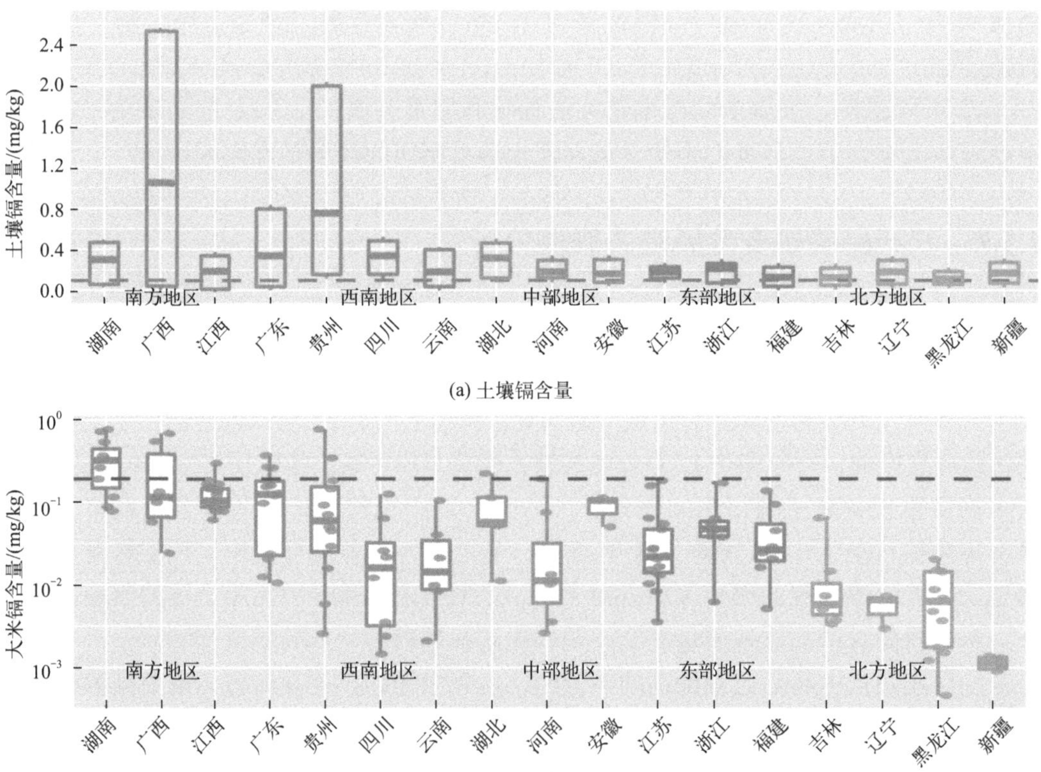

(a) 土壤镉含量

(b) 大米镉含量

图 1-1　我国部分地区土壤和稻米镉含量

（土壤镉数据来源于文献 [19]，n= 38393；部分地区市售大米镉含量数据来源于文献 [28]，n = 160）

1.1.3　土壤重金属的地球化学行为

目前我国南方部分污染地区稻米中镉、砷含量超标情况严重，成为威胁我国农产品安全最为突出的两种污染元素。稻田有着特殊的水分管理规律，例如在水稻营养生长阶段，稻田通常处于淹水状态，可以促进水稻幼苗发育；在分蘖后期和水稻灌浆后期，稻田会排水烤田，前者可以控制植株无效分蘖，后者有利于根系发育，使茎秆粗壮，促进籽粒饱满。稻田水分变化会伴随着土壤氧化还原电位（Eh 值）、土壤 pH 值、土壤微生物过程的变化，对土壤镉和砷的生物地球化学过程有着很大的影响[33, 34]。土壤淹水和排水氧化过程能显著改变镉的化学形态与溶解度（土壤溶液镉 / 土壤总镉）（图 1-2，书后另见彩图）。当土壤处于淹水阶段时，土壤溶液中溶解氧和质子被微生物或厌氧化学过程快速消耗，导致土壤 Eh 值迅速下降、pH 值逐渐升高至中性。随后，硝酸根（NO_3^-）、铁 [Fe（Ⅲ）]/ 锰 [Mn（Ⅲ / Ⅳ）]（氢）氧化物等作为电子受体相继被还原为 NO_2^-、Fe（Ⅱ）/Mn（Ⅱ）等。铁锰氧化物的还原溶解导致矿物吸附的镉离子解吸释放。同时，硫酸根（SO_4^{2-}）会在硫酸盐还原菌的作用下还原产生 HS^-/S^{2-}，后者能介导形成难溶的镉硫化物，这一过程会显著降低镉的有效性。通过构建土壤微宇宙培养实验装置，对 12 份镉污染稻田土壤进行淹水和排水处理，Wang 等发现土壤淹水 5d 可导致可溶性镉的含量迅速降低至低于检测限的水平；一旦土壤排水，淹水阶段形成的镉硫化物氧化溶解，释放可溶性镉，继而提高镉溶解度[35-38]。在碱性石灰性土壤上，多数淹水时段中碳酸镉是主要存在形态，长时间淹水后检测到少量硫化镉[39]。不同土壤中硫酸盐还原菌的还原能力、硫酸根与亲硫金属的相对含量等的差异也会对硫化物的组成产生很大影响。Fluda 等研究发现，当土壤还原性硫酸盐含量不足时，

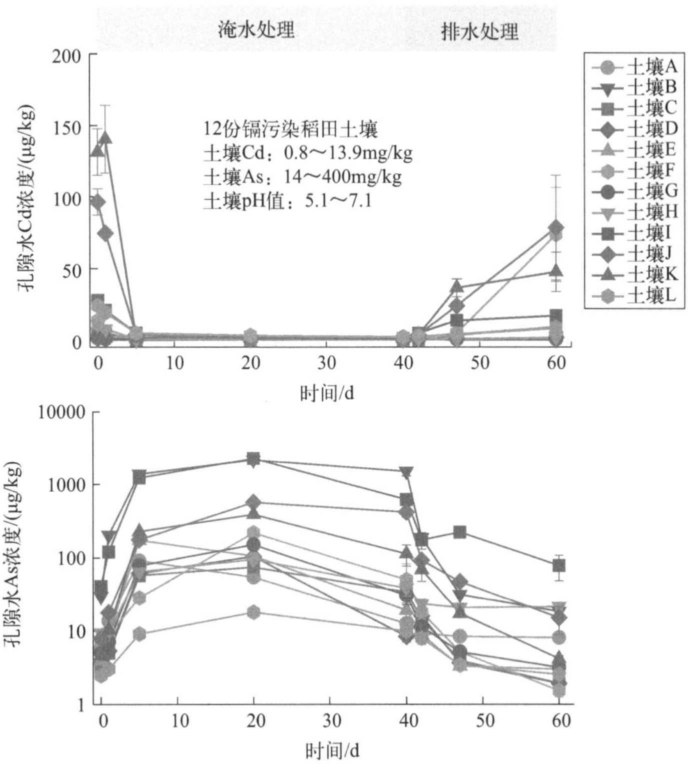

图 1-2　12 份污染农田土壤淹水和排水氧化阶段土壤孔隙水镉和砷浓度变化[42]

12 份污染土壤采自我国南方污染农田，模拟稻田水分变化，即土壤淹水培养 40d 后缓慢氧化 20d

土壤中过量的 Cu^{2+} 会与 Cd^{2+} 竞争结合 HS^- 或 S^{2-}，导致在这类土壤中即使在淹水阶段土壤镉的有效性也相对较高[38, 40]。在土壤氧化阶段，淹水阶段生成的硫化物会发生氧化溶解，释放 Cd^{2+}[38, 41]。其他金属硫化物的存在会对硫化镉的释放产生抑制或促进作用。对于酸性土壤，在氧化阶段，土壤 pH 值会从中性逐渐下降，土壤固相吸附 Cd^{2+} 的位点减少，土壤溶液中镉的溶解度大大增加[17, 42]。硫化镉的氧化溶解和土壤 pH 值下降是导致酸性土壤在排水氧化阶段土壤孔隙水中镉含量高的两个重要因素，而镉硫化物氧化溶解是碱性土壤氧化阶段土壤孔隙水中镉增加的主要原因之一。

土壤淹水和氧化过程对土壤砷的有效性的影响截然相反（图 1-2）。土壤淹水会导致铁锰氧化物发生还原溶解，固相上结合的砷酸根会释放进入土壤溶液，同时微生物会把 As(Ⅴ) 还原成 As(Ⅲ)[43-47]。相比于 As(Ⅴ)，As(Ⅲ) 不易被土壤固相吸附，因此淹水会导致土壤溶液中砷的含量大幅增加。在部分稻田土壤中，长期淹水会出现溶解态砷含量下降的现象，主要原因是土壤还原产生大量的 Fe(Ⅱ)，能生成 FeS 或其他次生矿物，通过吸附或共沉淀作用导致溶解态砷含量的下降[48, 49]。当土壤处于氧化阶段时，溶解态砷含量下降，主要是 Fe(Ⅱ)/Mn(Ⅱ) 氧化导致固相上固定的砷增加。

土壤水分管理通过影响土壤溶液中镉和砷的含量来明显改变稻米中镉和砷的积累，但积累特征截然不同。温室的盆栽和大田试验表明，旱作能明显减少水稻籽粒砷的积累，但同时会增加稻米镉的浓度；持续淹水或灌浆期延迟排水会有效地减少稻米镉的积累，但会增加稻米砷的积累[50, 51]。大田试验研究表明，间歇性灌溉，例如淹水 3d 和排水 5d，能同时显著减少稻米镉和砷的积累，进一步量化发现，在灌浆期通过水分管理维持土壤 Eh 值在 −73mV 和 pH 值在 6.2 左右能最大限度上同时减少稻米镉和砷的积累[51]。

1.2 重金属污染来源分析

1.2.1 污染来源分析

农产品产地土壤重金属的来源极为广泛，主要分为自然来源和人为来源，了解重金属污染的来源有利于相同污染类型农田的划分和统一管理，并且有利于从源头进行控制，对保障农产品质量安全具有重要意义。

1.2.1.1 自然来源

自然来源主要包括成土母质、大气沉降、火山爆发、森林火灾、海浪飞溅、植被排出以及风力扬尘等[52]，其中成土母质的影响较为显著，如何腾兵等研究表明，钙质紫色砂页岩、石灰岩、河流冲积物等发育的土壤镉含量高，而砂岩发育的土壤镉含量最低[53]。

1.2.1.2　人为来源

近几十年来，重金属的人为来源已经变得越来越复杂。人为来源包括工业活动（采矿、冶炼及电镀等）、农业活动（污水灌溉、农业投入品不合理施用等）、交通运输和固体废物堆积，是造成农产品产地土壤重金属污染的主要原因[54]。其中，污染最为严重的是有色金属矿业采选和冶炼排放的含有大量重金属的废水、废气及废渣[10]，这些物质通过水、气两种介质大量进入矿区附近农田，造成严重污染。如王银泉等研究表明，铅、锌冶炼厂周围农田土壤中的镉元素可能来源于炉渣、粉尘以及农田参照表土定义的三角形空间内[55]；马涛等研究发现污水灌溉和土壤肥料是造成农田土壤镉污染的主要原因，并且认为有机肥的贡献大于化肥[56]。

（1）工业活动

随着我国工业的发展，矿产开采和冶炼活动等工业活动越来越多，以重金属和含有重金属的材料为原料的企业生产时会产生废水、废渣等，这些废水、废渣如果未经处理或处理未达标，一经排放，不仅影响周围环境，且会向周边扩散，从而造成更大范围的土壤污染[57]。此外，工业生产产生的废气、燃料燃烧尾气以及建筑粉尘等中含有大量的重金属，大多数重金属在大气中呈气溶胶的形态，经大气沉降和自然降雨进入农田土壤，造成重金属污染[58]。特别是发达地区土壤重金属污染比较严重，如北京周边农田土壤中 Cd、Pb、Hg 等重金属元素，经大气沉降输入占总输入量的 50% 以上[59]。

（2）污水灌溉

污水灌溉是指使用经过一定处理的城市污水或工业废水灌溉农田、森林和草地。在我国水资源严重匮乏的地区，为了满足农业生产所需用水，利用污水灌溉的农田面积约为 $3.6\times10^6hm^2$，约占我国农田总灌溉面积的 7%[60]。北方许多地区长期将城市污水和工业废水作为农业主要灌溉水源，导致重金属污染。农业农村部对全国污灌区的调查显示，在 $1.4\times10^6hm^2$ 的污水灌溉区中，有 64.8% 遭受重金属污染，其中以轻度为主，占 46.7%，中度污染占 9.7%，重度污染占 8.4%[61, 62]。因此长期使用污灌水必定会导致重金属在土壤中的积累。Pedrero 等对长时间进行污水灌溉的农田及作物进行研究，发现土壤和玉米中重金属如镉、铜、锌、锰等元素的含量远高于人体摄入量的标准[63]。吴学丽等研究发现沈阳市浑河、蒲河等河流周边农田土壤中重金属如镉、汞、锌等含量明显高于辽宁省农田土壤背景值[64]。

（3）农业投入品不合理施用

农业生产中，正确合理地使用农药、化肥等农用物资有利于作物的生长，例如化肥可以补充作物生长需要的营养元素，农药在预防病虫害方面具有显著作用。若农业投入品（如农药、化肥、地膜、畜禽粪便和污泥堆肥产品等）施用不合理，容易造成重金属在农田土壤中积累，引起重金属污染。倪润祥[15]对不同类型的肥料进行抽查发现，磷肥中重金属含量相对较高。由于磷肥主要由磷矿石生产，会天然伴生重金属 Cd，因此磷肥的长期施用必定会造成 Cd 的积累[62]。在农膜生产应用的热稳定剂中含有 Cd、Pb，这些重金属会随着农膜的使用而进入农田土壤中。集约化养殖场产生的鸡粪和猪粪中往往含有一定量重金属，这是由于畜禽饲料中加入了含有重金属的化学物质，这些物质并不能完全被畜禽吸收，因此造成残留。

（4）交通运输

交通运输产生的重金属会以气溶胶的形态进入大气，并通过自然沉降和雨淋沉降等途径进入道路附近的农田[65, 66]。董眉良等认为受汽车尾气和轮胎磨损的影响，公路沿线农田土壤中锌、镉、钴等重金属含量较高；此外，因受地形地貌和风向的影响，这种污染情况会越来越严重，整体污染情况呈现出一定的规律性[67]。

（5）固体废物堆积

固体废物是指工业生产过程中产生的废渣等以及人类生活中产生的废旧电器等废物，这些固体废物含有大量的重金属，被堆放在垃圾场等地。重金属种类不同，其污染途径有所不同。一般来说，含有重金属的固体废物长期与地面接触，在日晒、降雨等自然因素的影响下，重金属元素由堆积点不断地向周围的土壤、水体扩散[68]。同时，风力也是影响固体废物迁移的重要因素，导致更大范围的土壤重金属污染[69]。除此之外，有些农用化肥是由固体废物加工制作成的，农田中化肥的施用使土壤中的重金属含量增加，加大了土壤污染的程度[58]。

1.2.2 土壤重金属污染源解析研究

了解土壤重金属的污染来源，从而制定和采取相应的源头消减与阻控措施，是保护农田土壤质量和农产品安全的根本措施。但是土壤中的重金属来源复杂，重金属在土壤中的迁移和累积过程受到多种因素的影响，无论是来源组成还是土壤特性都有很强的空间变异性。因此，面对多污染来源的污染土壤，如何准确地辨析出特定研究区域内主要的重金属污染来源是有效治理土壤重金属污染的关键[70]。目前，土壤重金属污染源解析的研究既包括土壤中重金属主要来源的定性判断，即源识别，也包括各类污染源贡献的定量计算，即源解析，通常将二者统称为源解析[71]。对土壤重金属来源解析最理想的结果是定量给出每一种来源对土壤中累积的重金属含量的贡献，并指出其进入土壤的途径。

污染源解析技术是针对污染物的来源进行定性（源识别）或定量（源解析）判断的方法。源排放清单法需要对污染源的排放量、排放因子等进行统计来建立污染源清单数据库；受体模型法则避开各污染源组成信息，也不需要明确排放因子的传输过程，可直接测定受体环境，因此受体模型法是当前污染源解析研究中最主要也最常用的技术手段[71, 72]。近年来，还逐渐涌现出新的先进统计学算法用于定量区分土壤中重金属的自然来源与人为来源贡献，如条件推断树、有限混合分布模型、随机森林等[73]。在土壤重金属污染源识别层面，常用的源解析方法有受体模型中的因子分析法（factor analysis，FA）、主成分分析法（principal component analysis，PCA）、聚类分析法（cluster analysis，CA）、富集因子法（enrichment factor，EF）、空间分析法（spatial analysis，SA）等；在源解析层面，常用的源解析方法有源排放清单法（emission inventory method）、受体模型中的化学质量平衡法（chemical mass balance，CMB）、混合方法（hybrid approach）、正定矩阵因子分解法（positive matrix factorization，PMF）、UNMIX 模型、同位素比值法以及先进统计学算法中的条件推断树（conditional inference tree）、有限混合分布模型（finite mixture distribution model，FMDM）、随机森林（random forest）等。不同的土壤重金属污染源解析方法比较如表 1-1 所列。

1.2.2.1 基于污染源重金属投入通量的解析方法——源排放清单法

源排放清单法通过调查和统计各污染源的状况，根据不同污染源的活动水平和排放因子模型建立污染源清单数据库，从而对不同污染源的排放量进行评估，确定主要污染源。因此，在土壤重金属污染源解析中该方法需要提前获得不同潜在污染源（如大气沉降、畜禽粪便、化肥、有机肥、灌溉水等）投入土壤中的重金属含量信息，以此计算各污染源的贡献率。

1.2.2.2 基于污染源和土壤重金属元素组成的解析方法——化学质量平衡模型

化学质量平衡模型是目前国内外应用最广泛的受体模型，也是美国环境保护署推荐使用的模型[72]。该模型的假设前提是：各污染源排放物的化学组成必须相对稳定，且存在明显的差异性；各污染源排放物之间不发生反应，且在输送过程中不发生变化；污染源的元素组成与土壤中的元素组成呈线性拟合关系。利用化学质量平衡模型进行的土壤重金属污染源解析研究主要采用元素比值法和同位素比值法。

（1）元素比值法

元素比值法根据不同来源中两种以上重金属元素之间或者重金属元素与其他元素之间含量比例的差异进行土壤中重金属的来源解析，即如果某污染源和受体中某些元素的浓度比值相近，则认为该污染源对受体的贡献率较大。

（2）同位素比值法

同位素比值法基于同位素的质量守恒原理，利用不同污染源中某重金属元素不同同位素含量比值具有差异性的特点，通过测定受体样品中相应同位素的组成来对污染物的来源及贡献程度进行定量区分。

1.2.2.3 基于土壤重金属等元素组成的解析方法——多元统计模型

（1）传统多元统计方法

传统的多元统计方法是目前土壤重金属污染源解析研究中的常用方法。这类方法

表1-1 不同的土壤重金属污染源解析方法比较

方法		定性 / 定量	数据类型	数据量	优点	局限性
源排放清单法		定量	污染源重金属通量	大	能找出重点污染源及其进入土壤的途径	（1）排放清单具有不完整性，排放因子复杂，分析结果存在不确定性； （2）难以定量计算土壤母质和各种输入对土壤重金属累积量的贡献
受体 CMB 模型	元素比值法	定量	污染源和土壤重金属元素组成	大	简单易懂、检测费用低	必须明确污染源中某两种及以上元素的浓度比值
	同位素比值法	定量		小	能较准确区分不同污染源的贡献值	（1）只能针对特定的污染物（如 Pb、Cd、Hg 等）进行溯源； （2）解析的污染源数量有限（二元或三元模型）； （3）样品预处理花费大
多元统计模型	相关性分析法	定性	土壤重金属元素组成	大	（1）可以利用常用统计软件进行计算； （2）能够比较客观地判定出污染源	（1）鉴别因子数量有限（5 ～ 8 个）； （2）不针对具体数据，而是对偏差进行处理，易使结果产生偏差
	CA					
	FA					
	PCA					
	混合方法	定量		大	（1）实现条件简单； （2）对于参数的分析更加精准，比单一法更有效	源解析结果可能会受数据范围的影响，从而带来结论的不确定性
	PMF	定量		大	（1）克服了其他模型可能给出负值源贡献的缺陷； （2）可以通过数据标准偏差来进行数据优化； （3）可处理遗漏以及不精确数据来保证数据的可靠性	没有提供确定合理因子个数的方法，故需要反复运行程序获取目标函数 Q 的最小值和尽量小的残差矩阵 e 值，以此保证模拟结果与观测结果具有较好的相关性
	UNMIX 模型	定量		大	（1）克服了其他模型可能给出负值源贡献的缺陷； （2）直接以受体含量计算，不需要经过数据转换，且模型自带的数据系统可以自动去除不合理数据	（1）需要大量的数据样本； （2）模型计算时要尽量选取缺失值少的组分（缺失值小于 2/3 的样本）以保证数据的质量，否则对模型结果有一定的影响

续表

方法		定性 / 定量	数据类型	数据量	优点	局限性
先进统计学算法	条件推断树	定量	土壤重金属元素组成及其他变量	大	（1）可用多个简单模型模拟观测到的复杂数据关系； （2）定量评估土壤中自然来源和人为来源的贡献； （3）可以合理解释土壤中重金属含量与其他变量（如土壤性质、土地利用类型、当地社会经济条件等）之间的关系	（1）受源数据质量的影响； （2）无法判断源解析结果对数据空间变异性的解释程度
有限混合分布模型		定量		大	（1）能有效避免变量选择的倾向性； （2）极大降低过拟合的可能性； （3）定量评估土壤中自然来源和人为来源的贡献	在大尺度范围内，当土壤母质造成的重金属含量变异性较大时，不能准确解释土壤中重金属含量差异的原因
随机森林		定量		大	（1）高精度； （2）不必担心过拟合； （3）预测变量数目极大超过观测值数据也同样有效； （4）可以有效处理缺失数据； （5）能够估计哪个特征在分类中更重要； （6）可以配平分类总体不平衡数据集的误差	（1）不适合进行方差分析或者假设检验，也不计算 P 值或回归系数或置信区间； （2）不能检测单个分类树； （3）受源数据质量的影响； （4）模型的形式不明确
空间分析法		定性	土壤重金属元素含量及其空间关系	大	污染源的解析结果空间化，能反映出污染源在空间上的变化规律	难以对污染贡献定量评估，需大面积取样，工作量相对较大

通过识别具有相似分布特征的重金属来定性判定某些重金属的来源，即假设来自同一污染源的重金属之间具有相关性。传统多元统计方法包括相关性分析法、聚类分析法（CA）、因子分析法（FA）、主成分分析法（PCA）。

（2）混合方法

如前所述，PCA 和 FA 等传统多元统计方法只能定性推测潜在的污染来源，若将 PCA、FA 归纳得出的主成分因子对土壤中重金属的含量进行多元线性回归（MLR），即 PCA/MLR 和 FA/MLR，便可估算主要污染源对土壤中重金属含量的贡献率[71]。而 APCS/MLR 则是在 PCA/MLR 的基础上，根据主成分得分求得绝对主成分得分（APCS），继而进行多元线性回归[26,27]。PCA/MLR、FA/MLR 以及 APCS/MLR 作为应用最广的混合方法，最早用于追溯大气颗粒物中金属元素的污染来源，近年来也被成功用于土壤中重金属元素的源解析[70]。

（3）正定矩阵因子分解法

正定矩阵因子分解法（PMF）是由芬兰科学家 Paatero 和 Tapper 在 FA 的基础上发展起来的，也是美国环境保护署推荐的源解析方法之一。该方法不依赖于污染源的化学成分谱分析，而是将多个（土壤）样品、多种重金属元素的数据集当作一个矩阵，然后将矩阵分解为源贡献率矩阵和源成分谱矩阵，通过非负约束因子分析，利用最小二乘法迭代计算，使目标函数最小化，以解决所测量的重金属浓度和污染源之间的化学质量平衡问题[70]。

（4）UNMIX 模型

UNMIX 是美国环境保护署开发的源解析模型，是一种基于 PCA 的多元受体模型，它通过自主建模曲线分辨技术的转换方式来确保源解析结果的可靠性[74]。

1.2.2.4 基于土壤重金属元素组成和其他变量的解析方法——先进统计学算法

近年来，随着其他学科和技术的发展，新的方法被不断应用于土壤重金属源解析的研究，如基于概率和统计分析的随机模型、基于非监督分类技术的有限混合分布模型、基于机器学习和数据挖掘数学方法的条件推断树等。

1.2.2.5 基于土壤重金属元素组成和空间关系的解析方法——空间分析法

空间分析法基于地理信息系统（GIS），利用地统计结果和采样点之间的空间关系，基于有限样本对土壤重金属含量的空间分布进行数字制图，从而预测未采样点的数据。该方法不仅可以使预测的误差方差达到最小值，同时也减少了调研采样的工作量[75]。该方法涉及的插值法有反距离加权（IDW）插值法、克里金（Kriging）插值法、自然邻点（natural neighbor）插值法等，在空间分析过程中需要根据实际情况合理选择和运用插值法，其中以克里格插值法最为常见。

1.3 国内外土壤重金属环境质量基准与标准的制修订

土壤重金属环境质量基准是指土壤重金属污染物对特定的人或生物体不产生不良或有害影响的最大剂量或浓度[76, 77]，主要服务于土壤环境质量标准制修订、土壤环境质量评价和控制等。而土壤重金属环境质量标准是一个国家环境法律体系中重要的组成部分，目的是防治土壤重金属污染，由国家立法机构根据土壤重金属环境质量基准的研究成果规定重金属污染物的含量和种类，具有法律效应。土壤重金属环境质量标准一般包括环境质量标准、污染物排放标准和方法标准，还分为地方和国家两级[78]。

1.3.1 我国土壤重金属环境质量基准与标准的制修订

我国土壤重金属环境质量基准与标准的研究起步于20世纪80～90年代。我国在大量盆栽试验、大田试验以及实地重金属含量类别调查的基础上，综合考虑重金属在土壤中的环境行为和富集规律，编制了我国第一部《土壤环境质量标准》(GB 15618—1995)。该标准明确规定了我国土壤环境重金属类别的最大临界浓度值，为土壤环境质量评价提供了全国统一的参考值，在我国土壤环境质量标准体系的建设和完善道路上具有里程碑式的意义。但随着经济的快速发展，原有的标准已经不能满足当前的环境管理需求，凸显出一定缺点，如未考虑多样的土地利用方式（如商业用地、工业用地以及居住用地等）和土壤污染危害程度、设定的污染物种类较少以及在特定农产品产地的适用性不足（如重金属地质高背景区域）等[78, 79]。基于此，对GB 15618—1995标准进行了修订，并于2018年正式发布实施了修订版本——《土壤环境质量 农用地土壤污染风险管控标准（试行）》(GB 15618—2018)，作为我国现行的土壤环境质量评价和管理的新标准（标准值详见表1-2和表1-3）。可见，土壤环境质量标准的制修订需要一个较为漫长的发展完善过程，并不能一蹴而就，而基准的科学研究是标准制修订的重要基础，因此，基准的研究要与时俱进，始终走在标准的前列，这样才能对标准的修订及完善起到支撑作用。

表1-2 农用地土壤污染风险筛选值（基本项目）

单位：mg/kg

序号	污染物项目①②		风险筛选值			
			pH ≤ 5.5	5.5 < pH ≤ 6.5	6.5 < pH ≤ 7.5	pH > 7.5
1	镉	水田	0.3	0.4	0.6	0.8
		其他	0.3	0.3	0.3	0.6

续表

<table>
<tr><th rowspan="2">序号</th><th rowspan="2" colspan="2">污染物项目①②</th><th colspan="4">风险筛选值</th></tr>
<tr><th>pH ≤ 5.5</th><th>5.5 < pH ≤ 6.5</th><th>6.5 < pH ≤ 7.5</th><th>pH > 7.5</th></tr>
<tr><td rowspan="2">2</td><td rowspan="2">汞</td><td>水田</td><td>0.5</td><td>0.5</td><td>0.6</td><td>1.0</td></tr>
<tr><td>其他</td><td>1.3</td><td>1.8</td><td>2.4</td><td>3.4</td></tr>
<tr><td rowspan="2">3</td><td rowspan="2">砷</td><td>水田</td><td>30</td><td>30</td><td>25</td><td>20</td></tr>
<tr><td>其他</td><td>40</td><td>40</td><td>30</td><td>25</td></tr>
<tr><td rowspan="2">4</td><td rowspan="2">铅</td><td>水田</td><td>80</td><td>100</td><td>140</td><td>240</td></tr>
<tr><td>其他</td><td>70</td><td>90</td><td>120</td><td>170</td></tr>
<tr><td rowspan="2">5</td><td rowspan="2">铬</td><td>水田</td><td>250</td><td>250</td><td>300</td><td>350</td></tr>
<tr><td>其他</td><td>150</td><td>150</td><td>200</td><td>250</td></tr>
<tr><td rowspan="2">6</td><td rowspan="2">铜</td><td>果园</td><td>150</td><td>150</td><td>200</td><td>200</td></tr>
<tr><td>其他</td><td>50</td><td>50</td><td>100</td><td>100</td></tr>
<tr><td>7</td><td colspan="2">镍</td><td>60</td><td>70</td><td>100</td><td>190</td></tr>
<tr><td>8</td><td colspan="2">锌</td><td>200</td><td>200</td><td>250</td><td>300</td></tr>
</table>

①重金属和类金属砷均按元素总量计。

②对于水旱轮作地，采用其中较严格的风险筛选值。

表1-3　农用地土壤污染风险管制值

单位：mg/kg

<table>
<tr><th rowspan="2">序号</th><th rowspan="2">污染物项目</th><th colspan="4">风险筛选值</th></tr>
<tr><th>pH ≤ 5.5</th><th>5.5 < pH ≤ 6.5</th><th>6.5 < pH ≤ 7.5</th><th>pH > 7.5</th></tr>
<tr><td>1</td><td>镉</td><td>1.5</td><td>2.0</td><td>3.0</td><td>4.0</td></tr>
<tr><td>2</td><td>汞</td><td>2.0</td><td>2.5</td><td>4.0</td><td>6.0</td></tr>
<tr><td>3</td><td>砷</td><td>200</td><td>150</td><td>120</td><td>100</td></tr>
<tr><td>4</td><td>铅</td><td>400</td><td>500</td><td>700</td><td>1000</td></tr>
<tr><td>5</td><td>铬</td><td>800</td><td>850</td><td>1000</td><td>1300</td></tr>
</table>

1.3.2 国外土壤重金属环境质量基准与标准的制修订

相对我国而言，日本及欧美等发达国家和地区土壤环境基准及标准的研究较为成熟，已经建立了相对完善的土壤环境质量基准及标准体系。日本的土壤污染问题始于镉（Cd）、铜（Cu）和砷（As）等重金属对稻田的污染，主要来自采矿和冶炼活动。

根据 1970 年为此目的颁布的《农用地土壤污染防治法》，1992 年发布了《土壤环境质量标准》，并在 1995 年和 2002 年进行了修订，2002 年制定并于 2003 年生效实施了《土壤污染对策法》，对土壤重金属污染治理做出了详细的规定。至此，日本已经形成了一套较为完善的土壤重金属污染标准体系[80]。而美国环境保护署于 1996 年颁布了包括通用土壤筛选值、基于生态的土壤筛选值、保护人体健康的土壤筛选值及土壤放射性核素筛选值等土壤筛选导则[81]。英国环境署制定了土壤重金属质量指导值[82]。加拿大环境部长理事会于 1996 年分别制定了基于生态和人体健康的土壤重金属质量指导值[83]。荷兰通过风险评估的方法建立了“标准土壤”（10% 的有机质、25% 黏粒含量和 pH=6）中重金属污染物的基准值、干预值及部分污染物造成土壤严重污染时的指示值[84]。

参考文献

[1] Li Y Y, Li X B, Tan M H, et al. The impact of cultivated land spatial shift on food crop production in China, 1990—2010[J]. Land Degradation & Development, 2018, 29(6): 1652-1659.

[2] 项骁野，王佑汉，李谦，等．中国耕地保护与粮食安全研究进展可视化分析 [J]．中国农业资源与区划，2022, 43(10): 1-12.

[3] 刘豫．中国土壤环境保护立法研究 [D]．兰州：兰州大学，2014.

[4] 陈能场，郑煜基，何晓峰，等．《全国土壤污染状况调查公报》探析 [J]．农业环境科学学报，2017, 36(9):1689-1692.

[5] 陈世宝，王萌，李杉杉，等．中国农田土壤重金属污染防治现状与问题思考 [J]．地学前缘，2019, 26(6): 35-41.

[6] 陆琦．尹伟伦院士：过度疲劳的土壤亟待减肥提质 [N]．中国科学报，2017-7-12.

[7] 汤怀志，桑玲玲，郧文聚．我国耕地占补平衡政策实施困境及科技创新方向 [J]．中国科学院院刊，2020, 35(5): 637-644.

[8] Yang Q Q, Li Z Y, Lu X N, et al. A review of soil heavy metal pollution from industrial and agricultural regions in China: Pollution and risk assessment[J]. Science of the Total Environment, 2018, 642: 690-700.

[9] 刘继芳，曹翠华．重金属离子在土壤中的竞争吸附动力学初步研究 [J]．土壤肥料，2000(3): 10-15.

[10] Gong Y Y, Zhao D Y, Wang Q L. An overview of field-scale studies on remediation of soil contaminated with heavy metals and metalloids: Technical progress over the last decade[J]. Water Research, 2018, 147: 440-460.

[11] 刘传德，王强，于波，等．农田土壤重金属污染的特点和治理对策 [J]．农技服务，2008, 25(7): 118-119.

[12] 赵其国，骆永明．论我国土壤保护宏观战略 [J]．中国科学院院刊，2015, 30(4): 452-458.

[13] 杨寿南．探究我国耕地土壤重金属污染现状与防治对策 [J]．环境与发展，2018, 30(6): 57, 60.

[14] Hu B, Shao S, Ni H, et al. Current status, spatial features, health risks, and potential driving factors of soil heavy metal pollution in China at province level[J]. Environmental Pollution,

2020,266:114961.

[15] 倪润祥. 中国农田土壤重金属输入输出平衡和风险评价研究 [D]. 北京：中国农业科学院，2017.

[16] 王农，郑庆祥，孙约兵，等. 关于耕地土壤重金属污染综合防治的思考 [J]. 天津农业科学，2019, 25(3): 88-90.

[17] Smolders E, Mertens J. Cadmium[M]//Alloway B J. Heavy Metals in Soils: Trace Metals and Metalloids in Soils and Their Bioavailability. Dordrecht: Springer, 2013: 283-311.

[18] Chen J S, Wei F S, Zheng C J, et al. Background concentrations of elements in soils of China[J]. Water, Air, and Soil Pollution, 1991, 57(1): 699-712.

[19] Chen H Y, Teng Y G, Lu S J, et al. Contamination features and health risk of soil heavy metals in China[J]. Science of the Total Environment, 2015, 512-513: 143-153.

[20] 环境保护部，国土资源部. 环境保护部和国土资源部等相关负责人就全国土壤污染状况调查答记者问 [R]. 2014-04-17.http://www.mee.gov.cn/gkml/sthjbgw/qt/201404/t20140417_270671.htm.

[21] Birke M, Reimann C, Rauch U, et al. GEMAS: Cadmium distribution and its sources in agricultural and grazing land soil of Europe—Original data versus clr-transformed data[J]. Journal of Geochemical Exploration, 2017, 173: 13-30.

[22] Holmgren G G S, Meyer M W, Chaney R L, et al. Cadmium, lead, zinc, copper, and nickel in agricultural soils of the United States of America[J]. Journal of Environmental Quality, 1993, 22(2): 335-348.

[23] Zhao F J, Ma Y B, Zhu Y G, et al. Soil contamination in China: Current status and mitigation strategies[J]. Environmental Science & Technology, 2015, 49(2): 750-759.

[24] Chaudri A M, Zhao F J, Mcgrath S P, et al. The cadmium content of british wheat grain[J]. Journal of Environmental Quality, 1995, 24(5): 850-855.

[25] McGrath S P, Zhao F J. Concentrations of metals and metalloids in soils that have the potential to lead to exceedance of maximum limit concentrations of contaminants in food and feed[J]. Soil Use and Management, 2015, 31(增刊 1): 34-45.

[26] Zhen Y H, Cheng Y J, Pan G X, et al. Cd, Zn and Se content of the polished rice samples from some Chinese open markets and their relevance to food safety[J]. Journal of Safety and Environment, 2008, 8: 119-122.

[27] Qian Y, Chen C, Zhang Q, et al. Concentrations of cadmium, lead, mercury and arsenic in Chinese market milled rice and associated population health risk[J]. Food Control, 2010, 21(12): 1757-1763.

[28] Chen H P, Tang Z, Wang P, et al. Geographical variations of cadmium and arsenic concentrations and arsenic speciation in Chinese rice[J]. Environmental Pollution, 2018, 238: 482-490.

[29] Wang P, Chen H, Kopittke P M, et al. Cadmium contamination in agricultural soils of China and the impact on food safety[J]. Environmental Pollution, 2019, 249: 1038-1048.

[30] 汪鹏，王静，陈宏坪，等. 我国稻田系统镉污染风险与阻控 [J]. 农业环境科学学报，2018, 37(7): 1409-1417.

[31] Zhu H H, Chen C, Xu C, et al. Effects of soil acidification and liming on the phytoavailability of

cadmium in paddy soils of central subtropical China[J]. Environmental Pollution, 2016, 219: 99-106.

[32] Chen H P, Yang X P, Wang P, et al. Dietary cadmium intake from rice and vegetables and potential health risk: A case study in Xiangtan, southern China[J]. Science of the Total Environment, 2018, 639: 271-277.

[33] Kirk G. Reduction and oxidation[M]//Kirk G. The Biogeochemistry of Submerged Soils. Chichester: John Wiley & Sons Ltd, 2004.

[34] Borch T, Kretzschmar R, Kappler A, et al. Biogeochemical redox processes and their impact on contaminant dynamics[J]. Environmental Science & Technology, 2009, 44(1): 15-23.

[35] Cornu J Y, Denaix L, Schneider A, et al. Temporal evolution of redox processes and free Cd dynamics in a metal-contaminated soil after rewetting[J]. Chemosphere, 2007, 70(2): 306-314.

[36] de Livera J, Mclaughlin M J, Hettiarachchi G M, et al. Cadmium solubility in paddy soils: Effects of soil oxidation, metal sulfides and competitive ions[J]. Science of the Total Environment, 2011, 409(8): 1489-1497.

[37] Huang J H, Wang S L, Lin J H, et al. Dynamics of cadmium concentration in contaminated rice paddy soils with submerging time[J]. Paddy and Water Environment, 2013, 11(1): 483-491.

[38] Fulda B, Voegelin A, Kretzschmar R. Redox-controlled changes in cadmium solubility and solid-phase speciation in a paddy soil as affected by reducible sulfate and copper[J]. Environmental Science & Technology, 2013, 47(22): 12775-12783.

[39] Khaokaew S, Chaney R L, Landrot G, et al. Speciation and release kinetics of cadmium in an alkaline paddy soil under various flooding periods and draining conditions[J]. Environmental Science & Technology, 2011, 45(10): 4249-4255.

[40] Fulda B. Changes in copper and cadmium solubility and speciation induced by soil redox dynamics—Competitive metal sulfide formation and interactions with natural organic matter[D]. Zürich: ETH Zürich, 2013.

[41] Furuya M, Hashimoto Y, Yamaguchi N. Time-course changes in speciation and solubility of cadmium in reduced and oxidized paddy soils[J]. Soil Science Society of America Journal, 2016, 80(4): 870-877.

[42] Wang J, Wang P M, Gu Y, et al. Iron-manganese (oxyhydro)oxides, rather than oxidation of sulfides, determine mobilization of Cd during soil drainage in paddy soil systems[J]. Environmental Science & Technology, 2019, 53(5): 2500-2508.

[43] Burton E D, Bush R T, Sullivan L A, et al. Mobility of arsenic and selected metals during re-flooding of iron- and organic-rich acid-sulfate soil[J]. Chemical Geology, 2008, 253(1/2): 64-73.

[44] Johnston S G, Keene A F, Burton E D, et al. Arsenic mobilization in a seawater inundated acid sulfate soil[J]. Environmental Science & Technology, 2010, 44(6): 1968-1973.

[45] Takahashi Y, Minamikawa R, Hattori K H, et al. Arsenic behavior in paddy fields during the cycle of flooded and non-flooded periods[J]. Environmental Science & Technology, 2004, 38(4): 1038-1044.

[46] Yamaguchi N, Nakamura T, Dong D, et al. Arsenic release from flooded paddy soils is influenced

by speciation, Eh, pH, and iron dissolution[J]. Chemosphere, 2011, 83(7): 925-932.

[47] Roberts L C, Hug S J, Voegelin A, et al. Arsenic dynamics in porewater of an intermittently irrigated paddy field in Bangladesh[J]. Environmental Science & Technology, 2011, 45(3): 971-976.

[48] Burton E D, Johnston S G, Kocar B D. Arsenic mobility during flooding of contaminated soil: The effect of microbial sulfate reduction[J]. Environmental Science & Technology, 2014, 48(23): 13660-13667.

[49] Yu H Y, Li F B, Liu C S, et al. Iron redox cycling coupled to transformation and immobilization of heavy metals: Implications for paddy rice safety in the red soil of south china[M]//Sparks D L. Advances in Agronomy. Pittsburgh: Academic Press, 2016: 279-317.

[50] Arao T, Kawasaki A, Baba K, et al. Effects of water management on cadmium and arsenic accumulation and dimethylarsinic acid concentrations in Japanese rice[J]. Environmental Science & Technology, 2009, 43(24): 9361-9367.

[51] Honma T, Ohba H, Kaneko-Kadokura A, et al. Optimal soil Eh, pH, and water management for simultaneously minimizing arsenic and cadmium concentrations in rice grains[J]. Environ mental Science Technology, 2016, 50(8): 4178-4185.

[52] 窦韦强. 不同耕作制度下农用地土壤镉的生态安全阈值研究 [D]. 北京：中国农业科学院，2020.

[53] 何腾兵，董玲玲，刘元生，等. 贵阳市乌当区不同母质发育的土壤理化性质和重金属含量差异研究 [J]. 水土保持学报，2006, 20(6): 157-162.

[54] Wu B, Li L L, Guo S H, et al. Source apportionment of heavy metals in the soil at the regional scale based on soil-forming processes[J]. Journal of Hazardous Materials, 2023, 448: 130910.

[55] 王银泉，周涛发，李湘凌. 镉同位素示踪技术在土壤和沉积物镉污染来源解析中的应用进展 [J]. 矿物学报，2013, 30(增刊 2): 713-714.

[56] 马涛，焉莉，李彦姣，等. 农田土壤中镉来源与治理方法 [J]. 吉林农业 (学术版), 2012(4): 87-88.

[57] 史作然，单广波，杨丽，等. 土壤重金属污染修复技术综述 [J]. 当代化工，2020, 49(8): 1812-1815.

[58] 杨蕾. 我国土壤重金属污染的来源、现状、特点及治理技术 [J]. 中国资源综合利用，2018, 36(2): 151-153.

[59] 宋岸. 农业耕地土壤重金属污染现状及修复研究 [J]. 中国农业信息，2017(11): 46-47.

[60] 李涵，郭欢乐，柳瑜，等. 农田土壤重金属污染及调控措施 [J]. 湖南农业科学，2018(1): 40-44.

[61] 杨科璧. 中国农田土壤重金属污染与其植物修复研究 [J]. 世界农业，2007(8):58-61.

[62] 蔡美芳，李开明，谢丹平，等. 我国耕地土壤重金属污染现状与防治对策研究 [J]. 环境科学与技术，2014, 37(增刊 2): 223-230.

[63] Pedrero F, Kalavrouziotis I, Alarcón J J, et al. Use of treated municipal wastewater in irrigated agriculture—Review of some practices in Spain and Greece[J]. Agricultural Water Management, 2010, 97(9): 1233-1241.

[64] 吴学丽，杨永亮，徐清，等. 沈阳地区河流灌渠沿岸农田表层土壤中重金属的污染现状评价 [J]. 农业环境科学学报，2011, 30(2): 282-288.

[65] 崔德杰，张玉龙. 土壤重金属污染现状与修复技术研究进展 [J]. 土壤通报，2004, 35(3): 366-370.

[66] 王哲玮，王秋红，於丽华．土壤重金属污染及对生物体影响的研究进展 [J]．中国农学通报，2017, 33(19): 86-92.
[67] 董眉良，黄荣，毛鹏，等．两种钝化剂对污染土壤上生菜吸收重金属和养分的影响 [J]．热带亚热带植物学报，2020, 28(5): 425-434.
[68] 陶术平，向速林，桑文静，等．生物炭对土壤重金属影响研究进展 [J]．现代化工，2017, 37(1): 45-49.
[69] Xu D M, Fu R B, Liu H Q, et al. Current knowledge from heavy metal pollution in Chinese smelter contaminated soils, health risk implications and associated remediation progress in recent decades: A critical review[J]. Journal of Cleaner Production, 2020, 286: 124989.
[70] 陈雅丽，翁莉萍，马杰，等．近十年中国土壤重金属污染源解析研究进展 [J]．农业环境科学学报，2019, 38(10): 2219-2238.
[71] 张长波，骆永明，吴龙华．土壤污染物源解析方法及其应用研究进展 [J]．土壤，2007, 39(2): 190-195.
[72] 方璇，耿长君，徐友海，等．污染物的源解析技术研究进展 [J]．化工科技，2007, 15(3): 60-64.
[73] 宋志廷，赵玉杰，周其文，等．基于地质统计及随机模拟技术的天津武清区土壤重金属源解析 [J]．环境科学，2016, 37(7): 2756-2762.
[74] Henry R C. Current factor analysis receptor models are ill-posed[J]. Atmospheric Environment, 1987, 21(8): 1815-1820.
[75] 瞿明凯，李卫东，张传荣，等．基于受体模型和地统计学相结合的土壤镉污染源解析 [J]．中国环境科学，2013 (5): 854-860.
[76] 周启星，罗义，祝凌燕．环境基准值的科学研究与我国环境标准的修订 [J]．农业环境科学学报，2007, 26(1): 1-5.
[77] 刘冰．国内外土壤环境基准值的确定方法与现状研究 [C]. 中国环境科学学会学术年会，2008.
[78] 刘克．我国主要小麦产地土壤镉和铅的安全阈值研究 [D]．杨凌：西北农林科技大学，2016.
[79] 夏家淇．农用地块土壤污染分类标准制订方法探讨 [J]．生态与农村环境学报，2019, 35(3): 405-408.
[80] Udoguchi A, Gotoh S. Japan’s environmental quality standards for soil[M]//Udoguchi A, Gotoh S. Soil & Environment. Dordrecht: Springer, 1993.
[81] Feijtel T, Boeije G, Matthies M, et al. Development of a geography-referenced regional exposure assessment tool for European rivers - great-er contribution to great-er #1[J]. Chemosphere, 1998, 34(11): 2351-2373.
[82] Bocca B, Pino A, Alimonti A, et al. Toxic metals contained in cosmetics: A status report[J]. Regulatory Toxicology and Pharmacology, 2014, 68(3): 447-467.
[83] Porter E L, Kent R A, Andersen D E, et al. Development of proposed Canadian Environmental Quality Guidelines for cadmium[J]. Journal of Geochemical Exploration, 1995, 52(1/2): 205-219.
[84] Brand E, Lijzen J, Peijnenburg W, et al. Possibilities of implementation of bioavailability methods for organic contaminants in the Dutch Soil Quality Assessment Framework[J]. Journal of Hazardous Materials, 2013, 261: 833-839.

第2章

农产品产地土壤重金属污染诊断与风险评估

- 诊断方法现状
- 新型诊断方法
- 风险评估

2.1 诊断方法现状

通过土壤中外源污染物种类、数量和污染的危害程度可定义土壤污染的发生，但对污染的确定和污染程度的判断，则需要借助灵敏和有效的方法。在土壤污染确定后，还要评价和判断其是否需要立即进行修复，采用何种方法进行修复，土壤修复的效果如何，所选择的修复技术是否达到了预期效果，土壤进行修复后其生态或人体健康风险发生了何种变化。以上这些问题均需通过土壤诊断来解决。

污染土壤诊断是环境治理和修复的关键环节，其主要目的是查明土壤中污染物的种类、含量、分布及其对环境和人类健康的影响。为了有效地进行污染土壤诊断，传统诊断方法主要有现场调查与评估、实验室测试与诊断、基于 GIS 技术的污染物时空变化规律与来源解析、土壤及地下水环境风险评估 4 种。

2.1.1 现场调查与评估

现场调查是污染土壤诊断的第一步，其目的是通过实地考察和调查，了解污染源及其对周边环境和生态系统的影响。现场调查的主要流程包括收集并整理相关资料、确定调查范围和调查对象、进行现场勘查和采样、对采集的样品进行初步分析和判断。在现场调查中，应关注污染源的位置、种类、排放量等要素，同时对周边环境质量状况进行监测，包括空气、水、土壤等。评估结论主要包括污染源对环境和生态系统的影响程度、污染物扩散的范围和趋势等。

2.1.2 实验室测试与诊断

实验室测试是污染土壤诊断的关键步骤，其目的是通过实验分析，确定土壤中污染物的种类、含量、分布及其对环境和人类健康的影响。实验室测试的主要流程包括选择合适的测试方法、采集样品、制备样品、进行分析测试、对测试结果进行解释和评估。在实验室测试中，应关注土壤的理化性质、重金属含量、有机物含量等指标，同时采用合适的测试方法，如光谱分析、色谱分析、生物学分析等。根据测试结果，可以进行诊断，确定污染物的来源、扩散路径和潜在危害。

实验室诊断主要分为化学分析诊断和生态毒理学分析诊断，在土壤污染与修复技术研究应用过程中，需要将化学分析诊断与生态毒理学分析诊断结合，开展土壤污染与修复效果的科学诊断。

2.1.2.1 化学分析诊断

化学分析诊断方法即直接通过实验室化学方法测定污染物的种类与含量，并参照国家土壤环境质量标准，判断污染物含量是否超标。王哲等通过原子吸收火焰分光光度计采用分光光度法测定了矿渣废弃地土壤重金属含量，并对比评价标准确定了当地的污染程度[1]。邓源等采用便携式X射线荧光光谱法快速识别设施菜地重金属含量[2]。

但是，化学分析诊断存在以下缺点：

① 难以对土壤中各种物质进行全面测定，不可能鉴定出土壤中所有物质的潜在毒性效应，也不可能测出污染物的复合污染效应。

② 难以区别和提取不同暴露路径中（如空隙水中、土壤空气中、食物的吸收中、不可提取性残渣中或键合到某些物质中）的污染物质，因此污染物的有效毒性往往被低估。

③ 无法以量化方式对产物的毒性做出准确评价，因为有些物质量的大小与其毒性大小之间不成正比。

④ 无法对污染物的代谢毒性进行追踪，检测上也存在困难。

2.1.2.2 生态毒理学分析诊断

生态毒理学分析诊断原理主要是依据生物在毒物作用下的不良生理、生化反应进行的生物学系列试验。土壤污染生态毒理学分析诊断集合了土壤中不同食物链生物对化学品的整体毒性效应，提供土壤污染的全部信息。通过选择代表性敏感物种作为毒性诊断指标，对土壤污染诊断具有重要补充作用。生态毒理学分析诊断方法主要如下。

（1）高等植物毒理学试验与特殊毒性试验法

高等植物是生态系统中的基本组成部分。利用其生长状况诊断土壤污染，是土壤诊断的重要方法之一。潘法康等探究了重金属铬对薄荷长势、叶绿素含量、植物酶活性及生理生化指标的影响，为诊断植物重金属污染提供了理论依据参考[3]。

（2）敏感动物指示法

以陆生无脊椎动物实验评价土壤状况，是将对土壤污染有敏感指示作用的物种暴露于土壤中进行污染诊断。目前常用的有环节动物和弹尾类动物，因为这两个物种的世代期都是14d。毒性终点为1～7d后的致死率及暴露28d后的繁殖状况。史志明等对将蚯蚓生物标记物引入土壤污染风险评价的研究进行了探讨，讨论了蚯蚓生物标记物在土壤污染风险评价中的重要性，综述了相关研究的应用，证明了该方法的可行性并提出了方法发展建议[4]。

（3）敏感微生物诊断法

土壤污染可对土壤微生物产生不同影响，如抑制反硝化细菌的活动，减少土壤氮素的损失，影响土壤微生物的正常活动，甚至危及固氮菌、根瘤菌等有益微生物的生存，从而影响土壤的正常功能。程金金等研究了多氯联苯对土壤微生物指标的生态毒理效应，提出将呼吸强度、硝化作用和脱氢酶活性作为多氯联苯污染土壤生态毒理学评价的首选敏感指标[5]。

2.1.3　基于 GIS 技术的污染物时空变化规律与来源解析

基于地理信息系统（GIS）技术的污染物时空变化规律与来源解析，是利用 GIS 技术对污染场地土壤和地下水的污染物时空变化规律进行分析和模拟的方法。通过 GIS 技术，可以将大量的环境数据整合在一起，并建立起污染物扩散模型，以可视化方式呈现污染物的时空变化规律。此外，基于 GIS 技术的污染物来源解析，可以通过反向追踪污染物的来源，进一步明确污染源的位置和发展变化趋势。涂晔昕等利用高光谱遥感通过植物重金属含量反演土壤的污染状况，实现了土壤污染的检测诊断[6]。吴媛媛等总结分析遥感技术在土壤污染监测上的应用并提出了其在土地污染源管控、土壤环境污染风险控制等方面的展望[7]。

2.1.4　土壤及地下水环境风险评估

土壤及地下水环境风险评估是通过对土壤和地下水环境中存在的污染物进行风险评估，了解其对人类和环境的影响。在土壤及地下水环境风险评估中，通常采用定性和定量评估方法，如风险矩阵法、概率 - 风险评估法等。评估过程中需关注对人体健康的危害、对生态环境的破坏以及对土壤和地下水环境本身的影响等风险类型。通过对这些风险类型的评估，可以得出风险结论，为后续的环境治理和修复提供依据。杜波利用潜在生态风险指数评价方法计算了攀枝花钒钛磁铁矿尾矿库周边农用地重金属风险指数，判断了当地农用地的环境质量[8]。张庭婷等利用地累积指数法和健康风险评估概率模型对云南甘蔗种植地重金属含量进行了生态风险和人体风险评估，对蔗田的土壤质量进行诊断[9]。

2.2
新型诊断方法

2.2.1　受污染耕地限制性因子快速筛查及靶向调控方法

本方法依据研究区域农产品是否超标将协同监测点位分为两类，通过聚类方法将两类点位土壤监测指标分组，进行组权重计算与指标权重计算，综合利用权重结果，明确农产品超标限制性因子，并给出限制性因子目标调控量。

本方法包括数据获取、土壤监测指标聚类分析、限制性因子确定 3 个环节，各环节相辅相成，更利于制定针对性决策、措施，减少现有污染成因不明确而造成的人力、物力等资源浪费。

具体流程如图 2-1 所示。

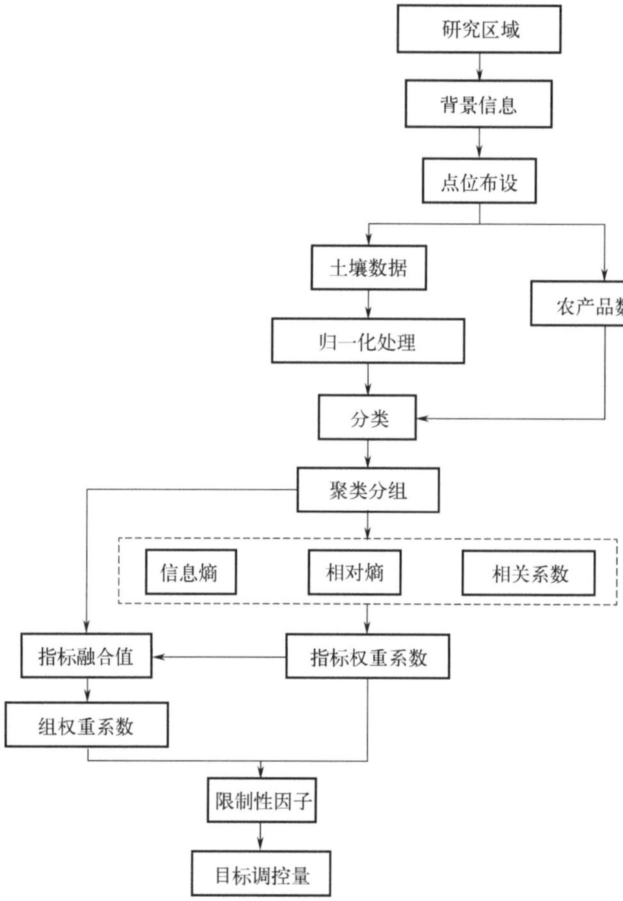

图 2-1　受污染耕地限制性因子快速筛查及靶向调控方法流程

2.2.1.1　数据获取

① 选取研究区域，获取区域背景信息。所述背景信息包括但不限于研究区域农田信息，如地理信息、农田类型、农田面积、农产品类型。

② 协同监测点位布设。依据统计学意义，计算研究区域协同监测点位的最少布设数量，具体公式为：

$$N=\frac{t^2C_v^2}{m^2}$$

式中　N——点位数量；

t——t 检验的通过阈值；

m——容忍误差；

C_v——变异系数，$C_v=\sigma/\mu$，σ 和 μ 分别为研究区域内所有土壤监测指标的标准差和平均值。

③ 获取所述协同监测点位的土壤及农产品的样品，检测所述土壤的土壤监测指标及农产品的农产品监测指标，分别获取检测结果。所述土壤监测指标包括但不限于Cd、As、Pb、Cr、Cu、Zn、Ni、Mg、Fe、Mn、Ca、Si、Se、pH 值、CEC、SOM等；所述农产品监测指标包括但不限于 Cd、Hg、As、Pb、Cr 等。

2.2.1.2　土壤监测指标聚类分析

依据农产品评价标准《食品安全国家标准　食品中污染物限量》（GB 2762—2022），对农产品检测结果进行评价。评价采取最差因子法，依据农产品某一特定指标（或综合指标）将所述协同监测点位分为超标类点位和不超标类点位两类。将超标类点位和不超标类点位的土壤数据分别进行聚类分组：

① 土壤数据归一化处理获得 X_i，具体公式如下：

$$X_i = \frac{x_i - \min}{\max - \min}$$

式中　X_i——归一化后的数值，且$0 \leqslant X_i \leqslant 1$；

x_i——土壤监测指标对应的土壤检测结果；

min——土壤监测指标对应的最小数值；

max——土壤监测指标对应的最大数值。

② 将归一化后的土壤监测指标进行聚类分析，分为 k 个组，$k \geqslant 2$。

2.2.1.3　限制性因子确定

（1）土壤监测指标信息熵 F_i、相对熵 E_i 及相关系数 r_i 计算

① 信息熵公式具体如下：

$$F_i = -\sum_{i=1}^{n} p(x_i) \lg p(x_i)$$

式中　F_i——各土壤监测指标信息熵；

$p(x_i)$——土壤监测指标归一化后数值构成的向量中的第 i 个分量。

② 相对熵公式具体如下：

$$E_i = \sum_{i=1}^{n} p(x_i) \lg \frac{p(x_i)}{q(x_i)}$$

式中　E_i——各土壤监测指标相对熵；

$q(x_i)$——研究指标归一化后数值构成的向量中的第 i 个分量。

③ 相关系数公式具体如下：

$$r_i = \frac{\mathrm{Cov}\left[p(x_i), q(x_i)\right]}{\sqrt{\mathrm{Var}\left[p(x_i)\right]\mathrm{Var}\left[q(x_i)\right]}}$$

式中　r_i——相关系数，且$-1 \leqslant r_i \leqslant 1$。

（2）权重系数计算

计算评估系数（S_i），具体公式如下：

$$S_i = \frac{r_i}{E_i + F_i}$$

计算指标权重系数（W_i），具体公式如下：

$$W_i = \frac{|S_i|}{\sum |S_i|}$$

（3）指标融合值计算

将超标类点位中农产品某一特定指标或农产品综合指标检测结果进行升序排列，按照等值梯度法计算分位值 Q，提取各分位值 Q 对应监测点位，各组分别获取对应点位土壤监测指标检测结果，计算各组指标融合值。不超标类点位各组指标融合值计算方法与超标类点位一致，指标融合值计算公式具体如下：

$$I_{(Q)}=W_1X_1+W_2X_2+\cdots+W_iX_i$$

式中　$I_{(Q)}$——每组点位Q分位值对应的指标融合值，每组均有Q个$I_{(Q)}$值。

（4）组间权重计算

通过计算各组变异系数，从而获得组权重系数，具体公式如下：

$$C_{\mathrm{v}_n} = \frac{\sigma_n}{\mu_n}$$

式中　C_{v_n}——各组指标变异系数；

σ_n——指标融合值的标准差；

μ_n——指标融合值的平均值。

$$J_n = \frac{1}{C_{\mathrm{v}_n}}$$

式中　J_n——各组指标变异系数倒数。

$$V_n = \frac{J_n}{\sum J_n}$$

式中　V_n——组权重系数。

（5）主导系数及污染模式确定

各土壤监测指标主导系数计算公式如下：

$$M_i^{(n)}=W_i\times V_n$$

式中　$M_i^{(n)}$——监测指标的主导系数。

超标类和不超标类两个类别中主导系数从大到小进行排序，各组主导系数累计超过 0.85 的对应监测指标即为该组限制性因子；相邻监测指标主导系数差异超过 10 倍时，即使未达到 0.85 也要保留最大的若干个监测指标；两组限制性因子取并集即为研究区域限制性因子。

将超标类点位中农产品某一特定指标（或综合指标）进行升序排列，按照等值梯度法计算分位值 Q，分位值按等值梯度递增，提取各分位值 Q 对应的监测点位，分别获取某一特定指标（或综合指标）对应点位土壤监测指标检测结果，计算各组指标融合值。

分位值 Q 按 1%、2%、3%、4% 或 5% 梯度递增。选取 5% 时，计算 19 个分位值 Q，即 5%、10%、15%、20%、25%、30%、35%、40%、45%、50%、55%、60%、65%、70%、75%、80%、85%、90%、95%。

确定影响农产品超标的限制性因子，并给出调控目标量：

$$D_i=\mu_{(x)}\pm 2\sigma_{(x)}$$

式中　D_i——监测指标调控目标量；

$\mu_{(x)}$——未超标组中监测指标对应的检测结果平均值；

$\sigma_{(x)}$——未超标组中监测指标对应的检测结果标准差。

根据本方法的计算结果，依据限制性因子选取对应调控方法，调控方法包含但不限于施用石灰、钙镁磷肥、硅肥、硒肥、废铁渣、废钢渣、有机肥。

本方法具有以下优点：

① 依据土壤监测数据及农产品监测数据，可确定影响农产品超标的限制性因子并给定各因子调控量，可以提高土壤调控效率，降低调控风险，依据该方法所得结果可直接快速地针对限制性因子进行调控。

② 限制性因子调控目标量确定，更利于制定针对性决策、措施，减少现有污染成因不明确而造成的人力、物力等资源浪费，也可以在满足调控目标的同时，降低盲目调控带来的二次污染。

2.2.1.4　案例分析

（1）数据获取

1）点位布设

选取某县内农田为研究对象，面积约为 3800 亩；研究区域内布设农田点位 200 个，大于公式计算出的具有统计学意义的最少点位数量，布点并获取点位地理信息（见图 2-2）。

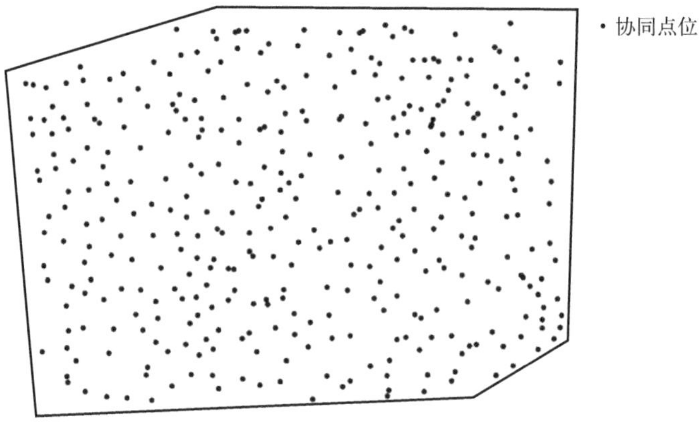

图 2-2　某研究区域点位分布图

2）点位数据获取

监测土壤 Cd、As、Pb、Cr、Cu、Zn、Mg、Fe、Mn、Ca、Si、Se、pH 值、SOM 等指标，监测农产品 Cd、Hg、As、Pb、Cr 五项指标，获取检测结果。

3）点位分类

以农产品重金属镉是否超标为依据（GB 2762），将协同监测点位划分为农产品镉不超标点位（1 类）和农产品镉超标点位（2 类）两类。

（2）土壤监测指标聚类

① 将所有土壤监测指标检测结果及农产品研究指标检测结果进行归一化处理。

② 利用 SPSS 对两类点位监测指标进行系统聚类分析，其中 1 类分为 3 个组，2 类分为 2 个组，纵坐标 1 ～ 14 分别对应监测指标 Mg、Zn、Fe、Si、Se、Ca、Cu、As、K、Na、Mn、Cd、pH 值、SOM（见图 2-3、图 2-4）。

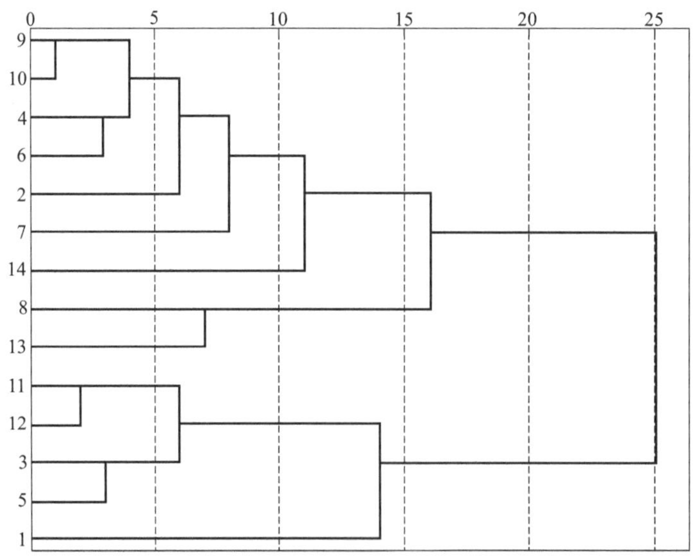

图 2-3　不超标类点位聚类结果图

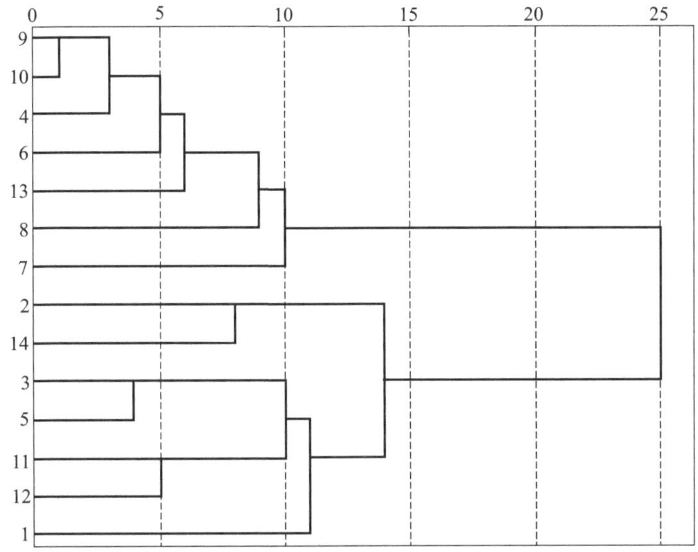

图 2-4　超标类点位聚类结果图

（3）限制性因子确定

① 通过 Python 分别计算各组监测指标的信息熵、相对熵和相关系数，并通过公式计算各监测指标评估系数及指标权重系数。

② 通过 Excel 分别选出两类点位中农产品镉检测结果位于各分位值（5%、10%、15%、20%、25%、30%、35%、40%、45%、50%、55%、60%、65%、70%、75%、80%、85%、90%、95%）的协同监测点位，获取相应土壤监测指标的检测结果，结合指标权重系数计算各组指标融合值、变异系数及组权重系数，得到两类点位各监测指标的主导系数，见图 2-5。

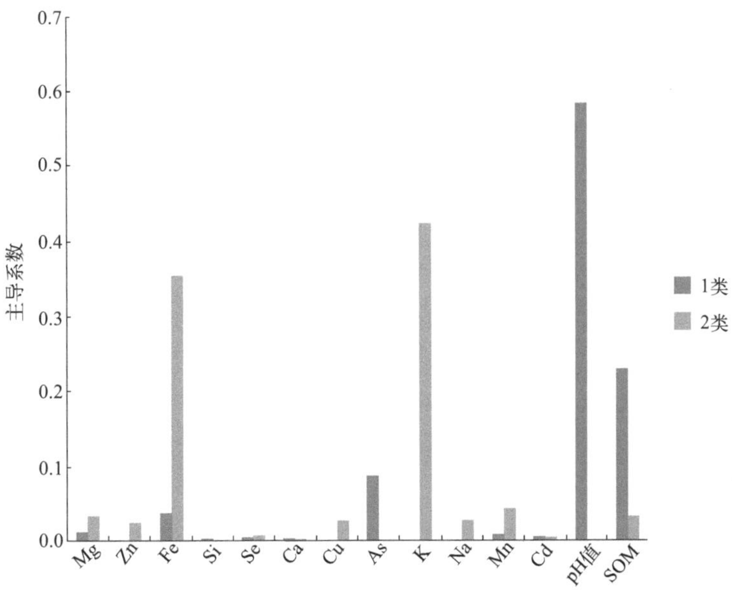

图 2-5　不超标类点位（1 类）和超标类点位（2 类）检测数据主导系数图

③ 1 类中 pH 值和 SOM 两项监测指标主导系数和为 0.89，2 类中 K 和 Fe 两项监测指标主导系数和为 0.87，取两类点位监测指标并集后确定 K、Fe、pH 值和 SOM 四项监测指标为限制性因子。在上述基础上，依据计算结果确定研究区域农产品镉超标的限制性因子为 K、Fe、pH 值和 SOM，且通过公式可得各项监测指标的目标调控量，见图 2-6。

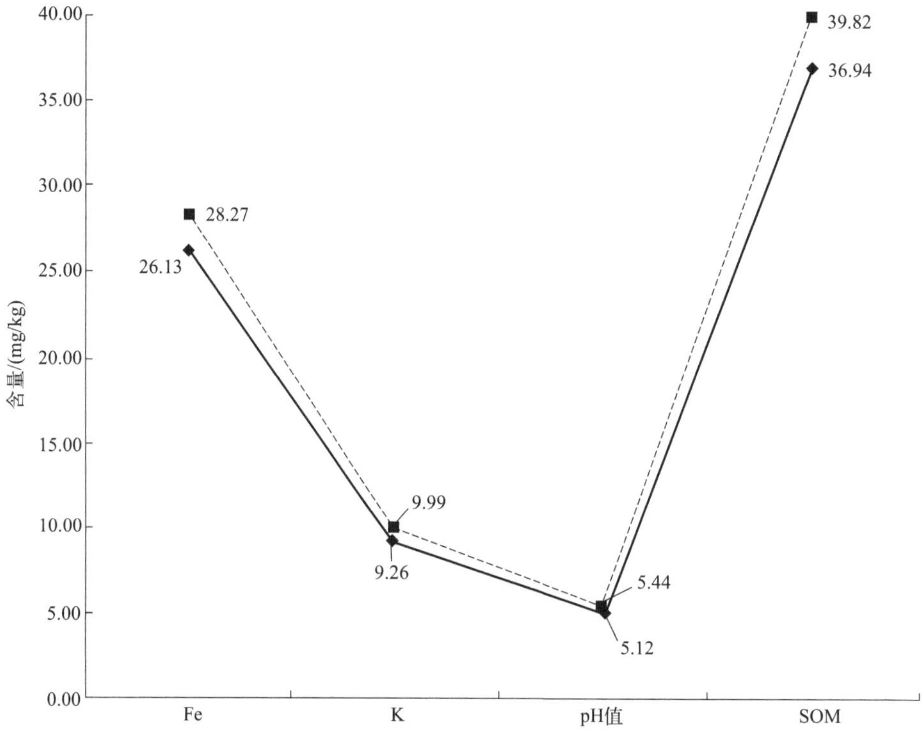

图 2-6　限制性因子目标调控量示意
虚线对应超标类点位（2 类）

2.2.2　农产品产地安全加密调查及安全预警方法

本方法有机结合历史监测信息与加密布点监测信息，在考虑模型算法结果及待预警区域空间特征基础上获取各区域最少加密布点数量的同时保障点位代表性，做到快速、动态、多指标的土壤 - 农产品预警，为后期区域产地环境预警工作提供了数据支撑及有效思路，在监测信息基础上将待预警区域分为达标区域及超标区域，依据区域特性筛选针对性防治技术措施，综合分析土壤生态阈值及重金属累积速率，依据分析结果提出预防性措施建议，与传统预警方法相比，预防时间提前，预警时期延长，防治措施更有效，监测工作靶向性更强。本方法包括农产品超标概率计算、加密调查、分类预警和预警响应等多阶段多流程，各阶段相辅相成、辩证统一，实现过程中综合利用多类别多时期监测数据，兼顾科学算法及实际情况，是一种科学有效、可靠全面的预警方法，提前监测预防，有利于保障土壤环境安全及农产品质量安全。

具体的工作流程如图 2-7 所示。

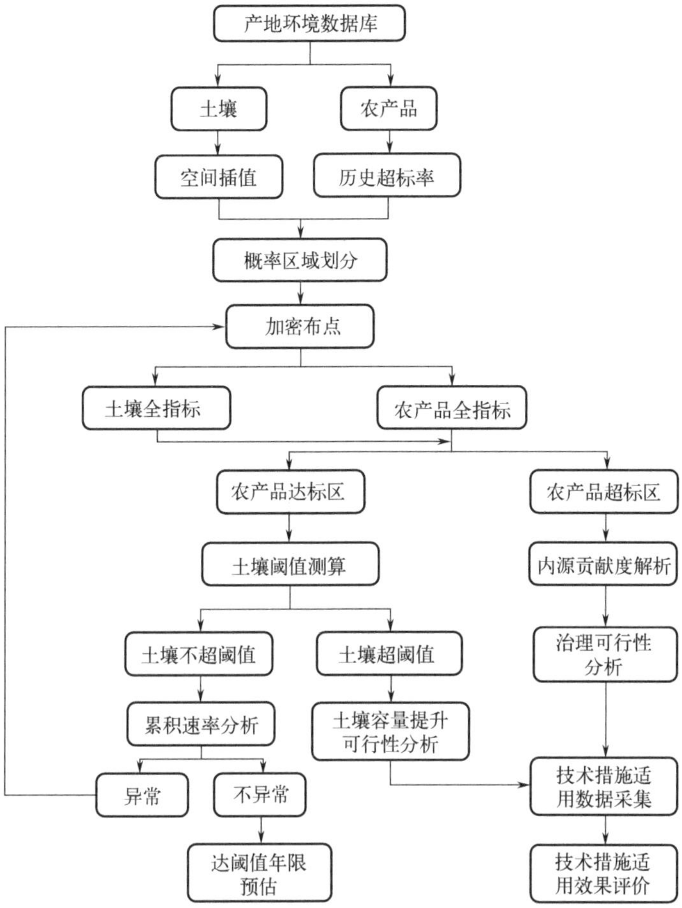

图 2-7　农产品产地安全加密调查及安全预警方法工作流程

2.2.2.1　农产品产地安全加密调查方法

（1）超标概率空间分布

1）建立产地环境数据库

土壤监测指标包括 Cd、Hg、As、Pb、Cr、pH 值、CEC、SOM、Cu、Zn、Ni、Mg、Fe、Mn、Ca、Si、Se 中的一种或多种；农产品监测指标包括 Cd、Hg、As、Pb、Cr 中的一种或多种。收集待预警区域的历史土壤监测信息、背景值和农产品监测信息，建立产地环境数据库。

2）农产品历史超标率计算

基于产地环境数据库农产品重金属监测信息，依据《食品安全国家标准　食品中污染物限量》（GB 2762—2022）判定农产品是否超标，并分别计算特定重金属监测指标的超标率 p_i。

p_i 的计算公式具体如下：

$$p_i=n_i/N$$

式中 n_i——特定重金属监测指标i的超标点位数量；

N——待预警区域内总点位数量。

空间插值方法包括但不限于克里金插值法、反距离权重插值法、多项式插值法、自然邻域法、样条函数法、趋势面法。

3）土壤监测指标空间分布

结合待预警区域的区域特征进行空间插值计算，针对土壤监测指标分别进行空间插值，获取对应指标空间分布图。

4）栅格数据获取

依据土壤监测指标插值结果，获取待预警区域栅格数量及各栅格内的所有土壤监测指标含量。所述土壤监测指标空间分布图的栅格数量一致且不少于 10 万。

5）超标概率区域划定

基于待预警区域农产品超标率 p_i 与各栅格内的土壤监测指标向量 $\boldsymbol{x}$，通过 QDA 模型获取各栅格内的农产品超标概率 q，QDA 模型具体如下：

$$q_y(y=c\mid x)=\frac{p_i\left|2\boldsymbol{\Sigma}_c\right|^{-\frac{1}{2}}\exp\left[-\frac{1}{2}(\boldsymbol{x}-\boldsymbol{\mu}_c)^{\mathrm{T}}\boldsymbol{\Sigma}_0^{-1}(\boldsymbol{x}-\boldsymbol{\mu}_c)\right]}{\sum_{c=0}^{c=1}\left\{p_i\left|2\boldsymbol{\Sigma}_c\right|^{-\frac{1}{2}}\exp\left[-\frac{1}{2}(\boldsymbol{x}-\boldsymbol{\mu}_c)^{\mathrm{T}}\boldsymbol{\Sigma}_c^{-1}(\boldsymbol{x}-\boldsymbol{\mu}_c)\right]\right\}}$$

式中 $\boldsymbol{\mu}$——所有土壤监测指标均向量；

$\boldsymbol{\Sigma}$——所有土壤监测指标协方差矩阵。

当 y=0 时模型结果为 q_0，当 y=1 时模型结果为 q_1。农产品超标概率 q 计算公式具体如下：

$$q=\frac{q_1}{q_0+q_1}$$

计算所有栅格内多种重金属农产品超标概率，选取多种重金属农产品超标概率在各栅格内的最大值，按照 5% ～ 20% 的概率梯度，从低到高将待预警区域划分为 20 ～ 5 个概率区域。如所述概率梯度为 20% 时，从低到高将待预警区域划分为 0% ～ 20%、20% ～ 40%、40% ～ 60%、60% ～ 80%、80% ～ 100% 5 个概率区域，5 个概率区域分别对应低概率区域、较低概率区域、中等概率区域、较高概率区域、高概率区域。

（2）加密调查

1）点位布设

分别计算各个概率区域加密布点数量 M_q，并采取均匀布点法、梅花形布点法、棋盘式布点法、蛇形布点法、对角线布点法、网格布点法中的一种或多种结合进行点位布设，点位数量计算公式具体如下：

$$M_q=T(S/h^2-t^2C_{\mathrm{v}}^2/m^2)+t^2C_{\mathrm{v}}^2/m^2$$

式中　M_q——q中位值概率区域内加密布设点位数量；

T——区域概率系数，通过一维正态分布公式计算得到；

S——区域面积；

h——区域内各项重金属的最小变程；

t——t 检验的通过阈值；

m——容忍误差；

C_v——变异系数，且 $C_v=\sigma/u$，σ 和 u 分别为概率区域内所有土壤重金属监测指标的标准差和平均值。

各概率区域内重金属变程通过半变异函数模型获得。

2）土壤及农产品数据获取

分别获取各个概率区域的加密布点点位地理信息，进行协同样品采集及实验室检测工作，获得土壤及农产品监测指标检测结果，并上传存储至产地环境数据库。加密布点存储信息包括点位地理信息、采样时间、农产品类型、检测时间、检测结果中的一种或多种；土壤监测指标包括 Cd、Hg、As、Pb、Cr、pH 值、CEC、SOM 中的一种或多种；农产品监测指标包括 Cd、Hg、As、Pb、Cr 中的一种或多种。

2.2.2.2　农产品产地安全预警方法

（1）土壤及农产品数据获取

选取待预警区域的农产品产地地块并确定加密采样点，进行协同样品采集及实验室检测工作，获得土壤及农产品监测指标检测结果，并上传存储至产地环境数据库。其中，土壤及农产品数据采用上述农产品安全加密调查方法获取的土壤及农产品数据。

（2）分类预警

基于加密采样点农产品检测结果及待预警区域内村级单位行政边界或网格，依据《食品安全国家标准　食品中污染物限量》（GB 2762—2022）将待预警区域以村为单位或网格划分为农产品超标区和农产品达标区两大类。

在所述农产品产地地块以村级单位或网格划分，当村级单位或网格存在超标点位，则该村级单位或网格为农产品超标区域；当村级单位或网格不存在超标点位，则该村级单位或网格为农产品达标区。

1）农产品达标区

① 土壤重金属阈值测算。筛选出待预警区域内的所有达标区域，分别计算所有点位各项重金属的富集系数 BCF_i，并通过物种敏感性模型获取五项重金属监测指标对应土壤重金属阈值。

特定重金属监测指标富集系数 BCF_i 计算公式具体如下：

$$BCF_i=C_{ri}/C_{si}$$

式中　C_{ri}——特定重金属监测指标i在农产品中的含量，mg/kg；

C_{si}——特定重金属监测指标 i 在土壤中的含量，mg/kg。

物种敏感性模型具体以同一品种农产品富集系数的倒数（$1/BCF_i$）均值为横坐标，以累积概率 L_i 为纵坐标。累积概率 L_i 具体计算公式如下：

$$L_i=x/X+1$$

式中　x——各品种农产品富集系数的倒数均值进行升序排列后的第x类农产品；

X——农产品品种类型总量。

依据构建的物种敏感性分布曲线，得到对应的 5% 累积概率（L_i=5%）即可保护 95% 作物所对应的 $1/BCF_{i5}$ 值，而后利用《食品安全国家标准　食品中污染物限量》（GB 2762—2022）中农产品特定重金属监测指标 i 含量限值反推出土壤特定重金属监测指标 i 含量阈值 C_i，公式如下：

$$C_i=C_{\mathrm{Scrop}}\times(1/BCF_{i5})$$

式中　C_i——土壤特定重金属监测指标i含量阈值，mg/kg；

C_{Scrop}——国家标准中农产品特定重金属监测指标，mg/kg。

② 土壤污染累积速率监控及达到阈值年限预估。对于土壤不超阈值区域，计算特定重金属监测指标累积速率 r_i，计算公式具体如下：

$$r_i=\sqrt[n]{\frac{C_{si}}{C_{0i}}}$$

式中　n——特定重金属监测指标i的两次监测年份差值；

C_{0i}——特定重金属监测指标i的背景值。

结合产地环境数据库的历史数据，确定农产品达标区内重金属监测指标累积速率是否异常，当累积速率异常概率≤1，则认为该重金属监测指标累积速率正常，正常开展后期监测工作；当累积速率异常概率＞1，则认为该重金属监测指标累积速率异常，需进行达阈值年限计算。累积速率异常概率 K_i 计算公式具体如下：

$$K_i=\frac{\sqrt[3]{\frac{C_{si}}{C_{3i}}}}{\sqrt[10]{\frac{C_{si}}{C_{10i}}}}$$

式中　C_{3i}——三年前土壤中特定重金属监测指标含量；

C_{10i}——十年前土壤中特定重金属监测指标含量。

村级单位或网格存在重金属监测指标累积速率异常，则该村级单位或网格为累积速率异常区域，所述网格的实际面积为 1 ～ 100km^2。

针对累积速率异常区域，分别计算五项重金属监测指标的达阈值年限 n_i，其中最小年限为该区域达阈值年限，计算公式具体如下：

$$C_i=C_{si}(1+r_i)^{n_i}$$

③ 土壤容量提升技术可行性分析。针对土壤超阈值区域，结合区域特征及历史

监测信息，选取实施技术措施并获取结果数据，以实施同类技术措施的土壤容量提升率为横坐标，以技术措施适用概率 L 为纵坐标，利用物种敏感性模型建立拟合曲线，其中大于 85% 技术措施适用概率的土壤容量提升率最大值即为该技术措施的可行性大小。土壤容量提升率 P_{CEC} 计算公式具体如下：

$$P_{CEC}=|(CEC_j-CEC_{j0})|/CEC_{j0}$$

式中　CEC_j——实施技术措施j后的土壤CEC；

CEC_{j0}——实施技术措施 j 前的土壤 CEC。

技术措施适用概率 L 计算公式具体如下：

$$L=n/N+1$$

式中　n——土壤容量提升率进行降序排列后对应的第n个点位；

N——实施同类技术措施的总点位数量。

2）农产品超标区

① 内源污染贡献度解析。基于农产品超标区域内加密布点获得的土壤及农产品检测结果，对土壤监测指标进行主成分分析，获取载荷矩阵 $\boldsymbol{A}$ 和得分系数矩阵 $\boldsymbol{B}$。载荷矩阵 $\boldsymbol{A}$ 的行为监测指标列为主成分；得分系数矩阵 $\boldsymbol{B}$ 的行为监测指标列为主成分。根据载荷矩阵 $\boldsymbol{A}$ 可得到单项特定重金属监测指标 I_i：

$$I_i=a_1F_1+a_2F_2+\cdots+a_iF_i$$

式中　I_i——单项特定重金属监测指标，仅示意无取值；

F_i——单一监测指标对应主成分，仅示意无取值；

a_i——成分矩阵中单项特定重金属监测指标 I_i 对应的数值。

同时根据得分系数矩阵 $\boldsymbol{B}$ 得到任意 F_i：

$$F_i=m_1I_1+m_2I_2+\cdots+m_iI_i$$

式中　m_i——得分系数矩阵中单项特定重金属监测指标I_i对应的数值。

基于以上数据通过最小二乘法求解污染系数 w_i：

$$E_i=\sum C_i m_i$$

$$C_i=w_1E_1+w_2E_2+\cdots+w_iE_i$$

式中　E_i——土壤单项特定重金属监测指标I_i对应F_i下的成分因子；

C_i——农产品单项特定重金属监测指标 I_i 检测结果；

m_i——土壤得分系数矩阵中单项特定重金属监测指标 I_i 对应数值。

依据单项特定重金属监测指标 I_i 的 w_i 和 a_i 分别构建矩阵，求单项特定重金属监测指标污染贡献度 $\cos\theta_i$，贡献度越大则土壤中该重金属对农产品的污染贡献度越大。贡献度 $\cos\theta_i$ 具体公式如下：

$$\cos\theta_i=\left|\frac{\boldsymbol{a}\cdot\boldsymbol{w}}{\|\boldsymbol{a}\|\times\|\boldsymbol{w}\|}\right|$$

式中　$\cos\theta_i$——单项特定重金属监测指标的污染贡献度；

$\boldsymbol{w}$——w_i组成的矩阵；

$\boldsymbol{a}$——a_i组成的矩阵。

② 治理可行性分析。结合农产品超标区域特征及历史信息，选取实施技术措施进行土壤治理修复并获取实施结果数据，以重金属降低率为横坐标，以技术措施适用概率 L 为纵坐标，利用物种敏感性模型建立拟合曲线，大于 85% 技术措施适用概率下重金属降低率最大值即对应该技术措施可行性大小。其中重金属降低率 PD_{ji} 计算公式具体如下：

$$PD_{ji}=|(C_{ji}-C_{ji0})|/C_{ji0}$$

式中　C_{ji}——实施技术措施j后的土壤重金属含量；

C_{ji0}——实施技术措施 j 前的土壤重金属含量。

（3）预警响应

1）措施施用数据采集

收集待预警区域的所有技术措施施用数据、农业耕种数据和异常状况数据，并上传存储于产地环境数据库。技术措施施用数据包括技术措施类型、施用时间、施用量、施用频率、施用成本、施用效果中的一种或多种，施用效果包括土壤容量提升率、重金属降低率；农业耕种数据包括耕种制度、耕种成本、农产品种类、耕地面积、农产品产量、农业收益中的一种或多种；异常状况数据包括异常天气次数、类型、面积、时间、经济损失，病虫害次数、类型、面积、时间、经济损失，地质灾害次数、类型、面积、时间、经济损失中的一种或多种。

2）效果跟踪监测与评价

① 措施施用效果跟踪监测。收集待预警区域实施防治措施的区域信息，包括实施前、实施中和实施后三个阶段的所有信息；实施前信息包括农产品产量、累积速率、各项重金属监测指标含量、农业收益中的一种或多种；实施中信息包括措施类型、实施措施成本、实施措施频率、实施措施时间、实施措施面积中的一种或多种；实施后信息包括农产品产量、土壤阈值、累积速率、各项重金属监测指标含量、重金属含量降低率、农业收益中的一种或多种。

② 措施施用效果评价。结合农产品超标区域特征及历史信息计算技术措施适用率 RC，当技术措施适用率 $RC \leqslant 1$，则认为该技术措施无效；当技术措施适用率 $RC > 1$，则认为该技术措施有效。技术措施适用率 RC 计算公式具体如下：

$$RC=\mathrm{sgn}(1-C_{ji}/C_{ji0})\times\mathrm{sgn}(Y/Y_0-0.9)/(K/120)$$

其中

$$\mathrm{sgn}(s)=\begin{cases}s, s>0\\0, s\leqslant 0\end{cases}$$，s 为任意参数

式中　Y——实施技术措施后的农产品产量；

Y_0——实施技术措施前的农产品产量；

K——实施技术措施成本。

2.2.2.3 案例分析

（1）超标概率空间分布

以 A 镇为研究对象开展预警工作，已知 A 镇共有 5 个村，见图 2-8。收集 A 镇土壤背景值及历年（共计 12 年）土壤、农产品监测数据建立产地环境数据库。

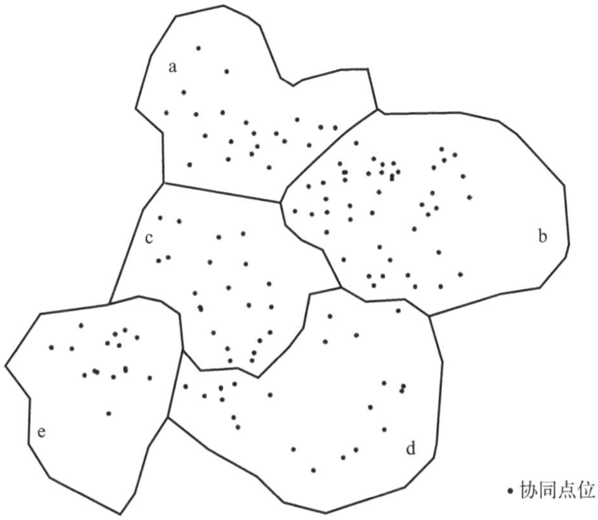

图 2-8　A 镇各村协同点位分布

以 2020 年为基准年，依据《食品安全国家标准　食品中污染物限量》（GB 2762—2017）分别计算 2020 年完成的农产品样品采集的五项重金属的超标率，见图 2-9。

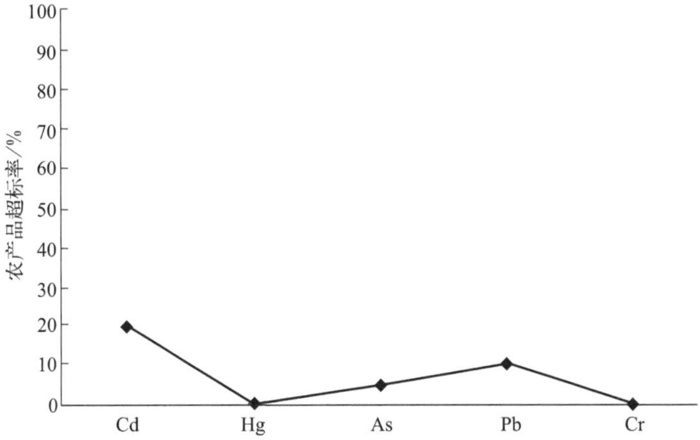

图 2-9　A 镇农产品超标率示意

依据 A 镇的区域特征，选取 ArcGIS 中的克里金插值方法将土壤监测指标（Cd、Hg、As、Pb、Cr、pH 值、CEC、SOM）分别进行插值，获得空间分布图。所有监测指标空间分布图栅格数量一致，均为 142029 个。

将农产品超标率与各栅格内的土壤监测指标含量代入 QDA 模型，分别计算出各栅格的农产品的超标概率。各栅格取农产品超标概率最大的值，依据 20% 梯度将 A 镇分为 5 个概率区域。

（2）加密调查

分别计算 5 个概率区域的面积，依据布点原则计算出各区域的点位数量，采取网格布点法进行点位均匀布设，见图 2-10。

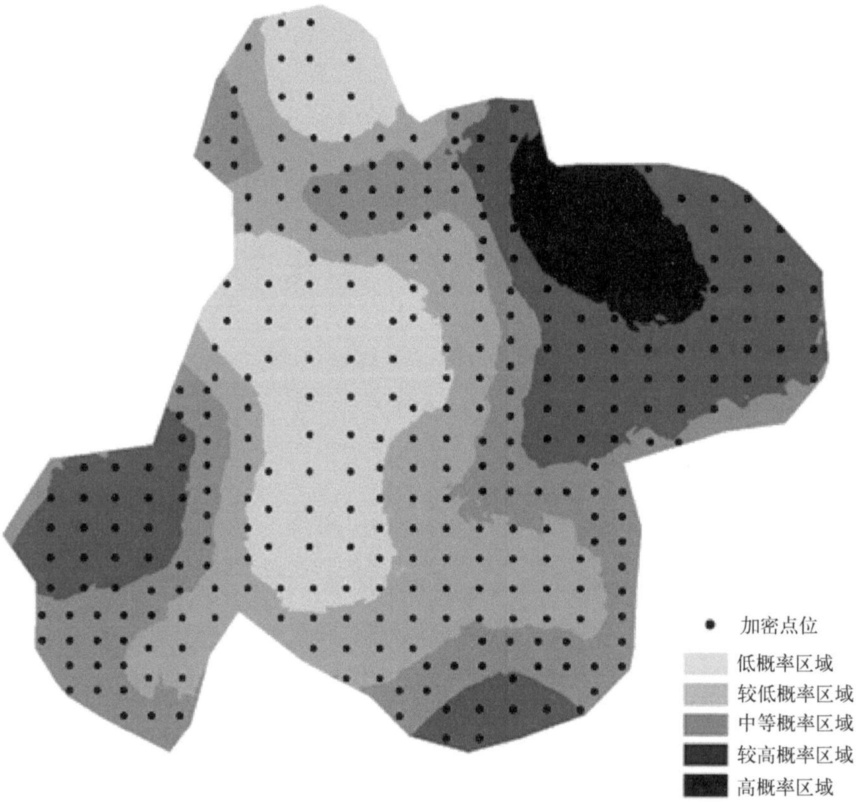

图 2-10　各个概率区域及各区域加密布点示意

采集所有点位的土壤样品和农产品样品进行实验室检测，并将检测结果上传存储至产地环境数据库。

（3）分类预警

① 基于加密布点农产品检测结果，依据《食品安全国家标准　食品中污染物限量》（GB 2762—2017）将 A 镇分为超标区域和达标区域两大类，其中 b、d 两个村为超标区域，a、c、e 三个村为达标区域。

② 调查发现 A 镇农产品均为水稻，收集达标区域水稻品种共 12 类，分别计算各品种水稻的重金属富集系数，利用 Origin 建立物种敏感性拟合曲线，分别获得 5 项重金属的土壤生态阈值。

③ 将加密布点土壤数据与土壤生态阈值进行比对，结果显示 e 村存在重金属含

量超过土壤生态阈值；a、c 两个村 5 项重金属含量均未超过土壤生态阈值。

④ 依据产地环境数据库前 3 年及前 10 年土壤监测信息，计算 a、c 两个村 5 项重金属的累积速率是否异常，结果显示两个村的 Cd、As 两项重金属累积速率均＞ 1，a、c 两个村累积速率异常。

⑤ 依据 5 项重金属的土壤生态阈值，结合产地环境数据库内 A 镇重金属背景值，分别计算 a、c 两个村各项重金属的达土壤生态阈值年限，其中 Cd 达土壤生态阈值年限最小，为 176 年，则认为 a、c 两个村达土壤生态阈值年限为 176 年。

⑥ 针对存在重金属超土壤生态阈值的 e 村，结合区域土壤特性及地方经济等情况，选取添加有机肥、微生物菌剂、石灰、土壤调理剂 4 项技术措施，用于提升土壤容量。采集实施措施后的土壤样品，进行实验室检测，获得土壤 CEC。利用 Origin 建立物种敏感性拟合曲线，分别获得各项技术措施的可行性，结果见图 2-11。

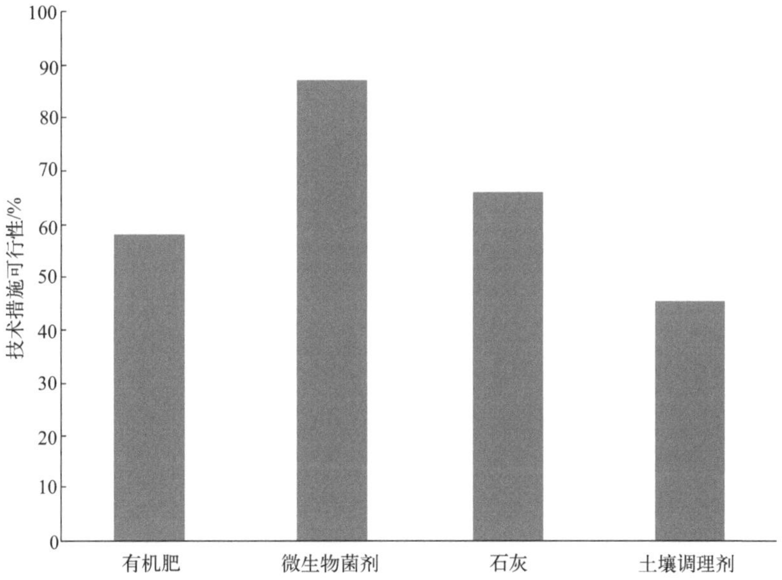

图 2-11　达标区域技术措施可行性结果示意

⑦ 针对存在农产品超标的 b、d 两个村，依据加密布点农产品检测结果进行内源污染贡献度解析，结果显示土壤贡献度由大到小排序为 Cd、As、Pb、Hg、Cr。

⑧ 结合农产品超标区域特征及土壤环境，选取添加叶面肥、土壤阻控剂、土壤钝化剂及深翻耕 4 项技术措施，用于土壤治理修复。采集实施措施后的土壤样品，进行实验室检测，获得 5 项重金属含量。利用 Origin 建立物种敏感性拟合曲线，计算各项技术措施的可行性大小，结果见图 2-12。

（4）预警响应

① 分别采集达标区域及超标区域的措施施用相关数据，包括各项技术措施施用数据（如深翻耕时间为水稻种植前，频率为一年一次，农业收益增加 12.8% 等）、农业耕种数据（如 A 镇农产品均为水稻，一年一熟，年均产量为亩产 700kg 等）和异

常状况数据（如 2020 年 A 镇发生洪水一次，时间为 7 月 10 ～ 12 日，农业经济损失为 75 万元），并上传存储于产地环境数据库。

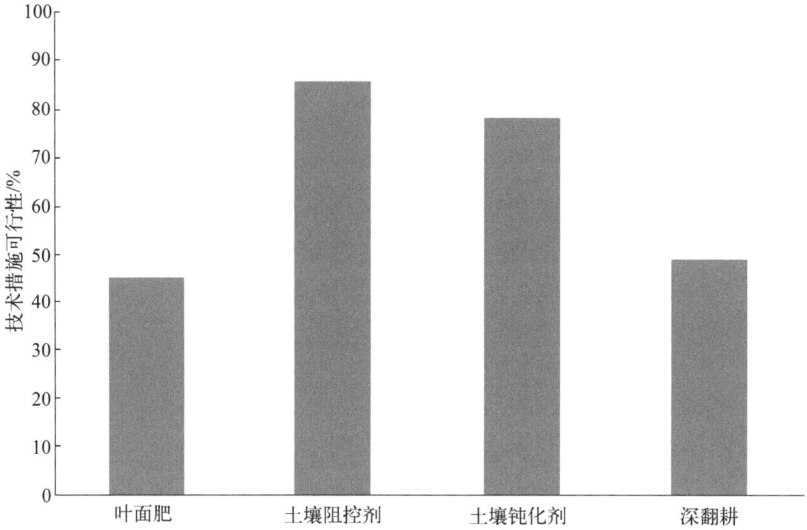

图 2-12　超标区域技术措施可行性结果示意

② 分别采集达标区域及超标区域措施施用效果数据，包括措施实施前、实施中和实施后 3 个阶段的信息。

③ 依据收集到的相关措施的监测信息及结果数据，分别计算各项技术措施的施用效果，计算结果显示添加有机肥、添加钝化剂和深翻耕 3 项技术措施的技术措施适用率＞ 1，实施有效。各技术措施施用效果见图 2-13。

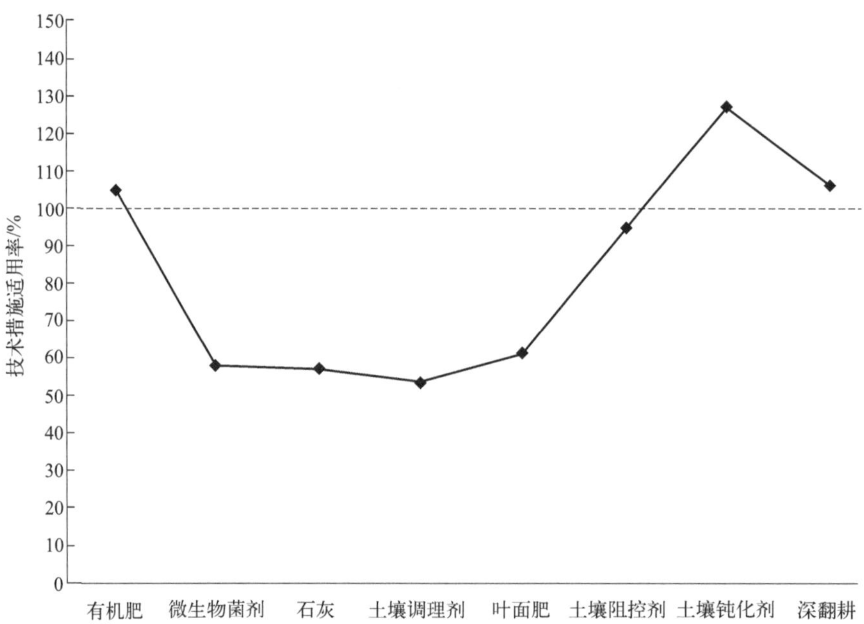

图 2-13　各技术措施施用效果

2.2.3　原位识别农产品重金属含量潜在超标区域的方法

为尽早掌握农产品重金属含量超标风险，识别潜在超标区域，及时实施相应的风险管控措施，基于现有方法提出多种利用土壤重金属含量和相关理化性质预测农产品重金属超标概率的技术方法，但存在的主要问题有：a.需要使用的土壤监测数据获取时间较长、成本较高，一般情况下至少需要一个月的时间才能得到所需要的全部数据，而此时对于大多数要求在种植前和苗期施用的风险管控措施均已无法应用；b.对于超标率过高或过低的区域，因超标样本和未超标样本在数量上的不均衡，导致预测模型崩溃极易发生，特别是考虑到我国农产品重金属超标率总体不超过10%的实际，这种限制可能极为普遍。为解决上述问题，本方法能快速、高效原位识别农产品重金属含量潜在超标区域，包括区域定位及背景参数获取、土壤数据快速采集、数据扩增及超标概率预测和潜在超标区域识别，解决了现有正例、负例样本量不均衡的问题，超标概率预测模型准确率、召回率和 F_1 分别提升23%、25%、13%，特别是对于正负例样本量差距超过3倍的区域，其他模型 F_1 趋近于0，无法使用，而本方法所采用模型可将 F_1 提升到0.4左右。具体的工作流程如图2-14所示。

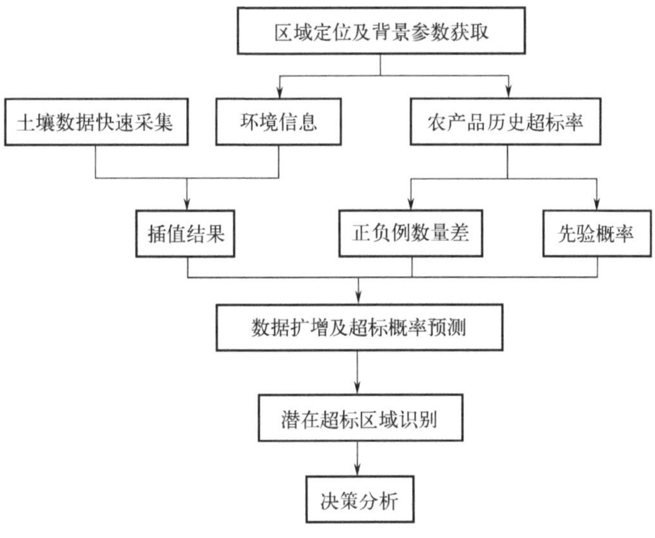

图2-14　原位识别农产品重金属含量潜在超标区域的方法工作流程

2.2.3.1　区域定位及背景参数获取

调取待识别区域的背景信息，包括区域边界、行政区划、土壤类型、土地利用方式、作物类型、历史监测点位、农产品检测值中的一种或多种；还包括设置任务编号、任务名称、任务位置，以及待识别区域中心坐标、待识别区域四至坐标及任务时间；检测指标包括Cd、As、Pb、Cr、Cu、Zn、Ni、Mg、Fe、Mn、Ca、Si、Se含量中的一种或多种。

2.2.3.2 土壤数据快速采集

① 依据待识别区域面积，采取均匀布点法计算区域内点位数量，计算公式为：

$$N=\sqrt{A}+5$$

式中 N——点位数量；

A——待识别区域面积。

当 $\sqrt{A}+5$ 计算结果为小数时，N 值向上取整，然后采取均匀布点方式布设土壤点位。

② 土壤样品采用样品盒装载后置于样品池内，经 X 射线快速检测光路系统进行检测。

③ 获取采样点坐标信息与检测结果点位信息。

2.2.3.3 数据扩增及超标概率预测

获取土壤地理信息、监测指标、环境信息、检测结果，通过模型扩增农产品数据并进行农产品超标概率预测，具体步骤如下：

① 以国家标准 GB 2762 为标准，将数据集中的超标数据作为正例，所述正例的数据量为 N_1；不超标数据作为负例，所述负例的数据量为 N_2。二者差值的绝对值为需要模拟生成的数据量 M。

② 随机生成 M 个 k 维模拟数据，同时选择 M 个真实数据，M 个真实数据中同时包含正例和负例，正例、负例数量比例为 N_1/N_2，建立神经网络判别模型 D，隐含层数量为 2 ～ 4 层，神经网络判别模型 D 的信息反馈函数为：

$$V(D)=E\{D[G(z)]\}+E(\lg\{1-D[G(z)]\})$$

式中 z——训练数据；

E——关于z的计算期望函数；

G——神经网络生成模型；

D——神经网络判别模型。

利用神经网络判别模型 D 将上述随机生成的 M 个模拟数据和 M 个真实数据作为输入，训练模型直至实现全部模拟数据输出为＜ 0.5、真实数据输出为≥ 0.5，训练条件是不断调整模型参数，使神经网络判别模型 D 的信息反馈函数输出值的变化梯度不断减小，直至低于 0.001，获取训练好的神经网络判别模型 D。

所述数据集为 k 维数据，k 为需要纳入超标概率预测模型的参数数量；模型参数包括但不限于隐含层数量、输入数据量、数据维度。

③ 建立神经网络生成模型 G，隐含层数量为 2 ～ 4 层，所述神经网络生成模型 G 的信息反馈函数为：

$$V(G)=E\{D[G(z)]\}+E(\lg\{1-\pi_i^0[G(z)]\})+E\{\pi_i^0[G(z)]\}$$

式中 π_i^0——原始的生成数据的先验概率。

以 $M/2$ 个 k 维随机模拟数据为输入，利用神经网络生成模型 G 生成 M 个模拟数据，并将生成的 M 个模拟数据输入训练好的神经网络判别模型 D 中，不断训练神经网络生成模型 G，直至全部利用神经网络生成模型 G 生成的模拟数据在训练好的神经网络判别模型 D 的输出中均识别为≥ 0.5。

训练条件是不断调整神经网络生成模型 G 的参数，使神经网络生成模型 G 的信息反馈函数输出值的变化梯度不断减小，直至低于 0.001，得到调整后的神经网络生成模型 G。

④ 在不改动调整后的神经网络生成模型 G 的参数的前提下，重复步骤②的操作，直至全部模拟数据输出为< 0.5、真实数据输出为≥ 0.5，获取更新后的神经网络判别模型 D，然后，在不改动神经网络判别模型 D 的前提下重复步骤③的操作，直至全部利用神经网络生成模型 G 生成的模拟数据在更新后的神经网络判别模型 D 的输出中均识别为≥ 0.5，最终获取训练好的神经网络生成模型 G（迭代 5000 ～ 8000 次）。

⑤ 向训练好的神经网络生成模型 G 输入 N 个 k 维数据，其中 $N > M$，利用训练好的神经网络生成模型 G 生成 M 个 k 维模拟的正例或负例数据，按照以下公式计算 P_i：

$$P_i = \frac{\alpha\pi_i^0 + (1-\alpha)\pi_i^0 \left|2\pi_i^0 \boldsymbol{\Sigma}_i\right|^{-\frac{1}{2}} \exp\left[-\frac{1}{2}(\boldsymbol{x}-\boldsymbol{\mu}_i)^{\mathrm{T}} \boldsymbol{\Sigma}_0^{-1} (\boldsymbol{x}-\boldsymbol{\mu}_i)\right]}{\sum_{i=0}^{1}\left\{\pi_i^0 + (1-\alpha)\pi_i^0 \left|2\pi_i^0 \boldsymbol{\Sigma}_i\right|^{-\frac{1}{2}} \exp\left[-\frac{1}{2}(\boldsymbol{x}-\boldsymbol{\mu}_i)^{\mathrm{T}} \boldsymbol{\Sigma}_i^{-1} (\boldsymbol{x}-\boldsymbol{\mu}_i)\right]\right\}}$$

式中 π_i^0——生成数据的先验概率；

$\boldsymbol{\mu}$——均值向量；

$\boldsymbol{\Sigma}$——协方差矩阵。

$$\alpha = \frac{A}{A+B}$$

式中 A——历史数据中真实正例的比例；

B——历史数据中真实负例的比例。

⑥ 上述步骤⑤的模型结果 P_i 在 i=0 时代表农产品不超标概率，i=1 时代表农产品超标概率，农产品超标概率 P 按照以下公式计算：

$$P = \frac{P(1)}{P(0)+P(1)}$$

2.2.3.4 潜在超标区域识别

选用等高线法，以农产品超标概率范围为标准将待识别区域进行划分。

2.2.3.5 装置研发

基于本方法，研发出一种原位识别农产品重金属含量潜在超标区域的装置（图 2-15），该装置包括控制面板（1）、GPS 定位模块（2）、样品盒（3）、样品池（4）、荧光快速检测光路系统（5）、数值运算及空间分析模块（6）、存储模块（7）、电源模块（8）及功能键（9）。执行任务的用户通过控制面板（1）点选相应任务信息，链接后台数据库，调取待识别区域的背景信息，并下载保存至存储模块（7），后台数据库中的背景信息包括但不限于区域边界、行政区划、土壤类型、土地利用方式、作物类型、历史监测点位土壤数据、历史监测点位农产品监测结果，GPS 定位模块（2）用于获取土壤点位地理信息，样品盒（3）用于收集待检测样品，样品盒（3）设置在样品池（4）中，荧光快速检测光路系统（5）对样品盒（3）中的待检测样品进行测定并获得检测结果，将获取的地理信息、检测结果输入数值运算及空间分析模块（6）进行分析，功能键（9）用于开机，功能键（9）连通电源模块（8）。

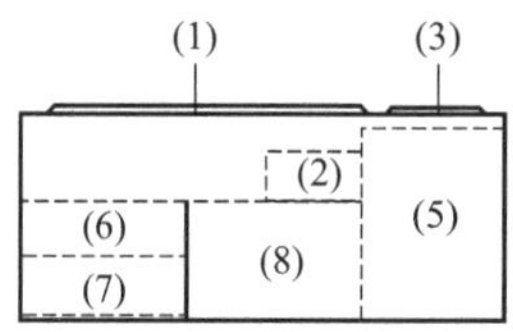

(a) 装置正视图

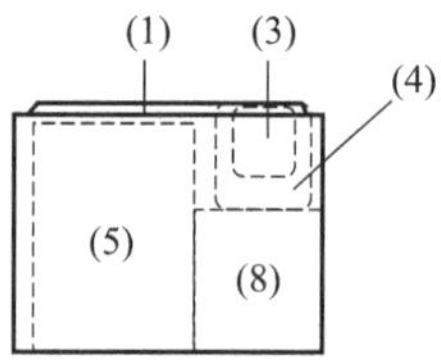

(b) 装置左视图

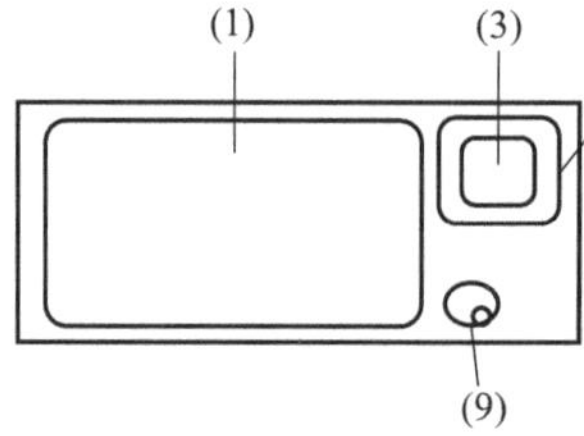

(c) 装置俯视图

图 2-15 装置三视图

原位识别农产品重金属含量潜在超标区域的方法及装置具有以下优点：

① 速度快，点位数据获取时间短，土壤检测结果实时显示；

② 点位数据获取成本低，单个点位数据获取成本仅为常规成本的 20% ～ 30%；

③ 解决了现有正例、负例样本量不均衡的问题，超标概率预测模型准确率、召回率和 F_1 分别提升 23%、25%、13%，特别是对于正负例样本量差距超过 3 倍的区域，其他模型 F_1 趋近于 0，无法使用，本方法所采用模型可将 F_1 提升到 0.4 左右（模型 F_1 超过 0.3 表示可以使用）；

④ 历史农产品超标情况均以点位信息展开讨论，不能以区域角度分析问题，而本方法将农产品超标结果推广至区域，更有利于区域性决策建议的实施；

⑤ 该预测方式可在农产品种植之前做出潜在超标区域预测，为挑选优势作物类型提供参考。

2.2.3.6　案例分析

采用原位识别农产品重金属含量潜在超标区域的方法，按照以下步骤进行：

① 原位识别农产品重金属含量潜在超标区域装置在电源模块正常运行条件下，通过功能键开机，进入登录界面，通过输入个人用户名及密码的方式获取待识别任务信息，包括：任务编号为 22011、任务名称为某县农产品潜在超标区域识别、任务位置为某县、中心坐标为（106.771670° E，24.591425° N）、四至坐标为（106.969259° E ～ 107.048293° E，24.314143° N ～ 24.776282° N）、任务时间为 2020-10-20。

② 依据任务编码 22011，链接相应后台数据库，调取该县所有相关数据资料：区域边界、行政区划、土壤类型、土地利用方式、作物类型、历史监测点位数据、土壤监测结果和农产品监测结果。下载保存至存储模块。

③ 依据任务编码 22011，确定某县待识别区域面积为 1520 亩，采取均匀布点方式得到布设土壤点位数量为 44 个。

④ GPS 定位模块现场获取采样点位地理信息，如点位 1 经纬度显示为 106.969259° E、24.314143° N，保存至存储模块。

⑤ 依据土壤点位地理信息，采集土壤样品，检测 Cd、As、Pb、Cr、Cu、Zn、Ni、Mg、Fe、Mn、Ca、Si、Se 等指标，并通过触屏控制面板显示。

⑥ 点位信息整理并上传至数据库，设置点位唯一标识码、点位地理信息、点位各指标检测结果，部分土壤点位信息见表 2-1。

⑦ 调取某县点位地理信息、土壤现场检测值、土壤理化性质及环境信息，通过分析选取普通克里金插值方式，通过触屏控制面板进行空间插值，插值结果通过转换以图片格式显示。

⑧ 通过模型计算某县待识别区域内各栅格农产品超标概率，超标概率范围为 7.56% ～ 89.22%。

⑨ 调取存储模块农产品超标概率预测结果，以农产品超标概率范围（0 ～ 20%、20% ～ 40%、40% ～ 60%、60% ～ 80%、80% ～ 100%）将某县待识别区域划分为 5 个区域，最终形成农产品超标概率预测分布图，其局部示例见图 2-16。

表2-1 部分土壤点位信息展示

序号	唯一标识码	地理位置		检测值 /（mg/kg）												
		经度	纬度	**Cd**	**As**	**Pb**	**Cr**	**Cu**	**Zn**	**Ni**	**Mg**	**Fe**	**Mn**	**Ca**	**Si**	**Se**
1	000001	106.969259° E	24.314143° N	0.35	12.3	56.4	0.15	25.4	0.25	2.59	2100	101	52.1	45.8	245	0.12
2	000002	106.969258° E	24.332629° N	0.55	26.7	14.3	0.24	58.7	2.11	4.57	1500	157	78.7	35.2	258	0.09
3	000003	106.969257° E	24.351114° N	2.37	2.24	51.2	0.25	103	1.06	8.99	3500	157	921	58.7	145	0.18
4	000004	107.028535° E	24.351113° N	1.24	8.66	6.35	1.22	78.3	1.57	6.35	2156	241	47.6	65.5	90	0.21
5	000005	107.048293° E	24.351112° N	2.02	9.45	55.4	1.27	25.5	1.22	1.22	1445	98.2	120	24.6	322	0.55

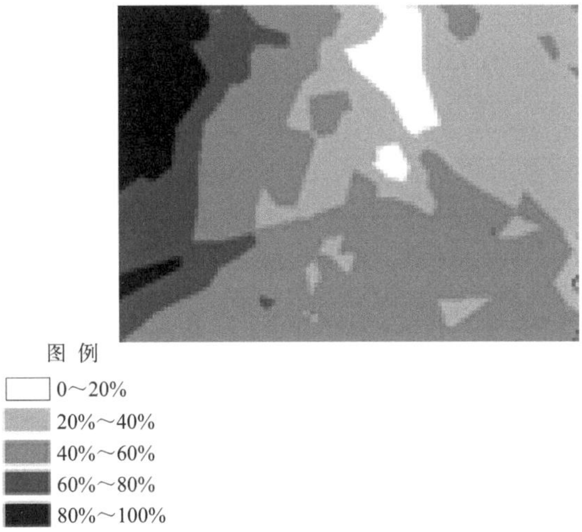

图 2-16　某县农产品超标概率预测分布局部展示

2.3 风险评估

2.3.1　概念

风险评估是指对污染区域对人体和生态环境损害进行分析和评估的过程，一般包括损害的性质、损害的程度、发生的概率等方面。在土壤污染调查的基础上，协同开展农产品质量调查，分析土壤污染状况，评估农产品污染物超标风险，为农产品产地划分风险水平提供依据。

2.3.2　评估原则

农产品产地重金属风险评估一般遵循继承性、针对性、可操作性等原则。

（1）继承性

充分继承使用评估区域内已有土壤环境调查数据，统筹考虑农产品质量协同调查数据，保障评估结果的科学性与可靠性。

（2）针对性

以农产品质量安全为首要评估依据，兼顾土壤环境质量，通过补充调查获取充足的土壤 - 农产品重金属含量一一对应的数据，开展土壤 - 农产品协同风险评价，为下一步农产品产地精准风险管控与修复提供依据。

（3）可操作性

充分考虑实际情况，结合已有工作基础和资源条件合理评价农产品产地重金属污染风险，评估程序和方法具有可接受性和易操作性。

2.3.3 评估方法

在开展风险评估中，常用的评估方法是单因子污染指数法和内梅罗综合污染指数法。单因子污染指数法具有计算简单、数据需求量较少等优点。单因子污染指数法在一定程度上是某些评价方法和分级标准的基础。内梅罗综合污染指数法是以单因子污染指数法为基础的可以对所有污染物进行集中评价的一种评价方法，它将所有污染物污染指数的平均值和污染指数最大的污染物的指数值结合在一起进行运算，既考虑了各个污染物对环境的危害程度，又保证了高浓度污染物对综合指数的贡献不被削弱。

2.3.3.1 单因子污染指数法

单因子污染指数法的公式为：

$$P_i = \frac{C_i}{S_i}$$

式中 P_i——重金属i的单因子污染指数；

C_i——重金属i环境实测值，mg/kg；

S_i——参比值，mg/kg。

通过 P_i 值的大小来判断土壤污染状况。当 $P_i < 1$ 时，判定该土壤未遭受污染；当 $P_i \geqslant 1$ 时，则说明土壤已经遭到了污染，并且 P_i 值越大说明污染越严重。

2.3.3.2 内梅罗综合污染指数法

内梅罗综合污染指数法的公式为：

$$P_{综合} = \sqrt{\frac{\left(P_{i\text{ave}}\right)^2 + \left(P_{i\max}\right)^2}{2}}$$

式中 $P_{综合}$——评价地的综合污染指数；

$P_{i\text{ave}}$——该评价过程中所有污染物污染指数的平均值；

$P_{i\max}$——该评价过程中污染指数最大的污染物的指数值。

2.3.4 评估流程

农产品产地重金属风险评估流程主要包括基础资料和数据收集、划分调查单元、布点调查、点位风险评估、划分风险单元、形成评估结论、不确定性分析、提出风险管控策略、撰写风险评估报告等（图 2-17）。

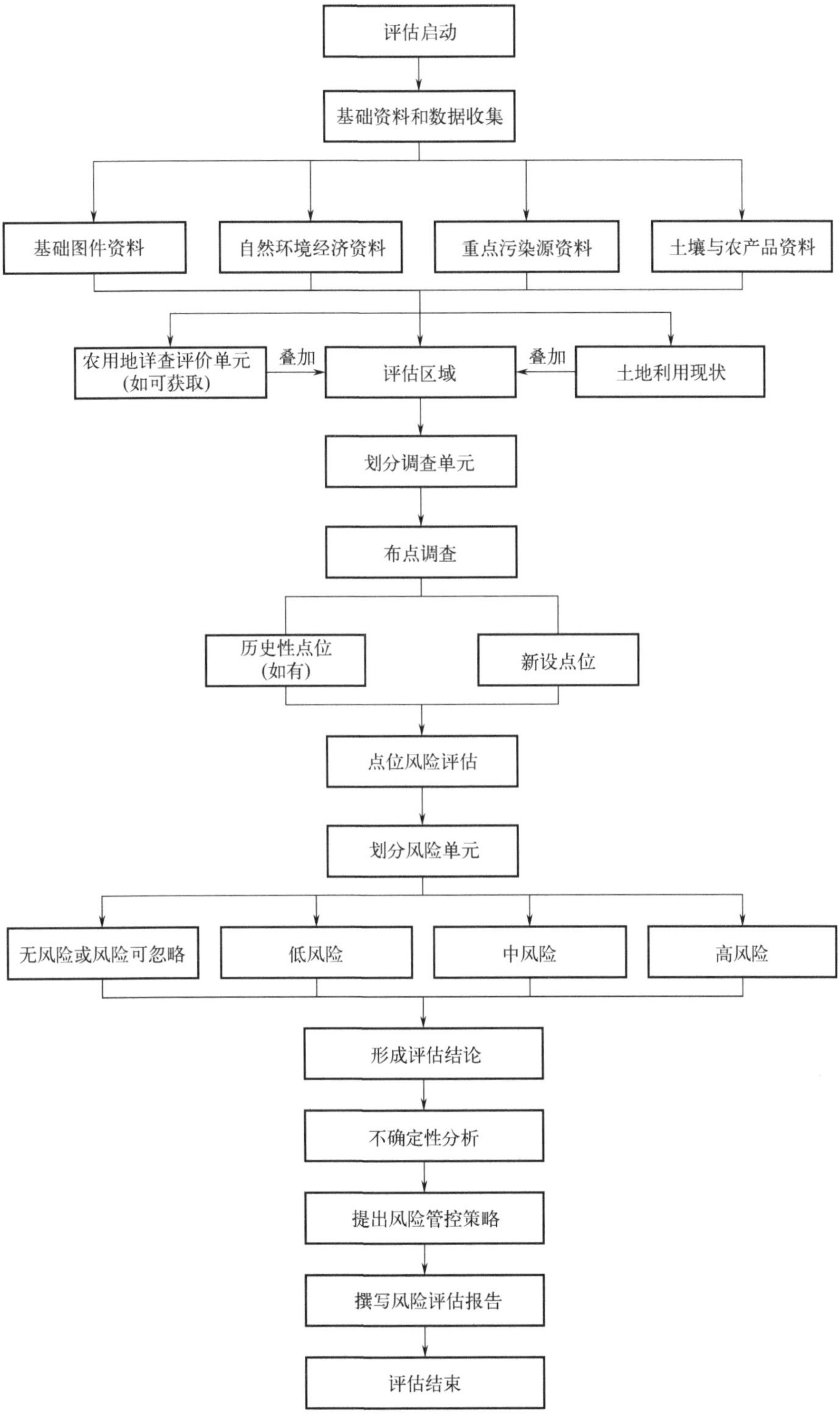

图 2-17　农产品产地重金属风险评估流程

2.3.4.1 基础资料和数据收集

在农产品产地重金属风险评估工作开展之前，应收集相关资料，包括但不限于以下内容。

（1）基础图件资料

主要包括行政区划、土地利用现状、土壤类型、地形地貌、河流水系等矢量图件及最新高分辨率遥感或者低空航拍影像及其矢量化数据。

（2）自然环境经济资料

主要包括地理位置、土壤理化性质、成土母质、植被、气候与气象、自然灾害等自然环境资料。此外，还包括人口状况、农业生产、工业布局、农田水利和农村能源结构情况，当地人均收入水平、主栽农产品、种植结构和耕作制度等经济资料。

（3）重点污染源资料

主要包括行政区域内重点土壤污染工矿企业所属行业类型、空间位置分布等，主要污染物种类及排放途径；农业灌溉水质，农药、化肥、农膜等农业投入品的使用情况及畜禽养殖废物处理处置情况；固体废物堆存、处理处置场所分布；大气沉降情况；等等。

（4）土壤与农产品资料

收集评估区域内多年来的土壤与农产品重金属含量数据。数据来源包括且不限于全国农用地土壤污染状况详查、农产品产地土壤重金属污染普查、多目标区域地球化学调查、农产品产地土壤重金属监测等土壤污染调查数据，其他生态环境、农业农村、自然资源等部门相关调查数据，相关科学研究的调查数据等。依据相关标准和规范对有关数据质量进行审核，剔除无效数据，保障数据质量。对于同一点位存在不同时期历史数据的，原则上应采用较新的数据。

2.3.4.2 划分调查单元

若可获取评估区域内全国农用地土壤污染状况详查数据，则将评估区域与全国农用地土壤污染状况详查的评价单元（分优先保护、安全利用与严格管控 3 类，以下简称详查评价单元）及自然资源部门最新土地利用现状图中的农产品产地分布区叠加，按水田、旱地（含水浇地，下同）2 类，将评估区域分割为不同污染程度的调查单元。若难以获取详查评价单元，则直接叠加土地利用现状图，将评估区域划分为水田、旱地 2 类调查单元。为便于开展调查工作，一般一个调查单元的面积不超过 667hm^2。

2.3.4.3 布点调查

（1）布点密度

每个调查单元内用于风险评估的土壤 - 农产品数据一一对应的点位（以下简称成对点位）数量应不少于 10 个（对于周边没有污染源且未出现地类性质变更等情况的历史性成对点位，可保留使用），布点密度参考表 2-2。若调查单元根据布点密度计算的点位数量少于 10 个，则按照 10 个计。如调查单元面积地形破碎，或土壤与农产品重金属含量变异较大，可适当提高布点密度；当地形平坦、种植结构单一、土壤类型单一时，可酌情降低布点密度，但不得少于 10 个。

表2-2　调查单元成对点位布点密度

类型	优先保护类	安全利用类	严格管控类
水田	（300m×300m）/点～（500m×500m）/点	（200m×200m）/点～（300m×300m）/点	（100m×100m）/点～（200m×200m）/点
旱地	（500m×500m）/点～（1000m×1000m）/点	（300m×300m）/点～（500m×500m）/点	（200m×200m）/点～（300m×300m）/点

注：1. 每个调查单元内应确保成对点位不低于 10 个。例如某评估区域 $10hm^2$，全部为水田，分为 2 个调查单元，其中安全利用类调查单元 $7hm^2$（历史性成对点位 2 个）、严格管控类调查单元 $3hm^2$（历史性成对点位 1 个），则安全利用类调查单元至少还需补充成对点位 8 个，严格管控类调查单元至少还需补充成对点位 9 个。

2. 对于未叠加详查评价单元的调查单元，统一采用优先保护类的布点密度。例如，划分为水田的某调查单元，按照（300m×300m）/ 点～（500m×500m）/ 点的密度布点。

（2）布点位置

基于布点密度计算出调查单元成对点位数量后，在调查单元内进行网格布点。在网格内选择有代表性的农产品地块中间的开阔地带进行布点：

① 如果网格内地块间面积差异明显，优先选择面积最大的地块；

② 如果网格内地块间面积差异不明显，优先选择网格中心位置的地块；

③ 如果网格内同时存在水田、旱地，优先选择农产品超标风险较高的区域；

④ 如果网格内高程差别十分明显（如沟谷、丘陵、梯田等），优先选择地势较低的地块；

⑤ 当网格中农产品产地面积占比小于 10% 时可不布设点位；

⑥ 历史性成对点位所在网格若周边无污染源，且未出现地类性质变更等情况，可不布设点位。

（3）样品采集

土壤与农产品采样方法按照 NY/T 395 与 NY/T 398 的规定执行。

土壤及农产品的采样遵循以下原则：

① 协同采集土壤与农产品一一对应的样品，其中土壤采集于作物根际周边；

② 连续采集三季主栽农产品，对于轮作、间套作等情况，采集重金属风险最高的主栽农产品。

2.3.4.4 样品检测

包括土壤基本理化性质（土壤 pH 值、阳离子交换量和有机质含量等）及土壤与农产品样品的重金属含量（镉、汞、砷、铅、铬等）。参考表 2-3 规定的方法开展土壤重金属分析，参照 GB 5009.11、GB 5009.12、GB 5009.15、GB 5009.17、GB 5009.123，分别测定农产品中总砷（或无机砷，根据 GB 2762）、总铅、总镉、总汞和总铬含量；或参照 GB 5009.268，测定农产品中多种重金属含量。

表2-3 土壤污染物分析方法

序号	项目	分析方法	标准编号
1	镉	土壤质量 铅、镉的测定 石墨炉原子吸收分光光度法	GB/T 17141
		土壤和沉积物 12 种金属元素的测定 王水提取 - 电感耦合等离子体质谱法	HJ 803
2	汞	土壤质量 总汞的测定 冷原子吸收分光光度法	GB/T 17136
		土壤质量 总汞、总砷、总铅的测定 原子荧光法 第 1 部分：土壤中总汞的测定	GB/T 22105.1
		土壤和沉积物 汞、砷、硒、铋、锑的测定 微波消解 / 原子荧光法	HJ 680
		土壤和沉积物 总汞的测定 催化热解 - 冷原子吸收分光光度法	HJ 923
3	砷	土壤和沉积物 汞、砷、硒、铋、锑的测定 微波消解 / 原子荧光法	HJ 680
		土壤和沉积物 12 种金属元素的测定 王水提取 - 电感耦合等离子体质谱法	HJ 803
		土壤质量 总汞、总砷、总铅的测定 原子荧光法 第 2 部分：土壤中总砷的测定	GB/T 22105.2
4	铅	土壤质量 铅、镉的测定 石墨炉原子吸收分光光度法	GB/T 17141
		土壤质量 总汞、总砷、总铅的测定 原子荧光法 第 3 部分：土壤中总铅的测定	GB/T 22105.3
		土壤和沉积物 无机元素的测定 波长色散 X 射线荧光光谱法	HJ 780
		土壤和沉积物 12 种金属元素的测定 王水提取 - 电感耦合等离子体质谱法	HJ 803
5	铬	土壤和沉积物 铜、锌、铅、镍、铬的测定 火焰原子吸收分光光度法	HJ 491
		土壤和沉积物 无机元素的测定 波长色散 X 射线荧光光谱法	HJ 780
		土壤和沉积物 12 种金属元素的测定 王水提取 - 电感耦合等离子体质谱法	HJ 803

2.3.4.5 点位风险评估

根据采样调查点位土壤和农产品重金属含量情况进行土壤与农产品协同风险评估，点位协同风险评估等级划分见表 2-4。历史性成对点位也纳入评估范畴。当同一点位存在多种重金属污染时，点位协同风险评估结果取 5 种重金属中风险最高的元素进行确定，例如某点位同时存在镉、铅两种重金属污染物，该点位依据镉级别划为中风险，依据铅级别划为高风险，综合考虑该点位应划为高风险；当同一点位不同季风险不同时，取风险最高季进行确定，例如某点位基于第 1 季水稻样品重金属含量划为低风险，基于第 2 季水稻样品重金属含量划为中风险，基于第 3 季水稻样品重金属含量划为低风险，综合考虑该点位应划为中风险。

表2-4　点位协同风险评估等级划分

情形	划分依据		风险水平	划分依据说明
	土壤重金属含量（C_i）	农产品重金属含量（E_i）		
1	$C_i \leqslant S_i$	$E_i \leqslant P_i$	无风险或风险可忽略	土壤重金属含量未超过筛选值，农产品达标，表明生产环境对农产品安全的风险总体可忽略
2	$S_i < C_i \leqslant G_i$	$E_i \leqslant P_i$	低风险	土壤重金属含量在筛选值和管制值之间，但农产品未超标，提示生产环境对农产品安全存在一定潜在风险
3	$C_i > G_i$	$E_i \leqslant P_i$	中风险	土壤重金属含量超过管制值，虽然农产品尚未超标，但生产环境对农产品有较大潜在风险
4	$C_i \leqslant S_i$	$E_i > P_i$		土壤重金属含量未超过筛选值，但农产品超标，表明生产环境对农产品安全已造成一定危害
5	$S_i < C_i \leqslant G_i$	$E_i > P_i$		土壤重金属含量在筛选值和管制值之间，农产品超标，表明生产环境对农产品安全已构成一定危害
6	$C_i > G_i$	$E_i > P_i$	高风险	土壤重金属含量超过管制值，农产品超标，表明生产环境对农产品安全已构成较大危害

注：1. S_i 和 G_i 分别为 GB 15618 中的筛选值和管制值。

2. P_i 为 GB 2762 中规定的农产品污染物限量标准值。

2.3.4.6 划分风险单元并判定其风险

当调查单元内各调查点位风险水平一致时，则调查单元即为同一风险水平的风险单元；否则应根据调查单元内各点位风险水平，按照聚类原则，利用空间插值法结合专家判断、现场踏勘等，将调查单元划分为不同的风险单元，尽量使每个风险单元内的各点位风险水平保持一致。

判定风险单元风险水平包括 4 种情形。

① 当风险单元内各点位风险水平一致时，则该点位风险水平即为该风险单元的风险水平，如图 2-18 所示（书后另见彩图）。

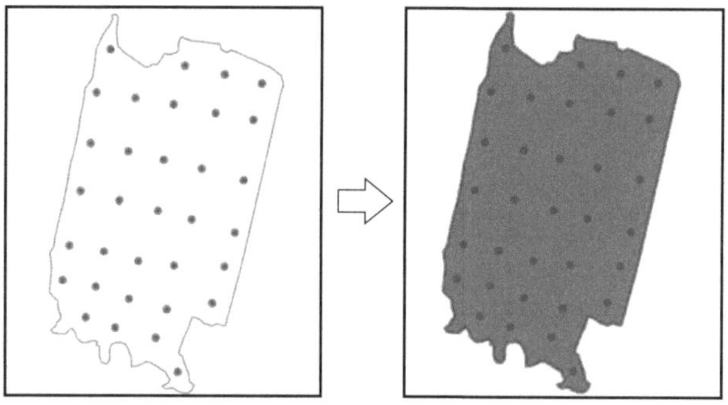

图 2-18 风险单元判定示意图（情形 1）

② 当风险单元内存在不同风险水平的点位时，某类风险水平的点位数量占比超过 80%，其他点位（非高风险点位）不连续分布，该单元则按照优势点位的风险水平计，如图 2-19 所示（书后另见彩图）；如果存在 2 个或 2 个以上非优势点位连续分布，则按地物边界（地块边界、村界、道路、沟渠、河流等）划分出连续的非优势点位对应的风险单元，如图 2-20 所示（书后另见彩图）。

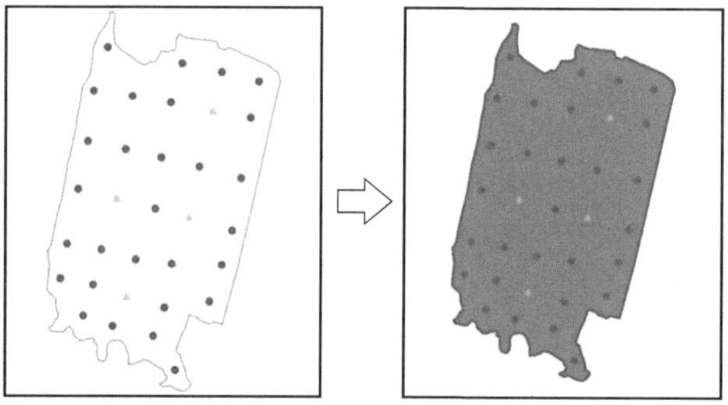

图 2-19 风险单元判定示意图（情形 2-1）

③ 对孤立的高风险点位，对样品根据影像信息或实地踏勘情况划分出对应的高风险类范围；如果无法判断边界，则按最靠近的地物边界（地块边界、村界、道路、沟渠、河流等）划出合理、较小的面积范围，如图 2-21 所示（书后另见彩图）。

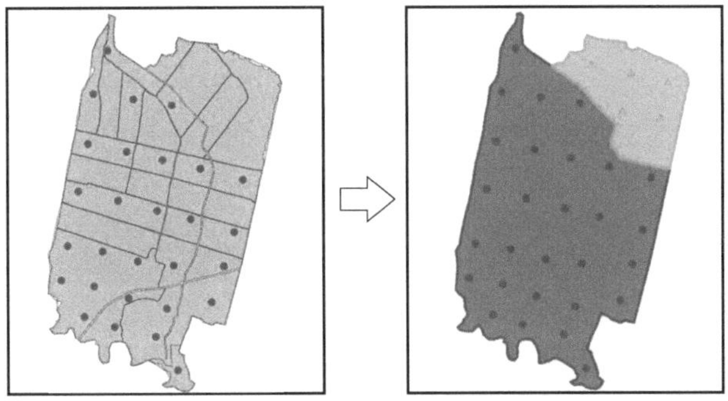

图 2-20　风险单元判定示意图（情形 2-2）

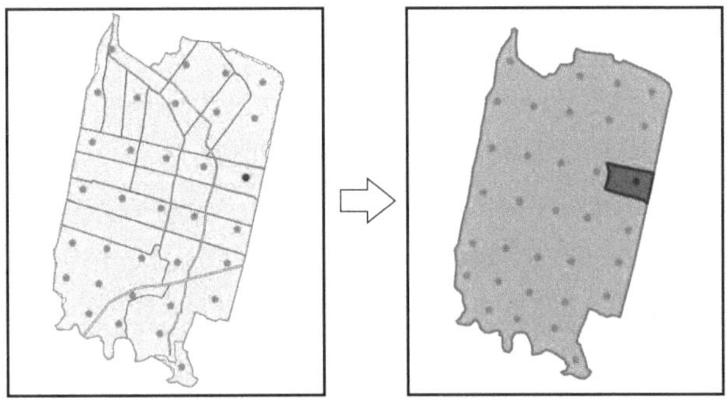

图 2-21　风险单元判定示意图（情形 3）

④ 当风险单元内存在不连续分布的中低风险点位，且无优势点位时，可将该风险单元划为中风险类，如图 2-22 所示（书后另见彩图）。

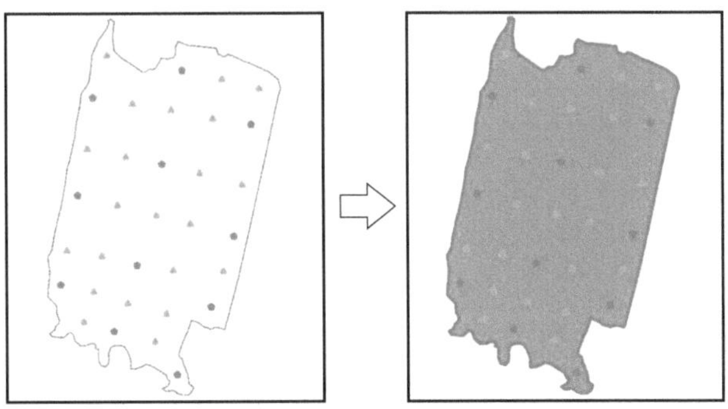

图 2-22　风险单元判定示意图（情形 4）

● 无风险或风险可忽略点位；▲ 低风险点位；⬟ 中风险点位；

⬢ 高风险点位；▬ 无风险或风险可忽略区域；▬ 低风险区域；▬ 中风险区域；▬ 高风险区域

在镉、汞、砷、铅、铬单因子风险单元划分的基础上，将以上因子叠合形成新的风险单元，风险单元的风险水平按最高风险确定。

2.3.4.7 不确定性分析

分析造成农产品产地重金属风险评估结果不确定性的主要来源及其对评估结论的影响，包括评估过程中遇到的限制条件、欠缺信息等。

2.3.4.8 提出风险管控策略

农产品产地重金属风险水平与风险管控策略对应表见表 2-5。

表2-5 农产品产地重金属风险水平与风险管控策略对应表

风险水平	风险管控策略
无风险或风险可忽略	坚持最严格的耕地保护制度，防止新增污染。对于安全利用类或严格管控类耕地上的无风险或风险可忽略的风险单元，可考虑在耕地土壤环境质量类别动态更新时，将这部分单元调整为优先保护类耕地
低风险	定期开展土壤和农产品协同监测与评价，加强对农民、农业合作社等的技术指导与培训。对于安全利用类耕地或严格管控类耕地上的低风险单元，可考虑在耕地土壤环境质量类别动态更新时，将这部分单元调整为优先保护类耕地
中风险	在低风险单元风险管控措施的基础上，采取品种调整、水肥调控等农艺调控类措施，降低农产品超标风险；上述措施难以奏效时，再考虑选取钝化调理、植物提取等治理修复类措施。修复活动应当优先采取不影响农业生产、不降低土壤生产功能的生物修复措施，阻断或减少污染物进入农产品可食部分。对于优先保护类或严格管控类耕地上的中风险单元，可考虑在耕地土壤环境质量类别动态更新时，将这部分单元调整为安全利用类耕地
高风险	采取种植结构调整、划定特定农产品严格管控区、退耕还林还草、退耕还湿、轮作休耕、轮牧休牧等严格管控类措施。根据情况开展土壤和农产品协同监测与评价，加强对农民、农业合作社等的技术指导与培训。对于优先保护类或安全利用类耕地上的高风险单元，可考虑在耕地土壤环境质量类别动态更新时，将这部分单元调整为严格管控类耕地

2.3.4.9 撰写风险评估报告

（1）撰写要求

在完成全部风险评估工作的基础上，总结分析风险评价过程和结论，客观评价目标区域内农产品产地重金属风险情况及其管控措施与对策，撰写评价报告。

（2）报告内容和格式

报告主要包括评估区域概况、编制依据、资料收集与分析、点位布设与采样检测、划分调查单元、点位风险评估、划分风险单元、评估结论、不确定性分析、风险管控策略建议、附件等内容。

2.3.4.10 结论与建议

评价结论应明确评价区域内重金属可能的来源、污染类型与风险水平，根据风险评估结论提出目标区域内农产品产地重金属风险管控措施的建议或方案。

参考文献

[1] 王哲，张国盛，王颖. 包钢尾矿坝土壤重金属污染诊断 [J]. 安徽农业科学，2008, 36(12): 5149-5150, 5168.

[2] 邓源，樊亚男，吴秋梅，等. 基于便携式 X 射线荧光光谱速测的设施菜地土壤重金属污染诊断与评价 [J]. 土壤学报，2024, 61(1): 174-186.

[3] 潘法康，张瑾，王楚石，等. 重金属铬胁迫对薄荷生长及生理特性的影响 [J]. 安徽建筑大学学报，2020, 28(3): 38-41.

[4] 史志明，徐莉，胡锋. 蚯蚓生物标记物在土壤生态风险评价中的应用 [J]. 生态学报，2014, 34(19): 5369-5379.

[5] 程金金，宋静，吕明超，等. 多氯联苯对我国土壤微生物的生态毒理效应 [J]. 生态毒理学报，2014, 9(2): 273-283.

[6] 涂晔昕，费腾. 从植被高光谱遥感到土壤重金属污染诊断的研究进展 [J]. 湖北农业科学，2016, 55(6): 1361-1368.

[7] 吴媛媛，赵恬茵，刘东东. 土壤污染遥感研究进展及应用展望 [J]. 现代农村科技，2023(5): 97-99.

[8] 杜波. 钒钛磁铁矿尾矿库周边农用土壤重金属污染诊断 [J]. 四川环境，2020, 39(5): 113-118.

[9] 张庭婷，汪沛，黄建洪，等. 滇西典型甘蔗种植地土壤环境质量及风险评估 [J]. 土壤通报，2023, 54(4): 920-929.

第3章

典型重金属在土壤-作物-人体系中的迁移与阻控

- 重金属从土壤向农产品的迁移能力分析
- 土壤溶液中的镉
- 土壤镉的活化机制
- 镉生物有效性与土壤镉空间变异特征的联系
- 水稻镉吸收和转运的分子机制
- 稻米镉污染与人体健康
- 砷的生物地球化学过程
- 砷的水稻吸收与积累的分子机制
- 水稻籽粒镉、砷积累的阻控措施

3.1 重金属从土壤向农产品的迁移能力分析

重金属从土壤向农产品迁移的行为存在很大差异，根据迁移能力可以划分为四类（表 3-1）[1,2]。第一类是在土壤中生物有效性较低、迁移能力较弱的重金属，如 Hg、Pb、Cr(Ⅲ) 等。第二类是在植物体内转运能力较弱、易在植物根部积累，但难向植物地上部或可食部分迁移的重金属，如 Hg、Pb 和 As（对于旱地作物）等。第三类是对植物毒性强的重金属，如 Ni、Cu、Cr(Ⅵ)、Zn 等。当这类重金属污染土壤时，植物和土壤生物受到毒害现象明显，这也会在很大程度上限制它们向农产品中积累；对于这类重金属，更多关注的是它们的生态安全风险。其中，重金属 Cr(Ⅵ) 要比 Cr(Ⅲ) 的生物毒性大，迁移能力强，容易引起地下水污染。第四类是向农产品迁移能力较强的重金属，如 Cd 和 As 等。在土壤淹水条件下，砷以三价亚砷酸的化学形态存在，迁移性较强，并且水稻对 As(Ⅲ) 有很强的吸收能力，因此在稻田土壤中，砷也属于第四类重金属。第四类重金属通常在对植物产生毒性之前，在可食部位积累到一定程度，通过食物链对人体健康产生危害，对于这类重金属，更应关注它们的农产品安全风险。目前我国南方部分污染地区稻米镉、砷含量超标情况严重，成为威胁我国农产品安全最为突出的两种污染元素。因此本章主要围绕稻田土壤 Cd、As 污染问题，综述它们的生物地球化学过程、水稻积累的分子遗传机制以及水稻低积累品种筛选方面的一些最新的研究进展，最后从安全利用的角度探讨镉和砷污染农田的阻控策略。

表3-1　我国农田土壤重金属污染物以及生态安全和农产品安全风险

土壤重金属污染物	点位超标率/%	第一类 溶解度低，迁移能力弱	第二类 植物转运能力弱	第三类 植物毒性强	第四类 农产品积累风险高
镉（Cd）	7.0				
镍（Ni）	4.8				
砷（As）	2.7		非水稻作物		水稻
铜（Cu）	2.1				
汞（Hg）	1.6				
铅（Pb）	1.5				
铬（Cr）	1.1	Cr(Ⅲ)		Cr(Ⅵ) 易向地下水迁移	
锌（Zn）	0.9				

3.2 土壤溶液中的镉

土壤镉的活性可以通过土壤镉的溶解度或土壤镉的提取率（提取液中镉 / 土壤总镉）来衡量，主要受土壤理化性质、土壤吸附 - 解吸反应、土壤氧化 - 还原状态等因素或过程的影响。土壤溶液相中镉通常仅占总镉的很小部分，未污染土壤溶液中镉含量通常在 1μg/L 以下[3]，即使在酸性镉污染土壤中，土壤溶液相中镉浓度基本不会超过 100μg/L（约 1μmol/L），即溶解态镉占土壤总镉比例不超过 1.5%[4]。

土壤溶液相中镉含量主要受吸附或沉淀两种机制控制。对于多数土壤（总镉含量：0.1 ～ 10mg/kg），土壤溶液镉含量主要受土壤固相吸附 - 解吸过程以及随后在溶液相中进行的络合反应控制，吸附机制通常使 pH 中性土壤溶液镉离子浓度低于 10μg/L。吸附机制具有以下几个特征：

① 土壤质地对镉吸附影响较小；

② 由于吸附位点的异质性，镉浓度低时吸附强，符合 L（Langmuir）型吸附等温式规律；

③ pH 值对镉吸附影响很大；

④ Ca^{2+} 与 Cd^{2+} 相比，吸附能力要弱得多，因此需要较高的 Ca^{2+} 浓度才能把吸附的 Cd^{2+} 解吸出来[5,6]。

沉淀机制仅发生在碱性或镉严重污染的土壤。Khaokaew 等[7] 利用 X 射线吸收精细结构谱（XAFS）发现在中性镉严重污染的稻田土壤中（Cd：142mg/kg；pH=7.3）部分镉以难溶性 $CdCO_3$ 化学形态存在。根据 $CdCO_3$ 的溶度积（$K_{sp}=10^{-12}$）预测，在 pH 中性或碱性土壤中，沉淀过程的发生需要土壤溶液中镉浓度超过 55μg/L，这意味着土壤总镉含量要超过 100mg/kg，这么高镉浓度在农田土壤中是较少见的。

土壤有机质、Al/Fe/Mn 氧化物或氢氧化物、黏土矿物是土壤中镉的主要吸附剂，主要通过表面的羧基、酚基团等含氧官能团结合。因此，质子是土壤镉吸附的主要竞争阳离子。土壤有机质、金属氧化物 / 氢氧化物对 Cd^{2+} 的吸附通常以专性吸附为主，吸附能力总体较黏土矿物强。腐殖酸和 Fe 氧化物 / 氢氧化物对 Cd^{2+} 的吸附选择性比 Ca^{2+} 强（＞ 200 倍），与 Zn^{2+} 相近，但比 Cu^{2+} 低几个数量级[8]。土壤中 Ca^{2+} 浓度范围在 10^{-3} ～ 10^{-2}mol/L，要比 Cd^{2+} 浓度（10^{-9} ～ 10^{-7}mol/L）高几个数量级，因此，Ca^{2+} 能很容易竞争黏土矿物上 Cd^{2+} 吸附位点，这意味着利用黏土矿物的吸附作用来降低土壤镉的活性需要考虑土壤中 Ca^{2+} 等二价阳离子的竞争效应，在大多数土壤中利用黏土矿物专性吸附降镉活性可能并不是十分奏效。

镉化学形态模型预测表明，当土壤 pH ＜ 6.5，镉主要与土壤有机质结合；当土壤 pH ＞ 6.5，Fe/Mn 氧化物成为主要吸附位点。土壤中无定形 Mn 氧化物与镉的结合能力强于 Al/Fe 氧化物 / 氢氧化物，因此，Mn 氧化物含量高的土壤通常镉的活性较低[9,10]；移除 MnO_2 通常比移除有机质或 Fe 氧化物对土壤 Cd 的吸附能力影响更大[11]。

土壤溶液中的镉可以通过土壤 pH 值、有机质和总镉含量来预测[8]：lg $[Cd_{solution}]$ = 3.66–0.48 pH_{CaCl_2}–0.72 lg [有机质] + 1.12 lg [土壤总镉]。其中，$[Cd_{solution}]$ 为土壤溶液或土壤提取态镉含量（μg/L），pH_{CaCl_2} 为 $CaCl_2$ 提取液的 pH 值，有机质含量（%）为 1.724× 有机碳含量（%），土壤总镉为王水提取态镉含量（mg/kg）。从这个公式可以看出，pH 值每升高 1 个单位，土壤溶液镉含量约降低 3/4；相比而言，土壤有机质含量加倍能增加土壤溶液镉含量 1.6 倍，土壤总镉与土壤溶液中的镉含量基本呈比例增加。因此，土壤 pH 值是影响土壤溶液镉含量的最主要因素。

土壤溶液中的络合反应也会影响土壤溶液镉含量。在盐分较高土壤中，Cl^- 与 Cd^{2+} 能形成 $CdCl_n^{2-n}$ 络合物，该反应能提高镉的移动性。因此，Cl^- 含量过高的灌溉水会增加蔬菜可食部位中镉的积累[12]。化学形态模拟表明，土壤溶液镉主要以自由态 Cd^{2+} 形态存在，仅在较高的土壤 pH 值下，可溶性有机质（DOM）与 Cd 的络合物 Cd-DOM 才比较重要。增加土壤有机质对土壤镉的溶解度影响较小，因此土壤有机质对镉向地下水或地表水迁移的作用可能不是很大[8,13]。

3.3 土壤镉的活化机制

土壤镉活性是动态的，随着土壤氧化 - 还原条件改变而变化。淹水会使土壤中硫酸盐还原生成 S^{2-}/HS^-，能与 Hg^{2+}、Cu^{2+}、Pb^{2+}，Cd^{2+}、Zn^{2+} 等亲硫重金属离子形成金属硫化物微纳米颗粒，这些微纳米颗粒能增强重金属在土壤空隙中的迁移[14-17]。

不同金属硫化物的溶度积不同，HgS ($pK_{sp} = -39.5$) < CuS ($pK_{sp} = -22.3$) < CdS ($pK_{sp} = -14.4$) < PbS ($pK_{sp} = -14.0$) < ZnS ($pK_{sp} = -11.5$)。除了这些亲硫重金属能形成金属硫化物外，土壤淹水导致 Fe/Mn 氧化物还原溶解，释放出大量的 Mn^{2+} 和 Fe^{2+}，也会生成 FeS ($pK_{sp} = -3.6$) 或 MnS ($pK_{sp} = 0.2$)[18]。由于不同亲硫重金属与 S^{2-}/HS^- 结合能力不同，所以土壤中重金属和硫酸盐含量会影响到土壤还原条件下镉的活性。当硫酸盐含量超过所有亲硫重金属时，硫酸盐还原过程会导致硫化镉生成，土壤镉的溶解度下降；当铜和镉等亲硫重金属含量超过硫酸盐时，硫酸盐还原产生的 S^{2-}/HS^- 不足以形成所有的金属硫化物，铜会与镉竞争结合有限的 S^{2-}/HS^-。因此，在铜含量较高、硫酸盐含量不足的土壤中，即使在淹水强还原条件下，土壤镉的活性也较高[19]。当稻田土壤排水氧化后，硫化镉会发生氧化溶解，重新释放出镉，土壤镉的溶解度大幅上升。

不同金属硫化物的电化学势也不同，如在 pH 值为 5.5 的情况下，CuS[(425.6±9.6)mV] > PbS [(343.5±24.8)mV] > CdS[(361.2±20.0)mV] > ZnS [(242.9±3.5)mV] >

MnS[(87.4±9.1)mV] [15]。当土壤从淹水还原状态过渡到排水氧化状态，氧气进入土壤，不同金属硫化物都会发生氧化溶解。同时，不同金属硫化物之间由于电化学势不同会构成原电池（图 3-1）[15]，电化学势低的金属硫化物会作为原电池的阳极，优先发生氧化溶解，S^{2-} 氧化释放电子并传递给电化学势较高的金属氧化物（阴极），从而抑制作为阴极的金属硫化物的氧化溶解。例如，在 ZnS-CdS 构成的原电池中，由于 ZnS 电化学势低，作为原电池的阳极，优先发生氧化溶解，会释放出电子传递给 CdS，抑制作为阴极的 CdS 的氧化溶解；而在 CuS-CdS 构成的原电池中，CdS 的电化学势低而优先发生氧化溶解，CuS 的存在会促进 CdS 的氧化溶解；在 PbS-CdS 构成的原电池中，由于 PbS 的电化学势与 CdS 接近，因此 PbS 对 CdS 的氧化溶解的影响较小。根据原电池效应，MnS 的存在会抑制 CdS 的氧化溶解，而 HgS 的存在会促进 CdS 的氧化溶解。

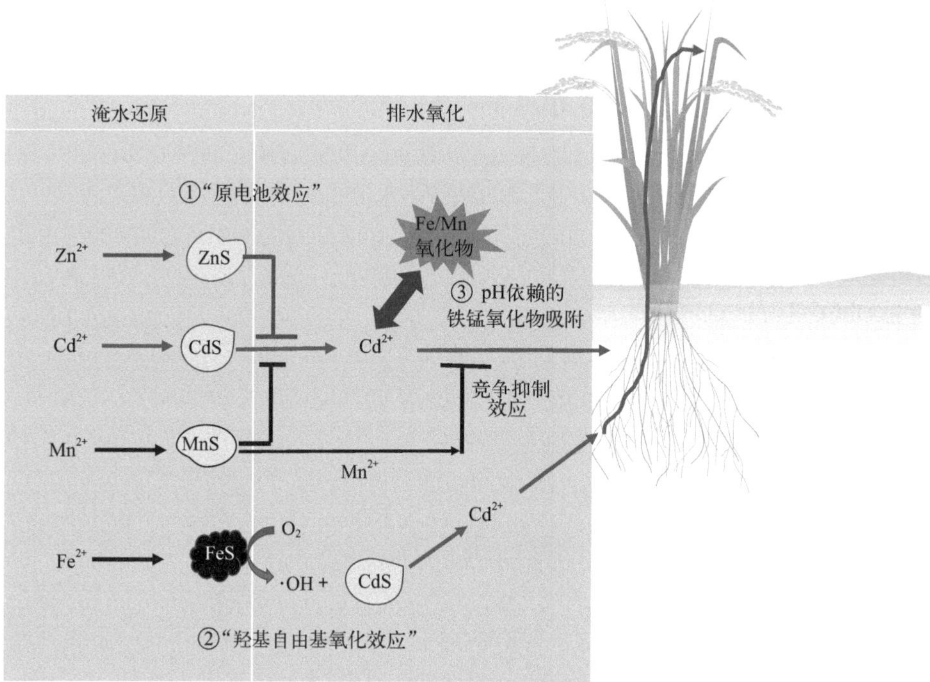

图 3-1　稻田土壤影响镉活性和稻米镉积累的关键生物地球化学过程

当稻田硫酸盐还原和亚铁离子含量较高时，长期淹水会产生大量的硫化亚铁（FeS）。在土壤排水氧化后，FeS 氧化反应能产生大量的羟基自由基（·OH），后者能直接氧化 CdS（图 3-1）[20]。由此，FeS 可以通过三种作用来影响 CdS 的氧化溶解：在氧化初始阶段，FeS 与 CdS 之间也会存在原电池效应，会抑制 CdS 的氧化溶解；随着氧化进行，FeS 氧化产生·OH 与铁氧化物，改变了 FeS 的电化学势，从而削弱甚至逆转 CdS-FeS 原电池效应；此外，产生的·OH 能直接氧化 CdS，促进 CdS 的氧化溶解。随着稻田土壤排水氧化的进行，自由基氧化效应逐渐占主导地位，从而导致土壤镉释放速率大幅增加。

由于土壤性质差异，不同土壤在淹水阶段生成的金属硫化物比例差异很大，在稻田排水后会构成不同类型的原电池，此外不同土壤产生的 FeS 数量的不同也会影响到·OH 的氧化效应，这些因素是导致不同土壤排水氧化阶段镉释放速率差异的重要原因。

此外，在土壤排水氧化阶段，CdS 氧化溶解受“原电池效应”“羟基自由基氧化效应”控制，释放出来的 Cd^{2+} 会在土壤固 - 液相分配，这个分配过程主要受 pH 依赖的铁锰氧化物吸附过程控制 [4]。土壤 pH 值越低，镉越易向土壤溶液分配，土壤镉的活性就越高；一般来说，pH 值下降 1 个单位，镉向土壤溶液分配就会提高 3 ～ 4 倍。酸性土壤在淹水还原阶段，质子逐渐被消耗，土壤 pH 值逐渐升高接近中性，但当稻田排水氧化后，pH 值又会逐渐下降到起始的土壤 pH 值，土壤溶液相中镉的含量增加，这是酸性污染土壤稻米镉含量超标的一个重要原因。另外，微生物介导的土壤铁循环对重金属移动性也有很强的影响，通过调控土壤铁的氧化还原过程也能改变土壤镉的活化过程 [21,22]。

上述“原电池效应” [15] “羟基自由基氧化效应” [20] “pH 依赖的铁锰氧化物吸附” [4] 机制具有普适性（图 3-1），不仅适用于稻田系统，还适用于湿地、沉积物以及有着从还原态向氧化态过渡的环境系统，对镉和其他亲硫重金属元素的生物地球化学过程具有重要的影响。

3.4 镉生物有效性与土壤镉空间变异特征的联系

区域尺度上稻米镉与土壤镉之间的相关关系通常较差，相关系数 R^2 通常小于 0.2，纳入土壤 pH 值等理化性质都很难提高两者之间的相关性 [23,24]。这给土壤环境质量类别划分带来很大的不确定性，常导致土壤镉含量不超标而稻米镉超标、土壤镉含量超标但稻米不超标、去年不超标而今年超标等现象。这些现象主要是水稻灌浆时期土壤水分含量变异导致的。水稻籽粒镉的 90% 以上是灌浆期水稻根系直接从土壤中吸收转运到籽粒中，这个时期土壤有效态镉的含量高低决定了水稻籽粒镉含量的高低 [25]。如前文所述，土壤有效态镉含量受土壤氧化还原状态和土壤 pH 值两个因素的影响，而这两个因素均受土壤水分的影响。水稻灌浆成熟时期土壤水分含量有一定的随机性，取决于农民的水分管理和天气因素。总体而言，水稻灌浆时期土壤水分含量越高，土壤镉的活性越低，稻米镉含量就会越低；相反，水稻灌浆中后期气候干燥或稻田排水过早，土壤水分含量越低，土壤镉的活性就高，稻米镉含量就会越高。田块尺度土壤水分含量的不确定性是区域尺度稻米镉含量难预测的原因，即使是同一田块，不同年份稻米镉含量都有可能存在较大的差异。

田间调查还发现，即使在均匀的田块，稻米镉含量时常也存在很大的空间变异，这也与水稻灌浆时期稻田水分含量空间变异有关。农民在田间管理中习惯地将田块做出轻微的坡度，使灌溉口的地势高于出水口，方便稻田灌溉和排水，这个田间习惯会导致水稻灌浆时期稻田排水后土壤水分含量和土壤氧化还原电位存在空间变异。灌溉口的地势较高，氧化还原电位较高，土壤有效态镉含量高；而出水口由于地势较低，氧化还原电位较低，土壤有效态的镉含量较低。田块尺度这个小斜坡能导致水稻籽粒镉含量 6 ～ 7 倍的空间变异 [26]。利用石灰石粉调节酸性土壤 pH 值，会使田块尺度籽粒镉含量的空间变异幅度减小，田块尺度斜坡对水稻籽粒砷含量的影响较小。这些现象表明，水稻灌浆时期稻田土壤水分含量是影响稻米镉积累的一个关键因素，因此，建立区域尺度稻米镉超标风险预测模型需要纳入水稻灌浆时期土壤水分含量参数。

3.5 水稻镉吸收和转运的分子机制

水稻对镉吸收、转运及籽粒积累的分子机制近些年研究较多，认识也相对较为清楚（图 3-2，书后另见彩图），最近 Zhao 等在这方面发表了系统性的综述 [27]。水稻根系对 Cd^{2+} 吸收主要通过 Mn^{2+} 的转运蛋白 OsNRAMP5 介导 [28]，提高根介质中 Mn^{2+} 的供应能降低水稻根系对 Cd^{2+} 的吸收 [29]。此外，OsNRAMP1[30]、主要促进因子家族蛋白 OsCd1 [31]、Zn^{2+} 转运蛋白 OsZIP5 和 OsZIP9 等转运体对水稻根系 Cd^{2+} 的吸收也有一定的贡献 [32]。OsCd1 基因的自然变异在一定程度上也能解释籼稻和粳稻品系引起的镉积累的差异 [31]。

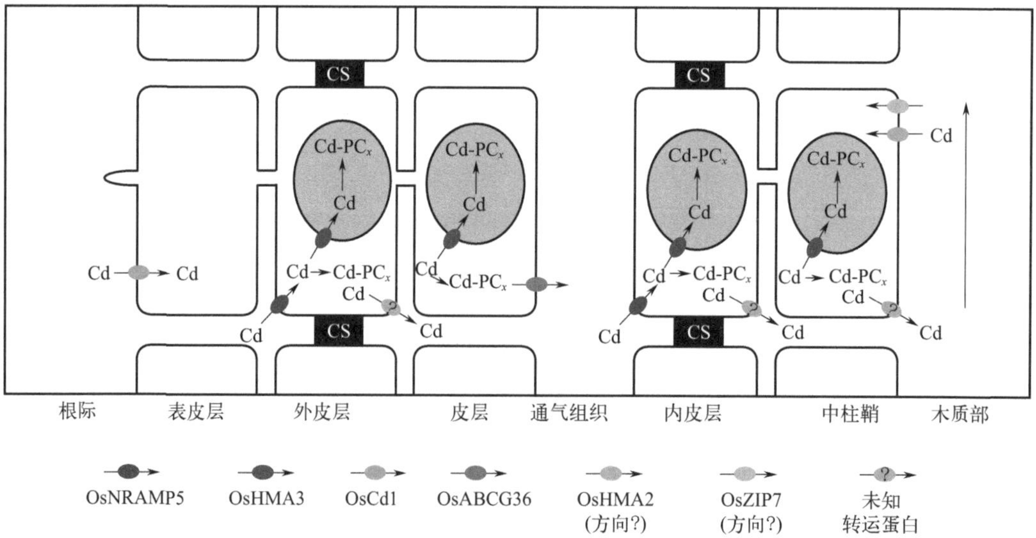

图 3-2 水稻根系镉吸收和转运蛋白 [2]

CS—凯氏带；PC_x—植物螯合素

镉进入根系细胞后，会被液泡膜转运蛋白 OsHMA3 转运进入液泡中储存，进而限制镉向木质部导管运输[33]。许多研究发现 *OsHMA*3 的几个等位基因都与水稻籽粒高镉积累表型相关[33-36]。*OsHMA*3 编码区的自然变异会导致编码的氨基酸序列存在多态性，从而能影响到 OsHMA3 转运蛋白的功能与活性。例如，OsHMA3 氨基酸序列第 80 位的精氨酸突变为组氨酸、第 380 位的丝氨酸突变为精氨酸时，OsHMA3 转运镉的活性就部分或完全丧失[33,36]。此外，Sui 等[35]发现一个高镉积累的水稻品种（W4），通过图位克隆发现 OsHMA3 氨基酸序列上 ATP 结构域上存在 14 个氨基酸缺失，从而导致 *OsHMA*3 的功能完全丧失。OsHMA3 转运功能部分或完全丧失会导致镉不能被转运到液泡中储存起来，从而导致镉很容易地从根向地上部迁移以及在籽粒中积累。有研究发现 *OsHMA*3 启动子序列差异也会导致 *OsHMA*3 表达水平的差异，从而导致籽粒镉含量的差异，这个也可能是粳稻和籼稻镉积累差异的另一方面原因[37]。

水稻根中镉向地上部转运受到 OsHMA2 介导，该转运蛋白主要定位在水稻根的中柱鞘细胞质膜和水稻节的韧皮组织质膜上[38-40]。OsHMA2 也是 Zn 的转运蛋白，该蛋白突变会减弱镉向地上部转运。OsZIP7 蛋白也参与了镉从根部向地上部转运，敲除该蛋白会减少镉和锌向地上部分配[41]。与 OsHMA2 和 OsZIP7 转运 Cd^{2+} 不同，水稻防御素类蛋白 OsCAL1 能在细胞质中螯合 Cd^{2+} 并能跨膜分泌到木质部中，从而影响镉向地上部叶片的转运，但不影响籽粒镉的积累[42]。在地上部，水稻节是分配矿质营养元素和重金属向叶和发育器官的重要阀门[43,44]。低亲和力 OsLCT1、OsHMA2、OsZIP7 和 OsCCX2 都参与节中镉从木质部到韧皮部的转运[40,41,45,46]。OsLCT1 位于水稻节的扩大和扩散维管束外围细胞，可以介导镉的外排，敲除该蛋白能降低韧皮部汁液中镉浓度，减少籽粒中镉的积累，但不影响其他二价金属离子的转运[46]。敲除 *OsHMA*2 或 *OsZIP*7 也能降低籽粒中镉的浓度，但同时也减少水稻锌的积累，从而影响水稻生长和产量[40,41]；敲除 *OsCCX*2 能减少籽粒镉的积累，但同时也降低籽粒钙的含量和水稻产量[45]。

3.6 稻米镉污染与人体健康

土壤镉污染和稻米镉超标问题也影响到我国人群膳食镉的摄入量。我国开展过 5 次总膳食调查，第五次调查（2011 ～ 2015 年）与第一次调查（1990 年）相比，我国人群膳食镉摄入量增加了 2.4 倍，成人膳食镉摄入量平均已高达 32.7μg/d，超过欧盟食品安全局（EFSA）推荐的健康指导值（21.6μg/d），已达到 WHO/FAO 食品添加剂联合专家委员会（JECFA）推荐的健康指导值（50μg/d）的 65%[47,48]。尤其第五次总膳食调查还发现，不同年龄组群体中有 7.2% ～ 30% 个体膳食镉摄入量超过

JECFA 的健康指导值，其中 2 ～ 7 岁儿童中有 30% 个体膳食镉摄入量超过 JECFA 健康指导值 [47]，总体形势令人担忧。在南方一些污染地区，人群膳食镉摄入量甚至高达 142μg/d，是 JECFA 健康指导值的 2 ～ 3 倍 [49]。如果食用镉含量为 0.2mg/kg 的大米，每天消费 250g 大米，每天镉的摄入量为 50μg，即达到 JECFA 健康指导值。近期一些研究也发现中国人群镉内外暴露与骨质疏松、骨骼损伤、肾脏损伤等疾病之间有一定的关联 [50-52]。

有学者认为，以大米为主粮的人群膳食摄入镉的健康风险更高，原因是大米中矿质营养元素 Fe、Zn 的生物有效性相对其他主粮较低，且有相当一部分 Fe、Zn 在精米化过程中被去除，而镉主要通过人体肠道上皮细胞中 Fe^{2+} 的转运蛋白 DMT1 吸收，精米中 Fe、Zn 等矿质营养元素缺乏会导致肠道上皮细胞对 Cd 吸收效率较高 [53]。动物实验也表明矿质营养元素缺乏的食谱会导致生物体内更高的镉积累 [54,55]。膳食中增加 Zn 能减少生物体镉的积累，而膳食 Fe 缺乏会增加体内镉的积累 [56,57]。因此，增加膳食矿质营养元素水平能一定程度减少人体镉的积累和健康风险。

3.7 砷的生物地球化学过程

土壤砷的生物地球化学过程要比镉复杂，而且涉及价态的变化、甲基化、巯基化等过程。土壤中存在的大量细菌、古菌、真菌、藻类等能把无机砷甲基化成不同的甲基砷，如一甲基砷（MMA）、二甲基砷（DMA）、三甲基砷（TMA）[58-62]。土壤淹水和添加有机质能促进砷的甲基化过程，甲基化产物主要以 DMA 为主 [63,64]。土壤中 DMA 产生是一个动态过程，在土壤淹水的起始阶段，土壤孔隙水中 DMA 含量逐渐增加，在 1 ～ 2 周会达到高峰，然后又逐渐消失 [65]。Chen 等利用代谢抑制剂、^{13}C 稳定同位素标记、微生物富集培养试验揭示了砷的甲基化和脱甲基的微生物菌群，砷的甲基化主要受硫酸盐还原菌的驱动，脱甲基主要由产甲烷古菌介导 [65]。近期的研究还发现，淹水稻田土壤中除了有甲基砷外，还含有一些巯基甲基砷，如二甲基一巯基砷（DMMTA）、二甲基二巯基砷（DMDTA）和一甲基一巯基砷（MMMTA）等 [66,67]。这些巯基甲基砷主要是由 DMA 和 MMA 与硫酸盐还原产生的 HS^- 发生化学反应形成 [68]。水稻不具备砷的甲基化能力，植株和籽粒中甲基砷主要是从土壤直接吸收，主要以 DMA 形态为主 [69]。DMA 虽然对人体和动物毒性较小，但对植物毒性较强，主要原因是植物体内缺乏 DMA 的解毒机制 [70]。DMA 在水稻生殖器官中过量积累会导致水稻生理性病害——直穗病，即水稻抽穗后不能灌浆结实，颖壳畸形，穗子直立，造成水稻大幅减产，严重时颗粒无收 [71-74]。虽然 DMA 对人体细胞毒性较弱，但是 DMMTA 对人体和动物细胞有很强的毒性，人体细胞试验结果表明 DMMTA 毒性与 DMA[As(Ⅲ)] 毒性相当，属于砷最为毒性的形态之一 [75,76]。巯基甲基砷能被水稻根系直接吸收[77]，巯基砷是否在籽粒中积累以及对人体健康风险的研究与认识还很少。

3.8 砷的水稻吸收与积累的分子机制

在淹水厌氧条件下，土壤孔隙水中砷主要以亚砷酸 [As(Ⅲ)] 的形态存在，另外，孔隙水中 10% ～ 30% 的砷还以五价砷酸根 [As(Ⅴ)] 形态存在[72,78,79]。在厌氧还原的条件下，As(Ⅴ) 的存在主要是由于厌氧微生物参与了 As(Ⅲ) 的厌氧氧化，这个过程通过与硝酸盐反硝化作用偶联在一起[80,81]。亚砷酸 As(Ⅲ) 的 pK_a 值为 9.2，在正常的土壤 pH 值条件下以分子态形式存在，因此在土壤中容易迁移；砷酸 As(Ⅴ) 的 pK_a 值为 2.2，在土壤中主要是以阴离子形式存在，易被铁氧化物吸附，因此较难迁移[72]。水稻根际泌氧也能促进 Fe(Ⅱ) 和 As(Ⅲ) 的氧化，但根际土壤中铁还原菌的丰度大幅提高，导致根际土壤溶液中 As(Ⅲ) 的含量相比非根际反而增加了[82]。除了这两种无机砷形态外，土壤溶液中还存在甲基砷（DMA 和 MMA）和巯基砷（无机巯基砷和甲基巯基砷）。

水稻根系对 As(Ⅲ) 的吸收主要是通过硅的吸收途径（图 3-3）[83]。水稻主要通过 *Lsi*1 (OsNIP2;1) 膜转运蛋白吸收和 *Lsi*2 膜转运蛋白外排 Si 和 As(Ⅲ)，导致 *Lsi*1 和 *Lsi*2 突变体根系 As(Ⅲ) 的吸收和地上部砷的积累大大减弱[83]。添加硅酸盐能抑制野生型水稻根系对 As(Ⅲ) 的吸收，但对 *Lsi*1 或 *Lsi*2 突变体根系 As(Ⅲ) 吸收无影响，主要原因是添加 Si 能与 As(Ⅲ) 直接竞争作用位点，同时还能下调 *Lsi*1 和 *Lsi*2 基因的表达水平[83,84]。与小麦和大麦相比，水稻具有高效的 Si 吸收途径，因此对 As(Ⅲ) 的吸收效率也非常高[85]，同时水稻生长环境以淹水为主，As(Ⅲ) 又是淹水土壤中主要的化学形态，这两方面的原因是导致水稻籽粒积累过高砷的重要原因。Lsi1 和 Lsi2 转运蛋白的协同作用能将 As(Ⅲ) 从根外层细胞向中柱部位运输，沿着根表向中柱的方向，As(Ⅲ) 浓度逐渐升高，这两个转运蛋白像“水泵”一样将 As(Ⅲ) 从低处向高处“大坝”输送[86]。其他水通道蛋白如 *OsNIP*1;1 和 *OsNIP*3;3 也具有吸收 As(Ⅲ) 的能力，但与 *Lsi*1 和 *Lsi*2 相比，这两个蛋白表达水平较弱[86]。有趣的是，通过遗传操作过表达 *OsNIP*1;1 和 *OsNIP*3;3 蛋白能破坏 *Lsi*1 和 *Lsi*2 把 As(Ⅲ) 向“大坝”的输送过程，作用机制类似一个“泄洪阀门”，使得 As(Ⅲ) 从大坝内外泄，因此能降低 As(Ⅲ) 向地上部转运，从而能减少地上部和稻米砷的积累[86]。*OsNIP*3;2 参与了侧根对 As(Ⅲ) 的吸收，但该过程对籽粒砷的积累贡献相对较小[87]。*Lsi*1 (*OsNIP*2;1) 除了转运 As(Ⅲ) 外，也能吸收分子态的 DMA 和 MMA 进入根细胞；*Lsi*2 对 DMA 和 MMA 没有吸收能力[88]。

水稻根系通过磷酸根的转运蛋白吸收 As(Ⅴ)（图 3-3）[88]，主要原因是 As(Ⅴ)

与磷酸根在化学结构上具有相似性，已经发现水稻磷酸根转运蛋白 *OsPT*1、*OsPT*4 和 *OsPT*8 都能参与根系 As(Ⅴ) 的吸收[89-92]。植物体进化出一套 As(Ⅴ) 解毒机制，能把进入细胞的 As(Ⅴ) 还原成 As(Ⅲ) 后外排出去，这个过程非常高效，进入细胞的 As(Ⅴ) 中会有 60% ～ 80% 以 As(Ⅲ) 的形式外排到根外[93]。这个过程需要 As(Ⅴ) 还原酶的参与，在拟南芥和水稻中都已经鉴别出这种还原酶的存在，其中 *OsHAC*1;1、*OsHAC*1;2、*OsHAC*4 都能把水稻根中 As(Ⅴ) 还原成 As(Ⅲ)[94-97]。敲除这些基因都能减少根中 As(Ⅴ) 的还原，减少 As(Ⅲ) 外排到根外，从而增加了砷向地上部转运和籽粒砷的积累；相反，如果过表达 *OsHAC* 基因，则能减少地上部砷的积累。这些结果表明，当植物暴露于 As(Ⅴ) 时，As(Ⅴ) 还原酶对限制地上部砷积累起到非常重要的作用。到目前为止，对 As(Ⅲ) 的外排通道蛋白的认识较少，有研究表明双向的 Lsi1 转运蛋白也能参与部分 As(Ⅲ) 的外排[98]。

砷进入根系细胞后，在内皮层和中柱鞘细胞中，As(Ⅲ) 会与巯基化合物形成 As(Ⅲ)-PC_x 络合物，被转运到液泡中储存（图 3-3）[99,100]。*OsABCC*1 是液泡膜转运蛋白，能把植物螯合素（PC_x）和 As(Ⅲ)-PC_x 络合物转运进入液泡，*OsABCC*1 主要在根、叶、节、穗梗、穗轴部位表达，敲除 *OsABCC*1 能减少籽粒砷的积累[100]。液泡砷的区隔化也受到植物螯合素合成的影响，例如 PC_x 合成突变株（*OsPCS*1）会在籽粒中积累更高的砷[101]。虽然根系对 DMA 吸收效率要比无机砷低[69,88]，但 DMA 在植物体内向地上部转运效率要比无机砷高，主要原因可能与 DMA 在体内不能形成巯基化合物、不能被转运到液泡中储存有关[102]。

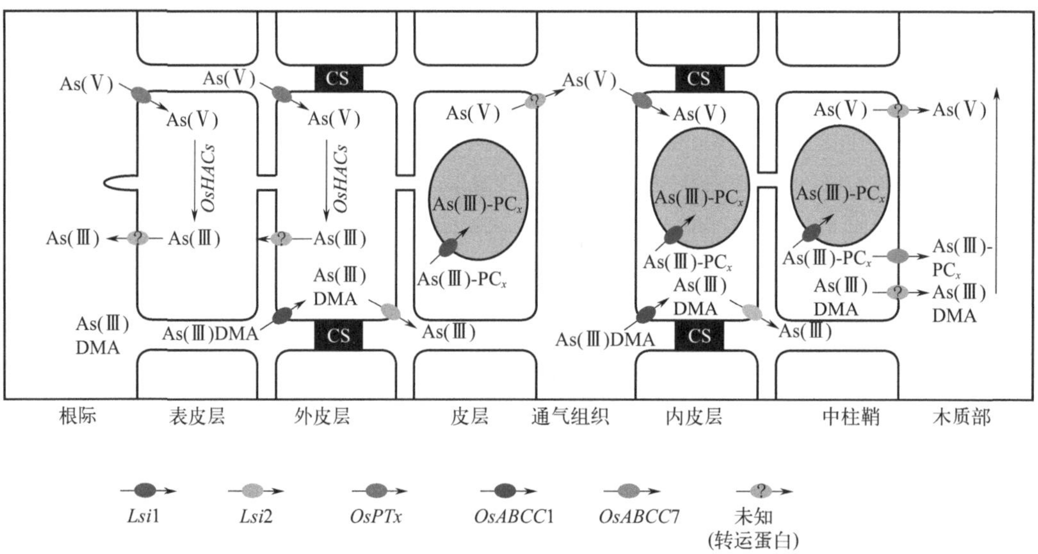

图 3-3　水稻根系砷吸收和转运蛋白[2]

CS—凯氏带；PC_x—植物螯合素；OsHACs—砷酸根的还原酶

Lsi2 是水稻根中 As(Ⅲ) 和 Si 的外排转运蛋白，具有极性分布，主要位于内外皮层细胞朝向中柱的一侧，把细胞内 As(Ⅲ) 转运到质外体（图 3-3）[83]。*Lsi*2 突变体的木质部汁液中砷含量与野生型水稻材料相比低 70% ～ 90% [83]。*Lsi*2 高表达活性以及这种极性分布是水稻相比于其他作物具有较高的 As(Ⅲ) 吸收和转运效率的重要原因 [103]。OsABCC7 是位于中柱组织薄壁细胞质膜上的转运蛋白，也具有外排 As(Ⅲ)-PC_x 的能力，敲除 *OsABCC*7 能减少 25% 木质部汁液中砷的浓度，相比于 *Lsi*2，*OsABCC*7 的贡献相对较小 [104]。As(Ⅴ) 和 DMA 如何转运到木质部导管到目前为止还不是很清楚。

*Lsi*2 在水稻节中也有很高的表达活性，能参与 As(Ⅲ) 在维管之间的转运 [103]。在节中，Lsi2 蛋白主要位于增大维管束的维管束鞘的远侧，*Lsi*2 突变体相比于野生型材料能把更多的 As(Ⅲ) 分配到节和旗叶中，从而能减少 As(Ⅲ) 向籽粒中转运 [103]。除了 *Lsi*2 外，*Lsi*6 和 *Lsi*3 也能转运 Si [105]，它们是否能转运 As(Ⅲ) 目前不是很清楚。在水稻节中，砷主要分布在增大和扩散维管束的韧皮部伴随细胞的液泡中，并且与硫元素有很强的共定位关系，表明节中砷主要与巯基化合物结合 [106]。*OsABCC*1 在节韧皮部伴随细胞中也能转运 PC_x 和 As(Ⅲ)-PC_x 进入液泡储存，*OsABCC*1 突变、*OsPCS*1 突变以及 PC_x 合成抑制都能减少 As(Ⅲ) 液泡区隔化，进而导致籽粒砷积累增加 [100,101]。这些研究表明，通过提高根细胞 As(Ⅲ)-PC_x 区隔化能减少 As(Ⅲ) 向地上部转运，且增强节韧皮部伴随细胞液泡的 As(Ⅲ)-PC_x 区隔化可以有效减少砷向籽粒迁移。

液泡区隔化机制对无机砷向籽粒转运起到很大的作用，但对 DMA 不适用。DMA 一旦进入植物体，很容易向籽粒迁移。*OsPTR*7 是一种潜在的多肽转运蛋白，蛙卵实验结果表明该蛋白具有 DMA 的吸收能力，敲除 *OsPTR*7 能减少 DMA 从根向地上部以及籽粒转运，表明 *OsPRT*7 蛋白可能参与了水稻体内 DMA 的转运 [107]。

3.9 水稻籽粒镉、砷积累的阻控措施

基于以上综述，可以从两方面策略来阻控水稻籽粒镉、砷的积累。第一种策略是通过调控土壤生物地球化学过程来降低土壤镉、砷的生物有效性。籽粒镉、砷主要有两个来源——从土壤直接吸收和水稻茎叶的再转运。对于镉而言，籽粒中积累镉的 90% 以上是在水稻灌浆期发生，由根系直接从土壤吸收，而茎叶前期积累镉的再转运对籽粒镉的贡献较小，因此从生物地球化学过程阻控的角度来看，控制籽粒镉最有效的措施是控制水稻灌浆期土壤镉的生物有效性。对于砷而言，籽粒砷积累的贡献主要是茎叶中砷的再分配，对籽粒砷含量贡献的主要时期是水稻分蘖、拔节和抽穗阶段，因此要控制籽粒砷的积累，从生物地球化学过程的角度主要是控制这些时期土壤砷的生物有效性。第二种策略是通过生物阻控的方式降低水稻镉、砷的吸收和转运，主要有水稻低积累品种筛选、基因工程、育种等方式。

3.9.1 生物地球化学过程阻控

对于镉污染的阻控，提高土壤 pH 值是降低土壤镉生物有效性最为有效、最经济的措施。土壤酸化是我国农业面临的一个重大问题，也是我国南方稻米镉超标问题的重要推手。从 20 世纪 80 年代到 21 世纪，全国耕地土壤 pH 值平均下降了 0.8 个单位，南方多个省份部分地区 80% 以上耕地土壤 pH 值低于 5.5。稻田淹水阶段土壤 pH 值接近中性，土壤镉有效性降低到一个非常低的水平；在稻田排水氧化阶段，对于酸性土壤，土壤 pH 值会逐渐下降到起始土壤 pH 值，这会导致大量镉离子重新释放进入土壤溶液，这个阶段通常对应水稻生长的灌浆期，这是水稻积累过多镉的一个重要原因。多点田间调查发现，当土壤 pH 值下降 0.5 个单位，稻米镉含量增加 35%，镉从土壤向籽粒转运系数会增加 5.7 倍 [108]。因此提高土壤 pH 值是降低稻米镉生物有效性的重要途径。从酸性土壤改良和土壤镉污染防控的角度出发，施用碱性物料逐步把南方酸性土壤 pH 值提高至 6.5 左右，能有效地降低稻米镉的积累 [108,109]，这可能是缓解我国南方稻米镉超标问题的一项有效、低成本的措施。3 年大田试验研究表明，一次施用石灰石粉（$CaCO_3$）提高土壤 pH 值至 6.5 能持续多年有效地降低稻米镉的含量，降幅为 70% ～ 80%，且水稻产量和籽粒微量元素并不受影响，施用 $CaCO_3$ 对稻米砷的浓度没显著的影响（图 3-4），土壤总镉含量为 0.67mg/kg，土壤起始 pH 值为 5.5，一次性施用 $CaCO_3$ 500kg/ 亩提高土壤 pH 值至 6.5，降镉效果持续多年 [24,109]。Zhu 等在湖南长株潭地区多点的田间试验也发现施用生石灰（CaO）能有效降低稻米镉的积累 [108]。除了 $CaCO_3$ 和 CaO 外，一些大田试验研究发现，施用生物炭、土壤调理剂、钙镁硅肥、“钝化剂”等也能降低稻米镉的积累 [110,111]，这种降镉效果很可能是因为提高了土壤 pH 值 [31,51]。但这种降镉途径是通过直接的化学专性吸附或固定作用的可能性不大，主要原因是农田土壤镉浓度通常较低（＜ 10mg/kg），而土壤中存在大量其他二价和三价金属离子，在数量上要比镉多几十倍，甚至是数量级上的差异，能与镉竞争专性吸附或固定位点。

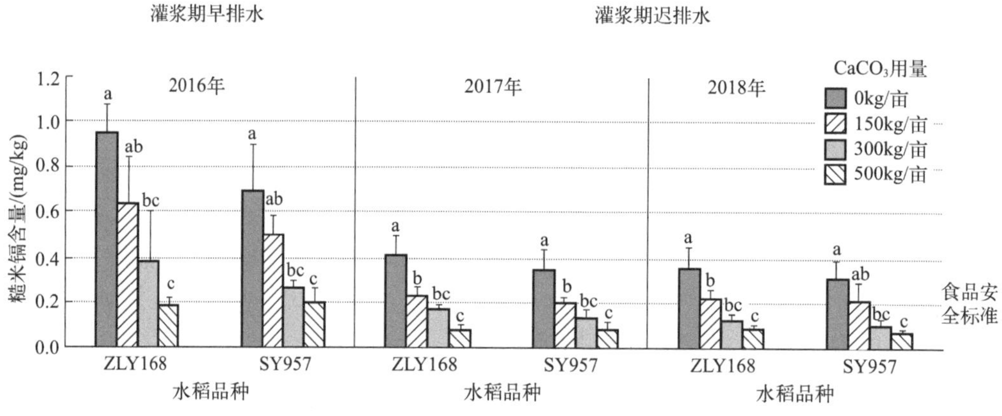

图 3-4 施用 $CaCO_3$ 对两个水稻品种籽粒镉含量的影响（大田试验，各处理间水稻产量无显著差异）[24,109]

ZLY168—株两优 168；SY957—深优 957

合理的田间水分管理也是降低土壤镉有效性的一项重要措施。水稻灌浆期淹水或延迟排水能非常有效地减少籽粒镉的积累[112,113]。在酸性土壤中淹水主要有两种效应，首先能促进土壤中硫化镉的形成，减少硫化物的氧化溶解释放镉，因此能降低镉的有效性；其次，淹水能提高土壤 pH 值，进而增加土壤固相对镉的吸附位点，因此也能降低土壤镉的溶解度。对于碱性土壤，水稻灌浆期淹水处理也能降低籽粒镉的积累，主要是第一种效应在起作用。在土壤淹水处理的基础上，施用 $CaCO_3$ 并不会进一步降低籽粒镉的积累，主要原因是淹水处理也能有效地提高酸性土壤的 pH 值，从而削弱了 $CaCO_3$ 处理的效果。但淹水处理通常会提高籽粒砷的积累[113,114]，因此在籽粒砷超标风险较高的土壤上慎重选择淹水等水分管理措施阻控籽粒镉积累。近期有相关研究还发现，施用硫酸锌和含锰的物料也能有效降低籽粒镉的积累。添加少量锌盐的效果主要通过在淹水阶段产生硫化锌，与硫化镉能形成原电池，由于硫化锌电化学势较低，在原电池中担当阳极（负极），先发生氧化溶解，从而会保护作为阴极（正极）硫化镉的氧化溶解[15]。添加锰盐或锰氧化物主要通过两种作用来减少籽粒镉的积累，一方面作用类似于Zn盐，产生原电池效应；另外一方面主要是提高了土壤溶液中 Mn^{2+} 浓度，能通过竞争效应抑制根系对 Cd^{2+} 的吸收[115]。

对于砷，间歇性淹水和排干或旱作能减少籽粒砷的积累[113]，也有研究表明在稻田里起垄，在垄上种植水稻也能降低籽粒砷的含量[116]。另外，添加铁氧化物和锰氧化物也能降低土壤砷的有效性和籽粒砷的积累[117,118]，其中锰氧化物的作用主要是由于其具有很强的氧化性，能在淹水还原的条件下促使 As(Ⅲ) 厌氧氧化成 As(Ⅴ)，从而促进土壤固相对砷的固定，降低土壤砷的有效性[118]。盆栽试验结果表明，添加锰氧化物能减少籽粒砷的积累[118]，但在田间尺度，有待通过多年多点的大田试验证实。室内培养试验表明通过添加硝酸盐也能促进土壤中 As(Ⅲ) 的厌氧氧化，从而能降低土壤砷的有效性，主要原因是土壤中存在一类反硝化微生物，它能通过耦联反硝化过程来厌氧氧化 As(Ⅲ)[80,81]。盆栽试验施用 Si 肥能有效减少籽粒砷的积累[114]。施用 Si 的效应较为复杂，首先，施用硅肥能增加土壤孔隙水 As(Ⅲ) 的浓度；其次，增加土壤溶液 Si 的含量，能通过竞争作用减少水稻根系 As(Ⅲ) 的吸收和外排；再次，施用 Si 肥能下调 *Lsi*1 和 *Lsi*2 的表达水平。但在田间尺度上，多年多点的大田试验结果表明，施用硅肥降低籽粒砷的效果有限，可能与土壤的本底 Si 含量以及施加时期有关。

镉和砷是一对矛盾体，对生物地球化学过程的响应截然相反，因此很难有一种有效的措施能同时降低土壤镉和砷的有效性。有研究表明，基于不同的土壤水分管理，通过优化土壤氧化条件、土壤 pH 值能同时减少籽粒镉和砷的积累。例如，在水稻抽穗期维持土壤 Eh 值在 −73mV、土壤 pH 值在 6.2 时，能最大限度同时降低籽粒镉和砷的积累[113]，但这些条件在实际田间管理时很难满足。另一个思路可能是弄清对籽粒镉、砷积累产生贡献的关键时期，如在灌浆期以控制土壤镉的有效性为主，在分蘖、拔节、抽穗期以控制土壤砷的有效性为主，在水稻不同生长阶段，通过不同措施可能达到同时阻控水稻籽粒镉、砷的目的。

3.9.2 生物阻控

由于水稻不同品种对镉、砷积累存在很大的变异，因此，通过多年多点的田间试验能筛选出低积累的水稻品种，种植低积累水稻品种能为短期内阻控籽粒镉、砷积累提供一种措施。但针对镉、砷复合污染的土壤，很难找到一种同时低镉和低砷积累的水稻品种。由于水稻品种更新换代太快、地域性、低积累能力的稳定性以及受环境因素影响等问题，通过筛选低积累品种从根本上解决稻田镉、砷的污染问题有一定难度。从中长期角度，需要培育低积累水稻品种。近年来，许多控制籽粒镉、砷积累的数量性状位点（QTLs）已被鉴别[119,120]，这些控制低积累性状的QTLs能通过分子标记育种的方式培育到新的水稻品种中。例如，功能强的*OsHMA*3等位基因能有效地限制镉向地上部转运，降低籽粒镉的积累。通过标记辅助导入粳稻*qCd*7（含有强*OsHMA*3基因功能）进入籼稻杂交品种，可使籽粒镉浓度降低50%[121]。*OsNramp*5启动子序列上等位基因变异能影响到*OsNramp*5的表达水平，从而能导致植株对Mn积累产生较大的变异[122]，这种等位基因的变异对镉的积累效应还不清楚。如果能找到对镉吸收功能弱的*OsNramp*5等位基因，结合功能强的*OsHMA*3等位基因，预期能进一步减少籽粒镉的积累。通过离子束辐射产生的*OsNramp*5突变体能应用到培育低镉积累的水稻品种中，由于*OsNramp*5也是微量元素Mn的吸收转运蛋白，*OsNramp*5功能丧失可能会导致植物Mn缺乏而引起减产。如果在自然变异的水稻材料中找到专一性更强的*OsNramp*5等位基因，仅能吸收Mn但不吸收Cd，也能为培育低镉积累水稻品种提供优异的等位基因。与镉相比，目前对控制砷积累的QTLs的认识还非常缺乏，因此培育低砷积累品种还非常困难。

通过基因工程能有效减少籽粒镉、砷的积累。主要方法是通过遗传操作敲除或过表达控制镉、砷吸收或转运的基因。例如，通过CRISPR-Cas9基因编辑技术敲除杂交水稻父本和母本的*OsNramp*5基因，培育出来的后代杂交水稻种植在镉污染土壤上，籽粒镉含量减少了90%[123]。敲除了*OsNramp*5的水稻品种籽粒锰的含量也明显降低，但对水稻生长和产量没有显著的影响[123]，可能与土壤有效态锰含量较高有关。在有效态Mn含量偏低的土壤上，种植*OsNramp*5敲除的水稻品种有导致植物Mn缺乏的风险[29,124]。另一个方法是过表达*OsHMA*3基因，增强根系细胞液泡膜的区隔化，减少镉向地上部转运和籽粒镉的积累。在粳稻和籼稻中过表达*OsHMA*3基因能大幅度降低稻米镉的积累（降幅达90%），并且对水稻产量和微量元素含量水平没有显著的影响[33,125,126]。敲除*OsLCT*1也能降低籽粒镉的积累[46]。过表达水通道蛋白*OsNIP*1;1和*OsNIP*3;3能降低籽粒砷的积累达到50%[86]。过表达*OsABCC*1基因结合过表达一种细菌的γ-谷氨酰半胱氨酸合成酶能增强液泡砷的区隔化，从而减少75%的籽粒砷积累[127]。在水稻中转入蜈蚣草液泡膜As(Ⅲ)转运蛋白基因*PvACR*3.1，能降低籽粒砷含量达26%～46%[128]。

综上，土壤镉、砷污染易导致稻米镉、砷含量超标，镉、砷是对我国农产品安全和人体健康威胁最大的两种重金属元素。阻控稻米镉、砷积累有两种策略，即通过调控土壤生物地球化学过程来降低土壤镉、砷有效性及降低水稻镉、砷的吸收和转运。逐步提高酸性土壤 pH 值至 6.5 是缓解我国南方稻米镉超标问题的一项有效、低成本的措施。水分管理和施加影响生物地球化学过程的调控剂也是降低土壤镉、砷有效性的措施。同时需要加大基础研究投入，研究农用地土壤镉、砷的生物地球化学过程和关键影响因子。要在认识机理的基础上，研发高效降低土壤镉、砷生物有效性的材料，优化水肥管理和农艺措施。筛选和推广种植低积累水稻品种在短期内也能缓解稻米镉超标的问题，但从长远的角度考虑，需要利用镉、砷低积累的主栽品种，挖掘控制镉、砷积累的优异基因资源，为阻控作物镉、砷积累提供种质资源和遗传改良材料。镉和砷是一对矛盾体，目前已有的认知很难从生物地球化学过程、生物阻控的角度同时阻控稻米镉和砷的积累，研发同时阻控稻米镉和砷的措施具有重要的食品安全意义。

参考文献

[1] Chaney R L, Oliver D P. Sources, potential adverse effects and remediation of agricultural soil contaminants[M]// Naidu R, Kookana R S, Oliver D P, et al. Contaminants and the Soil Environment in the Australasia-Pacific Region. Dordrecht: Springer, 1996.

[2] Zhao F J, Wang P. Arsenic and cadmium accumulation in rice and mitigation strategies[J]. Plant and Soil, 2020, 446(2): 1-21.

[3] Alloway B J. Heavy metals in soils: Trace Metals and Metalloids in Soils and Their Bioavailability[M]. Dordrecht: Springer, 2013.

[4] Wang J, Wang P M, Gu Y, et al. Iron-manganese (oxyhydro) oxides, rather than oxidation of sulfides, determine mobilization of Cd during soil drainage in paddy soil systems[J]. Environmental Science & Technology, 2019, 53 (5): 2500-2508.

[5] Christensen T H. Cadmium soil sorption at low concentrations: Ⅰ. Effect of time, cadmium load, pH, and calcium[J]. Water, Air, and Soil Pollution, 1984, 21: 105-114.

[6] Christensen T H. Cadmium soil sorption at low concentrations: Ⅱ. Reversibility, effect of changes in solute composition, and effect of soil aging[J]. Water, Air, and Soil Pollution, 1984, 21: 115-125.

[7] Khaokaew S, Chaney R L, Landrot G, et al. Speciation and release kinetics of cadmium in an alkaline paddy soil under various flooding periods and draining conditions[J]. Environmental Science & Technology, 2011, 45 (10): 4249-4255.

[8] Mclaughlin M J, Smolders E, Zhao F J, et al. Managing cadmium in agricultural systems[M]// Sparks D L. Advances in Agronomy. Amsterdam: Elsevier, 2021.

[9] Argüello D, Chavez E, Lauryssen F, et al. Soil properties and agronomic factors affecting cadmium concentrations in cacao beans: A nationwide survey in Ecuador[J]. Science of the Total Environment, 2019, 649: 120-127.

[10] Basta N T, Ryan J A, Chaney R L. Trace element chemistry in residual-treated soil: Key concepts and metal bioavailability[J]. Journal of Environmental Quality, 2005, 34 (1): 49-63.

[11] Li Z W, Huang B, Huang J Q, et al. Influence of removal of organic matter and iron and

manganese oxides on cadmium adsorption by red paddy soil aggregates[J]. RSC Advances, 2015, 5 (110): 90588-90595.

[12] Smolders E, Lambregts R, Mclaughlin M J, et al. Effect of soil solution chloride on cadmium availability to Swiss chard[J]. Journal of Environmental Quality, 1998, 27 (2): 426-431.

[13] Mclaughlin M J, Whatmuff M, Warne M, et al. A field investigation of solubility and food chain accumulation of biosolid-cadmium across diverse soil types[J]. Environmental Chemistry, 2006, 3 (6): 428-432.

[14] Borch T, Kretzschmar R, Kappler A, et al. Biogeochemical redox processes and their impact on contaminant dynamics[J]. Environmental Science & Technology, 2010, 44 (1): 15-23.

[15] Huang H, Chen H P, Kopittke P M, et al. The voltaic effect as a novel mechanism controlling the remobilization of cadmium in paddy soils during drainage[J]. Environmental Science & Technology, 2021, 55 (3): 1750-1758.

[16] Kirk G. Reduction and oxidation[M]//Kirk G. The Biogeochemistry of Submerged Soils. Hoboken: John Wiley & Sons Ltd, 2004.

[17] Weber F A, Voegelin A, Kaegi R, et al. Contaminant mobilization by metallic copper and metal sulphide colloids in flooded soil[J]. Nature Geoscience, 2009, 2 (4): 267-271.

[18] Allison J D, Brown D S, Novo-Gradac K J. MINTEQA2/PRODEFA2, a geochemical assessment model for environmental systems: Version 3.0 user's manual[M].1991.

[19] Fulda B, Voegelin A, Kretzschmar R. Redox-controlled changes in cadmium solubility and solid-phase speciation in a paddy soil as affected by reducible sulfate and copper[J]. Environmental Science & Technology, 2013, 47 (22): 12775-12783.

[20] Huang H, Ji X B, Cheng L Y, et al. Free radicals produced from the oxidation of ferrous sulfides promote the remobilization of cadmium in paddy soils during drainage[J]. Environmental Science & Technology, 2021, 55 (14): 9845-9853.

[21] Gao B L, Chen Q, Liu K, et al. Biogeochemical Fe (Ⅱ) generators as a new strategy for limiting Cd uptake by rice and its implication for agricultural sustainability[J]. Science of the Total Environment, 2022, 820: 153306.

[22] Yu H Y, Li F B, Liu C S, et al. Iron redox cycling coupled to transformation and immobilization of heavy metals: Implications for paddy rice safety in the red soil of South China[M]//Sparks D L. Advances in Agronomy[M]. Amsterdam: Elsevier, 2016: 279-317.

[23] Chen H P, Yang X P, Wang P, et al. Dietary cadmium intake from rice and vegetables and potential health risk: a case study in Xiangtan, southern China[J]. Science of the Total Environment, 2018, 639: 271-277.

[24] Wang P, Chen H P, Kopittke P M, et al. Cadmium contamination in agricultural soils of China and the impact on food safety[J]. Environmental Pollution, 2019, 249: 1038-1048.

[25] Huang B Y, Zhao F J, Wang P. The relative contributions of root uptake and remobilization to the loading of Cd and As into rice grains: Implications in simultaneously controlling grain Cd and As accumulation using a segmented water management strategy[J]. Environmental Pollution, 2022,

293: 118497.

[26] Chen H P, Wang P, Gu Y, et al. The within-field spatial variation in rice grain Cd concentration is determined by soil redox status and pH during grain filling[J]. Environmental Pollution, 2020, 261: 114151.

[27] Zhao F J, Tang Z, Song J J, et al. Toxic metals and metalloids: Uptake, transport, detoxification, phytoremediation, and crop improvement for safer food[J]. Molecular Plant, 2022, 15 (1): 27-44.

[28] Sasaki A, Yamaji N, Yokosho K, et al. Nramp5 is a major transporter responsible for manganese and cadmium uptake in rice[J]. The Plant Cell, 2012, 24 (5): 2155-2167.

[29] Yang M, Zhang Y Y, Zhang L J, et al. OsNRAMP5 contributes to manganese translocation and distribution in rice shoots[J]. Journal of Experimental Botany, 2014, 65 (17): 4849-4861.

[30] Chang J D, Huang S, Yamaji N, et al. OsNRAMP1 transporter contributes to cadmium and manganese uptake in rice[J]. Plant, Cell & Environment, 2020, 43 (10): 2476-2491.

[31] Yan H L, Xu W X, Xie J Y, et al. Variation of a major facilitator superfamily gene contributes to differential cadmium accumulation between rice subspecies[J]. Nature Communications, 2019, 10 (1): 2562.

[32] Tan L T, Qu M M, Zhu Y X, et al. ZINC TRANSPORTER5 and ZINC TRANSPORTER9 function synergistically in zinc/cadmium uptake[J]. Plant Physiology, 2020, 183 (3): 1235-1249.

[33] Ueno D, Yamaji N, Kono I, et al. Gene limiting cadmium accumulation in rice[J]. Proceedings of the National Academy of Sciences, 2010, 107 (38): 16500-16505.

[34] Miyadate H, Adachi S, Hiraizumi A, et al. OsHMA3, a P1B-type of ATPase affects root-to-shoot cadmium translocation in rice by mediating efflux into vacuoles[J]. New Phytologist, 2011, 189 (1): 190-199.

[35] Sui F Q, Zhao D K, Zhu H T, et al. Map-based cloning of a new total loss-of-function allele of OsHMA3 causes high cadmium accumulation in rice grain[J]. Journal of Experimental Botany, 2019, 70 (10): 2857-2871.

[36] Yan J L, Wang P T, Wang P, et al. A loss-of-function allele of OsHMA3 associated with high cadmium accumulation in shoots and grain of Japonica rice cultivars[J]. Plant, Cell & Environment, 2016, 39 (9): 1941-1954.

[37] Liu C L, Gao Z Y, Shang L G, et al. Natural variation in the promoter of OsHMA3 contributes to differential grain cadmium accumulation between Indica and Japonica rice[J]. Journal of Integrative Plant Biology, 2020, 62 (3): 314-329.

[38] Satoh-Nagasawa N, Mori M, Nakazawa N, et al. Mutations in rice (*Oryza sativa*) heavy metal ATPase2 (OsHMA2) restrict the translocation of zinc and cadmium[J]. Plant and Cell Physiology, 2012, 53 (1): 213-224.

[39] Takahashi R, Ishimaru Y, Shimo H, et al. The OsHMA2 transporter is involved in root-to-shoot translocation of Zn and Cd in rice[J]. Plant, Cell & Environment, 2012, 35 (11): 1948-1957.

[40] Yamaji N, Xia J X, Mitani-Ueno N, et al. Preferential delivery of zinc to developing tissues in rice is mediated by P-type heavy metal ATPase OsHMA2[J]. Plant Physiology, 2013, 162 (2):

927-939.

[41] Tan L T, Zhu Y X, Fan T, et al. OsZIP7 functions in xylem loading in roots and inter-vascular transfer in nodes to deliver Zn/Cd to grain in rice[J]. Biochemical and Biophysical Research Communications, 2019, 512 (1): 112-118.

[42] Luo J S, Huang J, Zeng D L, et al. A defensin-like protein drives cadmium efflux and allocation in rice[J]. Nature Communications, 2018, 9 (1): 645.

[43] Yamaji N, Ma J F. The node, a hub for mineral nutrient distribution in graminaceous plants[J]. Trends in Plant Science, 2014, 19 (9): 556-563.

[44] Yamaji N, Ma J F. Node-controlled allocation of mineral elements in Poaceae[J]. Current Opinion in Plant Biology, 2017, 39: 18-24.

[45] Hao X H, Zeng M, Wang J, et al. A node-expressed transporter OsCCX2 is involved in grain cadmium accumulation of rice[J]. Frontiers in Plant Science, 2018, 9: 476.

[46] Uraguchi S, Kamiya T, Sakamoto T, et al. Low-affinity cation transporter (OsLCT1) regulates cadmium transport into rice grains[J]. Proceedings of the National Academy of Sciences, 2011, 108 (52): 20959-20964.

[47] 吴永宁，赵云峰，李敬光. 第五次中国总膳食研究 [M]. 北京：科学出版社，2018.

[48] Song Y, Wang Y B, Mao W F, et al. Dietary cadmium exposure assessment among the Chinese population[J]. PLoS One, 2017, 12 (5): e0177978.

[49] Chen H Y, Teng Y G, Lu S J, et al. Contamination features and health risk of soil heavy metals in China[J]. Science of the Total Environment, 2015, 512: 143-153.

[50] Qing Y, Yang J Q, Zhang Q, et al. Bayesian toxicokinetic modeling of cadmium exposure in Chinese population[J]. Journal of Hazardous Materials, 2021, 413: 125465.

[51] Shi Z M. Cadmium intake, dietary patterns and hyperuricemia among adults in China[J]. Exposure and Health, 2021, 13 (2): 219-227.

[52] Wang X R, Cui W J, Wang M M, et al. The association between life-time dietary cadmium intake from rice and chronic kidney disease[J]. Ecotoxicology and Environment Safety, 2021, 211: 111933.

[53] Chaney R L. How does contamination of rice soils with Cd and Zn cause high incidence of human Cd disease in subsistence rice farmers[J]. Current Pollution Reports, 2015, 1: 13-22.

[54] Reeves P G, Chaney R L. Nutritional status affects the absorption and whole-body and organ retention of cadmium in rats fed rice-based diets[J]. Environmental Science & Technology, 2002, 36 (12): 2684-2692.

[55] Reeves P G, Chaney R L. Marginal nutritional status of zinc, iron, and calcium increases cadmium retention in the duodenum and other organs of rats fed rice-based diets[J]. Environmental Research, 2004, 96 (3): 311-322.

[56] Mckenna I M, Chaney R L, Tao S H, et al. Interactions of plant zinc and plant species on the bioavailability of plant cadmium to Japanese quail fed lettuce and spinach[J]. Environmental Research, 1992, 57 (1): 73-87.

[57] Ryu D Y, Lee S J, Park D W, et al. Dietary iron regulates intestinal cadmium absorption through iron transporters in rats[J]. Toxicology Letters, 2004, 152 (1): 19-25.

[58] Cullen W R, Reimer K. Arsenic speciation in the environment[J]. Chemical Reviews, 1989, 89 (4): 713-764.

[59] Qin J, Lehr C R, Yuan C G, et al. Biotransformation of arsenic by a Yellowstone thermoacidophilic eukaryotic alga[J]. Proceedings of the National Academy of Sciences, 2009, 106 (13): 5213-5217.

[60] Qin J, Rosen B P, Zhang Y, et al. Arsenic detoxification and evolution of trimethylarsine gas by a microbial arsenite S-adenosylmethionine methyltransferase[J]. Proceedings of the National Academy of Sciences, 2006, 103 (7): 2075-2080.

[61] Tseng C H. A review on environmental factors regulating arsenic methylation in humans[J]. Toxicology and Applied Pharmacology, 2009, 235 (3): 338-350.

[62] Zhu Y G, Yoshinaga M, Zhao F J, et al. Earth abides arsenic biotransformations[J]. Annual Review of Earth and Planetary Sciences, 2014, 42: 443-467.

[63] Mestrot A, Feldmann J, Krupp E M, et al. Field fluxes and speciation of arsines emanating from soils[J]. Environmental Science & Technology, 2011, 45 (5): 1798-1804.

[64] Mestrot A, Uroic M K, Plantevin T, et al. Quantitative and qualitative trapping of arsines deployed to assess loss of volatile arsenic from paddy soil[J]. Environmental Science & Technology, 2009, 43 (21): 8270-8275.

[65] Chen C, Li L Y, Huang K, et al. Sulfate-reducing bacteria and methanogens are involved in arsenic methylation and demethylation in paddy soils[J]. The ISME Journal, 2019, 13 (10): 2523-2535.

[66] Planer-Friedrich B, Halder D, Kerl C F, et al. Thioarsenates: So far unrecognized arsenic species in paddy soils[C]// Goldschmidt Conference, Paris, 2017.

[67] Wang J J, Kerl C F, Hu P J, et al. Thiolated arsenic species observed in rice paddy pore waters[J]. Nature Geoscience, 2020, 13 (4): 282-287.

[68] Kim Y T, Lee H, Yoon H O, et al. Kinetics of dimethylated thioarsenicals and the formation of highly toxic dimethylmonothioarsinic acid in environment[J]. Environmental Science & Technology, 2016, 50 (21): 11637-11645.

[69] Lomax C, Liu W J, Wu L Y, et al. Methylated arsenic species in plants originate from soil microorganisms[J]. New Phytologist, 2012, 193 (3): 665-672.

[70] Tang Z, Kang Y Y, Wang P T, et al. Phytotoxicity and detoxification mechanism differ among inorganic and methylated arsenic species in *Arabidopsis thaliana*[J]. Plant and Soil, 2016, 401: 243-257.

[71] Limmer M A, Wise P, Dykes G E, et al. Silicon decreases dimethylarsinic acid concentration in rice grain and mitigates straighthead disorder[J]. Environmental Science & Technology, 2018, 52 (8): 4809-4816.

[72] Meharg A A, Zhao F J. Arsenic & Rice[M]. Dordrecht: Springer, 2012.

[73] Tang Z, Wang Y J, Gao A X, et al. Dimethylarsinic acid is the causal agent inducing rice straighthead disease[J]. Journal of Experimental Botany, 2020, 71 (18): 5631-5644.

[74] Zheng M Z, Li G, Sun G X, et al. Differential toxicity and accumulation of inorganic and methylated arsenic in rice[J]. Plant and Soil, 2013, 365: 227-238.

[75] Moe B, Peng H Y, Lu X F, et al. Comparative cytotoxicity of fourteen trivalent and pentavalent arsenic species determined using real-time cell sensing[J]. Journal of Environmental Sciences, 2016, 49: 113-124.

[76] Naranmandura H, Carew M W, Xu S, et al. Comparative toxicity of arsenic metabolites in human bladder cancer EJ-1 cells[J]. Chemical Research in Toxicology, 2011, 24 (9): 1586-1596.

[77] Kerl C F, Schindele R A, BrüGgenwirth L, et al. Methylated thioarsenates and monothioarsenate differ in uptake, transformation, and contribution to total arsenic translocation in rice plants[J]. Environmental Science & Technology, 2019, 53 (10): 5787-5796.

[78] Khan M A, Stroud J L, Zhu Y G, et al. Arsenic bioavailability to rice is elevated in Bangladeshi paddy soils[J]. Environmental Science & Technology, 2010, 44 (22): 8515-8521.

[79] Stroud J L, Norton G J, Islam M R, et al. The dynamics of arsenic in four paddy fields in the Bengal delta[J]. Environmental Pollution, 2011, 159 (4): 947-953.

[80] Zhang J, Zhao S C, Xu Y, et al. Nitrate stimulates anaerobic microbial arsenite oxidation in paddy soils[J]. Environmental Science & Technology, 2017, 51 (8): 4377-4386.

[81] Zhang J, Zhou W X, Liu B B, et al. Anaerobic arsenite oxidation by an autotrophic arsenite-oxidizing bacterium from an arsenic-contaminated paddy soil[J]. Environmental Science & Technology, 2015, 49 (10): 5956-5964.

[82] Dai J, Tang Z, Jiang N, et al. Increased arsenic mobilization in the rice rhizosphere is mediated by iron-reducing bacteria[J]. Environmental Pollution, 2020, 263: 114561.

[83] Ma J F, Yamaji N, Mitani N, et al. Transporters of arsenite in rice and their role in arsenic accumulation in rice grain[J]. Proceedings of the National Academy of Sciences, 2008, 105 (29): 9931-9935.

[84] Mitani-Ueno N, Yamaji N, Ma J F. High silicon accumulation in the shoot is required for down-regulating the expression of Si transporter genes in rice[J]. Plant and Cell Physiology, 2016, 57 (12): 2510-2518.

[85] Su Y H, Mcgrath S P, Zhao F J. Rice is more efficient in arsenite uptake and translocation than wheat and barley[J]. Plant and Soil, 2010, 328: 27-34.

[86] Sun S K, Chen Y, Che J, et al. Decreasing arsenic accumulation in rice by overexpressing OsNIP1;1 and OsNIP3;3 through disrupting arsenite radial transport in roots[J]. New Phytologist, 2018, 219 (2): 641-653.

[87] Chen Y, Sun S K, Tang Z, et al. The Nodulin 26-like intrinsic membrane protein OsNIP3;2 is involved in arsenite uptake by lateral roots in rice[J]. Journal of Experimental Botany, 2017, 68 (11): 3007-3016.

[88] Li R Y, Ago Y, Liu W J, et al. The rice aquaporin Lsi1 mediates uptake of methylated arsenic

species[J]. Plant Physiology, 2009, 150 (4): 2071-2080.

[89] Cao Y, Sun D, Ai H, et al. Knocking out *OsPT4* gene decreases arsenate uptake by rice plants and inorganic arsenic accumulation in rice grains[J]. Environmental Science & Technology, 2017, 51 (21): 12131-12138.

[90] Kamiya T, Islam R, Duan G, et al. Phosphate deficiency signaling pathway is a target of arsenate and phosphate transporter OsPT1 is involved in as accumulation in shoots of rice[J]. Soil Science and Plant Nutrition, 2013, 59 (4): 580-590.

[91] Wang P T, Zhang W W, Mao C Z, et al. The role of OsPT8 in arsenate uptake and varietal difference in arsenate tolerance in rice[J]. Journal of Experimental Botany, 2016, 67 (21): 6051-6059.

[92] Ye Y, Li P, Xu T Q, et al. OsPT4 contributes to arsenate uptake and transport in rice[J]. Frontiers in Plant Science, 2017, 8: 2197.

[93] Xu X Y, Mcgrath S P, Zhao F J. Rapid reduction of arsenate in the medium mediated by plant roots[J]. New Phytologist, 2007, 176 (3): 590-599.

[94] Chao D Y, Chen Y, Chen J G, et al. Genome-wide association mapping identifies a new arsenate reductase enzyme critical for limiting arsenic accumulation in plants[J]. PLoS Biology, 2014, 12 (12): e1002009.

[95] Sánchez-Bermejo E, Castrillo G, Del Llano B, et al. Natural variation in arsenate tolerance identifies an arsenate reductase in *Arabidopsis thaliana*[J]. Nature Communications, 2014, 5 (1): 4617.

[96] Shi S L, Wang T, Chen Z R, et al. OsHAC1;1 and OsHAC1;2 function as arsenate reductases and regulate arsenic accumulation[J]. Plant Physiology, 2016, 172 (3): 1708-1719.

[97] Xu J M, Shi S L, Wang L, et al. OsHAC4 is critical for arsenate tolerance and regulates arsenic accumulation in rice[J]. New Phytologist, 2017, 215 (3): 1090-1101.

[98] Zhao F J, Ago Y, Mitani N, et al. The role of the rice aquaporin Lsi1 in arsenite efflux from roots[J]. New Phytologist, 2010, 186 (2): 392-399.

[99] Moore K L, Schröder M, Wu Z C, et al. High-resolution secondary ion mass spectrometry reveals the contrasting subcellular distribution of arsenic and silicon in rice roots[J]. Plant Physiology, 2011, 156 (2): 913-924.

[100] Song W Y, Yamaki T, Yamaji N, et al. A rice ABC transporter, OsABCC1, reduces arsenic accumulation in the grain[J]. Proceedings of the National Academy of Sciences, 2014, 111 (44): 15699-15704.

[101] Hayashi S, Kuramata M, Abe T, et al. Phytochelatin synthase OsPCS1 plays a crucial role in reducing arsenic levels in rice grains[J]. The Plant Journal, 2017, 91 (5): 840-848.

[102] Zhao F J, Zhu Y G, Meharg A A. Methylated arsenic species in rice: Geographical variation, origin, and uptake mechanisms[J]. Environmental Science & Technology, 2013, 47 (9): 3957-3966.

[103] Chen Y, Moore K L, Miller A J, et al. The role of nodes in arsenic storage and distribution in rice[J]. Journal of Experimental Botany, 2015, 66 (13): 3717-3724.

[104] Tang Z, Chen Y, Miller A J, et al. The C-type ATP-binding cassette transporter OsABCC7 is involved in the root-to-shoot translocation of arsenic in rice[J]. Plant and Cell Physiology, 2019,

60 (7): 1525-1535.

[105] Yamaji N, Sakurai G, Mitani-Ueno N, et al. Orchestration of three transporters and distinct vascular structures in node for intervascular transfer of silicon in rice[J]. Proceedings of the National Academy of Sciences, 2015, 112 (36): 11401-11406.

[106] Moore K L, Chen Y, van de Meene A M L, et al. Combined NanoSIMS and synchrotron X-ray fluorescence reveal distinct cellular and subcellular distribution patterns of trace elements in rice tissues[J]. New Phytologist, 2014, 201 (1): 104-115.

[107] Tang Z, Chen Y, Chen F, et al. OsPTR7 (OsNPF8.1), a putative peptide transporter in rice, is involved in dimethylarsenate accumulation in rice grain[J]. Plant and Cell Physiology, 2017, 58 (5): 904-913.

[108] Zhu H H, Chen C, Xu C, et al. Effects of soil acidification and liming on the phytoavailability of cadmium in paddy soils of central subtropical China[J]. Environmental Pollution, 2016, 219: 99-106.

[109] Chen H P, Zhang W W, Yang X P, et al. Effective methods to reduce cadmium accumulation in rice grain[J]. Chemosphere, 2018, 207: 699-707.

[110] Bian R J, Chen D, Liu X Y, et al. Biochar soil amendment as a solution to prevent Cd-tainted rice from China: Results from a cross-site field experiment[J]. Ecological Engineering, 2013, 58: 378-383.

[111] Bian R J, Joseph S, Cui L Q, et al. A three-year experiment confirms continuous immobilization of cadmium and lead in contaminated paddy field with biochar amendment[J]. Journal of Hazardous Materials, 2014, 272: 121-128.

[112] Arao T, Kawasaki A, Baba K, et al. Effects of water management on cadmium and arsenic accumulation and dimethylarsinic acid concentrations in Japanese rice[J]. Environmental Science & Technology, 2009, 43 (24): 9361-9367.

[113] Honma T, Ohba H, Kaneko-Kadokura A, et al. Optimal soil Eh, pH, and water management for simultaneously minimizing arsenic and cadmium concentrations in rice grains[J]. Environmental Science & Technology, 2016, 50 (8): 4178-4185.

[114] Li R Y, Stroud J L, Ma J F, et al. Mitigation of arsenic accumulation in rice with water management and silicon fertilization[J]. Environmental Science & Technology, 2009, 43 (10): 3778-3783.

[115] Fang X, Wang J, Chen H P, et al. Two-year and multi-site field trials to evaluate soil amendments for controlling cadmium accumulation in rice grain[J]. Environmental Pollution, 2021, 289: 117918.

[116] Ahmed Z U, Panaullah G M, Gauch H, et al. Genotype and environment effects on rice (*Oryza sativa* L.) grain arsenic concentration in Bangladesh[J]. Plant and Soil, 2011, 338: 367-382.

[117] Honma T, Ohba H, Kaneko A, et al. Effects of soil amendments on arsenic and cadmium uptake by rice plants (*Oryza sativa* L. cv. Koshihikari) under different water management practices[J]. Soil Science and Plant Nutrition, 2016, 62 (4): 349-356.

[118] Xu X W, Chen C, Wang P, et al. Control of arsenic mobilization in paddy soils by manganese and iron oxides[J]. Environmental Pollution, 2017, 231: 37-47.

[119] Yang M, Lu K, Zhao F J, et al. Genome-wide association studies reveal the genetic basis of ionomic variation in rice[J]. The Plant Cell, 2018, 30 (11): 2720-2740.

[120] Zhang M, Pinson S R, Tarpley L, et al. Mapping and validation of quantitative trait loci associated with concentrations of 16 elements in unmilled rice grain[J]. Theoretical and Applied Genetics, 2014, 127: 137-165.

[121] Zhou J Q, Jiang Y R, Ming X Q, et al. Introgressing the allelic variation of a major locus in reducing the grain cadmium accumulation in indica rice hybrids[J]. Molecular Breeding, 2019, 39: 1-11.

[122] Liu C L, Chen G, Li Y Y, et al. Characterization of a major QTL for manganese accumulation in rice grain[J]. Scientific Reports, 2017, 7 (1): 17704.

[123] Tang L, Mao B G, Li Y K, et al. Knockout of OsNramp5 using the CRISPR/Cas9 system produces low Cd-accumulating indica rice without compromising yield[J]. Scientific Reports, 2017, 7 (1): 14438.

[124] Ishikawa S, Ishimaru Y, Igura M, et al. Ion-beam irradiation, gene identification, and marker-assisted breeding in the development of low-cadmium rice[J]. Proceedings of the National Academy of Sciences, 2012, 109 (47): 19166-19171.

[125] Lu C N, Zhang L X, Tang Z, et al. Producing cadmium-free Indica rice by overexpressing OsHMA3[J]. Environment International, 2019, 126: 619-626.

[126] Sasaki A, Yamaji N, Ma J F. Overexpression of OsHMA3 enhances Cd tolerance and expression of Zn transporter genes in rice[J]. Journal of Experimental Botany, 2014, 65 (20): 6013-6021.

[127] Deng F L, Yamaji N, Ma J F, et al. Engineering rice with lower grain arsenic[J]. Plant Biotechnology Journal, 2018, 16 (10): 1691-1699.

[128] Chen Y S, Hua C Y, Chen J X, et al. Expressing arsenite antiporter PvACR3;1 in rice (*Oryza sativa* L.) decreases inorganic arsenic content in rice grains[J]. Environmental Science & Technology, 2019, 53 (17): 10062-10069.

第 4 章

农产品产地土壤重金属污染修复标准与实施

>> 国内外土壤污染修复相关标准现状分析

>> 修复实施细则

>> 修复效果评价

4.1 国内外土壤污染修复相关标准现状分析

4.1.1 国外相关情况

由于国情不同，目前国外主要发达国家（地区）尚无关于耕地（或农用地）污染治理修复方面的规范性或指导性文件，仅有土壤或场地类法规标准可供参考。

4.1.1.1 美国

以 20 世纪 70 年代发生的“拉夫运河（Love Canal）污染事故”为起点，在追求地下水质量的目标驱动下，美国形成了一套完整的涵盖法律法规、技术规范及管理手段的土壤污染防治体系。基于《国家环境政策法》（National Environmental Policy Act，NEPA）发布的《综合环境污染响应、赔偿和责任认定法案》（Comprehensive Environmental Response，Compensation and Liability Act，CERCLA，也称“超级基金法”）[1] 和《资源保护与恢复法案》（Resource Conservation and Recovery Act，RCRA）[2] 对于美国开展土壤污染防治具有里程碑式的意义，旨在预防固体废物、工业废物和危险废物对地下水和土壤的潜在污染，并规范治理已产生的污染问题。超级基金法首次明确定义棕地（brown field）为“不动产”，而这些不动产的扩张、重新开发或再利用可能由于有害物质或污染物的存在或潜在存在而变得复杂。在基础法案指导下，美国的土壤污染防治法律法规体系随棕地项目的开展进一步完善，主要表现为以下 3 个方面：

① 根据法案中对含有石油或有害物质的地下储油罐技术要求的规定，美国环境保护署发布了一系列地下储油罐相关法律、法规，并在每个州建立地下储油罐项目（UST Program），治理污染场地的油气泄漏问题，治理场地土壤与地下水污染。

② 基于《安全饮用水法案》（Safe Drinking Water Act，SDWA）[3] 设置最大污染物浓度值（maximum contaminant levels，MCLs），以保障饮用水质量安全，限制公共饮水系统中所允许的污染物最大浓度值。

③ 为提高超级基金法的有效性和公平性，针对执行过程中暴露的问题，特别是由于潜在的责任方可能承担无限的且不确定的责任，会引起大量的法律诉讼，使小企业承受不公平的负担，美国政府陆续颁布了一系列修正案和补充法案，包括 1986 年的《超级基金修订与再授权法》（Superfund Amendments and Reauthorization Act，SARA）[4]，鼓励自愿和解而减少诉讼，强调永久性修复和修复技术革新的重要性，使州政府和市民更多地参与超级基金计划的各个阶段等；2002 年的《小企业责任减免

与棕地振兴法》(Small Business Liability Relief and Brownfields Revitalization Act, BRA，简称“棕地法”)，明确污染责任人和非责任人的界限，以保护无辜的土地所有者或使用者的权利，避免棕地的废弃或闲置等。

在这些法律保障下，美国政府又制定了一系列技术规范和指南，为土壤污染防治过程中环境管理机制的落实提供技术依据，规范和指导场地环境调查、风险评估和棕地修复等行为。主要包括以下几项。

(1)《土壤筛选导则》

《土壤筛选导则》(Soil Screening Guidance，SSG)为场地管理者确定基于风险和特定场地背景的土壤筛选水平提供了分层次的管理框架。土壤筛选水平不是国家修复标准，其旨在确定污染场地面积、污染暴露途径和化学污染物浓度等，推进污染场地评估和土壤污染修复。它由使用标准指南、场地概念模型、地表和地下土壤筛选数据质量目标、污染物化学性质和人体健康基准等附加文件组成，用于指导污染场地的初步筛选，进而确定是否需要开展进一步的“修复调查”和“可行性研究”，或无需采取任何修复行动。

(2)美国环境保护署第9区初步修复目标值

美国各区或州均制定了适用于本地实际情况的土壤环境质量标准，其中，美国第9区(临太平洋西南部地区)的初步修复目标值根据毒理学参数和物理化学常数的修正进行实时更新，提供了用于计算场地修复目标的详细技术信息。考虑到其与第3区和第6区均以风险评价为理论基础且计算方法类似，因此美国环境保护署将第3区风险浓度(region 3 risk-based concentrations，RBCs)、第6区人体健康中度限定筛选水平(region 6 human health medium-specific screening levels，HMSSLs)和第9区初步修复目标值(region 9 preliminary remediation goals，R9PRGs)合并，为居住用地、商业/工业用地的土壤、大气和饮用水制定了最新的超级基金场地化学污染物的区域筛选水平(regional screening levels for chemical contaminants at superfund sites, RSLs)。筛选水平的计算同时考虑其他环境法规设定的浓度限值(如安全饮用水法最大污染物水平)和特定暴露条件下基于风险计算的浓度限值。

(3)《国家优先控制场地名录》和危害排序系统

受资金、资源、人力、时间等因素限制，为使更多的受污染土地得到及时治理，美国建立了《国家优先控制场地名录》(National Priorities List，NPL)(以下简称《名录》)[5]，有助于污染场地修复优先性排序，以确定哪个场地需要深入调查。污染场地被列入《名录》的主要判别依据是危害排序系统(hazard ranking system，HRS)[6]，利用初步场地评估的有限信息，评估该场地对人类健康和周边环境的潜在威胁。基本操作程序为：首先，通过现场调查初步评价污染状况，并将信息录入超级基金信息系统；其次，通过危害排序系统判定土壤污染程度，评估污染场地对人体和环境的危害程度，对于经判定后仍需开展进一步详细评估的场地，列入《名录》；最后，对《名录》上的场地，按照场地环境详细调查、修复方案设计与可行性研究、工程施工、竣工验收、污染修复设施运行与维护等流程操作，验收合格的地块将从《名录》中除名。

（4）场地修复技术筛选矩阵

美国修复技术圆桌会议（FRTR）推荐在决策初期使用场地修复技术筛选矩阵（remediation technologies screening matrix，RTSM）评价修复技术，将64种原位和异位土壤/地下水修复技术分成14大类，筛选变量包括适用污染物类型、成本、修复周期、技术推广程度等16个指标，评价标准包括优于平均值、平均值、低于平均值和其他。场地修复技术筛选矩阵记录了大量工程案例的场地污染及修复信息，针对场地污染表征调查、修复技术初筛和修复技术综合评价等污染场地修复技术筛选的不同阶段，设计了不同的数据信息表格，供评估者查询，尤其为相似背景场地修复的技术筛选与可行性评估节省了时间投入与经济成本。

总体来看，美国形成了一套完善的涵盖法律、技术规范及管理制度的土壤污染防治体系，涉及的主要保障机制与有效管理手段包括：污染者、所有者和使用者严格连带无限责任制；污染付费、税收政策与政府补助等相结合的多渠道长效融资机制；基于风险的筛选、评估与管控，场地污染分类与优先修复；各级政府、投资者、公众等利益相关者在土壤污染防治各环节的广泛参与；规范完整的棕地管理程序和信息完善机制；先进的修复技术研发与筛选体系；等等。在其联动作用下，截至2016年，有1337个污染场地被列入《名录》，其中392个场地得到有效治理，从《名录》中移除，极大推动了美国棕地的管理与再利用进程。

4.1.1.2　英国

英国对土壤污染防治采取从污染场地识别至治理行动实施全过程的风险管控，并积极鼓励当地社会群体尽早参与整个决策过程。随着土壤污染防治实践的深入，逐渐形成了一套基于风险管控的英国土壤污染防治技术体系，其特点为法律法规保障、风险分层评估、可持续修复和棕地改造，并在相应技术导则的规范指导和有效管理机制的保障下得到有效实施。

20世纪70年代后，以可持续发展、污染者付费和污染预防为基本原则，英国的立法指导思想转为通过制定环境标准来防治环境问题。1990年颁布的《环境保护法案》第2A部分（Environmental Protection Act 1990: Part 2A）是英国污染场地管理的核心法规，为土壤污染鉴定及恢复整治提供了依据，并明确了污染场地的定义，将风险评估的思想纳入土壤污染防治。其他重要的污染场地法规包括《规划政策声明23》（Planning Policy Statement 23，PPS23）、《城乡规划法》（Town and Country Planning Act，TCPA）和《水资源法》（Water Resources Act，WRA）等[7]。

在污染场地识别阶段，英国土壤污染防治技术指南建议对人类和生态系统进行基于风险的分阶段评估和管理。第一阶段基于场地相关资料和现场踏勘开发特定场地概念模型（conceptual site model，CSM）[8]，揭示污染物的源、汇及其迁移转化规律。第二阶段采用污染场地暴露评估模型（contaminated land exposure assessment，CLEA）估算暴露风险及土壤指导值（soil guideline values，SGVs），判断是否采取进一步评估或修复行动，同时可排列污染场地优先次序。第三阶段为详细的定量风险评估，确定场地污染的严重程度和进行修复的时间。

在场地修复初始阶段，受污染土地以重型工程方案为主，但其费用高昂，对环境和社会的影响也比较大。某些情况下，影响相对较小的风险管控方法更有实际意义（例如，不直接修复，而是通过设立屏障阻止人们进入污染场地）。因此，围绕风险管控的核心思想，英国环境保护署发布了污染场地管理规范程序（CLR 11: Model Procedures for the Management of Land Contamination），以一种遵循英国政府法律法规的方式，帮助包括土地所有者、开发商、专业咨询机构、政法主体、投资方等在内的所有利益方，从风险评价、修复方案评估和修复策略实施 3 个方面，为污染场地风险管控提供规范的技术框架。

此外，结合环境影响消减计划的目标——“减小对挖掘和清除技术的依赖，并尽可能回收利用材料，以减少利用自然资源和保护土壤”，英国提出了可持续修复的概念，将可持续发展的理念贯穿于整个工程初始设计、实施和后期监测阶段。配套政策立法和实践工程检验，英国可持续修复论坛（Sustainable Remediation Forum UK，SuRF-UK）形成了第一个完整的可持续修复框架和修复技术评估指标导则，旨在为污染土壤和地下水的可持续修复提供决策支撑。SuRF-UK 从环境、社会和经济 3 方面定义了包含 15 个主要指标的修复决策可持续评估指标（表 4-1），然后根据项目目的、数据可得性、成本、时间等因素分别采用定性—半定量—定量的分层方法评价修复可持续性。其中，多准则分析（multi-criteria analysis）[9]、生命周期评价（life cycle assessment）[10]、成本效益分析（cost-benefit analysis）等方法、技术相对成熟[11]，并广泛应用于修复技术筛选。

表4-1　可持续修复主要类别及指标

环境指标	社会指标	经济指标
大气	人体健康与安全	直接经济成本和收益
土壤与地面条件	伦理与公平	间接经济成本和收益
地下水与地表水	邻里与当地社会环境	雇佣和雇佣资本
生态	居民与社区参与	诱发经济成本和收益
自然资源与废弃物	不确定性及证据	项目周期和应变能力

明确“棕地”概念是英国实现土壤污染有效防治的另一个重要因素，以“适合使用”为土壤污染防治的中心策略，指导棕地治理方式、标准及再利用用途，促进棕地再开发与可持续管理。以改善环境质量和提高城市服务功能为目标，棕地的软终端再利用（soft end-use）（如新能源生产、公园绿地、生物栖息地等）凭借社会、经济和环境的可持续性及可获得的额外增值价值得到越来越多的关注并在英国广泛实施。

最后，完善的土壤污染防治体系及污染场地风险管控措施的有效实施，均离不开管理手段的配套落实，如：

对棕地治理所产生的费用采取“污染者付费”的原则，同时辅以资本津贴和税收减免政策两种主要经济手段，激励棕地的污染治理与再开发。

定义两类污染责任主体：A 类为造成场地污染或容许污染行为发生的责任主体；B 类为在无法确认 A 类责任主体的情况下，场地当前所有者或使用者将承担修复治理责任。

4.1.1.3　欧盟

欧洲是土壤污染防治技术体系较完善的地区。以法律法规为保障指导，由欧盟各成员国工业代表和科研机构创建的污染场地管理机构组织，是建立健全欧盟土壤污染防治技术体系的主体，该组织制定了风险管控、可持续修复、场地再利用决策等技术导则，并通过项目、计划的实施，检验污染防治理念在工程操作中的可行性。

（1）主要法律法规

为阻止自然或人为因素造成的欧洲各国土地持续恶化，欧盟于 1972 年颁布了《欧洲土壤宪章》（European Soil Charter，ESC），第一次将土壤视为需要保护的有限稀缺资产。2006 年欧盟委员会制定了土壤保护专题战略（Thematic Strategy for Soil Protection，TSSP），强调以风险预防为原则，在欧盟层面和国家层面上采取有利于土壤可持续性的防治措施。其中包含《土壤框架指令》草案（Soil Framework Directive，SFD），该草案旨在建立统一的通用行动方案，指导各成员国开展土壤防治工作，各成员国根据本国实际情况建立国家土壤修复计划，以减轻土壤环境风险，但由于技术转让、各成员国的市场成熟度以及利益冲突等因素，该指令未能最终通过。

（2）主要实施主体

欧洲污染场地恢复环境技术网络组织（The Contaminated Land Rehabilitation Network for Environmental Technologies in Europe，CLARINET）致力于探索处理污染场地问题的有效手段，以不损害人体健康和水资源质量、建立商业团体对土地再开发效益的信赖及土地的可持续利用为目标。其主要目的是为欧洲污染场地重建决策提供科学的技术建议，利用现有的专业知识为欧盟国家政策制定者提供合理建议，并促进政策、实践和科学知识的相互作用等。欧洲污染场地恢复环境技术网络组织在促进污染场地相关领域的国际合作项目方面与欧洲工业污染场地协会（Network for Industrially Contaminated Land in Europe，NICOLE）关系密切，其“基于风险的场地管理”的核心理念，在很大程度上促进了环境政策中土壤质量、水资源保护和土地利用管理的协调统一，并从空间规划、环境保护和环境工程等不同的视角达成一致目标。

于 1995 年成立的欧洲工业污染场地协会（NICOLE）是另一个在欧洲国家工业污染场地管理中发挥重要作用的中坚力量，旨在创造一个污染场地管理知识推广和交流的平台，开展合作研究，促进欧洲工业产业更有效地识别、评价和管理污染场地，加强国际合作，转化利益相关者（如土地开发商、投资商、当地政府部门等）的智力成果。目前，欧洲工业污染场地协会的可持续修复工作组（SRWG）正广泛收集整理已开展的案例研究，建立示范项目数据库，检验可持续修复理论在污染场地修复管理中的有效性和可行性。

（3）主要项目计划

棕地再生综合管理（Holistic Management of Brownfield Regeneration，HOMBRE）是欧盟第七计划框架（EUFP7）的子项目之一，其目的是探索修复场地的软终端利用如何实现项目的预期效益、可取得哪些额外收益，并明确棕地利益相关者（开发商、科学家、政策制定者、政府管理者、方案设计方、工程实施方等）可获得的总体价值，主要通过棕地机会矩阵（brownfield opportunity matrix，BOM）和场地概念模型（conceptual site model，CSM）执行[8]。棕地机会矩阵的理念认为，场地干预手段和其传递的服务之间具有强烈的协同作用，这种协同作用具有创造增值价值的潜力，其价值包括直接财政收益（如能源收益）、自然资产价值（如改善当地生态环境）、文化价值（如促进社区融合）、有形的经济效益（如清洁土地增值）和无形的经济效益（如场地管理者良好的声誉）5个方面。通过干预机制-服务分类（表4-2）明确污染场地再利用的增值服务与提供此服务的干预机制（例如生物质发电带来的经济效益和教育价值）之间的关系。

表4-2　棕地机会矩阵干预机制与服务分类

干预	服务/效益
土壤资源管理	土壤改善
水资源管理	水资源改善
绿色基础设施实施	绿色基础设施供给
温和修复选择	降低污染土壤及地下水风险
其他修复选择	调节气候变化
可更新能源（能源、材料和生物质）	社会-经济效益
可持续场地规划和发展	

场地概念模型拟通过识别污染源-暴露途径-暴露受体之间的关联，建立基于风险评估的污染场地可持续管理概念模型，评估不同管理决策对场地周边人体健康和环境的有利、不利影响，筛选最优决策方案，并开展实例研究验证模型的可靠性；促进决策过程中的利益相关者参与对模型的构建，对实现场地再开发的社会效益、经济效益、环境效益的有机统一具有重要的现实意义。可持续性纽带（sustainability linkages，SL）是构建场地概念模型的核心概念，依据SuRF-UK主要类别建立污染源、暴露途径和暴露受体之间的关联，以识别干预措施对社会、环境和经济受体的作用机制，如地表植被覆盖可通过改变生物多样性来影响当地生态服务功能。

4.1.1.4　荷兰

除欧盟层面的法律制度和技术框架外，在国家层面上，荷兰是较早关注土壤污染防治工作并已取得有效成果的典型。

荷兰是最早制定土壤保护专项法规的欧洲发达国家之一。1983 年的《土壤修复临时法》(Interim Soil Remediation Act) 基于土壤背景值和专家经验提出了最初的 A、B 和 C 土壤标准值体系 (SQSs)，引入“多功能土壤”的定义，认为土壤修复的标准为可满足任何功能的土地再利用用途。1987 年《土壤保护法》(Soil Protection Act) 生效[12]，强调土壤污染的防治，首次引入“污染者付费”的理念。2008 年《土壤质量法令》(Soil Quality Decree) 发布，强调土壤的可持续管理，探索健康的人居环境与土壤功能间的平衡，并考虑到土壤治理成本和治理目标的可行性，以“适用性”原则替代“多功能土壤”原则，即根据土地当前用途和再开发用途确定治理目标。2013 年《土壤修复通告》(Soil Remediation Circular) 作为土壤保护法的补充法案，重新定义了土壤修复标准和目标，用以判断土地修复的紧迫性。

以完善的立法框架为基础，荷兰对土壤环境实行涵盖污染预防、土地可持续利用和污染场地修复的全过程管理，土壤污染防治技术体系也随实践经验的积累得到不断改进。污染者付费、风险评估、适用性原则、可持续利用、制定技术标准等先进创新思想在很大程度上推动了土地的可持续利用。

荷兰政府在土壤环境管理实践中认识到，越早开展土壤污染防治工作，所付出的社会经济成本就越小，预防成本仅约为治理修复成本的 1%，因此强调“预防为主，兼顾治理”的土壤管理模式。此外，执行政策或受政策影响的利益群体的接纳支持度，将在很大程度上影响土壤污染防治工作的成效，因此，主张在管理决策的早期阶段考虑各工业和环境群体的利益需求。制定土壤质量标准和风险评估技术框架是荷兰成功开展土壤污染防治工作的另一个关键决定性因素，基于全国范围农业用地和自然保护地等随机采取的未受扰动土壤中 252 种土壤污染物浓度确定土壤背景值，基于人体健康和生态毒理风险确定干预值，基于农业、居住和工业等不同土地利用方式的风险限值确定最大值。根据背景值和干预值，将土地分为清洁土壤、轻度污染土壤和严重污染土壤，考虑适用性原则，清洁土壤适用于任何用途的土地利用，轻度污染土壤根据最大值又划分为居住适用类型和工业适用类型，严重污染土壤不适用于任何土地用途的直接开发。对受到污染但未超过干预值的土壤纳入可持续利用管理，对超过干预值的土壤按“场地环境调查—风险评估及基于风险的治理目标和措施—修复技术筛选及可行性评价—修复结果评估检测”的程序开展土壤修复，按照污染者付费、土地所有者负责 (无法确定污染者)、当地政府部门负责 (确定土地所有者免责) 的原则，合理分配污染者、业主、政府、开发者等各责任人职责，筹措修复资金。

4.1.2 国内相关情况

4.1.2.1 污染场地修复相关行业标准

为保护在工业企业中工作或在工业企业附近生活的人群及工业企业界区内的土壤

和地下水，对工业企业生产活动造成的土壤污染危害进行风险评价，国家环境保护总局于 1999 年 6 月 9 日发布了《工业企业土壤环境质量风险评价基准》（HJ/T 25—1999）[13]。该标准按照一般风险评价方法规定了工业企业土壤环境质量标准限值的计算方法及通用土壤基准限值，适用于工业企业选址阶段及工业企业生产活动发生后界区内土壤的环境质量风险评价，不适用于采矿、农田和居住用地。

随着我国经济社会的快速发展、产业结构的优化以及城市布局的调整，许多污染企业陆续搬出城市中心区。为保障人民群众的身体健康和城市的环境安全，防止场地环境污染事故发生，2004 年 6 月国家环境保护总局颁布了《关于切实做好企业搬迁过程中环境污染防治工作的通知》（环办〔2004〕47 号）。该通知规定所有产生危险废物的工业企业、实验室和生产经营危险废物的单位，在结束原有生产经营活动，改变原土地使用性质时，必须经具有省级以上质量认证资格的环境监测部门对原址土地进行监测分析，报送省级以上环境保护部门审查，并依据监测评价报告确定土壤功能修复实施方案。当地政府环境保护部门负责土壤功能修复工作的监督管理。监测评价报告要对原址土壤进行环境影响分析，分析内容包括遗留在原址和地下的污染物种类、范围和土壤污染程度、原厂区地下管线、储罐埋藏情况、土壤与地下水污染现状等的评价情况。对于已经开发和正在开发的外迁工业区域，要尽快制定土壤环境状况调查、勘探、监测方案，对施工范围内的污染源进行调查，确定清理工作计划和土壤功能恢复实施方案，尽快消除土壤环境污染。对于遗留污染物造成的环境污染问题，由原生产经营单位负责治理并恢复土壤使用功能。

为了保护生态环境，保障人体健康，加强场地环境管理与监督，规范场地全过程管理各环节的环境监测，2009 年环境保护部在《关于开展 2009 年度国家环境保护标准制修订项目工作的通知》（环办函〔2009〕221 号）中下达了制定《场地环境监测技术导则》《场地环境调查技术规范》《场地污染风险评估技术导则》《污染场地土壤修复技术导则》的任务，由环境保护部科技标准司组织制定。2010 年 5 月 12 日，环境保护部《关于开展 2010 年度国家环境保护标准制修订项目工作的通知》（环办函〔2010〕486 号）文件下达了《污染场地术语标准》的制定计划，由中国环境科学院研究院承担。经多次修改完善，2014 年 2 月 19 日，环境保护部发布 5 项场地污染修复治理相关的行业标准（环境保护部公告 2014 年第 14 号），分别为：《场地环境调查技术导则》（HJ 25.1—2014）[14]、《场地环境监测技术导则》（HJ 25.2—2014）、《污染场地风险评估技术导则》（HJ 25.3—2014）、《污染场地土壤修复技术导则》（HJ 25.4—2014）和《污染场地术语》（HJ 682—2014）[15]。以上 5 项标准于 2014 年 7 月 1 日开始实施，同时《工业企业土壤环境质量风险评价基准》（HJ/T 25—1999）废止。

2019 年，生态环境部对 HJ 25.1—2014 ～ HJ 25.4—2014 和 HJ 682—2014 进行了更新，分别为《建设用地土壤污染状况调查技术导则》（HJ 25.1—2019）、《建设用地土壤污染风险管控和修复监测技术导则》（HJ 25.2—2019）、《建设用地土壤污染风险评估技术导则》（HJ 25.3—2019）、《建设用地土壤修复技术导则》（HJ 25.4—2019）、《建设用地土壤污染风险管控和修复术语》（HJ 682—2019）。

《建设用地土壤污染状况调查技术导则》（HJ 25.1—2019）规定了建设用地土壤

污染状况调查的原则、内容、程序和技术要求，适用于建设用地土壤污染状况调查，为建设用地土壤污染风险管控和修复提供基础数据和信息。《建设用地土壤污染风险管控和修复监测技术导则》（HJ 25.2—2019）规定了建设用地土壤污染风险管控和修复监测的基本原则、程序、工作内容和技术要求，适用于建设用地土壤污染状况调查和土壤污染风险评估、风险管控、修复、风险管控效果评估、修复效果评估、后期管理等活动的环境监测。《建设用地土壤污染风险评估技术导则》（HJ 25.3—2019）规定了开展建设用地土壤污染风险评估的原则、内容、程序、方法和技术要求，适用于建设用地健康风险评估和土壤、地下水风险控制值的确定。《建设用地土壤修复技术导则》（HJ 25.4—2019）规定了建设用地土壤修复方案编制的基本原则、程序、内容和技术要求，适用于建设用地土壤修复方案的制定。《建设用地土壤污染风险管控和修复术语》（HJ 682—2019）规定了与建设用地土壤污染风险管控和修复相关的名词术语与定义，包括基本概念、污染与环境过程、调查与环境监测、风险评估、风险管控和修复等五个方面的术语，适用于建设用地环境管理中名词术语及定义的使用。

近年来，《中华人民共和国土壤污染防治法》、《土壤污染防治行动计划》（简称“土十条”）、《污染地块土壤环境管理办法（试行）》《土壤环境质量　建设用地土壤污染风险管控标准（试行）》（GB 36600—2018）等文件和标准相继出台实施[16]。2018 年 12 月 29 日，生态环境部发布《污染地块风险管控与土壤修复效果评估技术导则（试行）》（HJ 25.5—2018）行业标准[17]。该标准规定了建设用地污染地块风险管控与土壤修复效果评估的内容、程序、方法和技术要求，适用于建设用地污染地块风险管控和土壤修复效果的评估。

目前，以上与场地环境相关的行业标准基本可以满足场地污染防治工作需求，为开展场地环境调查、风险评估、修复治理以及修复治理效果评估提供了技术指导和支持，为推进场地相关的土壤和地下水污染防治提供了基础支撑。然而，由于治理目标、成本、周期等不同，场地环境管理和污染防治的这些标准无法完全适用于耕地污染治理。

4.1.2.2　污染场地修复相关地方标准

在地方层面，北京市、上海市、重庆市、浙江省、广东省等省（市）分别发布了各省（市）的污染地块修复效果评估技术规范或指南。

2011 年 4 月 28 日，北京市印发《污染场地修复验收技术规范》（DB11/T 783—2011）[18]。该标准由北京市环境保护局提出，北京市环境保护科学研究院和北京市固体废物管理中心起草编制。该标准规定了污染场地修复验收的内容和技术要求，适用于污染场地范围内的污染土壤和地下水修复效果的评价。为加强污染场地环境保护监督管理，规范污染场地修复技术方案的编制，2015 年 12 月 30 日，北京市质量技术监督局发布《污染场地修复技术方案编制导则》（DB11/T 1280—2015）[19]，规定了污染场地修复技术方案编制过程中的修复策略选择、修复技术筛选与评估、修复技术方案确定、修复技术方案报告编制等内容和技术要求，适用于污染场地土壤和地下水修复技术方案的编制。2021 年北京市市场监督管理局发布《建设用地土壤污染修复方案编制导则》（DB11/T 1280—2021），代替 DB11/T 1280—2015，规定了建设用地土壤污染修复方案编制的原则、工作程序、内容与要求，适用于建设用地污染修复方案的编制。

为规范第三方机构对上海市污染地块开展的治理修复方案及修复效果的技术审核工作，根据《上海市环境保护局关于加强污染地块环境保护监督管理的通知》（沪环保防〔2017〕311 号）文件要求，上海市环境保护局于 2017 年 10 月 20 日印发了《污染地块治理修复方案及效果评估技术审核工作规程》（沪环保防〔2017〕351 号），要求经上海市环境保护局委托的第三方机构对各区环保局上报的涉及土地收储、征收、供应等土地流转环节，变更为居住、学校等敏感用途或者具有高风险等级污染地块的治理修复方案、修复效果评估工作进行技术审核。

为支撑场地治理修复活动，重庆市环境保护局提出编制地方标准，中国环境科学研究院、重庆市固体废物管理中心、重庆市环境科学研究院共同起草编制了重庆市场地污染治理系列标准，并于 2016 年 12 月 15 日发布，分别为：《污染场地治理修复环境监理技术导则》（DB50/T 722—2016）[20]、《场地土壤环境风险评估筛选值》（DB50/T 723—2016）[21]、《污染场地治理修复验收评估技术导则》（DB50/T 724—2016）[22] 和《场地环境调查与风险评估技术导则》（DB50/T 725—2016）[23]。其中，DB50/T 724—2016 规定了污染场地治理修复验收评估的术语和定义、方案、过程和报告编制，适用于污染场地治理修复的验收评估工作[22]。2022 年 8 月 DB50/T 722—2016 废止。

2018 年 7 月 17 日，浙江省质量技术监督局发布《污染地块治理修复工程效果评估技术规范》（DB33/T 2128—2018）[24]。该标准由浙江省环境保护科学设计研究院起草，规定了污染地块治理修复工程效果评估的内容、程序、方法和技术要求，适用于污染地块范围内的污染土壤、地下水及其他环境污染修复工程效果的评估。

为落实“土十条”，广东省环境保护厅组织编制了《广东省污染地块治理与修复工程环境监理技术指南（征求意见稿）》《广东省污染地块治理与修复效果评估技术指南（征求意见稿）》《广东省污染地块修复后土壤再利用技术指南（征求意见稿）》3 项技术指南，并于 2018 年 7 月 16 日公开征求意见。

4.1.2.3 农用地土壤污染治理与修复相关标准

为加强农用地土壤污染治理与修复项目的管理，规范项目实施方案的编制工作，根据“土十条”等文件的有关要求，环境保护部组织起草了《农用地土壤污染治理与修复项目实施方案编制指南》（以下简称《指南》）。该《指南》于 2013 年形成初稿；2013 ～ 2014 年分别在浙江、江苏等地开展调研，并召开专家咨询讨论会，形成《指南（修改稿）》；2015 年，在调研总结各地农用地土壤污染治理与修复工作实践经验的基础上，结合“土十条”的相关要求，经多次修改完善，形成《指南（征求意见稿）》。

该《指南》尚未正式发布。为落实“土十条”和《关于创新体制机制推进农业绿色发展的意见》相关工作任务，为实现农业绿色可持续发展提供支撑，由农业农村部农业生态与资源保护总站牵头起草编制了《耕地污染治理效果评价准则》（NY/T 3343—2018）[25]，由农业农村部于2018年12月19日发布，于2019年6月1日实施。该标准规定了耕地污染治理效果评价相关的术语和定义、评价原则、评价方法与范围、评价标准、评价程序，适用于对污染治理前后均种植食用类农产品的耕地开展评价。

地方层面关于耕地土壤污染治理修复相关的标准的研究远不及场地污染修复，仅见河北省发布相关地方标准。河北省质量技术监督局和河北省环境保护厅于2015年5月20日发布了《河北省农田土壤重金属污染修复技术规范》（DB13/T 2206—2015）[26]，规定了农田土壤重金属污染修复技术的规范性引用文件、术语和定义、土壤重金属污染程度等级划分、土壤重金属污染修复技术要点、基本原则和工作程序、采样与分析方法、标准实施与监督，适用于河北省内农田土壤重金属污染程度的评价分级和修复技术方案的设计。2020年，DB13/T 2206—2015被DB13/T 2206—2020替代，并命名为《农用地土壤重金属污染修复技术规程》，规定了农用地土壤重金属污染程度等级划分、土壤重金属污染修复技术要点、基本原则和工作程序、采样与分析方法，适用于农用地土壤重金属污染程度评价分级和修复技术方案设计。

总体来看，耕地污染治理修复与场地污染治理修复有显著不同，制定耕地污染治理修复标准应从保障农产品质量安全的基本底线着手，充分考虑我国国情及现阶段治理修复技术的可行性，并与“土十条”重点工作目标挂钩。

4.2 修复实施细则

4.2.1 目标及原则

4.2.1.1 目标

“土十条”明确提出，到2020年，全国土壤污染加重趋势得到初步遏制，土壤环境质量总体保持稳定，农用地和建设用地土壤环境安全得到基本保障，土壤环境风险得到基本管控。到2030年，全国土壤环境质量稳中向好，农用地和建设用地土壤环境安全得到有效保障，土壤环境风险得到全面管控。到21世纪中叶，土壤环境质量全面改善，生态系统实现良性循环。

通过治理与修复，实现受污染耕地安全利用，基本目标为治理修复区域内实现当地常规或主栽农产品达标生产，评价标准参照《耕地污染治理效果评价准则》(NY/T 3343—2018)[25]。在实现基本目标的基础上，进一步使耕地土壤中目标污染物含量降低到《土壤环境质量 农用地土壤污染风险管控标准(试行)》(GB 15618—2018)规定的筛选值以下(含)[27]，或降低到可保障当地常规或主栽农产品达标生产的含量。

4.2.1.2 原则

受污染耕地治理与修复主要遵循以下原则。

① 科学性。基于资料调查和数据分析，综合考虑受污染耕地的污染类型、污染程度和范围、污染成因，以及备选的治理与修复技术，技术的效果、时间、成本和环境影响等因素，科学合理选择治理与修复技术，制定实施方案。

② 可行性。受污染耕地治理与修复要因地制宜、合理可行。治理与修复方案与技术不能脱离当前技术、经济和社会发展的实际，要满足技术、经济的可行性。

③ 安全性。治理与修复技术应具有环境友好性，一方面要防止对实施人员、周边人群健康产生风险，另一方面要防止治理与修复过程对周边环境产生二次污染。

④ 可持续性。治理与修复应有利于保持或提高耕地质量，保证耕地可持续利用，在经济和技术上有一定的可持续性。优先选择不影响农业生产、不改变农产品种类、不降低土壤生产功能的治理与修复技术。

4.2.2 实施流程

受污染耕地治理与修复的一般程序如图 4-1 所示，包括基础数据和资料收集、受污染耕地污染特征和成因分析、治理与修复范围和目标确定、治理与修复模式选择、治理与修复技术确定、治理与修复实施方案编制、治理与修复组织实施、治理与修复效果评估等。

4.2.2.1 基础数据和资料收集

在受污染耕地治理与修复工作开展之前，应收集治理与修复相关资料，包括但不限于以下内容。

(1) 区域自然环境特征

气候、地质地貌、水文、土壤、植被、自然灾害等。

(2) 农业生产状况

农作物种类、布局、面积、产量、长势、耕作制度等。

(3) 耕地污染风险评估情况

包含土壤环境状况、农产品监测资料、污染成因分析等。

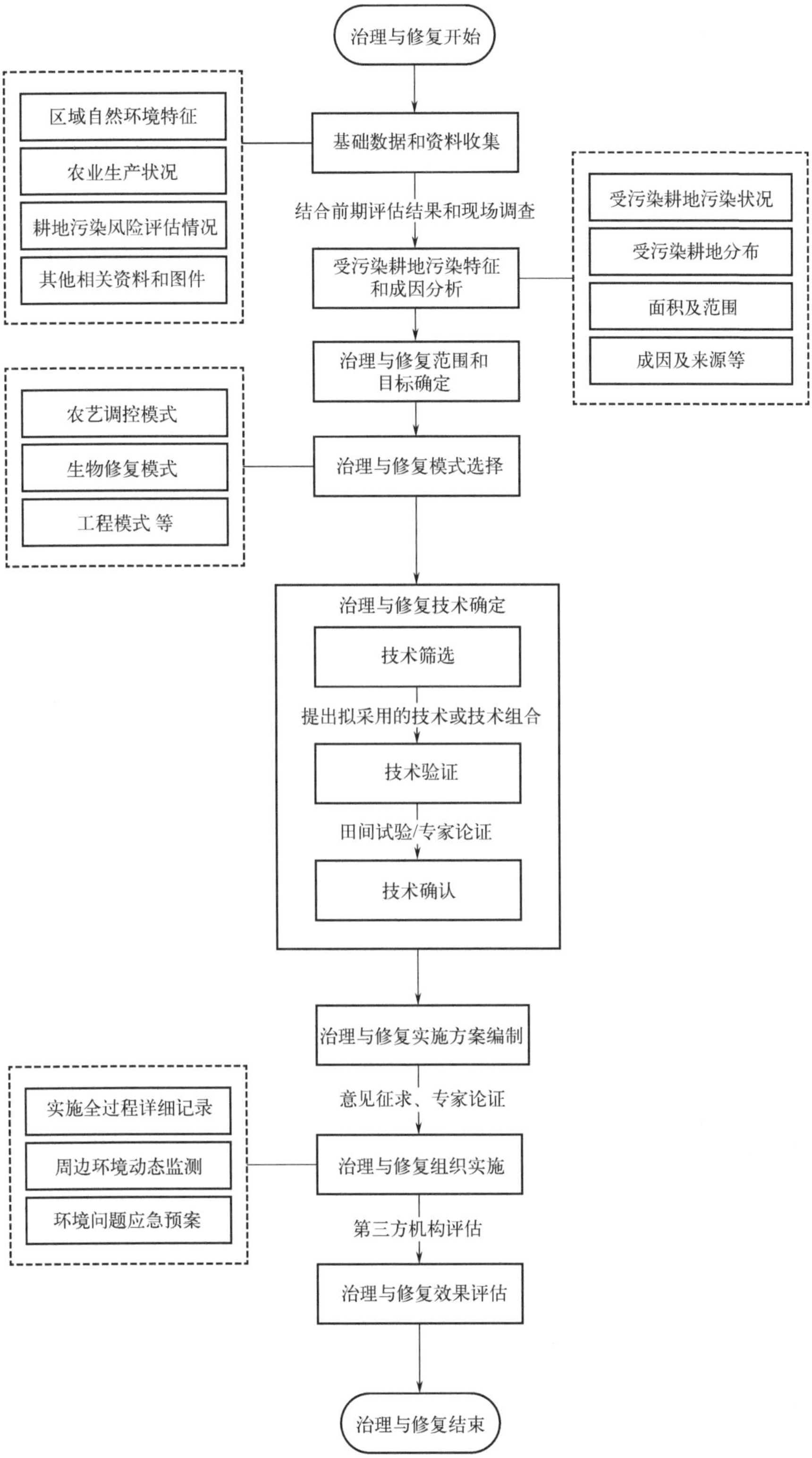

图 4-1　受污染耕地治理与修复的一般程序

① 土壤环境状况：土壤污染物种类、含量、有效态含量、历史分布与范围，土壤环境质量背景值状况、污染源分布情况等。

② 农产品监测资料：农产品超标元素历年值、农产品质量现状等。

③ 污染成因分析：受污染耕地土壤与农产品污染来源、污染物排放途径和年排放量、农灌水质及水系状况、大气环境质量状况、农业投入品状况等。

（4）其他相关资料和图件

土地利用现状图、土地利用总体规划、行政区划图、农作物种植分布图、土壤（土种）类型图、高程数据、耕地地理位置示意图、永久基本农田分布图、粮食生产功能区分布图等。

注：收集资料应尽可能包括空间信息，点位数据应包括地理空间坐标，面域数据应有符合国家坐标系的地理信息系统矢量或栅格数据。

4.2.2.2 受污染耕地污染特征和成因分析

汇总已有调查资料和数据，判断已有数据是否足以支撑治理与修复工作精准实施。如有必要，应在治理和修复工作开展前进行土壤与农产品加密调查，摸清底数，确定治理修复边界。综合分析收集到的资料和数据，明确耕地土壤污染的成因和来源等，为制定治理方案和开展治理修复工作提供支撑。

4.2.2.3 治理与修复范围和目标确定

根据耕地污染风险评估及土壤与农产品加密调查结果，综合工作基础、实际情况、经济性、可行性等因素，明确受污染耕地治理修复的范围，确定受污染耕地经治理与修复后需达到基本目标还是参考目标。

4.2.2.4 治理与修复模式选择

根据耕地污染风险评估及土壤与农产品加密调查结果，基于耕地污染类型、程度、范围、污染来源及经济性、可行性等因素，因地制宜地选择治理与修复模式，如农艺调控模式、生物修复模式、工程模式等。对已确定污染源的地块或区域，在治理和修复中应考虑切断污染源，减少污染物的输入。

4.2.2.5 治理与修复技术确定

包括技术筛选、技术验证和技术确认 3 个环节。

（1）技术筛选

治理与修复模式确定后，从该模式备选治理与修复技术中筛选潜在可用的技术，采用列表描述分析或权重打分等方法，对选出的技术进行排序，提出拟采用的技术或技术组合。

（2）技术验证

对拟采用的治理与修复技术进行可行性验证。参考《肥料效应鉴定田间试验技术规程》（NY/T 497—2002）[28]，选择与目标区域环境条件、污染种类及程度相似的耕地开展田间试验，或者直接在目标区域选择小块耕地开展田间试验。如治理修复技术已在相似耕地开展田间试验，并可提供详细试验数据和报告，经专家论证后可以不再开展田间试验。

（3）技术确认

根据田间试验结果，综合考虑经济性、可行性等因素，最终确定目标区域内受污染耕地治理与修复技术。

4.2.2.6　治理与修复实施方案编制

根据 4.2.2.3 ～ 4.2.2.5 部分所确定的治理与修复的范围、目标、模式、技术等，编制受污染耕地治理与修复实施方案。实施方案需要经过意见征求、专家论证等过程。

4.2.2.7　治理与修复组织实施

严格按照治理与修复实施方案确定的步骤和内容，在目标区域开展受污染耕地治理与修复工作。对治理与修复措施实施的全过程进行详细记录，并对周边环境开展动态监测，分析治理与修复措施对耕地及其周边环境的影响。对可能出现的环境问题需有应急预案。

4.2.2.8　治理与修复效果评估

评估受污染耕地经治理与修复后是否达到治理与修复目标。治理与修复完成（或阶段性完成）后，由第三方机构对治理与修复的措施完成情况及效果开展评估。对于基本目标，评估方法参照《耕地污染治理效果评价准则》（NY/T 3343—2018）[25]；对于参考目标，评估方法参照 NY/T 3343 与 HJ 25.5[17, 25]。

4.2.3　应用要求

对轻中度污染耕地开展治理时，应当优先采取安全利用类措施，阻断或者减少污染物和其他有毒有害物质进入农作物可食部分，降低农产品超标风险；安全利用类措施难以奏效时，再选取不影响农业生产、不降低土壤生产功能的治理修复类措施。

安全利用与治理修复措施实施时，应避免对种植作物造成影响，同时避免对土壤、地下水、大气等周边环境造成二次污染。实施过程中产生的废水、废气和固体废物，应当按照国家有关规定进行处理或者处置，并达到国家或者地方规定的环境保护标准和要求。实施中所使用的肥料、土壤调理剂等耕地投入品须符合《有机无机复混肥料》（GB/T 18877—2020）[29]、《肥料中砷、镉、铬、铅、汞含量的测定》（GB/T 23349—2020）[30] 和《肥料合理使用准则　通则》（NY/T 496—2010）等相关标准的规定[31]，禁止使用重金属超标的投入品，禁止施用未经国家或省级农业农村部门登记的肥料。

安全利用与治理修复期间，应定期抽测农产品质量，根据相关标准核算受污染耕地安全利用率，根据农产品质量评价结果及时优化调整治理措施。

4.3 修复效果评价

耕地污染土壤在修复过程中，其物理、化学和生物特性都会发生改变，修复目标污染物总量的减少或含量的降低并不意味着土壤在生态学意义上就是清洁的或是安全的[32]。一般的污染场地修复关注的是修复后的地块是否可以供工业、商业、建筑业开发利用，而耕地土壤重金属污染修复，关注的除是否达到了预期的修复目标以外，还需要评估土壤的生态功能是否得到了恢复、是否可以实现复垦、生产的农产品是否符合食品安全标准。因此，耕地土壤重金属污染修复效果的评估需要结合有效的化学分析手段，通过对土壤生态系统诸多指标进行定性或定量检测，预测修复后土壤中污染物对土壤生态系统和人类健康产生有害影响的可能性[33]。

耕地土壤重金属土壤修复效果评估是一个复杂、系统、综合性的体系，除了考虑修复技术对土壤重金属目标污染物本身含量的降低外，还要综合考虑土壤理化性质、土壤肥力、农产品质量安全、修复技术的经济性、修复技术的推广应用和当地土壤的背景含量水平等各种因素[34]。同时，必须结合现有的各种环境保护法规，并借鉴参考国外成熟的污染土壤修复法规体系。

当前，国内对于耕地土壤重金属修复效果中相关指标的评定，一般是通过将土壤及农产品中目标污染物的检测值分别与《土壤环境质量　农用地土壤污染风险管控标准（试行）》（GB 15618—2018）[27] 和《食品安全国家标准　食品中污染物限量》（GB 2762—2022）[35] 进行比较来评定污染土壤的修复效果。一些发达国家对于污染土壤修复效果的评价，一般是通过对土壤中目标污染物的检测浓度与以土地再利用为目的评价得出的污染物在土壤中的允许浓度进行比较来确定修复效果，这种评价方式同样不能真实地反映污染土壤修复后的生态安全性，不能完全适用于耕地污染治理的效果评价。

《耕地污染治理效果评价准则》（NY/T 3343—2018）（以下简称《准则》）于 2018 年 12 月由农业农村部发布，于 2019 年 6 月开始实施，是针对耕地土壤重金属污染修复、治理项目进行评价的主要行业标准。《准则》中明确了耕地污染治理效果评价的原则、方法与范围、标准、程序、时段、技术要求及评价报告的编制要点，为近年来耕地污染治理效果评价提供了依据。2018 年 12 月生态环境部发布的《污染地块风险管控与土壤修复效果评估技术导则（试行）》（HJ 25.5—2018）（以下简称《导则》）虽然仅适用于建设用地污染地块土壤修复效果的评估，但其中的评估工作程序同样可为耕地土壤重金属污染修复效果评估提供借鉴。

我国各地重金属污染超标情况并不均一，农作物重金属污染超标原因也不相同，因此各地对耕地土壤重金属污染修复的要求也在《准则》的基础上各有特色，无法统一。因此，耕地土壤重金属污染修复效果评估也应根据相关标准和《准则》，结合当地耕地修复需求进行效果评估。

4.3.1 评估原则

耕地作为人类食物的最初来源，涉及人类最基本的生存和健康问题，对于耕地土壤的修复不仅要考虑修复效果，还要考虑修复技术的安全性。因此，耕地土壤重金属污染修复技术首先要求无二次污染风险，同时不能破坏土壤的生产性能。对于大面积的轻中度的重金属污染耕地，成本较高的修复技术以及休耕等措施在中国持续增长的粮食需求压力下都是不可行的[36]。因此，用于农田土壤重金属污染的治理技术必须满足以下几方面的要求。

（1）治理技术需要满足粮食安全生产的要求

土壤具有巨大的环境容量，能够容纳污染物，且具有强大的自净能力，能够消解部分污染物[37]。但随着土壤质量的持续退化、污染物的持续积累，土壤对污染物的容纳和净化能力也在持续减弱。对土壤过度使用导致污染物在土壤环境中的积累量达到了威胁作物安全生产的水平。我国部分地区重金属污染已经超出了《食品安全国家标准　食品中污染物限量》（GB 2762—2022）[35]中规定的限值，即引起了农产品质量安全问题[38]。农用地轻中度污染治理项目核心是保证食用农作物产品的质量安全，农作物的安全生产是农田土壤质量安全的主要评判依据。

（2）治理技术不能破坏作物的正常繁育和生长

我国的基本国情为人多地少，因此在治理土壤重金属污染的同时，务必要保证农作物正常生长繁育不受抑制。对于农用地而言，任何的修复技术都应建立在农产品产量得到保证的前提下。一味地追求修复效果却忽略耕地的基本属性，导致农作物无法正常生长繁育，进而收益大幅度降低，即便最终农产品质量安全，也是农业生产无法接受的。另外，土壤受到污染时还会影响到土壤生物[39]、土壤理化性质[40]、养分的供给[41]等，间接影响到农作物的正常生长与繁育。因此，耕地土壤重金属污染治理技术的应用必须保证农产品质量安全，在降低农产品中污染物浓度的同时不能对农产品的产量造成较大影响。

（3）治理技术安全无毒

我国《基本农田保护条例》等法律法规有明确规定，耕地不能随意挪作他用，也就是说，对重金属污染的耕地土壤，其治理技术不能改变其用于农业生产的性质，且任何修复技术必须在保证不破坏耕地土壤生产性能的条件下进行[42]。因此，环保工程中一些常见的重金属修复技术就不适用于农用地重金属治理。例如，热处理修复，虽然能够有效地将土壤中易挥发的重金属清除出去，但挥发的有毒物质很难回收彻底，很容易造成土壤的二次污染。又例如，淋洗技术，虽然能够有效地将土壤中的重金属洗脱出去，但会造成养分的大量流失，严重破坏土壤环境[43]。

（4）治理技术经济可行

要使我国约 3 亿亩的重金属污染耕地得到有效修复，必须要求采用的修复技术经济成本较低，治理措施能够在相对较短的时间内有较为明显的效果。国外的耕地土壤重金属污染治理实践证明，经济成本是在选择修复技术过程中必须考虑的一个重要因素。以日本富山县神通川流域耕地重金属污染问题及其修复过程为例，如果按照日本的修复经验来计算的话，我国 3 亿亩重金属污染耕地的修复成本约需要 70 万亿元，更为重要的是需要大量的清洁土壤来进行置换，且需要将污染土壤埋入地下 25cm，需要的清洁土壤和置换出来的污染土壤均有约 9.5 万立方千米，而需要的修复时间肯定远远超过 40 年，这显然是不现实的。因此，针对我国的现实情况，在进行耕地土壤重金属污染修复技术选择时必须切实考虑到经济成本和时间成本。

（5）治理技术易于推广应用

从当前的重金属污染状况来看，耕地土壤重金属污染严重，有 3 亿亩左右的耕地土壤受到不同程度的污染，也就是说有 2 亿左右的农民在污染土壤中种植农作物。未来耕地土壤重金属污染的修复主力军不可能是专业技术人员，而是种植农户，他们将是耕地土壤重金属污染修复技术的重要使用者和实际操作者，必须充分考虑他们对治理措施的接受度和实际应用能力。农村劳动力将是我国耕地土壤重金属污染修复技术应用的主体，其较低的文化程度影响他们对修复技术的选择。因此，选择操作简单易行、农民易接受、培训难度小的实用修复技术也将是修复效果评估过程中必须考虑的一项重要原则。

依据以上原则，选择适应耕地土壤重金属污染的治理技术决定了大多数重金属污染治理方法在农田中应用将会受到极大的限制性。对于那些会改变土壤理化性质，用后土壤不适于作物生长，或造成二次污染或严重影响作物生长甚至减产等的修复方法就不适宜在耕地土壤修复中应用。总的来说，能在农田中应用的理想修复技术要考虑到 3 点，即作物、土壤和农户的接受程度。

目前，在农田中相对适合且应用较多的技术主要有原位钝化修复、叶面阻控、农艺措施及植物修复等。原位钝化修复是利用一些肥料、工业废物等价格上能够承受的钝化剂，通过降低土壤中重金属的有效性，减轻重金属对农作物的毒害作用，使农产品中重金属含量达标，达到治理效果。农艺措施包括低积累品种的应用、水肥管理以及种植结构的调整，主要是通过因地制宜地对土壤进行管理，以确保农产品的安全。超富集植物主要通过与农作物进行间作、轮作、套作将重金属从土壤中移除。

常用的耕地安全利用技术见表 4-3。

表4-3　常用的耕地安全利用技术

技术种类	修复原理
原位钝化技术	原位钝化技术的修复原理主要包括化学吸附、物理吸附、物理化学吸附（离子交换吸附）、共沉淀作用、拮抗作用和氧化还原反应。其中，化学吸附是指溶质与吸附剂发生化学反应，形成牢固的吸附化学键和表面络合物；物理吸附是指利用吸附剂（如活性炭、硅胶、分子筛等）对重金属离子的吸附作用，有效地从土壤中去除重金属；离子交换吸附是指溶质的离子因静电引力聚集在吸附剂表面，并置换出固定在这些带电点上的其他离子；共沉淀作用是一种沉淀从溶液中析出时，引起某些可溶性物质一起沉淀的现象；拮抗作用是指利用施入土壤中的某类元素抑制作物吸收其他重金属元素；氧化还原反应是通过元素化合价升降来调节重金属活性
叶面阻控技术	利用喷洒在叶面上的某类元素抑制作物吸收其他重金属元素
低积累品种	根据低积累品种特性，阻止作物对重金属的吸收或者减少重金属向可食部分的运输
土壤管理	应用水、肥、翻耕等措施调节土壤环境（pH 值、Eh 值等），进而影响土壤重金属的迁移性和毒性
超富集植物	超富集植物具有极强的重金属耐受能力，可以提取、吸收、转化土壤中的重金属

4.3.2　评估内容

耕地土壤重金属污染治理修复以“实用、安全、经济、易推广”为原则，综合考虑农产品质量安全、土壤环境质量、修复成本、修复周期、修复效果等因素，通过评价治理区域内农产品可食部位与土壤环境中目标污染物含量变化情况等，反映修复技术措施对耕地污染治理的效果，筛选出适宜的修复技术。耕地土壤重金属污染修复效果评估的主要内容包括修复效果评估、修复技术经济性评估、修复技术安全性评估及修复技术可推广性评估 4 个方面。

（1）修复效果评估

对修复技术在耕地土壤重金属污染治理过程中目标污染物总量的减少或浓度的降低、是否引入其他污染物或引起其他污染物含量的增加进行分析；对修复前后土壤物理、化学和生物特性的影响进行定量比较；对生产的农产品是否达到安全水平进行评定；对农产品产量是否造成较严重影响等方面进行评估。

（2）修复技术经济性评估

对修复过程中投入成本及效益等进行定性描述或定量比较。每一种修复技术的经济性评估可从材料成本、劳动力成本、管理维护成本、材料运输成本、水电成本等方面进行评估。

（3）修复技术安全性评估

对修复技术实施过程中是否对周边环境产生影响、是否存在潜在的二次污染、是否对施工人员和周边人群的安全和健康产生影响等方面进行评估。

（4）修复技术可推广性评估

对修复技术的适用范围，施用条件，修复技术的稳定性、有效性、操作性、农民接受程度、培训难度等进行评估。

4.3.3 评估指标与评估体系

4.3.3.1 评估指标选取原则

评估指标在耕地土壤重金属治理修复技术效果评估中至关重要，评估指标的选择直接影响着对修复技术评估的最终结果及决策的制定。评估指标应该能够充分敏感地反映评估的内容，并能对其变化做出判断。同样，对于耕地土壤重金属污染修复技术评估指标的确定，根据不同项目需求与不同评估内容决定评估的具体指标。在选取重金属污染农田土壤修复效果评价指标时应紧紧围绕农田土壤的生态功能，具体来讲应遵循以下几点原则。

（1）全面性

农田土壤最主要的功能是“保水、保肥、通气、透水”，从而促进农作物的生长。因此，单纯地用重金属总量的降低或是生物有效态的降低并不能全面反映农田土壤的主要生态功能，需要从土壤的环境质量、肥力质量、健康质量三方面综合考虑，确定修复效果评价指标。

（2）客观性

用于重金属污染农田土壤修复效果评价的指标应是客观的，可以最大限度地反映修复的效果，在指标选取上应以定量指标为主，必要时可选取定性指标作为辅助性评价指标。

（3）易测性

重金属污染农田土壤修复效果评价选取的指标可用现行的标准方法进行测定，或是可用国内外公认的测定方法进行分析测定。在分析周期上，应满足具体修复项目的实施进度及验收要求，不能待修复工程完成数年之后才进行采样分析，以致影响项目的验收及土地的复垦。

（4）可评性

重金属污染农田土壤修复效果评价指标经测定后，要有相应的标准值或参考值作为评价的依据，从而据此判定是否达到了预期的修复目标[44]。

4.3.3.2　评估指标分类

（1）农产品安全质量评估指标

重金属污染耕地修复的最终目标是保障农产品安全，避免土壤中重金属目标污染物经过食物链的传递对人体健康构成威胁[45]。农产品安全质量评估指标反映的是耕地修复工作后农产品的安全情况，是效果评估工作中需要确定的非常重要的指标。通过分析修复后土壤中生长的农产品中污染物的含量及修复前后农产品产量的变化情况可以判断污染土壤的修复效果。在国内重金属污染耕地修复效果评估工作中，农产品安全质量评估指标主要有农产品样本超标率（R）、目标污染物单因子污染指数算术平均值（$E_{平均}$）、受污染耕地安全利用率（A）、对照提升率（T）、农产品减产率（L）等。

1）农产品样本超标率

将农产品样本进行目标污染物含量检测，并与《食品安全国家标准　食物中污染物限量》（GB 2762—2022）进行比较，计算得出超标样本数占检测样本总数的百分比。《准则》中指出，农产品样本超标率大于10%，则当季修复效果不达标，计算公式如下所示：

$$R=\frac{E_{\mathrm{t}}}{M_{\mathrm{t}}}\times 100\%$$

式中　R——农产品样本超标率；

E_{t}——农产品超标样本总数；

M_{t}——检测样本总数。

2）目标污染物单因子污染指数算术平均值

这是另一个反映修复工作对农产品质量安全效果的指标，《准则》中指出，农产品中目标污染物单因子污染指数算术平均值大于1，则当季修复效果不达标，计算公式如下所示：

$$E_{平均}=\frac{\sum_{i=1}^{n}\frac{A_i}{S_i}}{n}$$

式中　$E_{平均}$——确定点位采集的农产品中目标污染物单因子污染指数算术平均值；

n——治理效果评价点位数量；

A_i——农产品中目标污染物实测值；

S_i——农产品中目标污染物的限量标准值。

3）受污染耕地安全利用率

这是2019年农业农村部办公厅和生态环境部办公厅联合下发的《关于进一步做好受污染耕地安全利用工作的通知》[46]中提出的指标，该指标由受污染耕地安全利用面积和修复后农产品达标率共同影响，近年来全国多地将受污染耕地安全利用率作为评估耕地安全利用工作的最重要指标，计算公式如下所示：

$$A=\frac{B+C+D}{E}\times 100\%$$

其中，

$$C=F\times\frac{\sum_{i=1}^{n}\left(S_i\times x_i\right)}{\sum_{i=1}^{n}S_i}\times 100\%$$

式中 A——某区域受污染耕地安全利用率（省级或县级）；

B——轻微污染且实施了优先保护类措施（加强监测，因地制宜推行种养结合、秸秆还田、增施有机肥、少耕免耕等措施，提升耕地质量）的耕地面积；

C——实施了安全利用类或治理修复类措施（优化施肥、水分调节、低积累品种替代、土壤调理、施撒石灰、生物修复等），且实现农产品质量达标生产的轻中度污染耕地面积；

D——实施了严格管控类措施（种植结构调整、特定农产品禁止生产区划分、退耕还林还草、休耕等）的重度污染耕地面积；

E——该区域受污染耕地面积，即轻微污染、轻中度污染和重度污染耕地面积之和；

S_i——某区域第 i 个抽测单元面积；

x_i——抽测单元农产品质量达标率；

F——某区域内实施了安全利用类或治理修复类措施的轻中度污染耕地面积。

4）对照提升率

是一般重金属污染耕地修复示范类项目中常用的指标，指的是具有治理措施的田块的农产品样本达标率与空白对照田块农产品样本达标率之间的差值，具体的计算公式如下所示：

$$T=(1-R)-X$$

式中 T——农产品对照提升率；

$1-R$——农产品样本达标率；

X——空白对照田块农产品样本达标率。

5）农产品减产率

同样是农产品安全质量评估过程中非常重要的指标，一般情况下重金属污染耕地修复项目要求治理措施不得造成农作物大幅减产。《准则》中也明确指出农产品减产率不得超过10%，该指标具体的计算公式如下所示：

$$L=\frac{L_1-L_0}{L_0}\times 100\%$$

式中　L——农产品减产率；

L_1——实施了安全利用类或治理修复类措施的耕地的产量；

L_0——空白对照区域耕地的产量。

（2）土壤环境质量评估指标

1）单项累积指数与综合累积指数

常规的土壤环境质量评估方法是在比较分析修复前后土壤中目标污染物全量变化情况之后，采用单项累积指数法和综合累积指数法相结合的方法评价目标污染物是否降至土壤环境质量标准以下。

单项累积指数计算公式为：

$$P_{i全量}=\frac{C_{i全量}}{S_{i全量}}$$

式中　$P_{i全量}$——修复后耕地土壤中重金属i的单项累积指数；

$C_{i全量}$——修复后耕地土壤中重金属i的实测浓度；

$S_{i全量}$——修复后耕地土壤中重金属i的累积性评估指标值。

综合累积指数是在单项累积评估的基础上，运用内梅罗法求得。内梅罗综合污染指数法是于1974年提出的一种综合评价环境中污染物风险的方法，其公式为：

$$P_{综合}=\sqrt{\frac{(P_{iave})^2+(P_{imax})^2}{2}}$$

式中　$P_{综合}$——评价地的综合污染指数；

P_{iave}——该评价过程中所有污染物污染指数的平均值；

P_{imax}——该评价过程中污染指数最大的污染物的指数值。

比较单一重金属累积程度，用单项累积指数法；比较多种重金属综合累积程度，用综合累积指数法。

单项累积指数等级划分按表4-4规定进行。

表4-4　耕地土壤重金属单项累积指数等级划分标准

划定等级	$P_{i全量}$	累积水平
1	$P_{i全量}\leqslant 1.0$	未累积，仍在背景水平
2	$1.0 < P_{i全量}\leqslant 2.0$	轻度累积，土壤中某种重金属已出现累积现象
3	$2.0 < P_{i全量}\leqslant 3.0$	中度累积，土壤中某种重金属已有一定程度的累积
4	$P_{i全量} > 3.0$	重度累积，土壤中某种重金属严重累积

综合累积指数等级划分按表4-5规定进行。

表4-5 耕地土壤重金属综合累积指数等级划分标准

划定等级	$P_{综合}$	累积水平
1	$P_{综合} \leq 0.7$	未累积，被评估的多种重金属均在背景水平
2	$0.7 < P_{综合} \leq 1.4$	轻度累积，土壤中一种或几种重金属已超过背景值，出现累积现象
3	$1.4 < P_{综合} \leq 2.1$	中度累积，土壤中一种或几种重金属已明显超过背景值，土壤已有一定程度的累积
4	$P_{综合} > 2.1$	重度累积，土壤中一种或几种重金属已远远超过背景值，土壤重金属累积程度严重

2）耕地土壤重金属有效态含量

重金属的毒性不仅取决于重金属全量，更取决于其有效态含量，而在耕地土壤重金属钝化修复及农艺调控过程中，总量未发生变化。因此，重金属有效态含量作为评价重金属钝化及农艺调控效果的指标能更好地反映出修复后土壤重金属的生物有效性。重金属有效态提取法根据提取剂种类分为水提取法、中性盐溶液提取法、弱酸提取法、缓冲溶液提取法、螯合剂提取法和复合提取剂提取法。

连续提取污染土壤，对修复后的土壤进行观察，并结合科学的方法进行诊断和评价，可以明确判断修复后的土壤是否达到预期。通常将土壤中重金属的形态分为氧化还原态、酸溶态、残渣态，其中氧化还原态和酸溶态的重金属形态容易被植物吸收利用，而可氧化态和残渣态比较稳定，不易被植物吸收利用，采用 ICP-MS 测定土壤修复前后重金属形态含量的变化来判断土壤重金属污染的修复效果。

耕地土壤重金属有效态修复效果评估同样采用单项累积指数法，单项累积指数计算公式为：

$$P_{i有效态} = \frac{C_{i有效态}}{S_{i有效态}}$$

式中 $P_{i有效态}$——耕地土壤中重金属i的有效态单项累积指数；

$C_{i有效态}$——耕地土壤中重金属i的有效态实测浓度；

$S_{i有效态}$——耕地土壤中重金属i的有效态累积性评估指标值。

3）常规土壤质量指标

除最直接反映重金属修复工作的重金属全量、有效态含量、单项累积指数与综合累积指数以外，在效果评估工作中还需关注其他常规的土壤质量指标。土壤质量评估指标体系大致可分为两大类：一类是描述性指标，即定性指标；另一类是分析性定量指标，选择土壤的各种属性，进行定量分析，获取分析数据，然后确定数据指标的阈值和最适值。常规土壤质量指标可分为土壤物理指标、土壤化学指标、土壤生物学指标 3 个方面，见表 4-6。

① 土壤物理指标。土壤物理状况对植物生长和环境质量有直接或间接的影响。土壤物理指标包括土壤质地及粒径分布、耕层厚度与根系深度、土壤容重和紧实度、

孔隙度及孔隙分布、土壤结构、土壤含水量、田间持水量、土壤持水性、渗透率和导水率、土壤排水性、土壤通气、土壤温度、障碍层次深度、土壤侵蚀状况、氧扩散率、土壤耕性等。

② 土壤化学指标。土壤中各种养分和土壤污染物质等的存在形态和浓度，直接影响植物生长和动物及人类健康。土壤质量的化学指标包括土壤有机碳和总氮含量，矿化氮、磷和钾的全量和有效态含量，阳离子交换量（CEC），土壤 pH 值，电导率（全盐量），盐基饱和度，碱化度，各种污染物存在形态和浓度等。

③ 土壤生物学指标。土壤生物是土壤中具有生命力的主要部分，是各种生物体的总称，包括土壤微生物、土壤动物和植物，是评估土壤质量和健康状况的重要指标之一。土壤中许多生物可以改善土壤质量状况，也有一些生物如线虫、病原菌等会降低土壤质量。目前应用较多的指标是土壤微生物指标，而中型和大型土壤动物指标正在研究阶段。土壤质量的生物指标包括微生物生物量碳和氮、潜在可矿化氮、总生物量、土壤呼吸量、微生物种类与数量、生物量碳 / 总有机碳、呼吸量 / 生物量、酶活性、微生物群落基因指纹、根系分泌物、作物残茬、根结线虫等。

表4-6 土壤质量分析性指标

土壤物理指标	土壤化学指标	土壤生物学指标
通气性	盐基饱和度	土壤动物
团聚稳定性	阳离子交换量（CEC）	植物
容重	污染物有效性	微生物生物量碳和氮
黏土矿质学性质	污染物浓度	总生物量
颜色	污染物存在状态	细菌
湿度（干、润、湿）	交换性钠百分数（ESP）	真菌
障碍层深度	养分循环速率	潜在可矿化氮
导水率	pH 值	土壤呼吸量
氧扩散率	植物养分有效性	酶活性
粒径分布	植物养分含量	生物量碳 / 总有机碳
渗透阻力	钠交换比（SAR）	呼吸量 / 生物量
孔隙连通性	有机碳	微生物群落基因指纹
孔径分布	总氮	培养基利用率
土壤强度		脂肪酸分析
结构体类型		氨基酸分析
温度		
总孔隙度		
持水性		

（3）经济性指标

修复技术的经济性指标包括修复技术材料成本、材料运输成本、劳动力成本、管理维护成本、水电成本等。修复成本是选择修复技术过程中必须考虑的一个重要因素。修复成本的高低直接影响到修复技术的实施和推广应用，这里给出年均单位面积修复投入成本及计算方法：

$$\mathrm{AP}=\frac{P}{MN}-Q$$

式中 AP——修复区年均单位面积投入成本，元/（a·亩）；

P——修复区投入总成本，元；

M——修复面积，亩；

N——修复效果持续年限，a；

Q——对照区年均单位面积投入成本，元/（a·亩）。

（4）可推广性指标

修复技术可推广性评估可采用问卷调查的形式进行。对耕地土壤修复区农户从修复技术实施效果、操作管理复杂程度、农民易接受程度等内容开展调查，并对满意程度进行分级评分，作为推广性评价的依据。对修复产品有效期及稳定性采用定量分析的方式进行。

4.3.3.3 评估体系的建立

根据评估指标选取原则和各指标特点，结合我国现行的标准体系和规范，建立耕地土壤重金属污染修复效果评估指标体系。指标体系建立应以土壤生态功能为主题，以农产品质量安全为核心，并以经济性和推广性指标作为补充参考，通过选取一系列指标，对重金属污染耕地修复效果进行定性和定量的评价，重点关注的是修复后土壤中污染物环境风险的降低程度、农田土壤生态功能的恢复程度、生产农产品的安全性等，表 4-7 列出了重金属污染耕地修复效果评估体系中常用的指标。

表4-7 重金属污染耕地修复效果评估体系中常用的指标

指标类型	指标名称	指标意义	评价标准或方法	指标性质
土壤环境质量	重金属总量	评价土壤修复过程中修复技术（产品）是否使土壤重金属总量降低	GB 15618—2018	约束性
	有效态含量	评价土壤修复后重金属生物有效性是否降低	—	约束性
	浸出毒性	评价土壤经修复后是否会对周边地表水体及地下水产生二次污染	GB 3838—2002	约束性
农产品质量安全	农产品中污染物含量	评价污染农田土壤经修复后是否达到安全生产农产品的要求	GB 2762—2022	约束性
	农产品产量变化	评价污染农田土壤修复后对产量的影响	耕地土壤重金属污染评价技术规程	参考性

续表

指标类型	指标名称	指标意义	评价标准或方法	指标性质
经济性	材料成本	评价污染农田土壤修复投入成本的高低	单位面积投入成本比较	参考性
	劳动力成本			参考性
可推广性	修复技术的应用范围	评价修复技术的应用范围，是否易于推广	—	参考性
	农户可接受程度	评价农户对修复技术治理措施的接受程度和实际应用的能力	农户满意度问卷调查	参考性

4.3.4　效果评估标准

这里提到的效果评估标准为《准则》中要求的标准，具体如下。

耕地土壤重金属污染治理以实现治理区域内食用农产品可食部位中目标污染物含量降低到《食品安全国家标准　食品中污染物限量》（GB 2762—2022）规定的限量标准以下（含）为目标。

治理效果分为两个等级，即达标和不达标。达标表示治理效果已经达到了目标；不达标表示耕地污染治理未达到目标。

根据治理区域连续 2 年的治理效果等级，综合评价耕地污染治理整体效果。

耕地污染治理措施不能对耕地造成二次污染。治理所使用的有机肥、钝化剂、土壤调理剂等耕地投入品中镉、汞、铅、铬、砷 5 种重金属含量，不能超过 GB 15618—2018 规定的筛选值或者治理区域耕地土壤中对应元素的含量。

耕地污染治理措施不能对治理区域农产品产量产生严重的负面影响。治理区域农产品单位产量与治理前同等条件相比减产幅度应≤ 10%。

4.3.5　效果评估程序

本书著者结合实际效果评估项目中的工作经验与《准则》《导则》中的效果评估程序，总结了耕地污染治理效果评估流程，如图 4-2 所示。效果评估程序主要分为制定效果评估方案、布点采样与实验室检测、土壤修复效果评估、后期环境治理监管建议和编制效果评估报告 5 个部分。

4.3.5.1　制定效果评估方案

在资料收集、现场踏勘和人员对接等工作基础上确定效果评估的内容，并建立评估体系，进而制定效果评估方案。

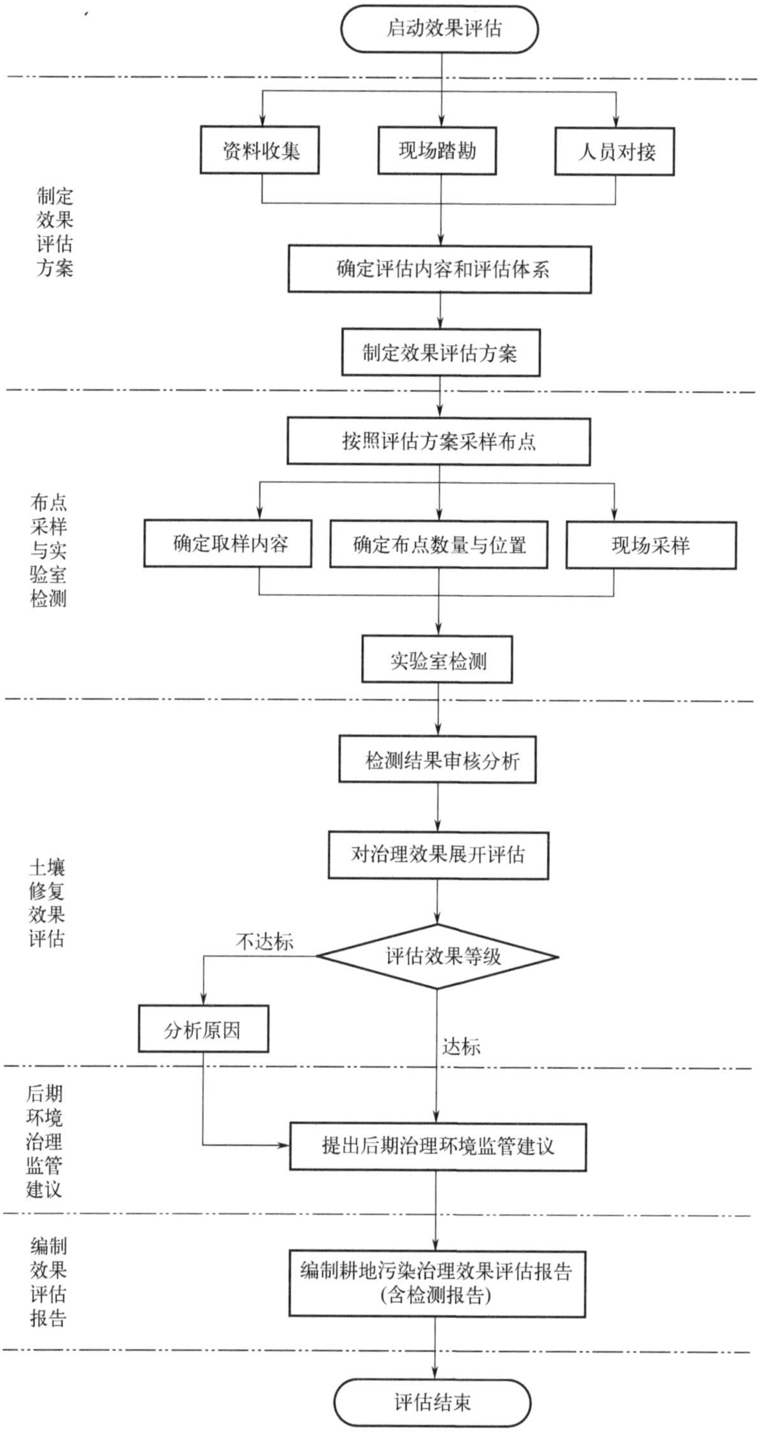

图 4-2　耕地污染治理效果评估流程

（1）资料收集

在治理效果评价工作开展前，应收集与耕地污染治理相关的资料，并在效果评估方案与最终的报告中有所体现，包括但不限于以下内容。

① 区域自然环境特征：气候、地质地貌、水文、土壤、植被、自然灾害等。

② 农业生产土地利用状况：农作物种类、布局、种植面积、产量、长势、耕作制度等。

③ 土壤环境状况：污染源种类及分布、污染物种类及排放途径和年排放量、农业灌溉水污染状况、大气污染状况、农业废弃物投入情况、农业化学物质投入情况、自然污染源情况等。

④ 农作物污染监测资料：农作物污染元素历年值、农作物污染现状等。

⑤ 耕地污染治理资料：耕地污染风险评估及治理方案相关文件、治理实施过程的记录文件及台账、治理中所使用的耕地投入品情况、二次污染监测记录、治理项目完成报告等。

⑥ 其他相关资料及图件：土地利用总体规划、行政区划图、农作物种植分布图、土壤类型图、高程数据、耕地地理位置示意图、治理范围图、治理措施流程图、治理过程图片和影像记录等。

（2）现场踏勘

治理耕地的现场踏勘可以使效果评估人员大致了解耕地的种植结构及基本的治理情况，这在制定效果评估方案前是十分必要的。

（3）人员对接

在效果评估人员与项目主管单位、实施单位、材料提供单位的工作对接中，可以深入了解治理项目进度及遇到的具体问题，会使效果评估工作更具针对性且效率更高。

（4）确定评估内容和评估体系

在实际的效果评估工作中，评估的具体内容和评估体系并不是一成不变的，需要根据地方要求和主管部门协商确定。例如，一些效果评估工作中的农产品取样检测工作并不是交由效果评估方实施的，而是主管单位委托第三方进行，这就需要效果评估方在评估方案中将取样检测工作剔除，并与第三方单位完成检测结果的交接工作；再例如，一些效果评估项目不仅要对治理效果进行科学评价，还需对治理工作的完整性进行检验，这就需要效果评估方对治理工作的一系列材料进行核查。因此，在制定效果评估方案前还需要明确具体的效果评估内容。同样评估体系也要根据具体的项目要求进行确定，并选取合适的评估指标以满足后期效果评估的要求。

在上述资料收集、现场踏勘、人员对接、确定评估内容和评估体系完成后，方可进行效果评估方案的制定。

4.3.5.2　采样布点与实验室检测

在采样布点与实验室检测工作中，首先需明确虽然采样和检测工作可以交由第三方执行，但布点方案必须由效果评估方自行设计。

下面概述布点原则及布点方案。

（1）布点原则

农作物监测点位布设方法和布设数量是根据其目的和要求，并结合现场踏勘结果确定，同时必须遵循如下 5 个原则。

① 全面性原则：布设的点位要全面覆盖不同类型调查监测单元区域。

② 代表性原则：针对不同调查监测单元区域的污染状况和污染空间分布特征采用不同布点方法，布设的点位要能够代表调查监测区域内的环境质量状况。

③ 客观性原则：具体采样点选取应遵循“随机”和“等量”原则，避免一切主观因素，使组成总体的个体有同样的机会被选入样品，同级别样品应当由相似的等量个体组成，保证相同的代表性。

④ 可行性原则：布点应兼顾采样现场的实际情况，考虑交通、安全等方面情况，保证样品代表性最大化、最大限度节约人力和实验室资源。

⑤ 连续性原则：布点在满足本次调查监测要求的基础上，应兼顾以往土壤调查监测布设的点位情况，并考虑长期连续调查监测的要求。

（2）布点方案

以耕地污染治理区域作为监测单元，按照《农、畜、水产品污染监测技术规范》（NY/T 398—2000）[47] 的规定在治理区域内或附近布设治理效果评价点位。治理效果评价点位数量见表 4-8。

表4-8　治理效果评价点位布点数量

评价单元面积 /hm^2	评价点位数量 / 个
小于或等于 1	5
大于 1 且小于 10	10
大于或等于 10	1hm^2 设置 1 个点位

（3）现场采样

在农作物成熟后，按照梅花五点法或对角线法采集试验小区农作物样品，每个样品约 1kg，置于样品采集袋中，样品袋内外分别有样品标签，并认真填写样品采集记录，包括采样点编号、样品编号、采样地点、时间、GPS 定位信息等。在采样点以标志性地标物为背景，用照片记录采样点情况，结合 GPS 经纬度信息保存采样记录，以便对应样点信息和后续样点数据核对。所有样品的检测由效果评估单位进行统一编码，委托指定的具有相关检测资质的第三方检测机构进行检测，并加强检测质量控制。农产品样品采样方法参照《农、畜、水产品污染监测技术规范》（NY/T 398—2000）执行。农作物样品检测指标有镉、铅、砷、铬和汞；检测结果需出具盖有 CMA（中国计量认证）章的检测报告。

土壤样品的采集：以安全利用和修复治理后的农用地土壤为监测单元，每个采样点为 5 点以上等量的混合样。土壤检测 pH 值，镉、汞、铅、铬、砷 5 种重金属含量，检测方法按照《土壤环境监测技术规范》（HJ/T 166—2004）[48] 的规定执行。

4.3.5.3　土壤修复效果评估

对农产品、土壤及农业投入品的检测分析完成并通过后，根据评估体系对污染治理的效果等级进行评估。《准则》中关注的指标为农产品目标污染物单因子污染指数算术平均值和农产品样本超标率，要求治理后，当季农产品中目标污染物单因子污染指数均值显著≤ 1.0（t 检验，$P < 0.05$），且农产品样本超标率≤ 10%，则当季效果达标。不满足任何一个条件均判定为不达标，造成二次污染或严重减产也判定为不达标，见表 4-9。实际的耕地污染修复评估工作中需要根据自身评估体系建立当季治理效果等级判定表，使得效果评估更具代表性和可行性。

表4-9　当季治理效果等级

<table>
<tr><th>农产品中目标污染物单因子污染指数</th><th>关系</th><th>农产品样本超标率 /%</th><th>污染治理效果等级</th></tr>
<tr><td>≤ 1.0</td><td>且</td><td>≤ 10</td><td>达标</td></tr>
<tr><td>＞ 1.0</td><td>或</td><td>＞ 10</td><td rowspan="2">不达标</td></tr>
<tr><td colspan="3">治理措施造成二次污染，投入品 5 项重金属超过 GB 15618 筛选值或治理区土壤对应元素含量；或治理措施造成减产 10% 以上</td></tr>
</table>

注：t 检验达到显著性水平（$P < 0.05$）。

对于长期的效果评估项目（不仅针对当季进行效果评估，还需对治理后未来 2 年内治理效果进行评估），需要连续 2 年内每季的效果等级均为达标，则整体治理效果等级判定为达标。2 年中任意一季的治理效果等级不达标，则整体治理效果等级判定为不达标，见表 4-10。

表4-10　整体治理效果等级

治理后连续 3 季的效果等级	整体治理效果等级
连续 3 季（如 3 季累积时间少于 1 年，则为 1 年内的每季）的治理效果等级为达标	达标
任意一季的治理效果不达标	不达标

若耕地土壤重金属污染治理效果评价点位农产品目标污染物不止一项，需要逐一进行评价列出。

4.3.5.4 后期环境治理监管建议

在完成受污染耕地治理效果评估工作后，后期环境治理监管建议对于进一步的治理工作具有十分重要的指导意义。该部分需要充分总结治理工作的优缺点，结合当地实际推荐最适宜的耕地治理措施，为后期的治理与监管工作提供建议。

4.3.5.5 编制效果评估报告

耕地污染治理效果评价报告应详细、真实、全面地介绍耕地污染治理效果评价过程，并对污染治理进行科学评价，给出包括治理、监管和评估工作的总体结论。报告应包括治理方案简介、治理实施情况、效果评价工作、评价结论及建议、检测报告等。

4.3.6 存在的问题与展望

耕地土壤重金属污染修复评价是一个涉及生态学、生态毒理学、环境科学、地理学、土壤学、灾害学等多个学科的复杂过程，无论是基础理论研究还是实践工作都存在较大的不足。

重金属污染土壤修复效果的评价依赖于土壤修复标准的制定，而土壤修复标准的制定需要以土壤修复基准为依据。因此，应加强从污染生态毒理学、人体健康学等角度研究土壤中污染物的阈值，从而为制定土壤修复标准提供基础数据和科学依据。

农田土壤中的重金属会通过食物链转移至人体中，而有关植物 - 人体系统中重金属的迁移转化的研究较少，目前尚不能科学预测土壤重金属污染造成的人体健康风险。因此，应加强对土壤 - 作物 - 人体系统中重金属迁移转化的研究，特别是对植物性食物中重金属 - 人体系统中重金属迁移转化的研究，为制定基于人体健康的土壤修复标准及基于食物链风险的土壤环境管理制度等提供科学依据。

参考文献

[1] Kapp R W. Comprehensive environmental response, compensation, and liability act (CERCLA); Revised as the superfund amendments reauthorization act (SARA); Superfund, US[M]//Wexler P. Encyclopedia of Toxicology.4th ed. Oxford: Academic Press, 2024: 213-219.

[2] Nikfar S, Mozaffari S. Resource conservation and recovery act (USA)[M]//Wexler P. Encyclopedia of Toxicology. 4th ed. Oxford: Academic Press, 2024: 233-237.

[3] Kapp R W. Safe drinking water act (SDWA), US[M]//Wexler P. Encyclopedia of Toxicology. 4th ed. Oxford: Academic Press, 2024: 389-396.

[4] Habicht F H. The role of the agency for toxic substances and disease registry under the Superfund Amendments and Reauthorization Act of 1986[J]. Journal of Hazardous Materials, 1988, 18(3): 219-227.

[5] Heitgerd J L, Virginia L C. A new look at neighborhoods near National Priorities List sites[J]. Social Science & Medicine, 2003, 57(6): 1117-1126.

[6] Haness S J, Warwick J J. Evaluating the hazard ranking system[J]. Journal of Environmental Management, 1991, 32(2): 165-176.

[7] Chapman M. Litigation following UK Water Resources Act section 110 appeal[J]. Proceedings of the Institution of Civil Engineers—Management, Procurement and Law, 2016, 169(2): 85-90.

[8] O'brien R M, Smits K M, Smith N M, et al. Integrating scientific and local knowledge into pollution remediation planning: An iterative conceptual site model framework[J]. Environmental Development, 2021, 40: 100675.

[9] Delafuente-Navarro C, Lastra-González P, Slebi-Acevedo C, et al. Multi-criteria analysis of porous asphalt mixtures with aramid fiber under adverse conditions[J]. Construction and Building Materials, 2024, 429: 136438.

[10] Gerhardt-Mörsdorf J, Incer-Valverde J, Morosuk T, et al. Exergetic life cycle assessment for green hydrogen production[J]. Energy, 2024, 299: 131553.

[11] Badasyan N, Bendiek A, von Lukowicz J. Economic and financial aspects of drinking water supply: A project development guideline[J]. Infrastructure Asset Management, 2023, 10(2): 83-91.

[12] Lebert M, Böken H, Glante F. Soil compaction-indicators for the assessment of harmful changes to the soil in the context of the German Federal Soil Protection Act[J]. Journal of Environmental Management, 2007, 82(3): 388-397.

[13] 国家环境保护总局. 工业企业土壤环境质量风险评价基准：HJ/T 25—1999[S]. 1999-09-06.

[14] 李晓斌，潘泓甫，李东明.《场地环境调查技术导则》在调查实践中的应用[J]. 中国资源综合利用，2014, 32(12): 46-48.

[15] 环保部：发布污染场地五项环保标准[J]. 中国标准导报，2014(3): 15.

[16] 我国发布农用地土壤污染风险管控标准[J]. 中国农资，2018(24): 1.

[17] 生态环境部. 污染地块风险管控与土壤修复效果评估技术导则（试行）：HJ 25.5—2018[S]. 2018-12-29.

[18] 北京市质量技术监督局. 污染场地修复验收技术规范：DB11/T 783—2011[S]. 2011-04-28.

[19] 北京市质量技术监督局. 污染场地修复技术方案编制导则：DB11/T 1280—2015[S]. 2015-12-30.

[20] 重庆市质量技术监督局. 污染场地治理修复环境监理技术导则：DB50/T 722—2016[S]. 2016-12-15.

[21] 重庆市质量技术监督局. 场地土壤环境风险评估筛选值：DB50/T 723—2016[S]. 2016-12-15.

[22] 重庆市质量技术监督局. 污染场地治理修复验收评估技术导则：DB50/T 724—2016[S]. 2016-12-15.

[23] 重庆市质量技术监督局. 场地环境调查与风险评估技术导则：DB50/T 725—2016[S]. 2016-12-15.

[24] 浙江省质量技术监督局. 污染地块治理修复工程效果评估技术规范：DB33/T 2128—2018[S]. 2018-07-17.

[25] 农业农村部. 耕地污染治理效果评价准则：NY/T 3343—2018[S]. 2018-12-19.

[26] 河北省质量技术监督局，河北省环境保护厅. 河北省农田土壤重金属污染修复技术规范：DB13/T 2206—2015[S]. 2015-05-20.

[27] 生态环境部，国家市场监督管理总局. 土壤环境质量 农用地土壤污染风险管控标准（试行）：GB 15618—2018[S]. 2018-06-22.

[28] 中华人民共和国农业部. 肥料效应鉴定田间试验技术规程：NY/T 497—2002[S]. 2002-01-04.

[29] 国家市场监督管理总局，国家标准化管理委员会. 有机无机复混肥料：GB/T 18877—2020[S]. 2020-11-19.

[30] 国家市场监督管理总局，国家标准化管理委员会. 肥料中砷、镉、铬、铅、汞含量的测定：GB/T 23349—2020[S]. 2020-11-19.

[31] 中华人民共和国农业部. 肥料合理使用准则 通则：NY/T 496—2002[S]. 2010-01-04.

[32] 王泓博，苟文贤，吴玉清，等. 重金属污染土壤修复研究进展：原理与技术 [J]. 生态学杂志，2021, 40(8): 2277-2288.

[33] 梁学峰，韩君，徐应明，等. 海泡石及其复配原位修复镉污染稻田 [J]. 环境工程学报，2015, 9(9): 4571-4577.

[34] Gong Y, Zhao D, Wang Q. An overview of field-scale studies on remediation of soil contaminated with heavy metals and metalloids: Technical progress over the last decade[J]. Water Research, 2018, 147: 440-460.

[35] 国家卫生健康委员会，国家市场监督管理总局. 食品安全国家标准 食品中污染物限量：GB 2762—2022[S]. 2022-06-30.

[36] Akhtar M N, Shaikh A J, Khan A, et al. smart sensing with edge computing in precision agriculture for soil assessment and heavy metal monitoring: A review[J]. 2021, 11(6): 475.

[37] 李心，林大松，刘岩，等. 不同土壤调理剂对镉污染水稻田控镉效应研究 [J]. 农业环境科学学报，2018, 37(7): 1511-1520.

[38] 梁烜赫，曹铁华. 重金属对玉米生长发育及产量的影响 [J]. 玉米科学，2010, 18(4): 86-88.

[39] 王宇霞，郝秀珍，苏玉红，等. 不同钝化剂对 Cu、Cr 和 Ni 复合污染土壤的修复研究 [J]. 土壤，2016, 48(1): 123-130.

[40] 武玉，徐刚，吕迎春，等. 生物炭对土壤理化性质影响的研究进展 [J]. 地球科学进展，2014, 29(1): 68-79.

[41] 李山泉，杨金玲，阮心玲，等. 南京市大气沉降中重金属特征及对土壤环境的影响 [J]. 中国环境科学，2014, 34(1): 22-29.

[42] 王兆云.《中华人民共和国基本农田保护条例》解读 [J]. 农村实用技术，2021(3): 3-4.

[43] 董汉英，仇荣亮，赵芝灏，等. 工业废弃地多金属污染土壤组合淋洗修复技术研究 [J]. 土壤学报，2010, 47(6): 1126-1133.

[44] 吴霄霄，米长虹，吴昊，等. 镉污染稻田修复效果评估指标体系的构建 [J]. 农业环境科学学报，2019, 38(7): 1498-1505.

[45] 阮玉龙，李向东，黎廷宇，等. 喀斯特地区农田土壤重金属污染及其对人体健康的危害 [J]. 地球与环境，2015, 43(1): 92-97.

[46] 农业农村部办公厅，生态环境部办公厅. 农业农村部办公厅　生态环境部办公厅关于进一步做好受污染耕地安全利用工作的通知 [Z]. 2019-04-03.
[47] 中华人民共和国农业部. 农、畜、水产品污染监测技术规范：NY/T 398—2000[S]. 2000-08-30.
[48] 国家环境保护总局. 土壤环境监测技术规范 HJ/T 166—2004[S]. 2004-12-09.

第5章

农产品产地土壤重金属污染单项修复技术

- 农艺调控技术
- 治理修复产品
- 植物修复技术

5.1 农艺调控技术

5.1.1 酸性土壤改良

5.1.1.1 技术原理

过去 30 年，我国耕地土壤 pH 值平均下降将近 1 个单位，超过一半地区土壤 pH 值低于 6.5。土壤中镉的生物有效性随土壤 pH 值的升高而下降，例如土壤 pH 值每下降 1 个单位，土壤中镉的有效性会增加 4.5 倍。当土壤 pH 值为 7.0 时，稻米镉的转运系数只有 0.1；而当 pH 值降低至 5.5 时，转运系数为 1.0（转运系数等于稻米镉含量与土壤镉含量的比值）（图 5-1）。因此，施加碱性物料［如石灰石粉（$CaCO_3$）］调节土壤 pH 值至 6.5 及以上可以显著降低土壤镉的有效性，进而有效降低水稻籽粒对镉的积累。石灰是碱性物质，在酸性土壤中适量施用石灰，可以提高土壤 pH 值，促使土壤中重金属阳离子发生共沉淀作用，降低土壤中重金属阳离子的活性，还可为作物提供钙素营养。

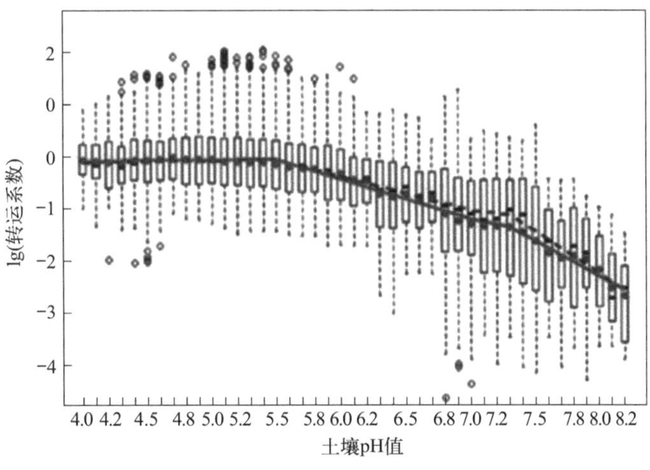

图 5-1　转运系数与 pH 值之间的关系

南京农业大学环境生物学团队选取了我国南方 23 种酸性稻田土壤，利用石灰石粉（$CaCO_3$）作为碱性物料进行培养试验，建立了土壤 pH 值变化量与 $CaCO_3$ 用量间的量化关系。在此基础上，结合土壤质地、有机质含量以及土壤在不同 pH 值下的缓冲能力等影响因素，发展了适合我国南方酸性稻田土壤 pH 值改良的石灰质物料用量计算模型。此外，该模型还能计算不同类型碱性物料的施用量。为了方便科研和技术推广人员使用，团队还基于模型开发了微信小程序（图 5-2）。

图 5-2　南京农业大学石灰用量计算模型微信小程序界面

5.1.1.2　适用范围

适用于偏酸性镉污染稻田，土壤 pH 值一般在 6.5 以下，不适用于存在砷超标风险的稻田。

5.1.1.3　技术要点

（1）物料选用

将土壤 pH 值改良的目标设为 6.5 左右，根据治理区域的初始土壤 pH 值，确定碱性物料类型与用量。推荐使用反应温和及性价比较高的石灰石粉（$CaCO_3$），钝化酸性土壤中的镉活性，进而降低农产品中的镉含量。推荐石灰石粉的粒径目数在 50 ～ 25 目（300 ～ 710μm）的产品，施用效果最佳。

（2）石灰石粉的施用量确定

可以选择南京农业大学石灰用量计算模型微信小程序，计算石灰石粉的施用量。微信小程序具体使用方法如下：首先，打开微信扫描二维码，进入南京农业大学石灰用量计算模型的页面，点击“进入计算”；其次，根据实际区域的土壤理化性质，来选择“土壤质地”“有机质含量”“土壤初始 pH”等参数，其中，“土壤初始 pH”是指需要撒施石灰石粉区域的土壤 pH，“土壤目标 pH”推荐填写 6.5，然后将“碱性物料”

选择为“石灰石（粉）$CaCO_3$”，点击“计算”，最后就能出现石灰石粉的每亩施用量。针对 5.5 ＜ pH ≤ 6.5 的田块，推荐一次施用石灰石粉；针对 pH ≤ 5.5 的田块，推荐多次分批施用石灰石粉。

（3）施用石灰质物料的操作流程

在翻耕前施入相应量的石灰石粉和配施物料，土壤翻耕 2 ～ 3 次，确保翻耕均匀，淹水管理一周后排水，进行平整田块、插秧。施用时可选用人工或机械化的方式，将石灰均匀地撒施在耕地土壤表面（建议施用量见表 5-1），同时补施硅、锌等元素。石灰施用频率为 1 次 / 年，且稻田土壤 pH 值达到 7.0 后，需停施 1 年。连年过量施用石灰容易破坏土壤团粒结构，导致土壤出现板结现象。

表5-1 治理酸性镉污染稻田石灰石粉（$CaCO_3$）建议施用量 单位：kg/(亩·a)

土壤镉含量范围	土壤 pH 值	土壤质地		
		砂质壤土	壤土	黏土
1 ～ 2 倍（含）筛选值	＜ 5.5	100	150	200
	5.5 ～ 6.5	75	100	150
2 倍筛选值以上	＜ 5.5	150	200	250
	5.5 ～ 6.5	100	150	200

5.1.1.4 文献调研

丁馨茹等[1]在重庆市对酸性花椒园土壤进行了施加石灰实验，研究石灰对土壤有效态镉和花椒各部位 Cd 含量的影响，在距离树干 0.5m 左右的位置环状撒施石灰，然后再翻耕使其与土壤混匀，石灰用量为每株花椒 1kg。与对照组比较，施加石灰组土壤有效态镉含量显著下降 20.9%，花椒枝条镉含量显著下降 39.01%，叶片镉含量显著下降 33.8%。

李祥等[2]在湖南省对轻度镉污染稻田进行了施加石灰实验，在抛秧前 3d 将石灰施入并使用耙混匀静置，其他按当地水稻种植习惯进行田间管理，实验小区石灰用量为 $1200kg/hm^2$。与对照组比较，施加石灰后土壤有效态镉含量下降 14.58%，水稻根部镉含量显著下降 57.23%，水稻茎叶镉含量显著下降 43.63%，水稻壳镉含量显著下降 43.44%，水稻稻米镉含量显著下降 46.67%。

陈振华等[3]在浙江省对稻田土壤开展了石灰实验，以 50kg/ 亩、75kg/ 亩、100kg/ 亩三种用量撒施石灰，和对照组相比，土壤有效态镉含量随着石灰施用量的增加而逐渐降低，降幅范围为 36.2% ～ 46.9%；50kg/ 亩和 100kg/ 亩石灰用量处理对降低水稻籽粒镉含量效果最佳，降低约 88.0%。

Chen 等[4]在湖南省湘潭县选取了中轻度镉污染稻田（土壤总镉含量 0.67mg/kg，pH=5.5，有机质含量 32g/kg），开展了添加石灰石粉（碳酸钙，$CaCO_3$）处理的田间试验，种植了两个水稻品种，分别设置了4个不同的施用剂量（0t/hm²、2.25t/hm²、4.5t/hm²、7.5t/hm²），施用施用量采用RothLime模型计算。在2016年一次性施用$CaCO_3$处理后，最高剂量（7.5t/hm²）的$CaCO_3$处理使土壤pH值由初始的5.5上调至6.5，同时连续两年不再施用，该处理的土壤pH值仍然维持在6.5左右（图5-3，书后另见彩图）。与对照相比，施用$CaCO_3$可以明显提高土壤pH值，提升效果随$CaCO_3$的施用量增加而提高，更重要的是，施用$CaCO_3$后，针对种植的两个水稻品种，其稻米镉浓度与对照相比大幅度下降，降幅高达70%～80%［图5-4（书后另见彩图），图中红线为我国食品安全标准限量值0.2mg/kg］。

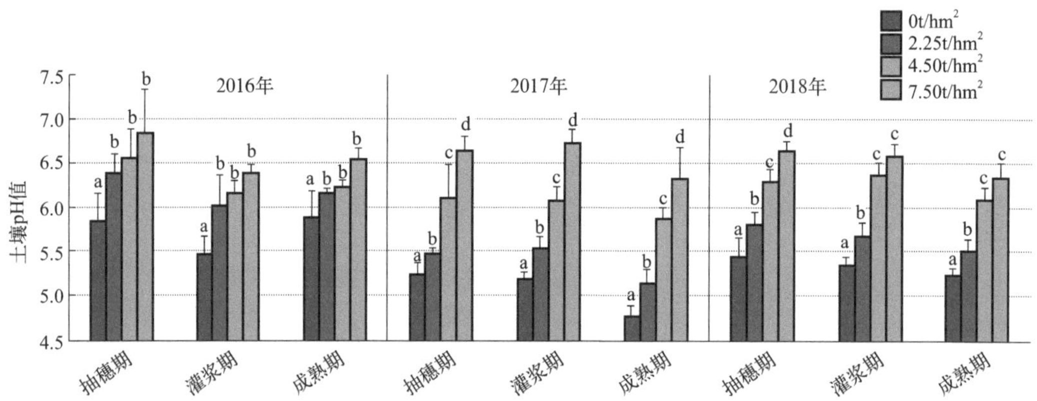

图5-3　施用$CaCO_3$对水稻不同生育期土壤pH值的影响[4]

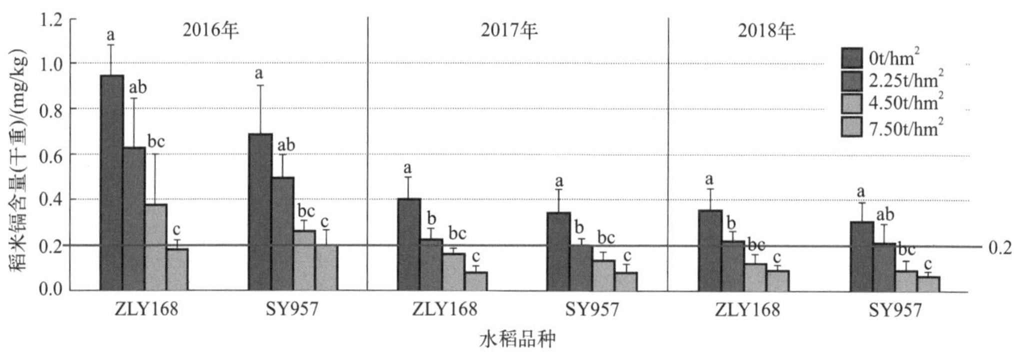

图5-4　施用$CaCO_3$对两种水稻籽粒镉含量的影响[4]

5.1.2　锌/锰控镉释放

5.1.2.1　技术原理

稻米中超过90%的镉是在水稻灌浆期根系从土壤中直接吸收后转运到籽粒中

积累的，这与水稻灌浆中后期稻田排水密切相关。土壤淹水会导致形成不同的金属硫化物，这些金属硫化物在之后的土壤排水阶段会构成不同的原电池，影响水稻土壤氧化阶段镉的释放。向土壤中施加少量的硫酸锌（$ZnSO_4$）或硫酸锰（$MnSO_4$），它们在土壤淹水阶段会转化成硫化锌（ZnS）或硫化锰（MnS），与硫化镉配对成为原电池中的负极，可以有效地抑制土壤镉的释放（图 5-5），降低稻米中镉的积累。

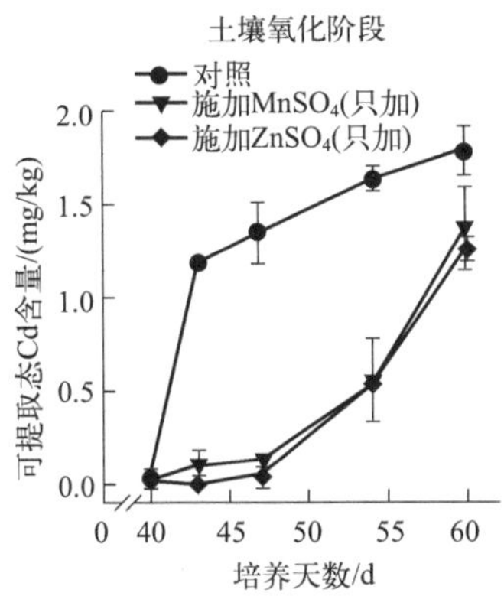

图 5-5　土壤培养试验中土壤氧化阶段 $ZnSO_4$ 或 $MnSO_4$ 的添加对土壤可提取态镉释放的影响[5]

土壤提取液为 0.1mol/L $CaCl_2$ 溶液，土水体积比为 1：25

基于以上技术原理，研发出了稻麦轮作镉污染协同阻控的多功能肥料。多功能肥料具有“调酸控镉活性”“锌锰控镉释放”“元素拮抗控镉吸收”等性能。施加多功能肥料，一方面能够提高酸性土壤 pH 值至 6.5 左右，显著降低水稻籽粒灌浆期土壤镉的有效性；另一方面提高土壤锌、锰等微量元素含量，抑制水稻或小麦根系对镉的吸收和转运，从而减少籽粒中镉的累积量。

5.1.2.2　适用范围

适用于受镉污染安全利用类耕地和稻麦轮作系统。

5.1.2.3　技术要点

① 施用量的确定。依据土壤镉浓度和农产品超标程度来确定多功能肥料的施用量，推荐施用量的范围为 250 ～ 500kg/ 亩。

② 施用流程。收获小麦后，用人工或机器撒施多功能肥料，农田灌水，陈化 1 周后翻耕土壤 2 ～ 3 次，进行水稻插秧，其他田间水肥管理措施参照当地生产习惯。其中，要确保多功能肥料撒施均匀，若选用人工撒施的方式，工人应佩戴防护工具，如乳胶手套、防尘口罩和鞋套等。

③ 结合酸性土壤改良措施。对于酸性（pH < 5.5）土壤，推荐与适量的石灰石粉配施，通过提高土壤 pH 值来调控土壤镉的活性。

5.1.2.4 文献调研

（1）以锌控镉技术

Huang 等[6] 选用湖南长沙县北山镇（CS）以及衡南县川口镇（HN）进行田间试验，土壤提取态金属含量分别为镉 0.8mg/kg（CS）和 1.7mg/kg（HN）、Zn 4.9mg/kg（CS）和 17.7mg/kg（HN）。设置对照和加 Zn 处理小区，$ZnSO_4$ 的施加使土壤有效镉分别降低了 22.0%（CS）和 12.1%（HN），稻米中籽粒镉浓度分别降低了 59.7%（CS）和 72.2%（HN）（图 5-6），水稻籽粒产量和稻米营养 Zn 含量均未受负面影响。2019 年两地稻田土壤中 $ZnSO_4$ 的施加量均为 75kg/hm^2，2020 年在重复的田间试验中没有额外添加 $ZnSO_4$[6]。

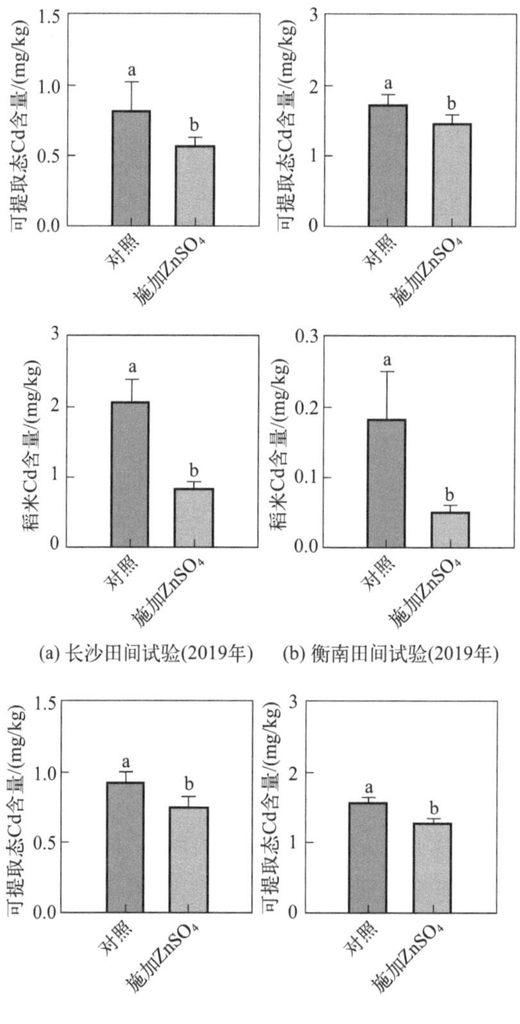

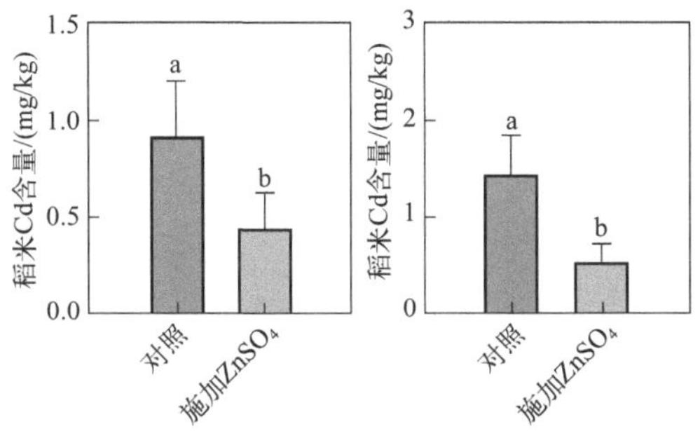

(c) 长沙田间试验(2020年)　　(d) 衡南田间试验(2020年)

图 5-6　连续两年的长沙、衡南两地田间试验中 $ZnSO_4$ 的施加对土壤可提取态镉释放以及稻米镉积累的影响

（2）以锌或锰控镉技术

Huang 等[6] 选择湖南衡南县川口镇（HN）进行田间试验，土壤提取态金属含量分别为 Cd 1.7mg/kg、Zn 28.4mg/kg、Mn 34.5mg/kg。设置对照和加 Zn 或加 Mn 处理小区，分别是施用 75kg/hm^2、150kg/hm^2、300kg/hm^2 的 Zn（以 $ZnSO_4$ 计），单施 150kg/hm^2 Mn（以 $MnSO_4$ 计），混施 150kg/hm^2 Mn（以 $MnSO_4$ 计）和 150kg/hm^2 Zn（以 $ZnSO_4$ 计）等处理。结果表明，和对照相比，施用 75kg/hm^2、150kg/hm^2、300kg/hm^2 的 Zn（以 $ZnSO_4$ 计）之后，在水稻籽粒抽穗期间，土壤可提取态镉的含量降低了 44% ～ 57%；在籽粒灌浆期，该降幅可达 25% ～ 38%。而在这两个生长期间，$MnSO_4$ 的施用使土壤可提取态镉浓度平均减少 40%。此外，同时混合施用 $MnSO_4$ 和 $ZnSO_4$ 两种肥料时，抽穗期间土壤可提取态镉浓度从 1.47mg/kg 降至 0.46mg/kg，降幅高达 69%；灌浆期间土壤可提取态镉浓度则从 1.56mg/kg 降至 0.88mg/kg，降幅为 44%。与田间施用 $ZnSO_4$ 研究结果相似，田间 $MnSO_4$ 的施用也可以有效减少稻米镉的积累。与对照相比，中等用量 $MnSO_4$ 的施用使稻米镉浓度从 1.43mg/kg 显著降至 0.78mg/kg，降幅达 45%，这一降低程度与等量 $ZnSO_4$ 施用的效果相似；而混施 $MnSO_4$ 和 $ZnSO_4$ 两种肥料后，稻米镉浓度降幅高达 74%，这一抑制效果几乎等于高用量 $ZnSO_4$ 施用的效果（稻米镉浓度降幅为 71%）（图 5-7，书后另见彩图）。

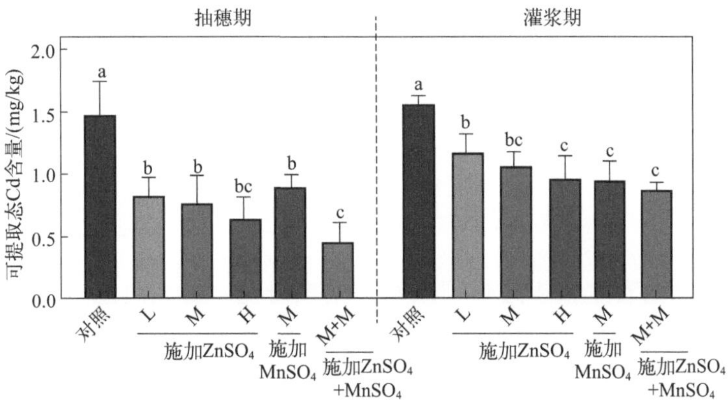

(a) 田间试验中抽穗以及灌浆期土壤可提取态Cd含量

图 5-7

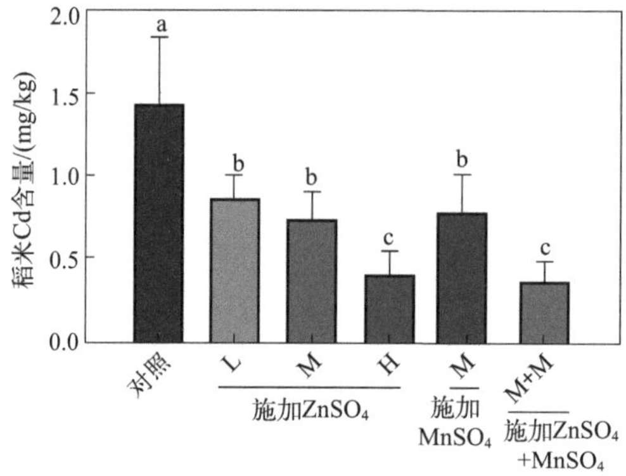

(b) 田间试验稻米Cd含量

图 5-7　施用 $MnSO_4$ 或 $ZnSO_4$ 的影响[6]

L—低剂量（70kg/hm^2）; M—中剂量（150kg/hm^2）; H—高剂量（300kg/hm^2）

5.1.3　水分管理

5.1.3.1　技术原理

酸性土壤在淹水条件下，土壤环境呈还原状态，土壤 pH 值显著升高，镉容易形成硫化物沉淀，活性也随之降低，从而减少作物对镉的吸收。

5.1.3.2　适用范围

水分调控技术适用于土壤 pH 值低于 6.5 的镉污染酸性稻田，不适用于存在砷超标风险的稻田。

5.1.3.3　技术要点

淹水灌溉期间，应加强灌溉水质监测，确保灌溉水中重金属含量达到农田灌溉水质标准要求。同时，在日常巡查时应加强对水稻病虫害的观察与防控。

5.1.3.4　文献调研

李剑睿等对湖南省水稻土进行田间水分模拟研究，研究海泡石对镉污染水稻土的修复效果。结果表明，施加海泡石后，土壤 pH 值显著升高，土壤镉形态由酸提取态向残渣态转化；在长期淹水、传统灌溉、湿润灌溉条件下，稻米镉含量降幅分别为 26.7% ～ 60.0%、19.2% ～ 46.2%、18.6% ～ 50.0%，长期淹水下 1.5% 海泡石处理可使稻米镉含量满足我国食品中污染物含量限量值 0.20mg/kg[7]。

5.1.4　肥料替代

5.1.4.1　技术原理

施肥是满足作物生长所需养分的重要途径，同时可以对重金属活性产生较大影响。根据土壤环境状况与种植作物特征，优化有机肥、化肥的种类与施用量。

5.1.4.2　适用范围

适用于所有耕地土壤。有机肥作为基肥，可配合深耕施用。氮肥、磷肥、钾肥的种类和施用量需根据土壤养分丰缺指标、耕作方式、污染物种类确定。

5.1.4.3　技术要点

化肥的使用要结合当地耕作制度、气候、土壤、水利等情况，选择适宜的氮、磷、钾肥料品种，避免化学肥料活化重金属污染物。例如，氮肥施用时优化铵态氮与硝态氮的施用比例，可以提高稻田土壤 pH 值，降低重金属活性；磷肥施用时，推荐施用钙镁磷肥；钾肥施用时，推荐施用硫酸钾肥。肥料施用应把握适度原则，防止过量施肥引起土壤盐化、土壤酸化、养分不平衡等问题以及可能的二次污染。

5.1.4.4　文献调研

贺浪等[8]对安徽省矿区周边污染农田土壤进行不同肥料施加实验，肥料施加类型有：a. 钙镁磷肥；b. 硫黄；c. 硫酸钠；d. 钙镁磷肥 + 硫黄；e. 钙镁磷肥 + 硫酸钠。所有处理组与空白对照组比较来探究硫肥和磷肥的联用效果，结果表明，在培养 60d 后，磷肥、硫肥的施用对土壤中有效态镉含量有显著降低效果，5 种处理土壤有效态镉含量分别降低 32.6%、35.2%、33.5%、49.8%、39.5%。

陈建清等[9]对云南省三七种植田进行了肥料施加实验，其肥料处理有：a. 750kg/hm^2 有机肥；b. 300kg/hm^2 钙镁磷肥。与空白对照组进行比较，钙镁磷肥处理下三七主根、剪口、茎、叶、须根镉含量较对照分别显著降低 43.6%、40.2%、51.2%、33.5%、48.1%，有机肥处理下三七植株各部分镉含量较对照均无显著性差异。钙镁磷肥处理后土壤有效态镉含量显著降低 56.1%，而有机肥处理土壤有效态镉含量较对照差异不显著。

5.1.5　深翻耕

5.1.5.1　技术原理

通过深翻耕，将污染物含量较高的耕地表层土壤与犁底层甚至是母质层的低污染或洁净土壤充分混合，稀释耕地表层土壤污染物含量。

5.1.5.2 适用范围

深翻耕技术对于一般耕地均适用，但对于稻田，耕作层加犁底层厚度应在 25cm 以上，且稻田耕作层厚度≤ 15cm、稻田犁底层厚度≥ 10cm。

5.1.5.3 技术要点

深翻耕的实施时间一般为冬闲或春耕翻地时，无需占用农时。深翻耕不适用于连续两年深翻的稻田、沙漏田、潜育性田。深翻耕实施的时间、周期和深度等需根据当地种植习惯、作物类型、土壤类型和耕作层厚度等来确定。由于土壤有机质与养分多集中在耕地表层，深翻耕在降低耕地表层土壤污染物含量的同时，也会降低表层土中有机质和养分含量。因此，深翻耕后应进行配套施肥，满足农作物生长需要。

5.1.5.4 文献调研

王天齐等 [10] 采用深翻耕技术对河南省小麦田进行降镉研究，深翻耕区使用传统深翻耕技术，即深翻混匀 0 ～ 30cm 的土壤，在小麦成熟期采集样品。与不做处理的区域相比，深翻耕后土壤总镉含量显著降低 26.7%，但土壤有效态镉含量显著上升 188%，小麦籽粒镉含量上升 25.4%，可能是深翻耕降低了土壤 pH 值导致土壤有效态镉活化。

张奇等 [11] 在四川省水田进行不同耕作方式研究，连续两年种植了小麦和水稻，比较了机械深翻耕 25cm 深度、旋耕 10cm 深度、免耕的降镉效果。与旋耕和免耕处理相比，深翻耕措施能显著降低小麦籽粒和水稻稻谷中的镉含量，深翻耕处理表层土壤重金属总镉和有效态镉含量显著低于其他处理。

汤文光等 [12] 在湖南省研究不同耕作方式对土壤镉含量的影响，比较了长期免耕、长期旋耕（深度 12cm±1cm）、长期翻耕（深度 17cm±1cm）、翻免轮耕、旋免轮耕的耕作效果。结果表明：0 ～ 5cm 耕层土壤总镉、有效镉含量表现为长期免耕显著高于其他处理，5 ～ 10cm、10 ～ 20cm 耕层土壤总镉、有效镉含量表现为长期翻耕、长期旋耕＞翻免轮耕、旋免轮耕＞长期免耕，说明降低耕作频率促进了重金属向土壤表层聚集，并主要降低了中下层土壤重金属含量。

5.1.6 低积累品种选用

5.1.6.1 技术原理

水稻籽粒镉积累的性状具有遗传稳定性，且培育出了低镉基因型的水稻品种；分子标记辅助鉴定利用与镉积累性状紧密连锁的DNA分子标记，能够对水稻镉积累能力进行基因型鉴定。水稻品种繁多，镉积累能力差异高达数十倍。因此，低积累水稻品种筛选对调控镉污染至关重要。

围绕田间筛选、基因型鉴定与低镉积累品种评定等角度，研究团队在湖南、浙江、江苏省等地开展了大规模、多年多点的筛选与田间验证，开发了快速、低成本的重金属低积累水稻品种的筛选与鉴定技术。

南京农业大学环境生物团队前期在湖南省攸县、湘潭县、长沙县和浙江省富阳市（现为杭州市富阳区），对我国南方主栽水稻品种进行筛选与田间验证，主栽品种共计473个，以籼稻品种为主。同时，在江苏省常熟市、新沂市，对江苏省及周边省份主栽水稻品种进行了筛选与田间验证，主栽品种共计175个，以粳稻品种为主（图5-8，表5-2）。在多年多点水稻品种筛选试验中，研究团队明确了日本晴、中嘉

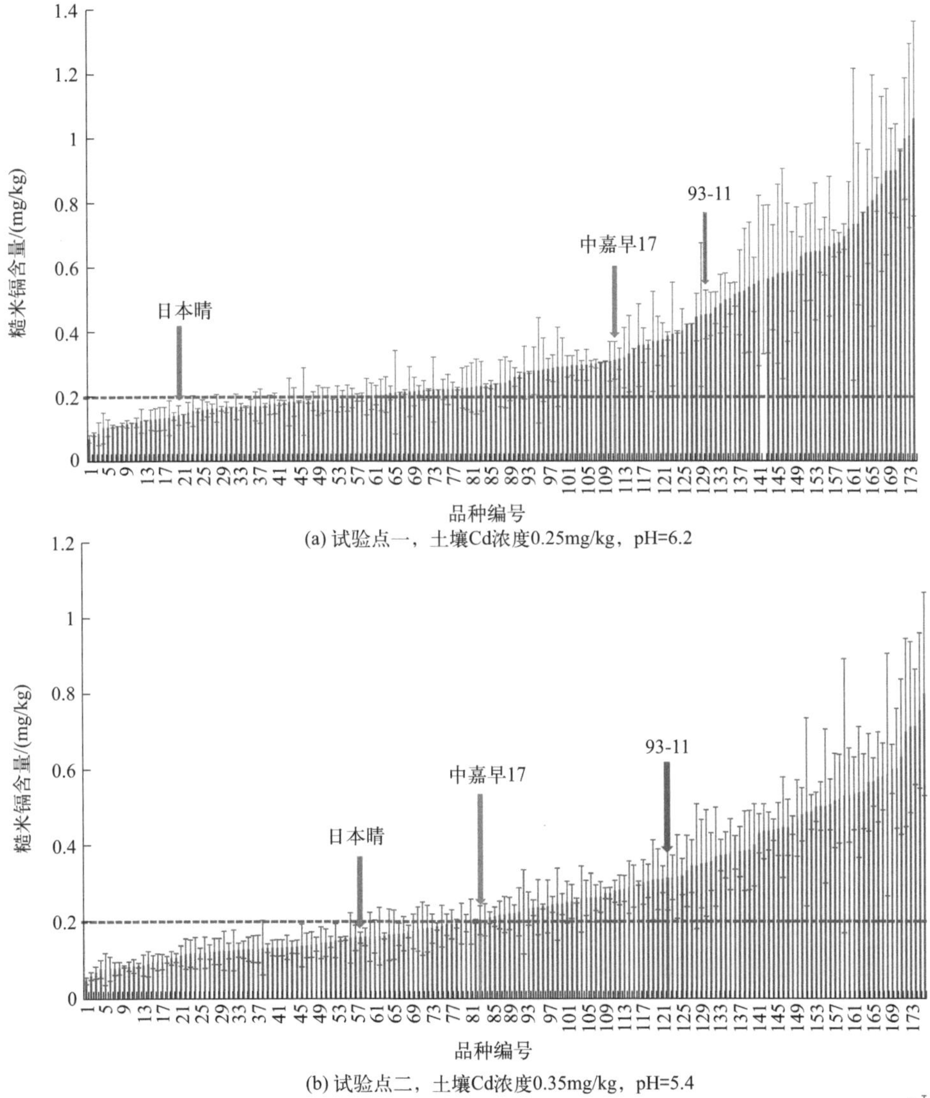

(a) 试验点一，土壤Cd浓度0.25mg/kg，pH=6.2

(b) 试验点二，土壤Cd浓度0.35mg/kg，pH=5.4

图5-8

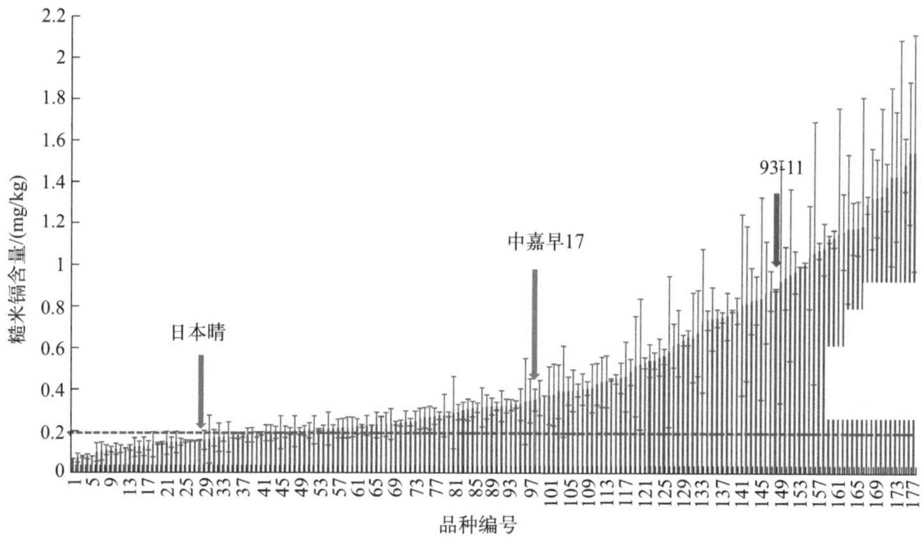

(c) 试验点三，土壤Cd浓度0.57mg/kg，pH=5.7

图 5-8 水稻低镉积累品种田间筛选试验结果

早 17、93-11 可代表稳定低、中、高镉积累特征的水稻品种，为后续水稻镉积累能力的等级评价提供了参照品种（相对标尺）。

表5-2 试验点各参照水稻品种籽粒镉生物富集系数（BCF）

试验点	参照品种	籽粒镉 /(mg/kg)	土壤总镉 /(mg/kg)	$CaCl_2$- 镉[①] /(mg/kg)	总镉 BCF	$CaCl_2$- 镉 BCF
试验点一	日本晴	0.15	0.25	0.04	0.60	3.75
	中嘉早 17	0.31			1.24	7.75
	93-11	0.46			1.84	11.50
试验点二	日本晴	0.17	0.35	0.05	0.49	3.40
	中嘉早 17	0.21			0.60	4.20
	93-11	0.32			0.91	6.40
试验点三	日本晴	0.16	0.57	0.09	0.28	1.78
	中嘉早 17	0.36			0.63	4.00
	93-11	0.82			1.44	9.11

① 0.01mol/L $CaCl_2$ 溶液提取态镉。

5.1.6.2　适用范围

单独使用适用于轻度镉污染耕地，与其他技术组合可适用于轻、中、重度镉污染耕地。

5.1.6.3　技术要点

（1）品种选用

选用适应于产地环境种植，经当地省级（或相当省级）农作物品种审定委员会审定的或审定中的水稻品种。常规参照品种选择按 NY/T 1300—2007 的规定执行，低镉积累参照品种选用日本晴，中镉积累参照品种选用中嘉早 17，高镉积累参照品种选用 93-11。

（2）品种评定

取不同水稻品种在任何生长期、任何组织的样品，提取品种基因组 DNA，利用分子标记鉴别基因型。DNA 提取及纯化方法参照现行标准——农业部 1485 号公告—4—2010。当籽粒镉含量不高于日本晴籽粒镉含量值的 20%，且 4 条分子标记的基因型均为低镉基因型的水稻品种，评定为稳定低镉积累的水稻品种。

5.1.6.4　文献调研

Tang 等 [13] 利用与水稻籽粒镉含量表型相关联的 12 个分子标记位点，对江苏省及周边省份 167 份主栽品种的田间筛选结果进行验证，发现 4 个分子标记位点与不同水稻品种籽粒镉积累表型具有较好相关性，分别是 qGCd2、LCd-11、LCd-38 和 LCd-41（表 5-3）。其中，LCd-11、LCd-38 和 LCd-41 三个 SNP 标记来源于与水稻籽粒镉含量显著相关的数量性状位点（QTLs）。

表5-3　水稻籽粒镉含量相关的分子标记

标记	引物		染色体	DNA 序列	起始位置	专利号
qGCd2	F	CCCATTGATTAGTTCCCTG	Chr02	CCCATTGATTAGTTCCCTGATTTTTCACATAAGCAAAATCTTCTTCCCTGACGAAGTTGACAATGTTGCTCATCTCCCTGTTGGGTTTTATTTGCCAGCTCCGAGAGAGGCTGCCTGTCATGGAGGACATATGCGGTTTTGTATAGTATAAGGTAATCAGATAAGGTCATTGCGGTATG	31169114	CN106967836B
	R	CATACCGCAATGACCTTATC				

续表

标记	引物		染色体	DNA 序列	起始位置	专利号
LCd-11	F	CTTCCGCATACCACTGAACTTG	Chr03	CTTCCGCATACCACTGAACTTGTTTGTTTGTGTGGTGCTTTACAATGTAAGTGAAAGTGTTCTTACTGAATCTCATGATTCTAATCTGTTGATTTCCTTCAAAAATAACATTTTTTTCTGTGAATTTTGCAGGTGAATGCATTCCCTATCACTGTCATGTTTGGCATGTGTTCTATCTTCCTCTTCATGGCGGCAATCCTGCAGAGACGGCTAATGGTTGTTTCTGACCTACACAAATCATCGACAAGTATGCATCTTTCTTCATTACTCCACATATAAAAACTAAAATCGCTTTGCCAATCAATTTCTTTGATTCCTAACTGTTGGGGTTAACATTTTCTGCAGAAGCACAAGAGATGGWTGATGAAGATGAGCCACTGAATCCTTAAGG	845677	CN105671156B
	R	CCTTAAGGATTCAGTGGCTC				
LCd-38	F	GTCACAAAGAAGAAATAATGGC	Chr10	GTCACAAAGAAGAAATAATGGCACCATGGTAACTATGCAAGTGGTGAAAGTCTTCAACTGAAAAACCATTTGCTTTTGTTTTCCTTATGGTGCAGTATTCTAACCAAATCAAGAATCATATGTAGAGATTGCAGGGTATTTTATATTTTAATGAAACATTTCACAGGATAAGCATACAGATGCCTTCTCCAATACTGGCTTCAGACAAAAGCAAAGGATATCAGCTAAGACAGAATGATGATGTCATTGGCAGGCAGCAGGGAAGTGGTAAAAGCACCCACAYTGTGTAGGTAAGCATTCCATAAG	20089673	CN105543397B
	R	CTTATGGAATGCTTACCTACA				
LCd-41	F	GGCTCTCAACTCAAGTATTCAT	Chr10	GGCTCTCAACTCAAGTATTCATCCTTCTGAAATCTGATTTCTCTCTTTCCAATTACCAGTTTTTTTTTTTTTACTTTCCTCCTGAATAATCTCACTGCTTTAAATTCCTGATATCTTATGATGAAACTGCAAAATGTAAATTCAGACACAGCACAAGGTCGAGATGGACAAGAGGGACGGCAAGTTTGGACCTATGACAGTGCCTCCAATGCAGCAGATGTCTCGCATCGATCAACCGGTTCCGCCTTWTGTTGGGTATGCGCCACAGGCACAGCCAGCATACTACAGGTAGCCTGATGGTGGCTATCCAAGAGTTCAACATACAGATCATGCATGCTCAAGATTTTCTGTAGCAAAGTGAAGGATGGTGATCAAGTAGATACATAGTGTTTGTGAGAATGTGAAGTGTC	20844568	CN105671164B

综合上述分子标记基因型与175份水稻品种籽粒镉积累的田间结果，以籽粒镉含量0.2mg/kg区分高镉、低镉积累水稻品种，快速鉴定高镉积累水稻品种准确率高达90%以上，鉴定低镉积累水稻品种准确率在60%左右（表5-4，图5-9）。4条分子标记鉴定日本晴（参照品种）为低镉基因型。该研究证明了利用田间筛选试验和低镉基因分子标记辅助鉴定技术的可行性，只需种植一季，可快速地筛选和鉴别出高/低镉积累水稻品种。

表5-4　分子标记鉴别高、低镉积累水稻品种的准确率

项目	qGCd2	LCd-11	LCd-38	LCd-41
低镉准确率/%	57.1	57.1	58.7	63.8
高镉准确率/%	91.3	100	98.4	98.6

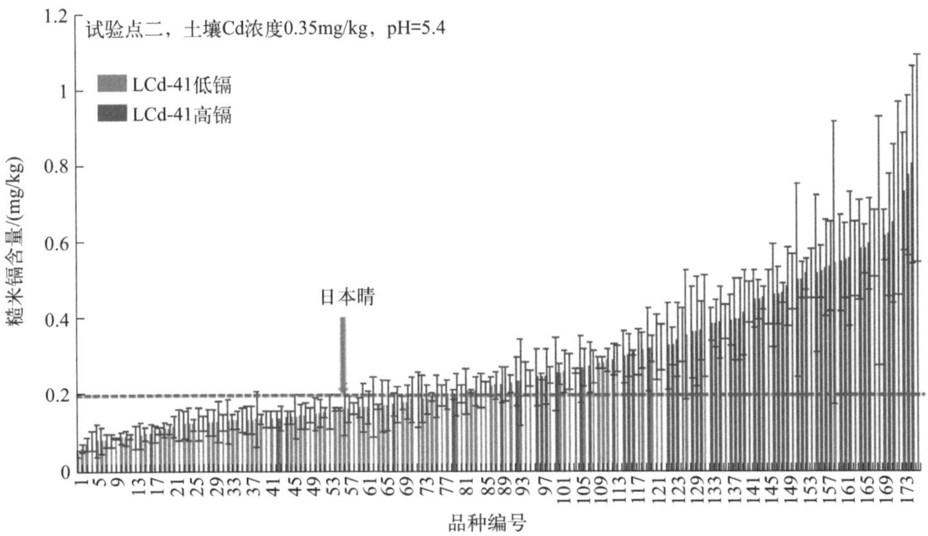

图5-9　分子标记判断与实际田间筛选结果相比较（以分子标记LCd-41为例）

5.2 治理修复产品

5.2.1 灌溉水净化功能材料

为满足农作物生长需求而输送至农田的水体（包括直接引水或渠道/管道供水），其水质安全直接影响土壤健康。研究表明，含重金属等污染物的灌溉水是农田土壤污

染的主要外源输入途径（本书 1.2.1.2 部分）。这类污染水体具有双重特性：水质往往较为复杂，除重金属外，通常有常规水处理工艺难以去除的新污染物（如内分泌干扰物、全氟化合物等）共存；主要依靠河渠完成输送和取用，现场往往水量较集中、流速较快，导致污染物在水中快速扩散，如不及时快速、有效地处理，污染范围会急剧扩大，造成更严重的污染。

吸附法因其处理高效、操作简单、成本低廉等优点，可随灌溉用水的季节性和地域性需求灵活使用，既不像膜分离法、电化学法需要特殊的动力设备，也不像化学沉淀法和高级氧化法那样产生沉淀或高毒性的副产物，引起二次污染，处置速度比生物法要快，是目前灌溉水净化的首选方法[14,15]。因此，所选用的灌溉水净化功能材料应该满足污染物去除效率高、原料易获得和制备速度快等要求。

5.2.1.1 类型

当前灌溉水净化功能材料按照基体来源可分为矿物类材料、天然高分子材料、化学合成高分子材料和碳质材料四大类。矿物类材料以膨润土、高岭土等为代表，其多孔结构和较高比表面积使其能够通过离子交换与表面络合作用有效吸附重金属污染物[16]，然而这类材料对内分泌干扰物、全氟化合物等新污染物的去除效果欠佳。天然高分子材料中纤维素因其优异的生物可降解性和可再生特性受到广泛关注，但其表面官能团密度较低，导致吸附容量有限。化学合成高分子材料如聚丙烯腈纤维可通过定向修饰官能团来提升对特定污染物的吸附选择性，但制备成本较高且存在潜在的生态风险。在碳质材料中，生物炭作为以秸秆等农业废弃物生物质的限氧热解产物具有独特的农业适配性，其多孔芳香碳骨架含有丰富的含氧官能团，表面特性可通过热解条件进行调控，但在实际应用中仍面临一些关键性挑战。

5.2.1.2 作用原理

生物炭对污染物的吸附作用机理与其表面特性密切相关。对于全氟化合物、壬基酚等疏水性有机物，主要依靠分子间弱相互作用力，包括疏水作用和 π-π 电子供体 - 受体效应等进行吸附。而对于重金属离子，则需要依赖表面含氮、氧或硫的强亲水性官能团通过配位键和离子交换作用实现捕获[17,18]。这种差异导致原始生物炭难以同时高效去除这两类性质迥异的污染物。针对这一限制，基于 β- 环糊精的超分子改性提供了一种创新解决方案。β- 环糊精具有独特的“内疏水 - 外亲水”笼型结构，其内部疏水空腔可选择性包结有机污染物，外部活性羟基则可通过交联剂与生物炭结合[19,20]。选用均苯四甲酸二酐作为交联剂时，不仅能实现生物炭与 β- 环糊精的稳固连接，其分子结构中残留的羧基还可作为重金属的特异性结合位点。此外，现有生物炭交联接枝反应采用传统电加热方式，反应时间较长（一般在几小时甚至十几小时以上），难以兼顾材料制备速度与除污效能[21]。相比之下，微波加热作为一种高效节能手段，能通过电磁场在分子层面选择性加热反应体系，数十秒至数分钟内即可达到目标温度[22]，其还具有热效率高、非热效应等优势，可通过降低活化能来加速反应。笔者为解决当前的应用瓶颈，提出了这种复合改性策略，制备了新型灌溉水净化功能材料，为复杂污染灌溉水的净化提供了高效可行的技术路径。

5.2.1.3 适用范围

本技术主要用于城镇污水（工业废水和医疗污水除外）以及未综合利用的畜禽养殖废水、农产品加工废水和农村生活污水进入农田灌溉渠道，其下游最近的灌溉取水点的水质管理。本研究旨在提供一种用于吸附水中重金属（如镉等）、新污染物（如壬基酚等）的新型灌溉水净化功能材料及制备方法，一方面可以实现纤维素生物质废弃物原料的资源化利用，另一方面制得的新型灌溉水净化功能材料既有能吸附重金属离子的络合官能团，又有能选择性包结全氟辛酸、壬基酚的疏水性空腔，实现对复合污染物的同步去除。

5.2.1.4 操作要点

新型灌溉水净化功能材料的制备步骤如下：

① 将清洗干净的纤维素生物质放入石英管中，随后通入惰性气体，置于微波管式炉中以 5 ～ 60℃ /min 的升温速率热解，热解温度为 200 ～ 900℃，热解时间为 2 ～ 30min，热解完成后制得原态生物炭；

② 将所述步骤①制得的原态生物炭与多元酸酐按质量比（1∶0.5）～（1∶5）反应，先将多元酸酐溶解至碱性极性有机溶剂中，再加入原态生物炭，置于微波合成仪中反应，反应温度为 60 ～ 150℃，反应时间为 5 ～ 30min，待反应完成后，依次用碱性极性有机溶剂、0.1mol/L 氢氧化钠溶液、去离子水清洗至中性，并在 65℃烘箱中烘干至恒重，制得羧基改性生物炭；

③ 将上述步骤中制得的羧基改性生物炭与 β- 环糊精按质量比（0.5∶1）～（5∶1）反应，先将 β- 环糊精溶解至氢氧化钠溶液中，再加入羧基改性生物炭，置于微波合成仪中反应，反应温度为 30 ～ 120℃，反应时间为 10 ～ 50min，待反应完成后，冷却至室温，依次用乙醇、去离子水清洗至中性，并在 65℃烘箱中烘干至恒重，制得新型灌溉水净化功能材料。

5.2.1.5 实施效果

图 5-10（a）扫描电镜结果显示，与改性前的材料（原态生物炭）相比，改性后的材料（新型灌溉水净化功能材料）表面相对更光滑，并且覆盖了大量白色物质，这可能是因为在制备过程中，交联剂和 β- 环糊精在材料表面出现。根据相应的 EDS 结果，与改性前的材料相比，改性后的材料表面的碳和氧含量分别显著增加了 26.43% 和 2.03%，这可能是因为制备过程中交联剂和 β- 环糊精的引入，带来了额外的含 C 和 O 的官能团，从而提高了这些元素在表面的含量。根据 BET 测试结果，改性后材

料的平均孔径（2.01nm）大于改性前（1.87nm），但比表面积有所减小，这可能是因为交联剂和 β- 环糊精引入后覆盖了材料表面。图 5-10（b）红外光谱结果显示，与改性前的材料相比，改性后的材料在 3406cm^{-1} 强度略微增强并发生位移，这可能是因为其表面含氧官能团与羟基之间发生了氢键作用；在 1649cm^{-1} 处出现了新的吸收带，这可以归因于羧基和酯基中 C═O 的伸缩振动，表明成功引入了羧基官能团；此外，1376cm^{-1} 附近新出现的吸收峰，主要与甲基 (—CH_3) 的弯曲振动有关，这可能是因为 β- 环糊精接枝过程中引入了新的烷基基团。如图 5-11（a）（书后另见彩图）所示，与改性前的 C 1s 高分辨率 XPS 谱图相比，改性后的材料 C1s 谱图中，C—C（284.74eV）、C—OH（286.04eV）和 COO—H（288.92eV）基团对应的峰均发生了位移。如图 5-11（b）（书后另见彩图）所示，与改性前的 O 1s 高分辨率 XPS 谱图相比，C═O（532.13eV）和 O—H（533.46eV）对应的峰也发生了位移，这种变化可能因为改性后羧基与 β- 环糊精的引入，从而改变了材料表面的化学组成和官能团分布。

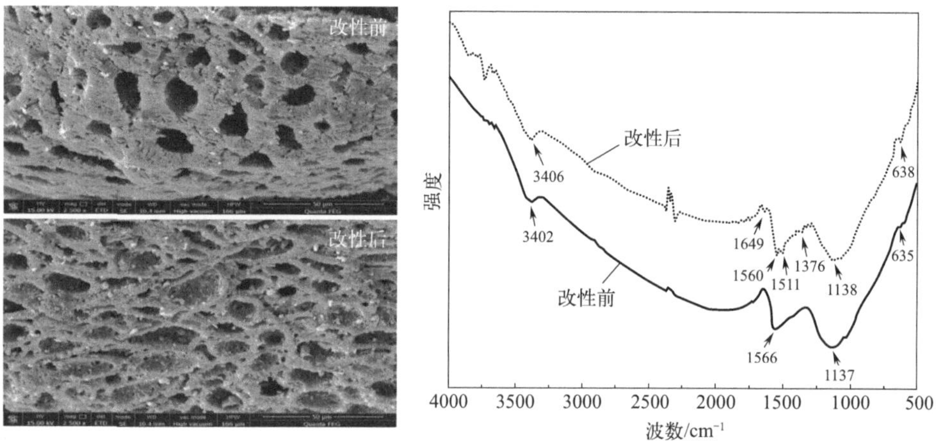

(a) 扫描电镜照片　　(b) 红外光谱图

图 5-10　材料的扫描电镜与红外光谱表征结果

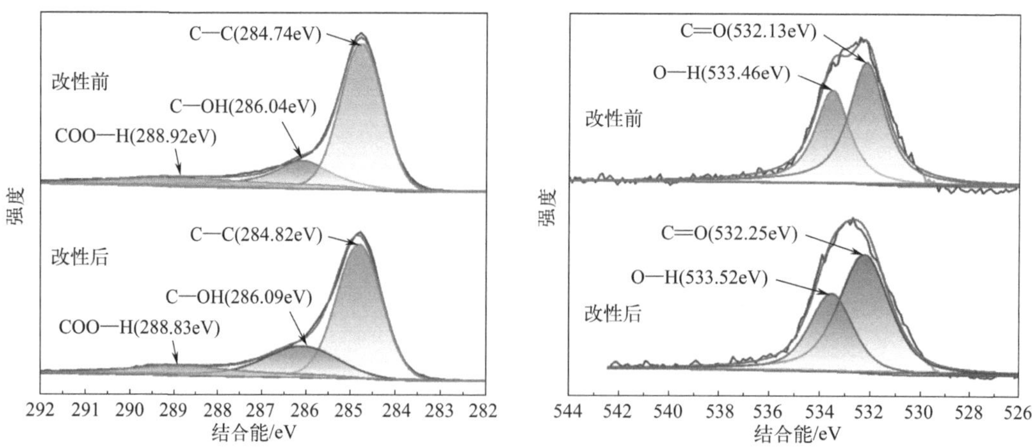

(a) C 1s高分辨率XPS谱图　　(b) O 1s高分辨率XPS谱图

图 5-11　材料的 C 1s 和 O 1s 高分辨率 XPS 谱图

随后，将制备好的新型灌溉水净化功能材料投加到含有镉离子和壬基酚的灌溉水中，研究了其等温吸附（图 5-12，书后另见彩图）和吸附动力学性能（图 5-13，书后另见彩图），新型灌溉水净化功能材料对 Cd(Ⅱ) 与纳米粒子（NP）的平衡吸附量随着污染物初始浓度的增加呈现出先增加后趋于稳定的趋势，在 25℃下在 360min 内对 Cd(Ⅱ) 与 NP 的平衡吸附量分别可达到 17.12mg/g、3.95mg/g。在二元体系中，图 5-14 显示，随着 Cd(Ⅱ) 浓度的增大，$R_{q,NP}$ 值从 1.1 上升到 3.5，这表明 Cd(Ⅱ) 增强了 NP 的吸附，这种增强可能由于 Cd(Ⅱ) 诱导的极化效应，以及 Cd(Ⅱ) 与 NP 之间的弱相互作用。同样，在所有 NP 浓度范围内，$R_{q,Cd(Ⅱ)}$ 值均高于 1.0，表明 NP 也增强了 Cd(Ⅱ) 的吸附。综合这些发现，Cd(Ⅱ) 与 NP 之间存在一种协同共吸附机制，它们相互增强了在新型灌溉水净化功能材料上的吸附。最后，根据吸附量和灌溉水的污染物浓度，可以计算得到为使灌溉水污染物浓度达标的材料投加量以及材料更换时间。

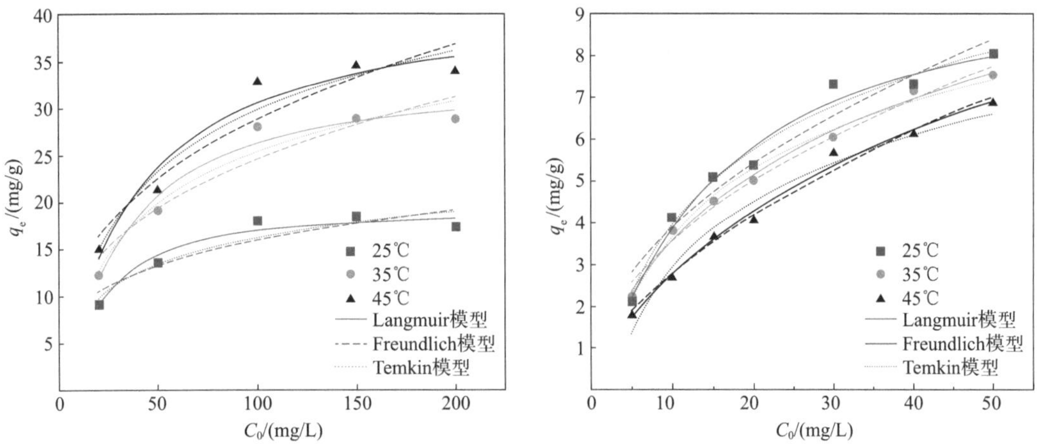

(a) Cd(Ⅱ)　　(b) NP

图 5-12　新型灌溉水净化功能材料对 Cd(Ⅱ) 与 NP 的等温吸附结果

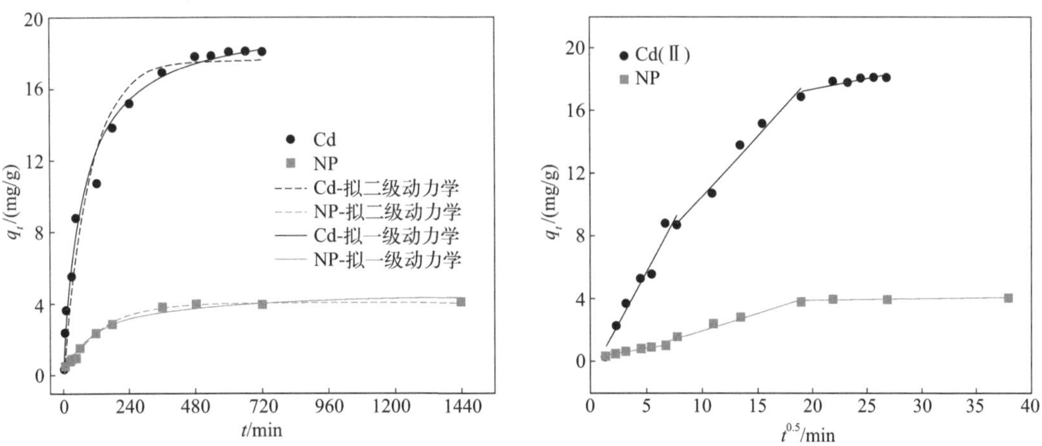

(a)　　(b)

图 5-13　新型灌溉水净化功能材料对 Cd(Ⅱ) 与 NP 的吸附动力学效果

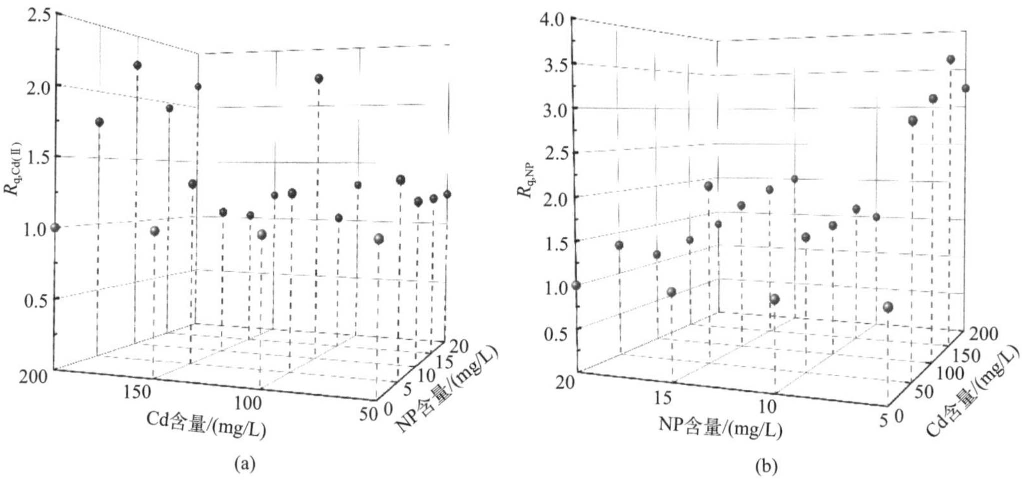

图 5-14　污染物浓度对新型纤维素基超分子材料共吸附 Cd(Ⅱ)与 NP 的影响

新型灌溉水净化功能材料所选用原材料为农林废弃物生物质，来源广泛、廉价易得，实现了农林废弃物资源化利用，具有重要的生态、经济意义。此外，微波辅助定向制备方法在缩短反应时间、减少反应物用量和节能等方面具有更显著的优势，工艺简单，易于工业化推广。

5.2.2　原位钝化剂

原位钝化修复是指向污染土壤中添加一种或多种钝化剂，经过吸附、沉淀、氧化还原、络合、离子交换等一系列反应，改变重金属在土壤中的化学形态和赋存状态，降低土壤重金属活性与毒害作用，达到作物体内重金属含量降低的目的。

5.2.2.1　类型

原位钝化材料依据制备基料类型的差异，可分为无机类、有机类、无机 - 有机复合类及新型钝化材料。

① 无机类材料主要包括硅酸盐类材料、含磷化合物、石灰类材料、含硅材料、金属氧化类材料等。

② 有机类材料包括作物秸秆、有机肥、生物炭等。

③ 无机 - 有机复合类材料主要为无机、有机材料以一定的配比组成的复合材料。

④ 新型钝化材料主要包括纳米材料、介孔材料、功能膜材料和植物多酚材料等[23]。

5.2.2.2　作用原理

（1）硅酸盐类材料

常用的硅酸盐类材料主要有黏土矿物、单硅酸、硅肥。一方面硅酸盐呈碱性，在土壤中可以形成大量的 OH^- 和硅酸根离子，与 Cd 等重金属阳离子形成氢氧化物沉淀和硅酸化合物沉淀；另一方面，硅酸盐物质表面疏松多孔，具有较大的比表面积，可通过表面吸附和离子交换吸附途径吸附土壤中的 Cd 等重金属。目前，黏土矿物是主要的无机类钝化剂研究对象，可分为 1∶1 型层状硅铝酸盐（高岭石）、2∶1 型层状硅酸盐（蒙脱石、膨润土、海泡石、坡缕石）、架状硅铝酸盐（沸石）等，其具有独特的层状分子结构、较高孔隙率、较大比表面积，对 Cd 等重金属有较强离子交换能力及吸附能力。2∶1 型层状硅酸盐对土壤 Cd 等重金属的稳定效果优于 1∶1 型层状硅铝酸盐，原因在于 2∶1 型层状硅酸盐矿物相较于 1∶1 型层状硅铝酸盐矿物膨胀系数大，层间电荷分布不均匀进而更易产生负电荷，有利于 Cd 吸附和中和负电荷实现电荷平衡，层间结构中铁、镁、铝、硅等不等价同晶替代也较多[24]。硅肥是一种新型多功能材料，其有效硅（SiO_2）含量高于 20%，可由炼铁炉渣、黄磷矿渣、钾长石、粉煤灰等制备，不仅具有可溶、缓释、不破坏土壤结构等特点，还可钝化土壤重金属、抑制农作物对重金属的吸收。虽然单硅酸盐具有良好的重金属钝化效果并可以为植物提供硅源，但其原料成本高且易流失，不适合大面积土壤重金属污染治理。

（2）含磷材料

常见含磷材料有磷酸及可溶性磷酸盐，磷酸钙、磷灰石、磷矿粉、骨粉等难溶含磷材料，以及活化磷矿粉、溶磷菌 - 磷矿粉、动物粪便 - 磷矿粉堆肥等复合含磷材料。含磷材料主要对重金属 Pb、Cd、Cu 等有较好的钝化效果，且形成的金属化合物在相当大 pH 值范围内都难溶于水，其稳定机理表现在以下几个方面：

① 提高土壤 pH 值，使重金属离子生成氢氧化物沉淀；

② 利用释放的磷酸根与重金属离子反应，生成溶解度更小的磷酸盐矿物；

③ 土壤重金属离子与含磷矿物晶格中的阳离子发生同晶置换而被固定；

④ 金属阳离子在矿物表面发生静电吸附和共沉淀作用被固定。

实际环境中，以上几种作用机理可能是共存的[25]。

（3）石灰类材料

常见的石灰类材料包括生石灰、熟石灰、石灰石、钙镁氧化物、碳酸盐矿物、碳酸钙镁矿物、白云石、方解石等，其中石灰的应用最为广泛。石灰类材料的施用可以在很大程度上提高土壤 pH 值，并产生大量的 OH^-，土壤胶体和黏粒表面负电荷容量的增加可增强其对重金属的吸附能力，有利于土壤中 Cd、As、Cu、Zn、Hg 等重金属阳离子生成碳酸盐、氢氧化物等沉淀物，减弱重金属离子的迁移能力，降低土壤重金属有效性和植物吸收性。此外，石灰中含有的 Ca^{2+} 会与重金属离子发生同晶置换作用，并且这种作用对原子半径与钙相近的 Cd 更显著，在一定程度上可降低植物对 Cd 的吸收[26]。利用重金属与竞争性阳离子 Ca^{2+} 之间的拮抗作用来抑制植物对重金属的吸收，已成为重金属污染土壤治理修复的焦点。

（4）金属氧化物材料

常见的天然金属氧化物、人工合成的金属氧化物以及工业上产生的金属氧化物可以作为土壤重金属修复钝化材料，包括零价铁、钢渣、赤泥、炉渣、针铁矿、硫酸亚铁、赤铁矿、水钠锰矿等，上述材料对土壤重金属的固定效率主要取决于其结构特性及其中铁、铝、锰氧化物、磷酸盐，硅酸盐和碱性物质的含量。虽然土壤中金属氧化物的含量不高，但其在生物地球化学过程中发挥着重要作用。土壤中的铁、锰、铝等金属表面积大、吸附力强，其氧化物是两性氧化物，有很多吸附位点，对土壤重金属具有很好的固定效果，可通过专性吸附、非专性吸附、共沉淀以及形成络合物等与土壤重金属形成稳定的结构[27]。例如，适量赤泥用于 Cd 污染土壤修复时，其表面羟基离子化或电离化产生可变电荷形成的静电吸附作用与表面活性吸附位点形成的特异性吸附沉淀作用、金属氧化物表面羟基官能团的络合作用与氧化还原作用等是其固定 Cd 的主要机制[28, 29]。氧化铁可通过吸附、共沉淀或形成重金属的次生矿物来降低镉的迁移性。室内模拟培养试验结果表明，水铁矿和针铁矿添加均降低了土壤有效态砷含量并提高了土壤残留态砷含量，这与金属氧化物对砷具有强大的专性吸附容量有关[30]。

（5）有机肥

有机肥主要包括畜禽粪便、绿肥、堆肥等，在其腐化和稳定过程中，微生物和酶类可加速有机废物的降解，最终转化为含有大量羧基和羟基等表面官能团的腐殖质，增加土壤有机质含量，改善土壤质量，增强土壤保持养分和水分的能力，有助于改善植物的生长和健康。有机肥施用降低土壤重金属有效性和迁移性的机制，一方面与有机肥表面丰富的羧基、羟基、羰基等官能团与 Cd 等重金属形成配合物有关，另一方面与有机肥添加提高了土壤 pH 值、磷酸盐化合物与腐殖物质含量有关，促进了重金属的沉淀。由于缺乏污染修复所需的所有特性，有时单一有机肥材料的应用并不能促进修复，而使用复合改良剂通常被认为更适合于污染土壤的修复。

（6）生物炭

生物炭是限氧条件下热裂解生物质获得的一类含碳的、多孔的、稳定的、高度芳香化的固态材料，可通过络合、离子交换、沉淀、吸附等作用有效固定重金属，降低重金属有效性。制备生物炭的原料来源广泛，如城市生活产生的有机固体废物、污水厂污泥、农业活动产生的秸秆和废弃的木材等。

生物炭钝化的主要机制如下。

1）静电吸附作用

生物炭多孔的碳质结构中含氧官能团能使其颗粒表面带负电荷，形成活性吸附位点，促进生物炭对 Cd 等重金属离子的静电吸附，减弱土壤重金属移动性。

2）离子交换

生物炭具有较多的可交换态阳离子以及较大的比表面积，表面含氧官能团、带电阳离子、质子可与 Cd 等重金属离子进行交换反应，产生吸附。

3）络合作用

生物炭表面丰富的芳香性官能团、羟基、羧基和羰基等可与 Cd 等重金属络合形成络合物，提高土壤对 Cd 的特异吸附作用。

4）沉淀作用

生物炭中较高含量的灰分可通过提高土壤 pH 值以及碳酸盐、磷酸盐等碱性无机盐含量，中和土壤中酸性物质并形成重金属氢氧化物、碳酸盐等难溶性沉淀物质[29, 31]。

（7）作物秸秆

国家鼓励作物秸秆还田而不是焚烧，这可以最大限度地减少空气污染并促进农业的可持续发展。作物秸秆主要由有机成分组成，包括纤维素、半纤维素、木质素、粗蛋白、低分子量有机物质等。常见的水稻、小麦、玉米、蔬菜等农作物秸秆均可用作土壤钝化材料进行还田，在土壤微生物的分解矿化作用下，其富含的氮、磷、钾、钙、镁等元素及有机质不仅可以增肥增产、改良土质，其分解过程产生的大量有机质官能团还能与土壤重金属发生络合作用，促进重金属从高活性形态向惰性形态转化，降低土壤重金属的活性。但该过程可能仅限于未污染土壤上生产的秸秆，因为污染土壤上收获的秸秆中通常具有较高含量的重金属，富含重金属的秸秆在土壤分解过程中可能会向土壤环境中释放重金属，造成二次污染。此外，秸秆还田分解过程中还会消耗土壤中大量氧气，使得土壤环境处于还原状态，而土壤中 Cd 等重金属易与硫（S）之间形成 CdS 等沉淀，降低土壤中 Cd 等重金属有效性。但作物秸秆分解过程中产生的可溶性有机物质（DOM）也可与重金属络合形成移动性较强的络合物，提高土壤重金属的迁移风险。综上所述，秸秆还田下土壤 Cd 等重金属生物有效性的变化机制仍存在高度复杂性和不统一性[29, 32]。

（8）复合材料

复合材料通常由不同类型的单一钝化修复材料复合而成，包括有机 - 无机类复合材料、无机 - 无机类复合材料以及有机 - 有机类复合材料三种类型，利用吸附络合、沉淀、离子交换等反应实现土壤重金属钝化修复。

① 有机 - 无机类复合材料用到最多的是硅钙类 + 生物炭 + 黏土矿物类、硅钙类 + 有机物料 + 磷酸盐类等，这类材料复合不仅对重金属污染修复效果好，同时也可发挥出无机类材料改良土壤酸性、缓解有机材料活化重金属的风险，以及有机物料改善无机材料对污染土壤肥力、pH 值造成的不利影响等优点。

② 无机 - 无机类复合材料的施用可综合单一材料的优点，协同增强单一材料对 Cd 等重金属的钝化修复效果。以硅钙类与磷酸盐类、黏土矿物与磷酸盐类等复合居多。

③ 目前，有机 - 有机类复合材料多采用生物炭与其他类型的有机物料复配，使得复合材料中含有大量功能基团，强化其与重金属发生吸附、离子交换、络合反应来钝化土壤重金属，如生物炭 + 有机肥复合等。

总体来看，利用复合材料可解决单一材料在实际应用中存在的局限性，如破坏土壤质量、重金属复合污染的修复效果差、修复效果的稳定性差、难以兼顾材料的经济效益和环境效益等。

（9）新型材料

功能膜材料、纳米材料、介孔材料等新型材料被应用于重金属污染土壤钝化修复中，上述材料具有独特的表面结构、组成成分，如粒径小、比表面积大、反应位点多、活性强，使其可在较低施用量水平下即可获得较好的修复效果。目前市面上应用比较广泛的新型钝化材料为纳米钝化材料，常见的包括纳米零价铁、纳米羟基磷灰石、纳米磷酸钙、纳米沸石、纳米坡缕石、纳米二氧化硅及多孔陶瓷纳米材料，主要钝化机制包括：

① 配合吸附作用：材料中含有的巯基在修复过程中与重金属发生反应形成双齿配体，使酸可提取态含量降低，残渣态含量上升。

② 络合吸附作用：钛硅分子筛比表面积较大，且含有碱性较强的羟基官能团，能在其表面与 Cd^{2+}、Cu^{2+} 和 Pb^{2+} 以“双齿吸附”或“单齿吸附”形式形成重金属吸附态[33]。

5.2.2.3 适用范围

依据不同钝化材料的作用原理，其适用范围有所差别。一般来说，钝化材料在中轻度污染土壤上有较好的钝化效果。而作物类型、土壤性质、材料类型与用量等因素均可显著影响钝化修复效果。硅酸盐类、石灰类、生物炭类等含碱性物质的钝化材料适宜在偏酸性的土壤上施用；中碱性土壤上建议选用以吸附、络合、沉淀、拮抗等作用机制为主的钝化材料，不建议选择石灰类材料。

5.2.2.4 操作要点

总体来看，土壤钝化材料应在农作物种植前 1 ～ 2 周施用，或在冬闲期施用，避免对作物种子发芽率、成活率等产生负面影响。钝化材料施入土壤后，建议尽快进行土壤翻耕混匀，促进钝化剂与土壤颗粒间的各种生化反应过程。钝化材料多为粉末状，施用过程中应加强对人畜健康影响的防护。土壤污染重且农产品超标率高，应适当提高钝化材料的施用量，且钝化材料中的重金属含量不能超过相关国家标准限值。农作物成熟期，及时采集农产品，根据农产品产量、农产品重金属降低率、农产品重金属达标率及土壤重金属有效态含量降低率等指标，综合评价钝化修复技术的安全利用效果。

此外，不同类型的钝化材料还具有各自的特点，具体如下。

（1）硅酸盐类材料

硅酸盐类材料具有见效快、易操作、不易破坏土壤结构、不产生二次污染等优点，近年来广泛用于重金属污染农田土壤的钝化修复研究与推广应用。在实际应用中，以黏土矿物为主的硅酸盐类材料在实际应用过程中也存在施用量大、成本高、吸附容量有限、重金属选择性低、效果维持时间短等限制因素，不利于推广及长期使用。因此需加强对以黏土矿物为主的硅酸盐类材料改性技术的研究，包括表面改性（高温煅烧改性、酸活化、有机改性）、层间域改造（插层改性、层间插入聚合物）等措施，提高黏土矿物对重金属的吸附容量；同时探寻合适的复配材料及适宜的复配比例和添加量，并分析改性材料的化学成分和矿物成分，评估其环境效益，实现在兼顾经济效益、环境效益的前提下对 Cd 等重金属污染农田土壤的高效钝化修复。此外，土壤 pH 值、有机质相互作用也是影响硅酸盐钝化修复效果的重要因素。随着土壤 pH 值的下降，H^+ 将与重金属离子形成竞争吸附，影响钝化剂与重金属的表面络合反应，降低钝化剂对重金属的吸附量。土壤有机质中含有丰富的羧基、羟基等活性基团，其一方面可以与硅酸盐材料相结合，通过络合反应将重金属固定在土壤中，另一方面也可能通过竞争吸附使重金属从硅酸盐材料表面解吸[34]。总体来说，硅酸盐钝化剂适用于缺硅的中轻度污染土壤。

（2）含磷材料

作为一种廉价、环境友好的修复材料，含磷材料除提供植物磷营养外，也是土壤重金属污染钝化修复的当前研究热点领域和有效手段之一，具有对土壤环境扰动小的特征。含磷材料对 Cd 等重金属钝化效果的影响因素包括土壤理化性质（pH 值、有机质等），含磷材料种类、施用量及加工工艺（反应时间、搅拌方式）等[29]。酸性条件下，有利于土壤中磷与重金属形成稳定的化合物，土壤 pH 值在 4 ～ 6 内是含磷材料的最佳施用 pH 值范围。含磷材料的施用量会影响其与重金属的最终形成产物，如含磷材料与土壤 Pb 形成氯磷铅矿的摩尔原子比例一般为磷 / 铅 =3/5，当磷与 Pb 的摩尔原子比例增大到一定程度时，其化学稳定性则逐渐降低[35]。但是含磷材料只是显著改变重金属的有效形态，不能降低重金属在土壤中的总量，因而其修复重金属污染土壤时可能存在较大的环境风险性。

① 施入量过高可能会造成磷的流失，进而导致潜在水体富营养化风险。

② 磷酸盐施入污染土壤后会改变土壤酸度，一般铵 + 磷肥和钙 + 磷肥降低土壤 pH 值，其他磷肥升高 pH 值。土壤 pH 值降低会增加重金属的溶解性和移动性，提高重金属生物有效性和毒性，务必选择合适的含磷材料种类和用量，减轻土壤酸化风险。

③ 重金属污染土壤修复时高量的磷施入导致植物体内重金属元素浓度下降的同时，也会引起植物生长环境的营养失衡，对植物生长产生负面影响。

④ 部分含磷材料中重金属本底值较高，施入土壤会使土壤重金属总量及有效态含量增加，造成潜在二次污染风险[36]。

因此，在实际应用时应控制含磷材料施用量并测定其重金属含量，评估其长期环境效益。

（3）石灰类材料

石灰类材料在酸性的轻中度污染土壤中有较好的钝化修复效果，具有成本低、见效快、易操作等优点，是应用范围最广和应用时间较久的一类重金属钝化材料。研究结果表明，试验模式、作物类型、土壤性质、石灰类材料类型与用量等因素均可显著影响石灰类材料的土壤碱化与作物降 Cd 效果。虽然石灰类材料可以有效提升土壤 pH 值，但受到后期土壤中活性酸与潜性酸的缓冲作用、作物根系呼吸作用分泌的有机酸、石灰自身矿化作用等因素的影响，土壤 pH 值会随着时间的推移缓慢回落，导致土壤中钝化的 Cd 等重金属重新活化。为避免石灰后效减弱导致的土壤重金属活化，应根据田间长期持续监测结果，继续施加一定量的石灰来维持土壤重金属钝化状态。

此外，长期过量施用石灰类材料会产生表土结皮、土壤板结、土壤有机质分解过快、土壤团聚体破坏、养分流失、微量元素缺乏等负面影响。因此在施用石灰类材料时，应注意石灰类材料与其他材料复配的比例、施用量及长期钝化效应的评估[29, 33]。

（4）金属氧化物材料

重金属的存在形态是影响重金属在氧化物材料表面吸附的一个重要因素，如土壤中存在的低分子量有机酸、磷酸盐等有机和无机配体可与重金属络合，降低氧化物吸附固定土壤重金属的效率。大量天然及工业废弃金属氧化物材料因廉价易得吸引了许多研究者的关注，但这些材料在应用方面仍需要注意。一般金属氧化物的组成复杂、粒度微细并可能含有有毒有害物质，会对土壤微生物和酶活性产生负面影响，如赤泥中钠的含量较高，可能会造成潜在的盐度积累问题，易使土壤板结；钢渣降低水稻产量；零价铁会降低土壤磷、镁等养分有效性等[28, 29]。因此，金属氧化物类材料在实际应用时，应充分评估其环境效益，包括其组成成分、潜在危险元素等对土壤造成二次污染的可能性。

（5）有机肥

有机肥来源及成分复杂，动物粪便有机肥或其他生物废弃物中通常含有较高浓度的重金属，长期大量施用会导致农田土壤Cd等重金属总量及其生物可利用部分增加，可能会促进农作物对重金属的吸收。针对全国主要菜区包括北方6省（自治区、直辖市）和南方12省（自治区、直辖市）典型商品有机肥和有机废弃物展开调查，结果表明鸡粪、猪粪、羊粪中Cd、Pb、As、Cr等重金属均有不同程度的超标[37]。而长期施用猪粪和鸡粪有机肥后，0 ～ 15cm土壤中Cu、Zn、As、Cd等重金属含量均显著增加，小麦籽粒中Cu、Zn、Cd含量也显著升高[38]。因此，解决有机肥中重金属残留问题对有机肥的推广应用具有重要意义，一旦土壤重金属浓度超过阈值，所造成的损害是不可估量的。选择有机肥作为钝化修复材料时应分析有机肥中重金属类型与含量，并对土壤和农产品中重金属进行长期的动态监测，以评估污染土壤有机肥钝化修复的环境效益、风险及修复持续性，以最大限度减少其不利影响，做好善后工作[32]。

（6）生物炭

生物炭对土壤重金属的钝化效果受到多种因素的影响，如生物炭的原料来源、制备条件（热解温度、时间等）等决定其孔隙结构、比表面积等表面特性以及pH值、灰分含量等物化性质，继而影响重金属离子在其表面的运输和在微孔内部的扩散速率，进而显现出不同的钝化修复效果。通常制备热解温度越高，越有利于碱性官能团的形成和保留，提高生物炭的炭化程度，进而提高其pH值、灰分含量和缓冲性能等，有利于土壤Cd等重金属的吸附固定。然而，碱性矿物的缓慢表面氧化和淋失会降低生物炭的碱度，从而降低生物炭对重金属的固定性能。与秸秆、木材等原料相比，畜禽粪便类生物炭对重金属的钝化效果相对较好，这是因为畜禽粪便炭的灰分含量及阳离子交换量较高。土壤pH值和有机质等性质可通过影响土壤的酸碱性、吸附性以及氧化还原状态而对生物炭的钝化效果产生一定的影响[31]。植物根系也可通过加速生物炭的老化和改变根际微环境来影响生物炭的重金属钝化效果，如根系分泌的有机酸会活化重金属。生物炭作为一种绿色、低成本的钝化修复材料，非常适合用于农田土壤重金属污染的修复。然而，多变而复杂的环境因素会严重影响生物炭的钝化修复效果。为增强生物炭对污染土壤修复潜力和长期有效性，可通过特定的生物炭制备方法（不同原料、热解温度等）和改性技术（化学活化、有机改性、金属盐及氧化物改性、磁性吸附剂复合）制备功能性生物炭，拓展改性生物炭的应用[39]。此外，为达到预期的钝化修复效果并避免对土壤生态系统造成不利影响，需对土壤污染程度、生物炭施用量和施用深度、作物 - 重金属 - 土壤 - 生物炭相互作用等多种因素进行综合评估，针对土壤性质定向制备适宜的生物炭和用量，实现高效、低成本、易推广的目标。另外，在用不同原料制备生物炭时，应注意原料中是否含有过量重金属、有机污染物等，防止二次污染，对生态环境和人体健康产生风险。

（7）作物秸秆

我国秸秆资源丰富，“农用优先，还田为主”的秸秆利用模式已成为秸秆资源化利用的主要方式。秸秆进入土壤后，秸秆粉碎程度、还田时间、土壤性质以及气候条件等因素均可影响秸秆的分解，进而影响秸秆对土壤重金属的吸附固定过程。而污染农田上生产的秸秆通常含有较高浓度的重金属，当其原位或异位还田后会导致土壤重金属的增多，因此在对污染农田土壤进行秸秆还田应控制还田秸秆量，评估秸秆中污染物含量及其环境效益，以免造成重金属的二次污染。另外，秸秆分解过程中产生的可溶性有机质与重金属络合，也可提高土壤重金属的移动能力。与土壤中的腐殖质等稳定态有机物相比，秸秆有机物更新鲜，更容易被土壤微生物利用与转化，但秸秆对重金属的吸附固定能力弱于腐殖质。

（8）复合材料

从实际的土壤污染修复角度出发，通常涉及更多的修复反应机理，更依赖于各种材料用于固定重金属的活性官能团及其独特的物理、化学结构。例如，无机类钝化材料通常通过提供独特的晶格结构、表面位点、交换性阳离子和调节土壤 pH 值来控制土壤中重金属的活性；有机类钝化材料主要提供表面羧基、巯基、羟基官能团及氢键与黏土矿物形成内球或外球配位，这些复杂的界面反应可能会显著影响土壤重金属的活性。曹锐等[40]综述了 Cd、As 复合污染水稻土原位钝化修复技术发现，单独的无机和有机类材料对 Cd 和 As 同时具有钝化效果的较少，因此实际土壤修复过程中通常采取有机与无机材料的复配、材料改性等方式弥补单种材料钝化作用的不足，包括针铁矿改性生物炭、钙基磁性生物炭等。田间试验发现，添加生物炭与纳米零价铁的复合钝化剂，可显著提升农田土壤中 Cd 和 As 的固定效果，当生物炭和纳米零价铁以 53∶1 的比例混合配施时，Cd 和 As 的钝化效果最为明显[41]。纳米赤泥负载纳米零价铁新型钝化材料可显著降低土壤有效态 Cd、Pb、Zn、Cu 含量以及小白菜中重金属的积累，对重金属复合污染土壤的钝化修复效果优于赤泥或纳米赤泥[42]。田间试验结果也表明，海泡石 + 生物炭 + 赤泥（3∶5∶3）和海泡石 + 生物炭 + 磷矿粉（3∶5∶3）两种复合材料在原位钝化修复中轻度 Cd 污染农田土壤中的效果较好，可有效降低白菜对土壤重金属 Cd 的吸收[43]。为弥补粉煤灰、硅藻土、蒙脱石及生石灰作为农田土壤 Cd 污染修复材料在应用过程中存在的不足，以粉煤灰、硅藻土、蒙脱石和生石灰为原料制备成的复合土壤调理剂，其对 Cd 的饱和吸附量高达 270mg/g，按 0.35% 施加时糙米 Cd 含量降低 76.6%，表现出优异的钝化修复效果[44]。因此，施用复合材料对土壤重金属污染的钝化修复效果明显优于施用单一材料，但复配复杂，需要对不同配比进行验证，且不同复配方式产生的效果也不同。

（9）新型材料

新型材料是近年来发展起来的，其对重金属污染土壤修复效果较好。纳米零价铁或改性纳米零价铁通过吸附、还原或共沉淀作用，可固化土壤 Pb、Cd、Hg、As 等重金属，降低土壤重金属活性或生物有效性，但其应用时可能会在一定程度上改变土壤本底菌群结构和微生物多样性，而生物炭负载的纳米铁改性碳基材料是一种修复效果显著、环境友好的材料[45]。纳米羟基磷灰石施用后，土壤 pH 值显著升高导致有效态 Cd、Cu 和 Zn 含量显著下降 62.7% 以上，进而显著降低糙米中 Cd 含量[46]。改性纳米二氧化硅施用能够有效降低土壤中 Cd 的生物活性，小麦籽粒 Cd 含量可从 0.34mg/kg 降至 0.18mg/kg，且对小麦产量造成的影响不显著[47]。多孔陶瓷纳米材料配施石灰可使土壤有效态 Cd 含量降低 45.95%，结合低积累水稻品种联合修复可使水稻糙米 Cd 含量降至 0.14mg/kg，低积累水稻品种与石灰和多孔陶瓷纳米材料联合修复对轻度 Cd 污染农田土壤效果显著优于生物炭配施石灰、多孔陶瓷纳米材料单施处理[48]。目前新型材料研发的种类不多，导致对材料的选择范围很小，因此需要加大对不同类型新型材料的研制力度，优化施用量，在实际应用中综合考虑性价比和作用效果。

5.2.3 叶面阻控剂

叶面阻控剂作为一种不直接接触土壤的环境友好型材料，是一种通过向作物叶片表面喷施小分子有机或无机物，兼具健康、营养特性并可实现阻隔重金属向作物可食用部位转运或累积的一类产品。叶面阻控剂通过叶片气孔或水孔及细胞间隙吸收、木质部转运、跨维管束运输等多种运输方式进入植物体内，利用生理阻隔、元素拮抗、转运竞争等方式改变重金属的再分配，或通过调控植物根系分泌次生代谢产物，改变重金属的生物有效性，阻控根系对重金属的吸收，具有效果好、操作简单、成本可控、对土壤不造成二次污染等特点，被广泛用于受污染耕地的安全利用[49]。

5.2.3.1 类型

（1）营养元素型

营养元素型叶面阻控剂主要涉及大量元素磷（P），中量元素硫（S）、钙（Ca）和镁（Mg），微量元素锌（Zn）和铁（Fe），以及有益元素硅（Si）和硒（Se）等。其主要是通过调节植物生理过程，增强植物抗氧化系统功能并提高作物叶片中叶绿素含量，促进作物光合作用和对营养元素的吸收，降低细胞膜透性，维护膜系统的完整，从而促进作物生长并增强作物对重金属的抗耐能力，降低 Cd 等重金属吸收[50]。磷是植物生长必需的大量营养元素之一，叶面喷施含磷的叶面阻控剂可显著降低作物对重金属的吸收；硫作为植物生长所需的营养物质，通常以 SO_4^{2-} 的形式被植株根部吸收，经同化途径还原成游离态或结合态的 S^{2-}，S^{2-} 再转化为—SH 形态的半胱氨酸，S 的同化主要在叶中进行。叶面喷施不同形态的 S，可降低茎部向叶部和可食部分 Cd 的转运。微量营养元素型叶面阻控剂以含 Zn、Fe 等元素为主，其中 Zn 是植物生长必需的微量元素，通过在植物体内与 Cd 拮抗，从而抑制根系对 Cd 的吸收和转运，降低植物体内 Cd 的含量；Fe 主要参与叶绿体的形成、重金属的吸收转运；Si 作为水稻必需的“四大元素”之一，叶面喷施含 Si 的叶面阻控剂可促进水稻的生长发育，降低水稻体内重金属的含量；植物体内抗氧化酶的活性中心是 Se，喷施含 Se 的叶面阻控剂通过改变抗氧化酶的活性与作物的抗性来降低水稻体内重金属的含量[49]。

（2）稀土元素型

目前研究较多的稀土元素叶面阻控剂主要是含有镧（La）、铈（Ce）、钕（Nd）等元素，这类元素通过增强植物对重金属的抗性来降低植株体内的重金属含量，具体表现为促进植株叶绿素、谷胱甘肽、金属硫蛋白合成，提高过氧化物酶（POD）、过氧化氢酶（CAT）活性，减少重金属对膜脂的破坏。盆栽试验结果表明，叶面喷施镧后显著抑制低积累型小白菜 Cd 的吸收，而对高积累型小白菜 Cd 吸收的抑制不显著[51]。田间试验则表明叶面喷施铈肥后，水东芥菜地上部 Cd、As 和 Pb 含量分别下降 22.9%、26.0% 和 32.5%，叶面喷施硅 + 铈复合处理后地上部 Cd 和 As 的降低效果更佳[52]。

（3）有机酸型

目前研究较多的有机酸型叶面阻控剂主要包括氨基酸、腐殖酸等，主要通过有机酸与重金属发生络合反应，将重金属钝化沉淀下来，从而降低重金属在植物体内的迁移性。研究结果表明，叶面喷施 0.5g/L 富里酸可以显著缓解生菜 Cd 中毒症状并促进生菜生长，提高叶绿素含量、光合作用能力和养分吸收的同时，也可降低生菜中 Cd 含量。叶面喷施 1.5g/L 富里酸也可显著提高小麦生物量、光合能力和抗氧化酶含量，并显著降低小麦根、茎、叶和籽粒中 Cr 含量[53]。叶面喷施腐殖酸后，马铃薯块茎中 Cd 含量下降 14.6%，高于富里酸和天冬氨酸等有机酸型叶面阻控剂，但马铃薯块茎中 Cd 含量下降幅度仍低于硒肥（37.6%）和硅肥（32.6%）两种叶面阻控剂[54]。水稻开花期叶面喷施氯化氨基乙酸可以显著降低 Cd^{2+} 从穗轴向籽粒、穗节向穗颈、倒二节间向倒一节间的转移系数，降低稻米 Cd 含量的同时，能促进 K、Mg 和 Zn 的转运[55]。

5.2.3.2 作用原理

叶面阻控技术主要是通过向农作物叶面喷施必需有益元素，通过调控与农产品重金属积累相关的生理阻隔、元素拮抗和竞争转运作用来缓解重金属对作物的毒害，降低作物体内的重金属含量[31]。

（1）生理阻隔

生理阻隔作用是通过施用诱导或激发液泡等质膜将重金属相关转运体隔离在液泡等细胞器腔室内或通过形成超大分子的螯合或络合物并隔离在细胞壁外，降低重金属在植物体内的运移，以降低重金属在植物关键部位的累积量。生理阻隔主要是通过细胞壁和液泡来实现，在植物体内 Si 与 Cd 之间可以形成复杂的络合物并沉积于细胞壁上来降低 Cd 的可移动性，同时还可以增强植物细胞壁的强度，并为重金属提供结合位点，使经非原生质体路径运输的 Cd 总量减少，从而降低了 Cd 在地上部组织中的富集；液泡由于富含各类有机酸、蛋白质、有机碱、糖等物质，均能与重金属结合，因此是阻隔重金属离子的理想场所。目前，通过叶面喷施技术可把重金属区隔在细胞壁外或者液泡等组织器官中，减少其向其他关键部位扩散，从而延缓了土壤重金属向作物可食用部位的转运累积，确保食品安全。

（2）元素拮抗

元素拮抗作用是因为重金属元素与营养健康元素存在相似的离子半径或电子结构而发生的吸收排斥效应，达到降低重金属吸收累积量的目的。研究表明，Se 和 Zn 等元素对重金属具有拮抗作用，可以抑制有毒元素在植物体内的累积，缓解重金属对作物的毒害。Cd^{2+} 和 Zn^{2+} 有相似的外层电子结构，都有充满电子的 d 轨道，并且都有两个外层 s 电子，它们的稳定价态都是 +2 价，Cd^{2+} 与 Zn^{2+} 可以互相竞争进入生物细胞上的结合位点。因此，当 Zn 不足或土壤缺 Zn 时，受污染土壤中的 Cd 就会进入植物体内与功能蛋白质相结合，占据酶的活性位点，使酶活性受到影响且 Cd^{2+} 会取代 Zn- 酶中的 Zn^{2+}，使得植株内 Cd 含量增加，反之亦然；Se 对 Cd 的拮抗机理则是通过提高谷胱甘肽过氧化物酶的活性，从而抑制含 Cd 金属酶的形成，降低 Cd 的吸收，减少植物体内 Cd 的含量。

（3）转运竞争

转运竞争作用是植物在吸收重金属与营养元素时，通过二者之间的竞争吸收转运位点来降低重金属的转运比例从而达到安全利用的效果，主要体现在竞争转运位点与运输通道两方面。在植物根系吸收阶段，Fe^{2+} 与 Cd^{2+} 两者竞争吸收转运位点，当 Cd^{2+} 进入植物体后，Cd^{2+} 与 Fe^{2+} 之间出现明显的竞争，当 Fe^{2+} 含量充足时，Fe^{2+} 的竞争性更强，就会减少根系对 Cd^{2+} 的吸收和向地上部的转运；Zn、Fe 与 Cd 在植物根系质膜里的转运共用一个运输通道，叶面喷施含 Fe、Zn 等元素的叶面阻控剂后，即可占据 Cd 的运输通道，从而降低植物对 Cd 的吸收，减少植物关键部位 Cd 的累积量。

5.2.3.3 适用范围

目前，对叶面阻控剂在水稻、小麦、玉米等谷物类作物中的应用已进行了大量的研究，并且在我国典型的蔬菜种植区也取得了显著的降 Cd 效果。叶面阻控剂一般适用于重金属中轻度污染且农产品超标率较轻的农田，具有叶面喷施效率高、用量节省还能避免土壤二次污染的特点，但在实际应用中调控效果的稳定性和持久性易受众多环境因素（刮风下雨、高温低温等）的制约。在我国北方 Cd、As、Pb 复合污染的石灰性土壤中，小麦拔节期、孕穗期和灌浆初期各喷施一次 Zn+Mg+Mn 复配的叶面阻控剂，能够有效阻控重金属 Cd、As 和 Pb 在小麦籽粒尤其是在糊粉层的累积[56]。水稻抽穗期和灌浆期进行硅或硒肥的叶面调控，糙米 Cd 含量显著下降了 33.64% 和 34.67%，低于国家标准值（GB 2762—2022），并同时提高糙米中氮、磷、钾的含量。在辣椒坐果期分别喷施硅溶胶制剂和硒硅溶胶制剂，不同积累型品种辣椒的 Cd 含量可分别降低 35.71% ～ 64.39% 和 39.29% ～ 67.42%，表明两种叶面阻控剂均能显著抑制 Cd 高、中、低积累型辣椒品种对土壤 Cd 的吸收，并提高了辣椒中可溶性糖、维生素 C 含量和辣椒产量[57]。不同类型叶面阻控剂喷施后，玉米籽粒 Cd、Pb 含量分别降低了 13.9% ～ 69.4% 和 16.7% ～ 55.6%，可实现 Cd 轻中度污染玉米主产区的安全生产。利用硒肥来降低重金属在农作物中的积累，不仅可以满足人们对硒元素的摄入要求，而且可以生产出重金属低浓度的农产品，但其修复效果也受到土壤性质、水分状况、微生物群落等因素的影响[58]。

5.2.3.4 操作要点

叶面阻控剂作为受污染农田土壤安全利用的新型产品，不仅能够实现粮食、蔬菜等食品的安全达标，而且因不直接接触土壤而使其免受二次污染的风险，再加上运输方便、操作简单、高效经济使其更容易被农户接受。

一般来说，应根据重金属污染类型以及土壤和农产品的超标情况，确定叶面阻控剂的类型、实施时期、用量和次数。叶面阻控剂通常在农作物的抽穗 - 灌浆前期喷施，农作物可食部分的降 Cd 效果最好。土壤污染重且农产品超标率高，可适当提高叶面阻控剂的喷施用量与次数，并合理调配叶面阻控剂的浓度。针对不同的重金属元素，其吸收、转运的机制不同，需要研制不同类型的叶面阻控剂。采用无人机喷施，应在无风无雨的天气下开展，否则叶面阻控剂易被风雨吹落淋失。早晚喷施效果较好，中午温度过高易造成叶面肥快速蒸发。另外，叶面阻控剂中的重金属含量不能超过相关国家标准值。农作物成熟期应及时采集农产品，根据稻米产量、农产品重金属降低率及农产品重金属达标率，综合评价叶面阻控技术的安全利用效果[59, 60]。

目前，叶面阻控剂在市场上得到了快速发展，但也存在一些不足和问题。例如，市场上已有较多类型的叶面阻控剂，但存在专用性不强和低效的问题，需要针对不同作物类型或者不同重金属特性来加强叶面阻控剂专用型产品的开发研究，筛选出高效的叶面阻控剂。另外，叶面阻控剂在使用时容易受外界环境温度、湿度、光照、植株叶片特性及元素吸收拮抗等因素影响，导致叶面阻控剂液滴保存时间短、吸收利用效果差等问题，应加强叶面阻控剂的适用范围研究。最后，要加强叶面阻控剂的田间示范及施用技术与规范研究，形成相关技术规程[49, 61]。

5.2.4 微生物菌剂

微生物修复技术是在人为优化的条件下，利用土壤中的真菌、细菌等微生物或人工投加的外源特效微生物的生命代谢活动，对土壤重金属产生亲和吸附或转化等系列作用，从而降低土壤重金属有效性或毒性的技术，以达到修复的目的。

5.2.4.1 类型

用于土壤重金属污染修复的菌种主要有真菌、细菌、藻类等，微生物种类不同对重金属污染的耐受性不同，一般认为放线菌＜细菌＜真菌[62, 63]。

5.2.4.2 作用原理

微生物修复受重金属污染土壤的作用机理主要表现在微生物吸附和微生物转化两个方面。

（1）微生物吸附

微生物吸附主要是指利用微生物对农田土壤重金属的吸附作用，使得土壤重金属的形态特征发生改变，或降低生物可利用率，降低重金属毒害作用。土壤微生物之所以能够吸附土壤重金属，主要原因是部分化学基团通过络合作用及配位作用能与重金属离子形成化合键。微生物的吸附分为胞内吸附和胞外吸附，胞内吸附指重金属进入细胞内部，与细胞内的谷胱甘肽、植物凝集素、不稳定硫化物等结合成硫蛋白、络合素、植物螯合肽等稳定物质，在细胞内富集。胞外吸附主要依靠细胞壁、荚膜、表面黏液层，通过络合、沉淀等将重金属吸附结合在细胞表面，细胞表面带有阴离子基团，如羧基、羟基、氨基、磺酸基等，呈负电性，对重金属具有吸附效果。此外，胞外聚合物（肽聚糖、脂多糖、磷壁酸和胞外多糖）对重金属离子具有很高的亲和力[64, 65]。

（2）微生物转化

重金属污染土壤中存在一些特殊微生物类群，它们对有毒重金属离子不仅具有抗性，同时也可以使重金属进行生物转化。微生物转化主要是指微生物通过氧化还原、络合、甲基化等生物化学反应过程，使重金属离子的稳定状态和络合状态随价态发生变化而改变，将高价态的金属离子转化为低价态金属离子，最后降低土壤重金属离子的毒性[64, 65]。针对不同价态的重金属，微生物可将毒性较强的重金属转化为无毒或低毒形态的重金属，如高毒性的三价砷氧化成低毒性的五价砷、高毒性的六价铬还原为低毒性的三价铬、二价汞还原成单质汞等[63, 66]。

5.2.4.3 适用范围

利用微生物修复重金属污染土壤是一种具有成本效益和生态友好的方法，可达到修复污染土壤实现绿色健康的目的，是一种具有潜力的土壤重金属污染修复技术。土柱淋洗试验结果表明，土著嗜碱性细菌能够有效还原土壤中的六价铬，使污染土壤中六价铬浸出毒性浓度由 53.8mg/L 降至 0.4mg/L，达到《铬渣污染治理环境保护技术规范（暂行）》（HJ /T 301—2007）要求，为铬污染土壤工程化修复提供了技术支撑[67]。利用碳酸盐矿化菌生长代谢过程产生的脲酶来分解底物尿素，可生成 CO_3^{2-} 来固结污染土壤中的重金属离子，使土壤中交换态 As、Pb、Cd、Zn 和 Cu 浓度从 14.01mg/kg、4.95mg/kg、0.64mg/kg、33.46mg/kg 和 12.95mg/kg 降至 2.37mg/kg、1.25mg/kg、0.31mg/kg、16.67mg/kg 和 3.42mg/kg[68]。巴氏芽孢杆菌诱导碳酸钙共沉淀过程，使土壤中 Pb 与碳酸钙共沉淀附着在土壤颗粒表面而被固定下来，污染土壤中 Pb 的浸出率最高下降 76.34%[69]。在重度污染土壤上，施用不同比例的固体发酵料（裂褶菌）显著降低污染土壤中交换态 Hg、Cr、Pb 含量，胡萝卜根茎中均未检测到 Hg、Pb 含量，Cr 含量也符合 GB 2762 规定标准[70]。污染土壤接种耐 Pb、Cd 真菌产黄头孢霉和头孢霉后，土壤中交换态 Cd、Pb 含量显著下降，提高小白菜产量的同时也降低小白菜体内 Cd、Pb 含量[71]。微生物修复效果受到众多因素的影响，在大面积农田推广使用过程中仍存在较多的问题。

5.2.4.4 操作要点

微生物修复重金属污染土壤具有高效、低成本的特点，近些年发展也较为迅速，在筛选微生物数量和种类上都取得一定的研究进展，但微生物修复的研究仍然停留在实验室或小规模的现场试验，其推广和应用过程中仍然面临着很多需要解决的问题：

① 微生物修复土壤重金属污染的机制还需要深入研究；

② 土壤重金属污染微生物修复效果受到重金属污染程度、pH 值、温度、离子强度等环境因素的影响，导致单一修复技术适用范围受限；

③ 微生物修复对当地菌株是否具有危害性，是否会发生生物泛滥问题，在培育和修复过程中受到环境刺激是否会衍生出具有环境危害性的菌株，如何保持微生物在复杂自然土壤环境中稳定繁衍[72]，仍需深入研究。

为了提高微生物修复土壤重金属的潜力，可从以下几个方面着手。

① 要筛选、驯化和改良具有抗重金属胁迫的特异性或优势菌种，建立有关基因库，提高其在土壤中的活性、长期性与安全性。

② 加强联合修复技术改进创新，强化微生物修复土壤重金属污染的能力，以解决单一处理技术很难满足现实需求的问题，如化学联合微生物、植物联合微生物和多种方式联合微生物修复重金属污染土壤。

③ 从分子领域、基团领域更深程度地研究微生物修复机理并解释其修复机制，以期更好地为实际工程应用提供理论支持。

④ 因土壤类型、污染类型、污染程度等条件差异较大，应针对性开展相应的微生物修复技术研发，寻求可大面积应用的工程修复技术。

⑤ 加强农业活动与微生物修复可持续性的关系研究以及微生物修复应用的风险性评估[62, 63, 72]。在保证修复效果的同时，能够兼顾经济、实用、环保等因素是微生物修复重金属污染土壤的发展趋势。

5.3 植物修复技术

植物修复技术是一种利用自然生长或遗传培育的植物来修复重金属污染土壤的技术总称，其可从受污染土壤中快速吸取重金属或将其无害化而达到净化污染土壤目的，具有不破坏土壤生态环境、保持土壤结构和肥力状态等环境友好的特征。目前，植物修复技术在我国农田土壤重金属污染治理方面受到较为广泛的关注。

5.3.1 技术简介

植物修复技术通常由植物积累的重金属种类决定，按照土壤重金属修复机理或过程的不同，一般可分为植物吸取（phytoextraction）、植物稳定（phytostabilization）、植物挥发（phytovolatilization）等类型。植物降解（phytodegradation）和根际降解（rhizodegradation）也是重要的土壤污染植物修复技术，但其只针对可生物降解的有机污染物，对重金属污染物无效。植物过滤（phytofiltration）主要是利用植物吸收、沉淀和富集水体中污染物的过程，不适用于污染土壤。不同植物修复技术类型中，植物吸取修复是目前土壤重金属污染修复研究最多且认可度越来越高的技术。

5.3.1.1 植物吸取修复技术

植物吸取修复主要利用重金属超/高积累植物或高生物量的植物，从土壤中吸取一种或几种重金属污染物并将其转移贮存至地上部的茎、叶中，植物成熟期或达到一定的重金属积累量后，通过收获植物地上部的方式将重金属从土壤中移除，以降低污染土壤中重金属浓度，减少重金属进入食物链的风险，最后再对植物收获物进行安全处置与资源化利用。植物吸取修复过程中，向土壤添加柠檬酸、乙二胺四乙酸（EDTA）等有机酸或不同的微生物菌剂可活化土壤重金属，促进植物吸取修复效率的提高，但同时也应注意土壤重金属淋溶风险增加的问题。植物吸取修复是一种可永久性清除土壤中重金属污染的技术，但其效果很大程度上取决于植物根系结构、地上部生物量和重金属类型/浓度。

目前，全球报道的重金属超/高积累植物较多，可积累镉（Cd）、砷（As）、铜（Cu）、镍（Ni）、锌（Zn）、锰（Mn）、钴（Co）、铅（Pb）、硒（Se）、铬

（Cr）、锑（Sb）等重金属元素。我国目前已经发现和报道了数种重金属超/高积累植物，并具有很高的重金属耐性，主要包括Cd/Zn超/高积累植物伴矿景天（*Sedum plumbizincicola*）、东南景天（*Sedum alfredii*）和滇苦菜（*Picris divaricata*），Cd超/高积累植物印度芥菜（*Brassica juncea*）、龙葵（*Solanum nigrum*）、苋菜（*Amaranthus tricolor*）、续断菊（*Sonchus asper*）和烟草（*Nicotiana tabacum*），As超/高积累植物蜈蚣草（*Pteris vittata*）和大叶井口边草（*Pteris cretica*），Pb超/高积累植物圆锥南芥（*Arabis paniculata*）和长叶水麻（*Debregeasia longifolia*），Mn超/高积累植物美洲商陆（*Phytolacca americana*）和水蓼（*Persicaria hydropiper*），Zn超/高积累植物长柔毛委陵菜（*Potentilla griffithii*），Cu超/高积累植物鸭跖草（*Commelina communis*）、海州香薷（*Elsholtzia splendens*）和蓖麻（*Ricinus communis*），Se超/高积累植物壶瓶碎米荠（*Cardamine hupingshanensis*），Cr超/高积累植物李氏禾（*Leersia hexandra*）和盐麸木（*Rhus chinensis*），Sb超/高积累植物狗尾草（*Setaria viridis*）和荩草（*Arthraxon hispidus*），稀土元素超/高积累植物铁芒萁（*Dicranopteris linearis*）和单叶新月蕨（*Pronephrium simplex*）等[73]。其中As超积累植物蜈蚣草以及Cd/Zn超积累植物伴矿景天和东南景天的研究在国际上产生了较大的影响[74, 75]。天蓝遏蓝菜（*Thlaspi caerulescens*）则是国际上研究较多的一种Cd/Zn超积累植物。

Vamerali等[76]综述了1995～2009年间发表的论文，发现可用于植物吸取修复的高生物量农作物品种包括菊科的向日葵（*Helianthus annuus*），十字花科的芥菜（*Brassica juncea*）、欧洲油菜（*Brassica napus*）和萝卜（*Raphanus sativus*），豆科的大豆（*Glycine max*）、菜豆（*Phaseolus vulgaris*）和紫花苜蓿（*Medicago sativa*），以及禾本科的玉米（*Zea mays*）、黑麦草（*Lolium* spp.）、大麦（*Hordeum vulgare*）、高粱（*Sorghum* spp.）、小麦（*Triticum* spp.）和水稻（*Oryza sativa*），这些高生物量农作物对土壤Cd、Pb、As等重金属均具有不同的耐性与积累性。

5.3.1.2 植物稳定修复技术

植物稳定修复是指在某些对重金属污染具有较强耐性的植物根际范围内，通过根系吸收固定或者根系作用对重金属离子产生的沉淀、络合、还原等反应过程，降低土壤重金属的移动性和生物有效性，降低重金属进入食物链和地下水的风险。植物根际中的相关微生物群落不仅可促进植物的生长与提高植物的重金属耐性，还可有效降低根际土壤重金属生物有效性，提高植物稳定修复效率。虽然植物稳定修复技术有效降低了重金属在生物体内的积累且不需要处理修复植物，并最大限度地减少了土壤重金属向地下水中的淋溶量。然而与植物吸取修复技术相比，植物稳定修复技术并不是一种永久的解决方案，因为重金属仍滞留在土壤中，土壤环境条件变化可使稳定态重金属再次活化释放。此外，这种稳定修复机制需要选择对重金属具有高度耐受性的植物和有效的根系来固定重金属、稳定土壤结构和防止土壤侵蚀。

目前，已有较多的植物被报道具有植物稳定修复重金属的作用。南美蟛蜞菊（*Wedelia trilobata* Hitchc）、玉米（*Zea mays*）、羽穗草（*Desmostachya bipinnata*）、酸豆（*Tamarindus Indica*）、青杨（*Populus cathayana*）、柳树属（*Salix* sp.）等对土壤 Cd 具有稳定修复作用；烟草（*Nicotiana tabacum*）、刺苋（*Amaranthus spinosus*）、华中蹄盖蕨（*Athyrium wardii*）等对土壤 Pb 具有稳定修复作用；细叶满江红（*Azolla. microphylla*）、狗牙根（*Cynodon dactylon*）、大麻叶泽兰（*Eupatorium cannabinum*）等对土壤 As 具有稳定修复作用；垂柳（*Salix babylonica* Linn.）等对土壤 Cu 具有稳定修复作用；蓖麻（*Ricinus communis*）、薄荷（*Mentha sylvestris*）、龙葵（*Solanum nigrum*）等对土壤 Ni 具有稳定修复作用；麻风树（*Jatropha curcas*）、北水毛花（*Scirpus mucronatus*）等对土壤 Zn 具有稳定修复作用[77]。

5.3.1.3 植物挥发修复技术

植物挥发修复是利用植物吸收土壤中重金属，并在植物生长过程中通过复杂的代谢途径系统，把这些吸收的有毒重金属转化为挥发性的低毒或无毒形态化合物释放到大气中，通常用于土壤中 Se 和 Hg 等可转化为挥发性气体形式的重金属修复，如二甲基硒化物、氧化汞等。植物挥发修复技术的优势在于其可将重金属污染物从土壤中去除，并以气体形式分散，不需要对修复植物进行后处置。植物挥发技术不应在人口密集的城市和天气异常的地方附近进行，因为这些地方会促进挥发性物质的快速排放，产生环境风险。此外，植物挥发修复技术并不能把重金属污染物从土壤中彻底去除，其也只是把部分重金属污染物从土壤媒介转移到大气媒介中，因此是一类争议较大的修复技术，在实际应用过程中需要进行风险评估。

宽叶香蒲（*Typha latifolia*）、北美海蓬子（*Salicornia bigelovii*）等水生植物可用于 Se 污染土壤的植物挥发修复；利用转基因生物进行基因修饰后的拟南芥（*Arabidopsis thaliana*）和烟草（*Nicotiana tabacum*）可吸收土壤中二价汞和甲基汞，并转化成零价汞挥发至大气中；芥菜（*Brassica juncea*）也可吸收 Se 和 Hg，并在植物体内把其转化成气体然后释放到大气中；长芒棒头草（*Polypogon monspeliensis*）可降低毒性较强 As 形态的释放。

5.3.2 应用类型

龚振平等[78]主编的《耕作学》一书中指出，在一块地上一年内或一季内安排作物种植的形式统称为作物种植方式，主要包括单作、间作、混作、套种与复种；而在同一块地上，在一定的期限内有顺序地轮种不同类型作物则称为轮作。植物种间相互作用及其影响因素是农作物间套轮作模式建立的基础。

基于我国传统的间套轮作等农作物增产种植技术措施，把间套轮作模式作为有效的农艺强化措施与植物修复技术相结合，在减少农作物重金属吸收、提高植物重金属修复效率等方面有着重要意义，是一条可实现受污染农田“高效修复与安全生产”的新途径，维持耕地生产属性的同时，也可使当地农民重新受益，有利于该技术模式的推广[79]。目前，我国农田土壤中 Cd 是主要的重金属污染物，且农作物可食部分的

Cd 超标率也较高，利用超 / 高积累植物吸取修复也是我国受污染土壤 Cd 减量修复的主要技术措施与研究热点之一。但仅采用植物修复技术治理污染土壤需时较长，且要中断农业生产。因此，本小节以超 / 高积累植物吸取修复技术为主线，对其与农作物间套轮作的技术模式在受污染农田安全利用方面的应用类型进行划分。

5.3.2.1　超/高积累植物单作或连作

单作是指在同一块受污染土壤上一年或一季只种一种超 / 高积累植物的种植方式，超 / 高积累植物生育期全田比较一致，便于机械播种、管理与收获，也便于使用同一种农药；超 / 高积累植物生长过程中只有单株之间的竞争，而无种间的竞争与互补。在同一田块上连年种植相同品种的超 / 高积累植物种植方式，则为连作。目前，国内开展较多的超积累植物修复研究类型主要包括 Cd/Zn 超积累伴矿景天和东南景天、As 超积累植物蜈蚣草等植物的单作或连作，高积累植物包括油菜、烟草、水稻等。

低污染农田土壤田间试验结果表明，Cd/Zn 超积累植物伴矿景天连续修复两季后，土壤全 Cd 从 0.58 ～ 0.64mg/kg 降至 0.29 ～ 0.35mg/kg，降低率为 39.7% ～ 54.7%，修复后土壤上种植的低积累水稻品种糙米 Cd 含量达标（＜ 0.2mg/kg，GB 2762—2022）。而在 Cd 高污染农田土壤中，伴矿景天连续吸取修复两季后，土壤全 Cd 从 1.50 ～ 5.45mg/kg 降至 0.65 ～ 3.60mg/kg，降低率为 39.6% ±13.8%，超过 70% 的 Cd 污染耕地土壤可从严格管控类降至安全利用类。在地质高背景区，伴矿景天连续吸取修复三季后，土壤全 Cd 下降 24.8% ～ 58.8%，后期结合全生育期的淹水管理措施，可实现稻米安全生产[80]。Cd/Zn 超积累植物东南景天田间单作一季后，中轻度污染土壤总 Cd 从 0.41 ～ 0.76mg/kg 降至 0.35 ～ 0.61mg/kg，降低率为 14.6% ～ 19.7%[81]；连续种植两季后，土壤全 Cd 从 0.372mg/kg 降至 0.285mg/kg，降低率为 23.4%，低于土壤 Cd 风险筛选值（＜ 0.3mg/kg）标准。As 超积累植物蜈蚣草种植 7 个月后，土壤全 As 从 58.0 ～ 67.7mg/kg 降至 56.6 ～ 64.4mg/kg[82]。盆栽试验表明，种植一季的不同烟草品种对土壤 Cd 的去除率为 2.21% ～ 3.48%，表现出较高的修复潜力[83]。经济植物甜高粱种植并辅助柠檬酸施用显著降低中性紫泥田和黄麻砂泥田土壤总 Cd 的 23.8% ～ 52.2% 和 17.1% ～ 31.8%，表现出较好的植物修复潜力[84]。

水稻的生物量高、栽培技术简便，是用于修复稻田 Cd 污染切实有效的植物修复材料。日本学者 Takahashi 等[85, 86]应用高 Cd 籼稻品种（如 Cho-ko-koku、Milyang 23、Akita 119 等）秸秆移除土壤 Cd 存量，结果表明单季对耕层 0 ～ 20cm 土壤 Cd 的移除效率高达 10% ～ 20%。汪鹏等[87]利用已报道和前期自主筛选到的 *OsHMA3* 基因功能丧失高镉积累水稻品种，结合优化的水分管理，即在水稻灌浆期稻田不积水，水稻旱作或稻田干湿交替的水分条件，在湖南省湘潭县、江苏省常熟市分别开展了田间试验。结果表明，应用高镉积累水稻品种（W4），单季对土壤镉的提取率稳定在 11% ～ 13%。从水稻易种植的角度，若年种植 2 季，能较快地实现受污染耕地类别之间的转换，并具有操作简便、成本较低、大面积推广和环境友好性等特点。目前已申请专利《一种应用高镉积累水稻移除土壤镉的修复方法》，专利授权公告号为CN116197226B。

5.3.2.2 超/高积累植物与农作物间作

间作是指在同一块地上成行或带状（若干行）间隔种植两种或两种以上（通常为两种）生育季节相近（亦有不相近者）的农作物和超/高积累植物。与单作不同，间作是由农作物和超/高积累植物在田间构成人工复合群体，个体之间既有种内关系又有种间关系。无论间作的农作物和超/高积累植物有几种，皆不增加复种面积，间作的植物播种期、收获期相同或不相同，但其共处期长，至少有一种植物的共处期超过其全生育期的一半，是集约利用空间的种植方式。农作物与超/高积累植物间作是受污染农田“高效修复与安全利用”的重要技术模式。目前，国内开展类型较多的是伴矿景天、东南景天、蜈蚣草和龙葵等超积累植物与常规或低积累农作物品种的间作研究，其中农作物品种以玉米、小麦、高粱、蔬菜等为主。

连续6季的盆栽试验结果表明，与单作比较，间作模式下芹菜产量无显著变化但伴矿景天产量显著增加，修复后土壤总Cd降低68.4%，新鲜芹菜中Cd浓度为0.015mg/kg，低于0.2mg/kg的国家标准[88]。连续8年的田间试验研究则表明，间作种植的伴矿景天或玉米/高粱产量无显著性变化，玉米和高粱籽粒中Cd浓度低于0.1mg/kg的限量标准（GB 2762—2022），修复后土壤总Cd从3.50mg/kg降至0.55mg/kg，降低率为84.3%[89]。虽然间作模式下伴矿景天仍可高效吸取修复土壤Cd，但间作种植的小麦籽粒Cd浓度却存在显著增加[90]和下降[91]两种不同的趋势。连续5季的东南景天与低积累玉米品种间作模式下，田间试验发现土壤全Cd从1.27mg/kg降至0.30mg/kg，降低率为76.4%且达到土壤风险筛选值要求（GB 15618—2018），修复4季后间作种植的玉米籽粒Cd浓度已达标，且东南景天产量与单作无显著差异[92]。蒋成爱等[93]的盆栽试验也发现，东南景天间作可显著降低玉米对Cd的吸收。东南景天与油菜间作，两者产量均较单作有不同程度的提升，连续修复两季后土壤总Cd从0.372mg/kg降至0.316mg/kg[32]。伴矿景天与油菜间作，伴矿景天和油菜地上部Cd提取量较单作分别提高7%和16%[94]。与单作比较，间作模式下低积累玉米品种的生物量无显著变化而蜈蚣草生物量显著提高，玉米As含量显著下降而蜈蚣草As含量显著升高，即玉米间作促进了蜈蚣草生长和As的吸收累积[95]。超/高积累植物苋菜、黑麦草和龙葵分别与玉米间作，玉米籽粒Cd含量下降了67.6%～79.9%[96]。刘静等[88]通过整合分析方法研究了Cd超/高积累植物间作对污染农田玉米Cd含量的影响，结果表明田间间作种植龙葵、籽粒苋、青花、蜈蚣草、油麦菜等超/高积累植物能显著降低玉米籽粒Cd含量。

5.3.2.3 超/高积累植物与农作物套作

套作是指在前茬农作物或超/高积累植物生育后期或收获期之间，于其行间播种或栽植另一种超/高积累植物或农作物的种植方式。两种植物既有构成复合群体共同生长的时期，又有两种作物分别单独生长的时期，是提高土地和光能利用率的一种措施，是一种集约利用时间的种植方式。套作和间作都有植物共处期，但套作植物的共处期较短，每种作物的共处期都不超过其全生育期的 1/2，而间作至少有一种植物超出全生育期的 1/2。对比单作，套作不仅能阶段性地充分利用空间，更重要的是能延长后茬植物对生长季节的利用，提高复种指数。目前，国内关于超 / 高积累植物与农作物套作的研究类型较少，主要是东南景天与低积累玉米品种的套作。由于蔬菜的生长周期较短且复种指数高，超 / 高积累植物与蔬菜的套作将成为受污染土壤上一种重要的修复技术模式。

严格按照套作的定义，目前已有的关于超积累植物与农作物的套作研究多属于间作研究，如周建利等[92]的东南景天与玉米套作，以及邱丹等[95]的蜈蚣草与玉米套作。在广东省韶关市开展的东南景天和低积累玉米品种套作试验中，土壤总 Cd 从修复前的 2.12mg/kg 降至 1.90mg/kg，后茬种植的低积累玉米品种籽粒 Cd 浓度为 0.053mg/kg，可以实现安全生产[97]。

5.3.2.4 超/高积累植物与农作物轮作

轮作是指在同一块地上，在一定的期限内有顺序地轮种不同超 / 高积累植物与农作物。既包括一年一熟条件下在年间进行的单一轮作，也包括一年多熟条件下由不同复种方式组成的年间轮作或年内的换茬（可称复种轮作）。生产上把轮作中的前茬和后茬植物的轮换通称为“换茬”，我国的作物轮作多数是一种换茬式轮作。连作与轮作相反，是在同一田块上连年种植相同植物的种植方式。轮作能够增产的耕作学理论基础，是有效地利用了不同植物在耕层土壤肥力因素和耕层结构方面的差异，以及在感染或抵抗草害和病虫害能力方面的差异。目前，国内超 / 高积累植物与农作物轮作的类型主要有伴矿景天 - 茄子、伴矿景天 - 苋菜、伴矿景天 - 水稻、东南景天 - 油葵等。

田间试验结果表明，伴矿景天收获后土壤总 Cd 下降 35.6%，且对后茬茄子产量无显著影响，茄子果实中 Cd 浓度较单作处理下降 35.7%[98]。伴矿景天 - 苋菜轮作，两者的生物量和地上部 Cd 浓度则均未受到显著影响[99]。但在盆栽试验中发现，伴矿景天收获后轮作水稻，水稻籽粒 Cd 浓度出现上升的现象[100]。在湖南省湘潭市开展的植物轮作模式对 Cd 污染土壤修复潜力的研究中，曹雪莹等[101]发现伴矿景天与高积累水稻 / 油菜轮作对中轻度 Cd 污染农田修复潜力较大，虽然后茬种植的高积累水稻糙米 Cd 浓度仍超标，但已与当地主栽水稻品种的糙米 Cd 浓度无显著性差异。与东南景天连续修复两季比较，东南景天和油葵轮作下土壤总 Cd 浓度无显著性差异，说明东南景天和油葵轮作未降低土壤植物 Cd 吸取修复效率，但轮作种植的油葵籽粒 Cd 浓度仍较高[81]。油菜 - 芝麻 - 东南景天轮作模式下，土壤总 Cd 由 0.83mg/kg 降至 0.76mg/kg[102]。

5.3.2.5 超/高积累植物间作与轮作

该模式是在超 / 高积累植物连作以及超 / 高积累植物与农作物间套轮作的基础上，

建立起不同类型的超/高积累植物间作或轮作新模式。目前，伴矿景天-高积累水稻、伴矿景天-高积累油葵、高积累油菜-高积累水稻、东南景天-红麻、东南景天-瓜蒌、烟草-莙荙菜（红叶甜菜）等轮作类型是国内研究较多的模式。

在湖南省湘潭市的中轻度Cd污染农田上，曹雪莹等[101]发现不同轮作模式下的土壤Cd移除量差异较大，表现为伴矿景天-Cd高积累晚稻品种轮作＞伴矿景天-Cd高积累油葵品种轮作＞当地主栽早稻品种-Cd高积累晚稻品种轮作＞当地主栽早稻品种-当地主栽晚稻品种轮作＞Cd高积累油菜品种-Cd高积累晚稻品种轮作。在Cd和As复合污染土壤上，东南景天与高生物量的水稻、高粱、玉米、红麻和瓜蒌轮作3个周期后，田间试验结果表明土壤总Cd分别下降25.1%、20.3%、34.5%、6.3%和74.3%，土壤总As分别下降42.9%、19.8%、39.7%、39.7%和45.7%。高积累作物烟草-红叶甜菜轮作模式下，中度（0.85mg/kg）和高度（2.44mg/kg）污染土壤中总Cd分别下降了57.6%和24.6%[103]。

5.3.2.6 高生物量农作物连作和轮作

高生物量农作物一般是指一些生物量高的非超积累植物，具有生长速度快、生物量大和经济效益高等特点，主要包括一些农作物以及具有经济效益的能源植物、经济作物和木本植物，如水稻、油菜、甜高粱、麻风树、柳枝稷、芒草、麻类作物、杨树、构树等。针对农作物，通常根据其生产用途的不同，优先选择农作物可食部分重金属浓度能达标生产且秸秆重金属积累能力较强的农作物品种，或者地上部重金属浓度可达饲料用标准的农作物品种，或者重金属积累能力较强的非食用能源作物和芳香作物开展高生物量农作物连作或轮作[76]。水稻-油菜、早稻-晚稻、油葵-油菜、水稻-小麦等高生物量作物连作、轮作是目前研究较多的模式类型。

虽然高生物量的植物对土壤重金属的吸收能力低于超/高积累植物，但其生物量较大，仍可从土壤中吸收一定数量的重金属。盆栽试验发现水稻品种泸优616和扬稻6号的地上部生物量大，较高的地上部Cd浓度和吸取量使其在轻微污染和轻度污染土壤也具有较好的减污潜力，有效降低土壤有效态Cd浓度[104]。但通过对文献数据的模拟计算，赵方杰等[105]认为单季水稻秸秆和籽粒可移除的Cd占耕层土壤Cd总量的平均值约为0.30%，对降低耕层土壤Cd含量效果非常有限。田间试验中，Yang等[60]发现油葵-油菜、花生-油菜、水稻-油菜和早稻-晚稻轮作模式下，土壤Cd去除率分别为1.23%、0.78%、0.29%和0.13%。油葵-花生和红叶甜菜-花生轮作种植一季，土壤总Cd由0.316mg/kg分别降至0.283mg/kg和0.286mg/kg[106]，亚麻-水稻水旱轮作模式下后茬的水稻糙米Cd浓度显著下降且土壤Cd修复效率可达6.63%[107]。大豆-油菜和黑豆-油菜轮作模式中，土壤总Cd从0.993mg/kg分别降至0.964mg/kg和0.973mg/kg，对中轻度污染土壤中Cd的修复效率约为3%[108]。中度Cd污染土壤中，油菜-花生-亚麻轮作模式下土壤Cd的理论修复效率为3.83%，且经济效益高达29000元/hm^2[102]。白芝麻-亚麻、油葵-油菜和甜高粱-油菜轮作模式下，土壤Cd的修复效率分别为3.87%、3.61%和3.40%，且轮作结束后土壤总Cd含量接近土壤环境质量标准（GB 15618—2018）[109]。土培试验表明，不同品种的杨树和柳树根、茎和叶中 Cd 的总吸收量达 93.91 ～ 254.43μg/ 株，其中 61-1 和南林 95 是有潜力的修复材料 [110]。连续三年的田间试验结果也表明，高粱、向日葵、芒属、柳属等高生物量植物也是一类修复污染土壤的重要材料。

5.3.3　作用原理

植物修复技术与间套轮作种植相结合的模式，在受污染农田土壤安全利用方面会产生两种不同的作用效果。一种是间套轮作种植模式强化超 / 高积累植物对土壤重金属吸取修复效率的同时，抑制农产品可食部分对重金属的吸收，实现“高效修复与安全生产”目标，即拮抗作用模式。另外一种是间套轮作种植模式强化超 / 高积累植物对土壤重金属吸取修复效率的同时，也促进了农产品可食部分的重金属吸收，即协同作用模式。协同作用模式是一种不建议推广使用的污染土壤治理修复方式。

5.3.3.1　超/高积累植物单作或连作

在受污染农田土壤上连续单作（或称连作）某种超 / 高积累植物，通过植物连续吸取修复可以高效降低土壤重金属含量。待土壤重金属含量降至农用地土壤污染风险筛选值（GB 15618—2018）以下后，再种植农作物可实现农产品可食部分重金属达标生产（GB 2762—2022）。一般需要根据土壤中目标重金属污染物，选择合适的超 / 高积累植物进行种植。但受到植物连续吸取修复耗时较长等因素的影响，在修复周期内通常无法保障污染区域正常的农业生产需求，会导致耕地资源被浪费、技术的接受程度普遍较低，并不符合我国人均耕地少的基本国情。此外，常见的修复植物根系一般分布在土壤表层，对于深层土壤污染的修复能力较差，不适宜深层土壤的修复。

应用高镉积累水稻品种移除土壤镉存量的植物提取修复技术，是利用一些水稻品种的高镉吸收积累能力、高生物量等特性，结合优化的田间水分管理，通过水稻秸秆和籽粒移除，减少土壤镉存量的技术。需要注意的是本修复技术会生产出镉超标的大米，但稻米镉达标并不是该技术的修复目标。

5.3.3.2　超/高积累植物与农作物间作

在受污染农田土壤上，选择间作种植的超 / 高积累植物和农作物需要在根系或地上部存在互补作用，能改变超 / 高积累植物与农作物对土壤重金属、养分、水、光、气、空间等资源的利用效率，提高产量，实现“高效修复与安全生产”的目标。一般需要根据超 / 高积累植物和农作物的高矮、喜阳或喜阴、早熟或晚熟、旱作或水田、根系深浅、重金属吸收能力、适宜生长季节等特性进行合理的选择搭配间作。受污染农田上若常规农作物可食部分重金属超标（GB 2762—2022），则建议种植对重金属低积累且耐性较高的农作物品种，以保证安全生产；若选择玉米等高位农作物，应选择耐阴的矮位超/高积累植物进行搭配间作，实现空间、光照、CO_2等资源的共享与互补；若间作种植的两种植物高度差过大，应合理选择种植行的方向，南北行向种植中午前后总能接受全日照；选择间作种植的农作物和超/高积累植物的最佳生长季节应保证较长的共处期，且矮位喜阴植物的生育期需比间作的高位喜光植物生育期短，实现时间上的互补；若选择旱作农作物，应同样选择旱作的超/高积累植物进行间作，并注意深根系与浅根系的搭配，合理利用不同土层的水分与养分，降低水肥竞争，便于田间水分管理；不同植物的需肥特征也不同，应合理施用氮、磷、钾等养分肥料，保证不同植物吸收养分的均衡；间套作的植物根系分泌物通常会改变土壤pH值和重金属有效性，进而影响超/高积累植物或农作物的重金属吸收，如部分超/高积累植物具有根际活化土壤重金属的特性，促进农作物可食部分的重金属吸收，但合理的间作密度（行距或株距）可有效降低根系重叠密度，减少农作物根系吸收被活化重金属的机会。

5.3.3.3 超/高积累植物与农作物套作

与间作相似，套作也应根据超/高积累植物和农作物的高矮、喜阳或喜阴、早熟或晚熟、旱作或水田、根系深浅、重金属吸收能力、适宜生长季节等特性进行合理的选择搭配，具体原理可参考间作部分。套作与间作也有不同之处。套作通常在一年内一熟有余、两熟或三熟生育期不足的地区开展，根据套作的农作物和超/高积累植物的生育期不同，在不同季节里巧妙搭配套作植物，在前茬植物生长的后期套种后茬植物，解决前后茬植物争季节的矛盾。另外，套作的农作物和超/高积累植物通常有主次之分，包括以农作物安全生产为主要目标的套作，以超高/积累植物吸取修复为主要目标的套作。前者是在保证农作物产量和安全生产的基础上，兼顾土壤植物吸取修复；后者则是以高效修复为主要目标，兼顾耕地的效益与安全生产。

5.3.3.4 超/高积累植物与农作物轮作

与间套作模式不同，采用轮作技术模式可以有效避免农作物与超/高积累植物的茬口早晚、水肥病虫管理差异、根系竞争、主次之分等问题。轮作模式中，农作物与超/高积累植物的茬口应有明显的周期性，两者不存在共处期或共处期很短，茬口衔接紧密；农作物与超/高积累植物在旱作或水田的选择上可以不一致，可采用水旱地轮作的方式；合理优化茬口植物，轮作较连作可有效防治土传病虫害，较间套作可解决不同茬口对养分供应量与种类需求的差异；不合理的茬口轮作，则可能起到负面效应；轮作模式中，通过农艺调控等措施可避免前茬超/高积累植物根系活化土壤重金属对后茬农作物吸收的影响。

5.3.3.5 超/高积累植物间作与轮作

目前发现的超/高积累植物大多只对土壤中某一种重金属元素具有积累性，同时积累两种以上的广谱性超/高积累植物种类较少，即具有专一性。但土壤中通常会存在两种或两种以上重金属共存的复合污染。因此，可以选择不同类型的超/高积累植物进行合理的间套作或轮作搭配，实现复合重金属污染土壤植物修复的目标。此外，受季节、环境、成本等因素的影响，某些地区的超/高积累植物修复技术的可操作性并不高。为了缩短受污染农田土壤的修复周期，可在某种超/高积累植物不适宜的生长季节，选择其他适宜的超/高积累植物进行轮作种植，强化植物修复效率。超/高积累植物间套作或轮作模式中，被选择的不同类型超/高积累植物同样也要满足超/高积累植物连作以及超/高积累植物与农作物间套轮作模式的基本要求。待受污染土壤中重金属浓度降至安全范围内，则可开展农作物的安全生产工作。

5.3.3.6　高生物量农作物连作和轮作

利用生物量较高的农作物进行连作或轮作，把重金属吸收转运至地上部，然后通过农作物秸秆从田块移除的方式，可缓慢降低土壤重金属含量。若农作物可食部分重金属含量超标，则农产品应避免进入食物链，可用于工业用途。由于采用的是常规农作物品种，因此在农作物机械化种植、收获、田间管理等方面具有成熟的成套技术，在技术成本与收益等方面也具有明显的推广优势，老百姓易接受。甜高粱、麻类、杨树等是一类对土壤重金属污染具有一定耐受性和吸收能力的经济型植物，也可用于受污染土壤的植物修复。在实际应用过程中，应综合运用化学、生物学、环境科学等多学科知识，提高高生物量植物的修复效率。

5.3.4　适用范围

5.3.4.1　土壤重金属污染程度

目前已发现的超/高积累植物大多对某一到两种重金属具有超/高积累性，具有较强的选择性，而具有广谱性重金属超/高积累特性的植物尚未发现。目前，土壤重金属污染多属于复合污染，有两种或两种以上的重金属污染物共存。使用单一的修复植物达不到多种重金属共同修复的目标，而使用多种修复植物则会导致该技术的实际可操作性降低。

不同污染程度的农田土壤上，选择的修复技术类型有所差异。对于重金属污染程度高且低积累农作物品种无法实现安全生产的土壤，可采用超/高积累植物连作技术模式，通过植物连续吸取修复不断降低土壤重金属总量；待土壤重金属降至低积累或当地主栽农作物品种可安全生产的浓度时，再开展农作物与超/高积累植物间套轮作技术模式。若土壤重金属污染程度相对较轻但当地主栽农作物可食部分重金属浓度超标，可选择重金属低积累农作物品种与超/高积累植物进行间套轮作；待土壤重金属降至当地主栽农作物品种也可安全生产的浓度时，则可调整低积累农作物品种为当地主栽农作物品种继续开展间套轮作种植，直至土壤重金属总量降至风险筛选值以下。若在轻微污染程度的土壤上，部分高生物量的农作物品种可食部分重金属不超标，可采用高生物量农作物连作或轮作的方式，通过不断移除收获后的农作物秸秆，实现土壤重金属减量修复的目标。土壤重金属污染程度越高，植物修复技术的周期则越长。

5.3.4.2 地带性特征

受气候、地形等自然因素以及农作物或超 / 高积累植物生态位的影响，植物修复技术在农田安全利用方面的适用范围具有明显的地带性特征。目前，我国农作物耕作制度区划为 3 个熟制带，分别为一熟制、两熟制和三熟制[111]。一熟制农业区主要位于我国西部高海拔地区和东北冷凉地区，以喜凉的春小麦、玉米、水稻、大豆等农作物种植为主；两熟制农业区主要位于黄淮海平原、西南丘陵山地和四川盆地，以冬小麦 - 夏玉米、冬小麦 / 油菜 - 水稻等一年两熟制农作物轮作为主；三熟制农业区主要位于长江中下游平原地区、南岭及浙闽沿海丘陵山地区和华南丘陵平原区，以稻 - 麦和稻 - 油两熟制与双季稻和三季稻为主。因此，高生物量农作物连作或轮作修复技术的地带性适应范围可参照上述的 3 个熟制带。

根据文献调查研究，Cd/Zn 超积累植物伴矿景天发现于浙江省淳安县某矿区[112]，Cd/Zn 超积累植物东南景天发现于浙江省衢州市某矿区[113]，Cd 超积累植物龙葵发现于辽宁省沈阳市某实验站[114]，Cd 超积累植物宝山堇菜发现于湖南省郴州市[115]，As 超积累植物蜈蚣草发现于湖南省石门县雄黄矿区[74]，Mn 超积累植物商陆发现于湖南省湘潭县锰矿区[116]，Cr 超积累植物李氏禾发现于广西壮族自治区北部某电镀厂区[117]。因此，植物修复技术应用前需研究超 / 高积累植物的土壤、气候等适应性，目前其种植地带性适用范围主要参考超 / 高积累植物原生地的自然地理、气候等因素。例如，气温升高会促进植物对 Cd、Zn 等重金属的吸收，土壤淹水则会降低 Cd 等重金属有效性。虽然上述已发现的超 / 高积累植物推广应用范围还较窄，但可根据受污染农田所在的区域特征，研究不同农艺调控技术来优化并拓展其种植的地带性适用范围。已发现的超 / 高积累植物多属于旱作植物，在双季稻种植区一般仅采用超 / 高积累植物 - 水稻轮作技术模式。

5.3.4.3 土壤性质

土壤重金属生物有效性受到土壤 pH 值、有机质、黏粒等因素的影响。酸性条件下，吸附在土壤固体颗粒上的重金属易解吸至土壤溶液中，提高重金属的生物有效性，促进超 / 高积累植物的吸收。相反，碱性土壤环境中的重金属有效性较低，不易被植物根系吸收。土壤有机质中含有丰富的羧基、羟基等活性基团可以吸附络合重金属，降低重金属有效性，而可溶性有机质（DOM）则可提高重金属有效性。土壤黏粒含量增加也可促进重金属的吸附固定，降低重金属有效性。因此，在碱性、高有机质含量、黏质土壤中，植物吸取修复效率会下降。针对上述土壤环境，可辅助采取生物、化学等措施来强化植物吸取修复效率。

5.3.5　操作要点

5.3.5.1　明确农田土壤重金属污染特征与生产用途

针对某特定区域的受污染农田，通过土壤和农产品协同采样调查，明确土壤重金属污染类型、程度、分布等特征，评价农产品重金属超标风险，划分耕地土壤环境质量类别。同时通过走访调查详细了解区域的主要农作物种植方式，以及土地用途规划。若属于严格管控类农田，则不建议种植可食性农作物，以超 / 高积累植物单作 / 连作或与非可食性的经济植物间套轮作修复技术模式为主。若属于安全利用类农田，可开展超 / 高积累植物与可食性农作物的间套轮作修复技术模式。若在政策允许范围内，且受污染农田在短期内无粮食生产指标压力，安全利用类农田也可采用超 / 高积累植物连续吸取修复直至土壤重金属浓度达标。

5.3.5.2　依据土壤重金属污染类型选择适宜的超/高积累植物种类

目前文献报道的超 / 高积累植物通常对土壤中重金属的吸收与积累通常具有选择性或专一性，但土壤中重金属污染种类较多且差异较大，甚至还存在复合污染的情况。因此，需要根据土壤中目标重金属的污染类型和程度，选择适宜的超 / 高积累植物种类以及间套轮作等修复技术模式，从而达到一定的治理效果。与常规农作物具有成熟的种植收获管理技术不同，超 / 高积累植物在种苗繁育、栽培、管理、收获等方面均具有自己的技术特点，应结合待修复地区的土壤、自然环境条件进行优化，在合适的季节和茬口种植以实现高效的修复。高 Cd 积累水稻品种推荐有 H483、W4 或其他水稻 *OsHMA*3 基因功能完全丧失的高镉积累水稻品种。

5.3.5.3　依据土壤重金属污染程度选择适宜的农作物品种

受污染农田安全生产的目标，是实现农产品可食部分重金属浓度符合《食品安全国家标准　食品中污染物限量》（GB 2762—2022）标准的要求。因此，需要在土壤污染调查的基础上选择适宜区域种植的农作物品种。若前期调查结果显示当地主栽农作物品种可食部分重金属浓度超标严重，建议通过品种筛选获得适宜当地安全生产的耐重金属能力强且重金属低积累的农作物品种，然后再与超 / 高积累植物开展间套轮作等种植技术模式的推广应用。若当地主栽农作物品种可食部分重金属浓度超标较轻，也可采用当地主栽农作物与超 / 高积累植物间套轮作等种植技术模式，但需要在农作物正常生长季通过水分管理、叶面阻控等技术措施来提高农产品重金属的达标率。在推广种植高秆农作物时，宜选用抗倒伏的农作物品种，以保证农作物产量。

5.3.5.4 间套轮作植物种类的合理搭配

常规的耕作学中，一般要从具体的自然条件和生产条件出发，根据不同作物的生物学特性进行超 / 高积累植物和农作物种类的选择与搭配，注意通风透光和对养分、水分的不同需求。在间套作中，不同种类的超 / 高积累植物与农作物在高秆和矮秆、深根和浅根、松散株型和收敛株型、生育期长短和早晚、耐阴和喜光等方面合理搭配，可实现“高效修复与安全生产”的目标。合理的间套轮作在提高土地利用率、生态效益和经济效益的同时，也可实现植物修复效率的提高。间套轮作技术模式中，应避免选择可对植物修复与安全生产带来负面效应的植物种类组合。

① 超 / 高积累植物的根系活化作用会提高当季及后茬农作物重金属吸收，增加农产品超标风险；

② 两种植物间套作会相互争夺阳光；

③ 适合在湿润处生长的植物不要与适合在干旱处生长的植物间种套作在一起；

④ 不同植物对肥料的需求是不完全相同的，不要把对同一种肥料需求较高的两种作物间作或套作在一起；

⑤ 病虫害会在不同生长期寄生在不同的植物上，间套轮作不应增加病虫害；

⑥ 植物根系生长会产生化感物质，可能会抑制间套作植物根系生长；

⑦ 间套轮作最好不要影响正常的机械化操作；

⑧ 间套轮作会大幅提高工时工费等。

5.3.5.5 合理的种植方式与密度

在超 / 高积累植物和农作物种类和品种确定后，合理的种植方式可优化种间资源利用效率，解决间套轮作植物种间对水、肥、光、热等存在的竞争矛盾。若以农作物安全生产为主，植物修复为辅，一般农作物的种植方式不变但需适当调整农作物种植密度。例如，适当扩大农作物的行距并缩小株距，使行间套种的超 / 高积累植物有较大的生长空间；高秆农作物为主时可适当增大农作物种植密度，并在行间种植耐阴的矮秆超 / 高积累植物，非耐阴的矮秆超 / 高积累植物则应适当降低种植密度；矮秆农作物为主时，其与超 / 高积累植物的行距不宜过近；间套作的超 / 高积累植物的种植密度以不影响农作物的产量为基本原则。若以植物修复为主而农作物安全生产为辅时，在保证农作物可食部分重金属达标且少减产的条件下，可适当增大超 / 高积累植物种植密度，并通过适宜的农艺调控、化学调控、生物调控等措施来强化植物修复效率。

5.3.5.6 采取相适应的栽培管理措施

即使在合理的搭配条件下，间套轮作的农作物与超 / 高积累植物间仍存在水、肥、光、热的竞争现象。因此，为了保证间套轮作的农作物和超 / 高积累植物产量，还应同步开展精耕细作、增肥补肥追肥、优化灌排条件、土壤消毒改良等提升农田土壤质量的配套栽培措施。套作一般要求尽量缩短共生期，但对于生长季节不充裕的地区，建议选用中早熟品种。套种时期是套作成败的关键，前茬植物长势好宜晚，长势差宜早；后茬无中早熟品种宜早，反之则晚；耐阴植物宜早、易倒伏宜晚。确定轮作中植物轮换顺序同样重要，农作物或超 / 高积累植物应配置在其最好的茬口上。间套作构成的复合群体有共生期，应慎重选择化学除草剂，避免某些专用除草剂损伤其中的某一种间套作植物。如何实现机械化生产也是间套轮作技术模式需要考虑的问题。

为最大限度地提高耐 Cd 水稻品种秸秆和籽粒对 Cd 的吸收和积累，推荐在水稻营养生长阶段，稻田保持淹水，从水稻籽粒抽穗期开始，稻田采用干湿交替的灌溉方式（“干”是指排水至地面不积水）。从土壤镉移除修复的角度，水稻可在灌浆期中后期收获。在适宜产地环境，可采用一年种植两季水稻的修复模式。

5.3.5.7　治理效果评价

参考《耕地污染治理效果评价准则》（NY/T 3343—2018），需要对污染治理前后均种植食用类植物的耕地开展评价，总体流程包括制订评价方案、采样与实验室检测分析、治理效果评价 3 个阶段。

① 在审阅分析耕地污染治理相关资料的基础上，结合现场踏勘结果，明确采样布点方案，研究耕地污染治理效果评价内容，制订评价方案。

② 在评价方案的指导下，结合耕地污染治理措施实施的具体情况，开展现场采样和实验室分析工作。

③ 在对样品实验室检测结果进行审核与分析的基础上，根据评价标准，评价治理效果，并得出评价结论。

无论采用何种植物修复技术模式，修复前后均应开展土壤、农产品和修复植物的协同监测，点位布设按照 NY/T 398—2000 的规定执行，监测指标包括产量、植物样品重金属浓度、土壤全量重金属等参数的变化。根据耕地污染治理效果评价点位的农产品可食部位中目标污染物单因子污染指数算术平均值、农产品样本超标率、受污染土壤重金属修复效率等来判定治理区域的治理效果。土壤样品应在修复前以及每季植物收获后进行采样，农产品或超 / 高积累植物样品则在成熟期采集。

5.3.5.8　收获与安全处置

植物修复因其简便易操作且可原位修复的特点而备受青睐，但修复后产生含大量重金属的植物会带来新的环境风险。超 / 高积累植物地上部的重金属积累量较高，其收获后应从田间全部移除。这些被移除的修复植物可通过多种方式进行处置，如堆肥法、压缩填埋、焚烧法、气化法、热解法等传统处置方法，以及植物冶金、热液改质等资源化处理技术[118]。

以超积累植物伴矿景天为例，收获后的鲜样通过破碎、压榨等技术环节得到的残渣可快速晒干[119]，浆液利用化学沉淀技术可使废液中 Cd 浓度降低至《污水综合排放标准》（GB 8978—1996）的 0.1mg/L 限值[120]，电化学深度处理技术则可以去除浆液中大量的有机物及部分残留重金属；伴矿景天残渣可继续通过焚烧、热解等方式进行减量，同时通过添加剂和吸附剂控制焚烧过程中重金属、有机污染物的排放，提高焚烧灰中重金属的回收率；针对存在于焚烧灰中的高浓度重金属，探明了不同类型提取剂、液固比、浸出时间对焚烧灰中重金属浸出规律的影响，优化了酸浸提回收焚烧灰中有价值重金属的方法，同时使得浸出残灰达到填埋场入场要求[121]。针对高 Cd 水稻品种，秸秆和籽粒移除要结合离田再利用产业，如秸秆能源化、原料化等综合利用技术，实现秸秆移除的无害化处理。

参考文献

[1] 丁馨茹，徐曼，严宁珍，等. 4 种改良剂对紫色土 Cd 生物有效性及土壤酶活性的影响 [J]. 环境科学，2024(6): 3523-3532.

[2] 李祥，张昊，陈楠，等. 不同土壤改良剂对镉污染稻田安全生产的影响 [J]. 安徽农业科学，2020, 48(5): 71-74.

[3] 陈振华，朱阳春. 浙西南镉高背景值耕地的水稻安全利用技术研究 [J]. 丽水学院学报，2023, 45(2): 71-76.

[4] Chen H, Zhang W, Yang X, et al. Effective methods to reduce cadmium accumulation in rice grain[J]. Chemosphere, 2018, 207: 699-707.

[5] Huang H, Chen H P, Kopittke P M, et al. The voltaic effect as a novel mechanism controlling the remobilization of cadmium in paddy soils during drainage[J]. Environmental Science & Technology, 2021, 55(3): 1750-1758.

[6] Huang H, Tang Z X, Qi H Y, et al. Soil amendments with $ZnSO_4$ or $MnSO_4$ are effective at reducing Cd accumulation in rice grain: An application of the voltaic cell principle[J]. Environmental Pollution, 2022, 294: 118650.

[7] 李剑睿，徐应明. 长期淹水、传统灌溉、湿润灌溉条件下海泡石修复镉污染水稻土效应 [J]. 江苏农业科学，2021, 49(17): 226-231.

[8] 贺浪，李虹颖，熊启中，等. 硫肥与磷肥联用对稻田土壤 Cd 有效性的影响 [J]. 华中农业大学学报，2023, 42(4): 185-191.

[9] 陈建清，郭栋，陈德，等. 生物炭、有机肥和钙镁磷肥对三七 (*Panax notoginseng*)Cd 含量的影响 [J]. 农业环境科学学报，2016, 35(10): 1909-1916.

[10] 王天齐，李艳玲，杨阳，等. 耕层重构对小麦籽粒镉累积的影响和应用风险 [J]. 环境工程，2023, 41(4): 116-122,169.

[11] 张奇，刘海涛，田静，等. 耕作方式对成都平原稻麦轮作系统吸收累积镉的影响 [J]. 中国农学通报，2022, 38(19): 109-113.

[12] 汤文光，肖小平，张海林，等. 轮耕对双季稻田耕层土壤养分库容及Cd含量的影响[J]. 作物学报，2018, 44(1): 105-114.

[13] Tang Z, You T T, Li Y F, et al. Rapid identification of high and low cadmium (Cd) accumulating rice cultivars using machine learning models with molecular markers and soil Cd levels as input data[J]. Environmental Pollution, 2023, 326: 121501.

[14] Yang N, Guo X, Yu J, et al. Solar driven enhanced adsorption of radioactive Cs^+ and Sr^{2+} from nuclear wastewater by chitosan-based aerogel embedded with Prussian blue analog[J]. Journal of Hazardous Materials, 2025, 485: 136955.

[15] Ali Ahmed A, Hattab Z, Berredjem Y, et al. Valorization of Silybum marianum seed shells waste as biosorbent for basic fuchsin dye removal from water: Kinetics, isotherms, and thermodynamic studies[J]. Desalination and Water Treatment, 2024, 317: 100278.

[16] 孔彦姣，张美一，王东升，等. 污灌水重金属污染阻控材料与技术研究[J]. 环境保护科学，2021, 47(1): 49-57.

[17] Biswal B K, Balasubramanian R. Use of biochar as a low-cost adsorbent for removal of heavy metals from water and wastewater: A review[J]. Journal of Environmental Chemical Engineering, 2023, 11(5): 110986.

[18] Xia Y, Deng M H, Zhang T, et al. An efficient fungi-biochar-based system for advancing sustainable management of combined pollution[J]. Environmental Pollution, 2025, 367: 125649.

[19] Hamadi N B, Guesmi A, El-Fattah W A, et al. Sustainable removal of Cd(Ⅱ) using β-Cyclodextrin/Polyethylenimine hydrogel beads embedded with silver-MOFs: Synthesis, characterization, mechanism, and process optimization[J]. International Journal of Biological Macromolecules, 2025, 319: 145663.

[20] Lagiewka J, Pajdak A, Zawierucha I. Adsorption performance and mechanism of a novel composite based on β-cyclodextrin polymer and chitosan: Selective and rapid removal of acid orange 7[J]. Carbohydrate Polymers, 2025, 353: 123297.

[21] Maroofy N H, Hafezi M J, Veisi H. Rheological and thermal investigation of blends of ionically cross-linked and un-modified polypropylene and preparation of carbon black-based electromagnetic wave shielding composites[J]. Polymer, 2025, 326: 128342.

[22] Qu J H, Dong M, Wei S Q, et al. Microwave-assisted one pot synthesis of β-cyclodextrin modified biochar for concurrent removal of Pb(Ⅱ) and bisphenol a in water[J]. Carbohydrate Polymers, 2020, 250: 117003.

[23] 李昂，侯红，苏本营，等. 基于CNKI文献分析的镉污染土壤钝化技术概况及效果评估研究[J]. 农业环境科学学报，2019, 38(8): 1677-1684.

[24] Yi X, Xue F L, Ying M X, et al. Remediation of heavy metal-polluted agricultural soils using clay minerals: A review[J]. Pedosphere, 2017, 27(2): 193-204.

[25] 胡红青，黄益宗，黄巧云，等. 农田土壤重金属污染化学钝化修复研究进展[J]. 植物营养与肥料学报，2017, 23(6): 1676-1685.

[26] 胡含秀，周晓天，张慧敏，等. 重金属污染耕地安全利用钝化材料作用机制及效果研究进展

[J]．江苏农业科学，2023, 51(8): 26-33.

[27] Hamid Y, Tang L, Sohail M I, et al. An explanation of soil amendments to reduce cadmium phytoavailability and transfer to food chain[J]. Science of the Total Environment, 2019, 660: 80-96.

[28] Komárek M, Vaněk A, Ettler V. Chemical stabilization of metals and arsenic in contaminated soils using oxides--a review[J]. Environmental Pollution, 2013, 172: 9-22.

[29] 冯敬云，聂新星，刘波，等．镉污染农田原位钝化修复效果及其机理研究进展 [J]．农业资源与环境学报，2021, 38(5): 764-777.

[30] 林志灵，曾希柏，张杨珠，等．人工合成铁、铝矿物和镁铝双金属氧化物对土壤砷的钝化效应 [J]．环境科学学报，2013, 33(7): 1953-1959.

[31] 隋凤凤，王静波，吴昊，等．生物炭钝化农田土壤镉的若干研究进展 %J 农业环境科学学报 [J]. 2018, 37(7): 1468-1474.

[32] Zhang Q R, Zou D, Zeng X, et al. Effect of the direct use of biomass in agricultural soil on heavy metals—Activation or immobilization?[J]. Environmental Pollution, 2020, 272: 115989.

[33] 吴霄霄，曹榕彬，米长虹，等．重金属污染农田原位钝化修复材料研究进展 [J]．农业资源与环境学报，2019, 36(3): 253-263.

[34] 武成辉，李亮，雷畅，等．硅酸盐钝化剂在土壤重金属污染修复中的研究与应用 [J]．土壤，2017, 49(3): 446-452.

[35] 宋波，曾炜铨，陆素芬，等．含磷材料在铅污染土壤修复中的应用 [J]．环境工程学报，2015, 9(12): 5649-5658.

[36] 周世伟，徐明岗．磷酸盐修复重金属污染土壤的研究进展 [J]．生态学报，2007, 27(7): 3043-3050.

[37] 黄绍文，唐继伟，李春花．我国商品有机肥和有机废弃物中重金属、养分和盐分状况 [J]．植物营养与肥料学报，2017, 23(1): 162-173.

[38] 茹淑华，徐万强，侯利敏，等 连续施用有机肥后重金属在土壤 - 作物系统中的积累与迁移特征 [J]．生态环境学报，2019, 28(10): 2070-2078.

[39] Wang J, Shi L, Zhai L, et al. Analysis of the long-term effectiveness of biochar immobilization remediation on heavy metal contaminated soil and the potential environmental factors weakening the remediation effect: A review[J]. Ecotoxicology and environmental safety, 2021, 207: 111261.

[40] 曹锐，王悦，陈爽，等．镉砷复合污染水稻土原位钝化修复技术研究进展 [J]．土壤学报，2023, 60(3): 657-672.

[41] 张红娟，吴兰，孟祥敏，等．基于复合钝化剂施用植物轮作模式对农田土壤 Cd 和 As 污染的修复 [J]．水土保持学报，2022, 36(5): 377-386.

[42] 刘龙宇，杨世利，赵黄诗雨，等．赤泥基纳米零价铁对多金属污染土壤修复效果 [J]．环境科学学报，2024,45(4):2473-2478

[43] 冯继红，何季，吴传美，等．复合钝化剂对原位镉污染土壤的钝化效果及其对白菜镉富集的影响 [J]．热带作物学报 ,2024, 45(5): 1084-1093.

[44] 曹鹏，陈亚刚，焦洪鹏，等．一种复合土壤调理剂的制备及其镉污染农田修复效果 [J]．环境保护科学，2023, 49(5): 83-90.

[45] 王峰，谭祥鹏，廖斌，等. 纳米零价铁修复土壤重金属污染研究进展 [J]. 应用化工，2023, 52(4): 1257-1263.

[46] 邢金峰，仓龙，葛礼强，等. 纳米羟基磷灰石钝化修复重金属污染土壤的稳定性研究 [J]. 农业环境科学学报，2016, 35(7): 1271-1277.

[47] 王帝伟，刘祎丹，易春辉，等. 改性纳米二氧化硅对 Cd 污染农田土壤的钝化修复 [J]. 环境化学，2019, 38(5): 1106-1112.

[48] 崔俊义，马友华，陈亮妹，等. 原位钝化 - 低积累品种联合修复镉污染农田研究 [J]. 环境科学与技术，2018, 41(7): 77-83.

[49] 任利娟，卢维宏，李嘉琦，等. 叶面阻控剂在重金属污染耕地土壤安全利用中的应用 [J]. 中国土壤与肥料，2022(11): 230-236.

[50] Wu C, Dun Y, Zhang Z, et al. Foliar application of selenium and zinc to alleviate wheat (*Triticum aestivum* L.) cadmium toxicity and uptake from cadmium-contaminated soil[J]. Ecotoxicology and environmental safety, 2020, 190: 110091.

[51] 任艳军，马建军，任学军，等. 镧不同施用方式对吸收差异型小白菜镉、铬吸收及生物量的影响 [J]. 中国稀土学报，2020, 38(4): 539-549.

[52] 刘传平，徐向华，廖新荣，等. 叶面喷施硅铈复合溶胶对水东芥菜重金属含量及其他品质的影响 [J]. 生态环境学报，2013, 22(6): 1053-1057.

[53] Ali S, Bharwana S A, Rizwan M, et al. Fulvic acid mediates chromium (Cr) tolerance in wheat (*Triticum aestivum* L.) through lowering of Cr uptake and improved antioxidant defense system[J]. Environmental science and pollution research international, 2015, 22(14): 10601-10609.

[54] 付天岭，秦冉，龚思同，等. 喷施叶面阻隔剂对马铃薯 Cd、Cu、Ni、Zn 富集转运的影响 [J]. 安全与环境学报，2022, 22(4): 2217-2230.

[55] 刘双月，付琳，张长波，等. 叶面喷施氯化氨基乙酸对水稻镉转运特性的影响 [J]. 农业环境科学学报，2023, 42(3): 500-510, 717.

[56] 肖冰，王秋实，高培培，等. 叶面调理剂对复合污染农田小麦籽粒 Cd、As 和 Pb 累积的阻控效应 [J]. 环境科学学报，2024, 45(3): 1812-1820.

[57] 王卫红，高双全，杜衍红，等. 镉污染菜地叶面阻隔剂对不同品种辣椒镉积累影响 [J]. 生态环境学报，2021, 30(8): 1751-1756.

[58] Feng R, Wang L, Yang J, et al. Underlying mechanisms responsible for restriction of uptake and translocation of heavy metals (metalloids) by selenium via root application in plants[J]. Journal of Hazardous Materials, 2021, 402: 123570.

[59] 邓思涵，龙九妹，陈聪颖，等. 叶面肥阻控水稻富集镉的研究进展 [J]. 中国农学通报，2020, 36(1): 1-5.

[60] Yang Y, Xiao C, Wang F, et al. Assessment of the potential for phytoremediation of cadmium polluted soils by various crop rotation patterns based on the annual input and output fluxes[J]. Journal of Hazardous Materials, 2022, 423: 127183.

[61] 章明奎，倪中应，沈倩. 农作物重金属污染的生理阻控研究进展 [J]. 环境污染与防治，2017, 39(1): 96-101.

[62] 杨海，黄新，林子增，等. 重金属污染土壤微生物修复技术研究进展 [J]. 应用化工，2019, 48(6): 1417-1422.

[63] Yin K, Wang Q, Lv M, et al. Microorganism remediation strategies towards heavy metals[J]. Chemical Engineering Journal, 2019, 360: 1553-1563.

[64] 鲍广灵，陶荣浩，杨庆波，等. 微生物修复农田土壤重金属污染技术研究进展 [J]. 中国农学通报，2022, 38(6): 69-74.

[65] 杨海龙，周丹丹，白保勋，等. 微生物修复农田土壤重金属污染技术研究进展 [J]. 北方园艺，2023, (5): 123-131.

[66] 覃佳名，姜必广，南小龙，等. 重金属污染土壤微生物修复研究进展 [J]. 环境科学与技术，2021, 44(增刊 2): 132-143.

[67] 杨志辉，吴瑞萍，王兵，等. 铬污染土壤的微生物修复工艺及中试 [J]. 环境化学，2013, 32(9): 1758-1765.

[68] 许燕波，钱春香，陆兆文. 微生物矿化修复重金属污染土壤 [J]. 环境工程学报，2013, 7(7): 2763-2768.

[69] 陈敏洁，李亚飞，李博文，等. 微生物诱导碳酸钙沉淀对土壤中 Pb 污染稳定化的效果研究 [J]. 有色金属工程，2020, 10(12): 128-134.

[70] 李梦杰，王翠玲，李荣春，等. 汞、铅、铬污染土壤的微生物修复 [J]. 环境工程学报，2013, 7(4): 1568-1572.

[71] 兰翔，曹霞，谭启玲，等. 两株耐铅镉真菌对土壤中铅镉赋存形态及小白菜吸收积累的影响 [J]. 环境科学学报，2016, 36(6): 2095-2102.

[72] 张建广，陈全，田路萍，等. 环境友好型土壤重金属修复技术及其应用 [J]. 材料导报，2023, 37(5): 195-205.

[73] 郭松明，余海波，袁龙义. 近 20 年我国重金属超积累植物种质资源筛选研究进展 [J]. 生态毒理学报，2022, 17(2): 96-108.

[74] 陈同斌，韦朝阳，黄泽春，等. 砷超富集植物蜈蚣草及其对砷的富集特征 [J]. 科学通报，2002(3): 207-210.

[75] 胡鹏杰，李柱，钟道旭，等. 我国土壤重金属污染植物吸取修复研究进展 [J]. 植物生理学报，2014, 50(5): 577-584.

[76] Vamerali T, Bandiera M, Mosca G. Field crops for phytoremediation of metal-contaminated land. A review[J]. Environmental Chemistry Letters, 2010, 8: 1-17.

[77] Muthusaravanan S, Sivarajasekar N, Vivek J S, et al. Phytoremediation of heavy metals: mechanisms, methods and enhancements[J]. Environmental Chemistry Letters, 2018, 16(4): 1339-1359.

[78] 龚振平，马春梅，闫超，等. 耕作学 [M]. 2 版. 北京：中国水利水电出版社 .

[79] 杨佳节，游少鸿，吴佳玲，等. 间套轮作超积累植物技术模式修复 Cd 污染土壤的研究进展 [J]. 农业环境科学学报，2020, 39(10): 2122-2133.

[80] 吴拓铮，詹娟，周嘉文，等. 滇东地质高背景区土壤镉的伴矿景天修复及其对后茬水稻的影响 [J]. 土壤学报，2024, 61(5):1349-1359.

[81] 童文彬，曹雪蕊，江建锋，等. 超积累东南景天与油料作物轮间作修复农田镉铅污染的技术模式研究 [J]. 浙江大学学报 (农业与生命科学版), 2021, 47(2): 212-222.

[82] 廖晓勇，陈谢华，肖细元. 磷肥对砷污染土壤的植物修复效率的影响：田间实例研究 [J]. 环境科学学报，2004(3): 455-462.

[83] 余浩，王幽静，宋睿，等. 不同品种烟草对 Cd 的富集及根际有机酸的分泌特征 [J]. 农业环境科学学报，2018, 37(9): 1827-1332.

[84] 刘梦宇，罗绪锋，辜娇峰，等. 柠檬酸辅助甜高粱对南方典型母质土壤的镉修复效应 [J]. 环境科学学报，2024,45(5):3016-3026.

[85] Takahashi R, Ishimaru Y, Shimo H, et al. From laboratory to field: OsNRAMP5-knockdown rice is a promising candidate for Cd phytoremediation in paddy fields[J] 2014, 9(6):e98816.

[86] Takahashi R, Ito M, Katou K, et al. Breeding and characterization of the rice (*Oryza sativa* L.) line "Akita 110" for cadmium phytoremediation[J]. Soil Science and Plant Nutrition, 2016, 62(4): 373-378.

[87] 汪鹏，董歌，唐之贤，等. 一种应用高镉积累水稻移除土壤镉的修复方法：CN116197226B[P]. 2023-10-20.

[88] 能凤娇，吴龙华，刘鸿雁，等. 芹菜与伴矿景天间作对污泥农用锌镉污染土壤化学与微生物性质的影响 [J]. 应用生态学报，2013, 24(5): 1428-1434.

[89] Deng L, Li Z, Wang J, et al. Long-term field phytoextraction of zinc/cadmium contaminated soil by Sedum plumbizincicola under different agronomic strategies[J]. International journal of phytoremediation, 2016, 18(2): 134-140.

[90] 赵冰，沈丽波，程苗苗，等. 麦季间作伴矿景天对不同土壤小麦 - 水稻生长及锌镉吸收性的影响 [J]. 应用生态学报，2011, 22(10): 2725-2731.

[91] 居述云，汪洁，宓彦彦，等. 重金属污染土壤的伴矿景天 / 小麦 - 茄子间作和轮作修复 [J]. 生态学杂志，2015, 34(8): 2181-2186.

[92] 周建利，邵乐，朱凰榕，等. 间套种及化学强化修复重金属污染酸性土壤——长期田间试验 [J]. 土壤学报，2014, 51(5): 1056-1065.

[93] 蒋成爱，吴启堂，吴顺辉，等. 东南景天与不同植物混作对土壤重金属吸收的影响 [J]. 中国环境科学，2009, 29(9): 985-90.

[94] 游少鸿，徐瑜，赵阳，等. 间作对伴矿景天与油菜修复镉污染土壤的影响 [J]. 桂林理工大学学报，2023, 43(2): 296-302.

[95] 邱丹，杜芮萍，孟德凯，等. 玉米套作蜈蚣草修复砷污染农田土壤的效应研究 [J]. 农业环境科学学报，2017, 36(1): 101-107.

[96] 霍文敏，赵中秋，王丽，等. 不同超富集、富集植物 - 玉米间作模式对玉米中镉吸收、转运的影响研究 [J]. 地学前缘，2019, 26(6): 118-127.

[97] 刘静，张祎，康凌云，等. 间作修复对玉米镉含量影响的整合分析 [J]. 植物营养与肥料学报，2022, 28(9): 1626-1640.

[98] 陈铭孙，李择桂，林贤柯，等. 低镉铅甜玉米品种筛选及在间套种修复污染土壤中的应用 [J]. 江苏农业科学，2018, 46(17): 285-289.

[99] 唐明灯，艾绍英，李盟军，等. 轮间作对伴矿景天和苋菜生物量及 Cd 含量的影响 [J]. 广东农业科学，2012, 39(13): 35-37.

[100] 沈丽波，吴龙华，谭维娜，等. 伴矿景天 - 水稻轮作及磷修复剂对水稻锌镉吸收的影响 [J]. 应用生态学报，2010, 21(11): 2952-2958.

[101] 曹雪莹，谭长银，蔡润众，等. 植物轮作模式对镉污染农田的修复潜力 [J]. 农业环境科学学报，2022, 41(4): 765-773.

[102] 唐云鹏，胡胜男，陈镔，等. 三季油料作物轮作模式安全利用镉污染农田及其经济效益评估 [J]. 环境工程学报，2023, 17(8): 2655-2664.

[103] 谭可夫，涂鹏飞，杨洋，等. 烟草 - 红叶甜菜轮作对镉污染农田的修复潜力试验 [J]. 环境工程技术学报，2020, 10(3): 440-448.

[104] 沈一尘，涂晨，邱炜，等. 镉污染土壤上不同水稻品种的镉积累与减污潜力 [J]. 生态与农村环境学报，2023, 39(4): 547-555.

[105] 赵方杰，赵星宇，陶祎敏，等. 秸秆移除对降低土壤镉含量的效果有限 [J]. 农业环境科学学报，2021, 40(4): 693-699.

[106] 涂鹏飞，谭可夫，陈璘涵，等. 红叶甜菜 - 花生和油葵 - 花生轮作修复土壤 Cd 的能力 [J]. 农业资源与环境学报，2020, 37(4): 609-614.

[107] 陈奕暄，邓潇，杨洋，等. 亚麻 - 水稻轮作模式对镉污染土壤修复潜力研究 [J]. 作物研究，2022, 36(2): 126-131.

[108] 常银川，陈奕暄，窦源，等. 黑豆 - 油菜与大豆 - 油菜轮作模式土壤镉修复能力比较 [J]. 作物研究，2020, 34(2): 153-157,160.

[109] 杨耀东，陈玉梅，涂鹏飞，等. 经济作物轮作模式下镉污染农田修复潜力 [J]. 生态环境学报，2023, 32(3): 627-634.

[110] 张春燕，王瑞刚，范稚莲，等. 杨树和柳树富集 Cd、Zn、Pb 的品种差异性 [J]. 农业环境科学学报，2013, 32(3): 530-538.

[111] 陈阜，姜雨林，尹小刚. 中国耕作制度发展及区划方案调整 [J]. 中国农业资源与区划，2021, 42(3): 1-6.

[112] Wu L H, Liu Y J, Zhou S B, et al. Sedum plumbizincicola X. H. Guo et S. B. Zhou ex L. H. Wu (Crassulaceae): A new species from Zhejiang Province, China[J]. Plant Syst Evol, 2013, 299(3): 487-498.

[113] 杨肖娥，龙新宪，倪吾钟，等. 东南景天 (*Sedum alfredii* H)——一种新的锌超积累植物 [J]. 科学通报，2002, 47(13): 1003-1006.

[114] 魏树，周启星，王新，等. 一种新发现的镉超积累植物龙葵 (*Solanum nigrum* L)[J]. 科学通报，2004(24): 2568-2573.

[115] 刘威，束文圣，蓝崇钰. 宝山堇菜 (*Viola baoshanensis*)——一种新的镉超富集植物 [J]. 科学通报，2003(19): 2046-2049.

[116] 薛生国，陈英旭，林琦，等. 中国首次发现的锰超积累植物——商陆 [J]. 生态学报，2003, 23(5): 935-937.

[117] 张学洪，罗亚平，黄海涛，等. 一种新发现的湿生铬超积累植物——李氏禾 (*Leersia*

hexandra Swartz)[J]. 生态学报，2006(3): 950-953.

[118] 王敏捷，盛光遥，王锐. 土壤重金属污染修复植物处置技术进展 [J]. 农业资源与环境学报，2021, 38(2): 151-159.

[119] 王鹏程，胡鹏杰，钟道旭，等. 镉锌超积累植物伴矿景天产后鲜样快速处置技术 [J]. 环境工程学报，2017, 11(9): 5307-5012.

[120] 张秋野，胡鹏杰，王鹏程，等. 伴矿景天汁液中重金属形态及絮凝沉淀效果优化 [J]. 环境工程学报，2018, 12(2): 611-617.

[121] 赵波，钟道旭，张亚平，等. 镉锌超积累植物伴矿景天焚烧飞灰的重金属浸出特性及安全处置 [J]. 生态学杂志，2022, 41(1): 116-123.

第6章

农产品产地土壤重金属污染联合修复技术

- 地质高背景区镉污染稻田安全利用技术模式
- 稻田镉砷复合污染同步阻控技术模式
- 酸性镉污染稻田靶向调酸控镉技术模式
- 镉污染稻田原位钝化联合微肥调控技术模式
- 华北弱碱性小麦田安全利用技术模式
- 稻麦轮作安全利用技术模式
- 西北干旱区严格管控耕地安全生产技术模式
- 设施菜地安全利用技术模式

6.1 地质高背景区镉污染稻田安全利用技术模式

6.1.1 技术模式原理

针对地质高背景区 Cd 污染稻田特点，技术团队通过多年研发，采用“低积累品种 + 叶面阻控剂 + 钙质土壤调理”联合阻控水稻对 Cd 的吸收和转运，可使稻米 Cd 含量达到安全水平（图 6-1）。其中，低积累品种本身具有较低的镉吸收和转运能力，其根系对镉的吸收较少，同时能有效减少镉向地上部分的转运，从而保持较低的镉积累水平 [1-4]；喷施含有铁和硅等微量元素的叶面阻控剂，通过这些微量元素与镉在根系、韧皮部等部位的转运竞争关系，抑制镉从土壤向籽粒的富集和转运，降低稻米镉含量，同时也有助于增加产量 [5-13]；特贝钙等钙质土壤调理剂可以提升土壤 pH 值，增加土壤有机质含量 [14-16]，通过沉淀、络合、吸附作用降低土壤镉的活性，从而减少水稻对镉的富集吸收 [8, 9, 12, 13, 17, 18, 19]。

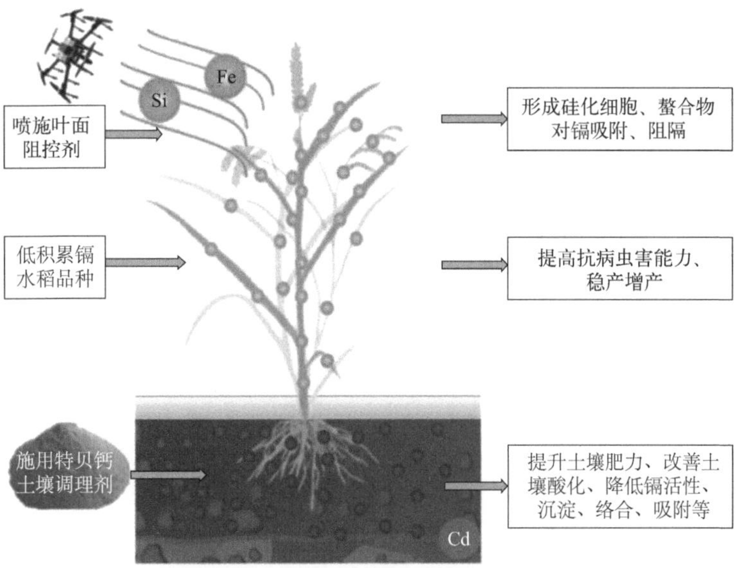

图 6-1　地质高背景区镉污染稻田安全利用技术模式原理

6.1.2 适用范围

本技术模式适用于我国西南地区特别是贵州喀斯特高镉背景环境下安全利用类耕

地，稻田耕层土壤总镉含量为 1.10 ～ 3.81mg/kg，土壤类型（土属）为地带性黄壤与非地带性石灰土。

6.1.3 操作要点

低积累品种推荐使用中优 177、德粳 6 号、滇优 44 和德粳 4 号，用量分别为 2kg/ 亩、4kg/ 亩、2kg/ 亩和 4kg/ 亩。

果通铁叶面阻控剂主要成分是螯合铁，孕穗、灌浆初期各喷 1 次，选择晴天的下午进行，每次喷施用量为 15mL/ 亩，稀释使用；果通硅叶面阻控剂主要成分是二氧化硅溶胶，拔节、抽穗初期各喷 1 次，每次喷施用量为 5mL/ 亩；喷喷富主要成分为壳聚糖硒和二氧化硅溶胶，拔节期结束后的第 5 天喷 1 次，喷施用量为 1000mL/ 亩；水溶性硅在拔节、抽穗初期各喷 1 次，每次喷施用量为 200mL/ 亩。

特贝钙等钙质土壤调理剂一次性撒施到农田，推荐施用量为 200kg/ 亩，经过 3 次的整地翻耕使调理剂与土壤混合均匀。

6.1.4 示范推广及效益分析

针对我国西南地质高背景地区镉污染稻田问题，本技术模式可实现水稻的安全生产。按照国家统一的技术规范要求，在西南地区完成了贵州省开阳基地建设，贵州大学新农村发展研究院成立了项目技术工作组，对接了贵州省农业生态与资源保护站，制定了实施方案，与各涉及任务的市（州）、县（市、区）建立了工作联络机制，为进一步开展类似工作积累了经验；3 年累计在贵州省贵阳市、遵义市、毕节市、黔南州等联合攻关区示范推广该技术模式 10 万余亩，辐射带动 110 万亩；按照相关技术规定和要求对采样组及制样组人员进行培训指导，并组织专业技术人员通过全面审查、电话复核、系统审查和实地质控等方式开展全程质控，调查区满意度高于 90%（图 6-2，书后另见彩图）。

图 6-2

图 6-2　西南地质高背景区镉污染稻田技术模式示范推广现场

6.1.5　典型案例

6.1.5.1　基本情况

技术模式实施地点在黔西市，黔西市位于贵州省中部西北方，乌江中游鸭池河北岸，东经 105° 47′ ～ 106° 27′、北纬 26° 46′ ～ 27° 21′ 之间。黔西市联合攻关区（雨朵镇龙场村）连片耕地是酸性镉污染稻田，土壤 pH 值在 4.5 ～ 7.0 范围内，土壤污染元素为镉。

6.1.5.2　实施内容

为降低土壤重金属在环境中的迁移、植物有效性和生物毒性，同时提高作物抗逆性，抑制作物根系向可食部位转运重金属，降低可食部位重金属含量，力争农产品质量安全，采用“低积累品种 + 叶面阻控剂 + 钙质土壤调理”联合阻控等措施，实施周期为 1 年。

6.1.5.3　实施效果

筛选出适宜种植的低累积水稻品种 3 个，分别为“中优 177”“宜香优 2115”“泰优 3216”。适宜钙质土壤调理剂为改性天然矿物材料（$CaCO_3$ ≥ 50%，Si ≥ 10%）、天象土壤调理剂（CaO ≥ 25%、SiO_2 ≥ 10%、MgO ≥ 5%、K_2O ≥ 2%）、生石灰用量为 50kg/ 亩；适宜的综合技术为在全生育期淹水基础上增施钙质土壤调理剂（天象土壤调理剂），阻控效果更优。但硅 / 铁叶面阻控剂在该区域效果不明显，和空白对照处理没有显著差别。“低积累品种 + 叶面阻控 + 钙质土壤调理”技术模式下，土壤 pH 值显著提升，实现稻谷达标生产（图 6-3）。

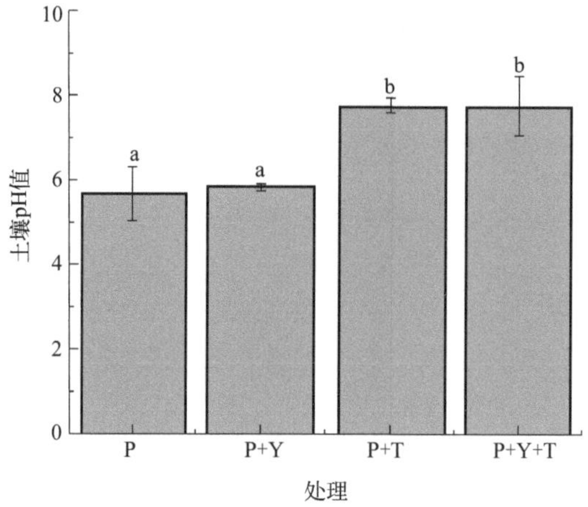

(a) 技术模式实施期间土壤pH值变化

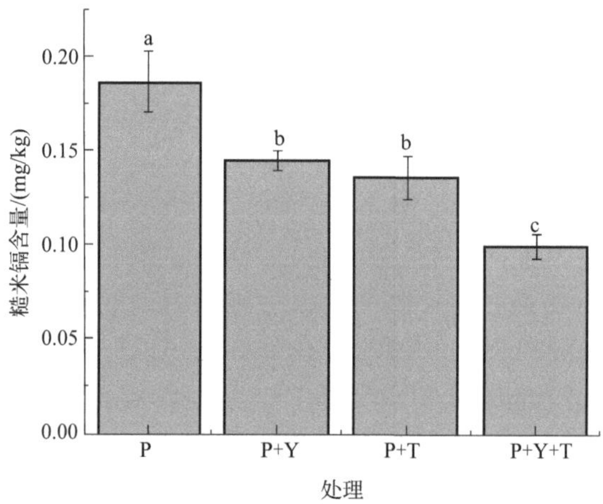

(b) 技术模式实施期间糙米镉含量变化

图 6-3　西南地质高背景区镉污染稻田修复效果图

P—水稻品种；Y—叶面阻控剂；T—土壤调理剂

6.1.5.4　成本分析

品种筛选成本是基于市场品种报价（如果品种处于试验阶段未投入市场，此处为研制成本）进行对比分析，仅含材料成本。根据各县市区成果总结统计，水稻品种（中优177、宜香优 2115、泰优 3216）成本在 100 ～ 140 元 / 亩之间。各叶面阻控剂修复产品的市场报价、材料成本以降镉灵阻控剂最高，为 105 元 / 亩，施用成本为 25 元 / 亩，以降镉灵阻控剂材料及实施成本合计最高，为 130 元 / 亩。石灰调节措施综合成本按不同用量（50kg/ 亩、100kg/ 亩、150kg/ 亩）分别为 210 元 / 亩、370 元 / 亩和 530 元 / 亩。土壤改性天然矿物材料和天象土壤调理剂等钙质土壤调理剂经济成本在 190 ～ 260 元 / 亩之间。综合技术措施实施合计成本基本随使用材料种类的增加而增加，较为复杂的综合技术措施实施合计成本较高，全生育期淹水基础上增施钙质土壤调理剂成本在 350 ～ 400 元 / 亩之间，当使用材料超过 5 种以上时综合技术措施实施合计成本大都超过 1000 元 / 亩。

6.2 稻田镉砷复合污染同步阻控技术模式

6.2.1 技术模式原理

针对南方稻田中轻度镉砷复合污染涉及面广、镉砷同步钝化难度大、传统工程治理技术难以满足稻田安全利用需求的技术瓶颈问题，经过长期的基础研究，揭示了铁循环是同步调控土壤镉砷行为的枢纽，硅 / 硒具有调控镉砷从水稻根系向籽粒转运的功能，提出调控土壤铁循环降低镉砷的活性与移动性，调控水稻硅 / 硒营养阻隔镉砷从叶片向籽粒转运的镉砷复合污染农田安全利用新思路。创制了土壤铁循环调控的镉砷同步钝化技术、硅 / 硒营养调控的生理阻隔技术，以及水稻生长前期钝化“控”吸收、中后期生理“阻”转运的协同控制技术。

具体原理如下[20-28]：

① 在水 - 土界面，铁循环耦合碳循环调控镉砷同步钝化，有机质如腐殖质、生物炭等作为电子穿梭体加速异化铁还原，提高土壤 pH 值，促进镉钝化；低价态铁与无定形铁氧化物结合，加速砷氧化，促进砷钝化。

② 在根 - 土界面，铁循环耦合氮循环促进水稻根表铁膜形成固定镉砷，硝酸盐还原耦合亚铁氧化成矿促进铁膜形成固定镉砷。

③ 在根 - 籽粒体系，硒 / 硅调控镉 / 砷从水稻根系向籽粒转运，抑制水稻根系吸收、提升细胞壁固定以及抑制韧皮部转运镉砷（图 6-4，书后另见彩图）。

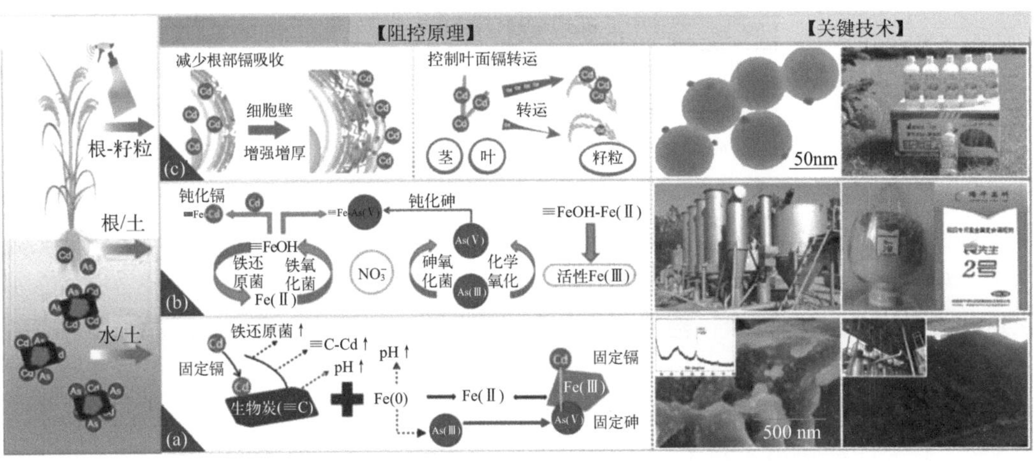

图 6-4 华南稻田镉砷复合污染同步阻控技术原理示意图

研制了具有双重钝化功能的铁改性生物炭、铁改性木本泥炭等系列功能钝化剂，具有叶面阻隔功能的硅、硒-硅复合溶胶阻隔剂。与企业合作研发了U钝牌铁改性生物炭、铁改性木本泥炭等产品，并获我国第一个标注了稻田镉砷钝化功能的土壤调理剂产品认证，与企业合作研发的“降镉灵”“喷喷富”产品获农业农村部认证。相关技术被“土十条”先行区作为核心技术采纳，实现了我国农田重金属污染治理由经验型的农艺措施向阻控技术工程应用转变。

6.2.2 适用范围

该技术模式适用于南方中轻度镉、砷污染稻田土壤治理。在稻米重金属含量超标1～2倍的稻田使用该技术，可以生产出合格的稻米，且可以有效提升耕地地力。施用时需要因地制宜，根据土壤中镉砷污染程度进行关键技术参数的优化。

6.2.3 操作要点

水稻种植前，施用镉砷同步钝化剂（有机物总量≥35%，铁含量为2.0%，pH=6.0～8.0）与土壤翻耕同时进行，施用剂量为150～200kg/亩。或可采用人工撒施的方式，将土壤钝化剂均匀地撒施在土壤表面；或利用拖拉机或旋耕机等农机具，通过加挂漏斗的方式进行机械化施用。

硅/硒叶面阻控剂施用的适宜生育期为水稻拔节后期至抽穗期。实施次数应根据污染风险等级确定，每亩喷施含氧化硅400g的硅溶胶产品（1L），并加水稀释100倍后进行人工或机械喷施。

6.2.4 示范推广及效益分析

该技术模式已在广东、湖南、广西、江西等土壤污染治理重点省份主推应用，推广面积总计339.8万亩。大面积应用，可降低稻米镉30%～75%，降低无机砷20%～50%；提高水稻抗逆性，增产5%～20%；轻度污染稻田稻米达标率由46.3%提升至91.5%，中度污染稻田稻米镉达标率由28.6%提高至91.4%。就单个技术而言，应用于水-土界面镉砷同步钝化的铁改性生物炭技术可使稻米平均降镉41.6%，降无机砷29.5%；应用于根-土界面镉砷同步固定的铁改性木本泥炭复合材料可使土壤中镉钝化率提升15.7%，稻米中镉含量从0.83mg/kg显著降低至0.18mg/g，下降率达78.3%；叶面阻隔技术可以使稻米降镉33.7%～37.4%、降砷15.6%～24.8%；优化组合上述三大核心技术，构建了土壤与作物一体化调控的技术体系。中度镉污染区应用表明，稻米镉由0.47mg/kg下降至0.17mg/kg，降镉率63.8%，稻米达标率由8.4%提高至83%；轻度镉污染区，稻米镉由0.26mg/kg下降至0.035mg/kg，降镉率86.5%，稻米达标率由50%提高至91%。中度镉砷复合污染稻田应用，稻米平均降镉 71.3%，平均降砷 42.8%。实现了中轻度污染稻田高效率、低成本大面积治理。

该技术模式的核心专利“一种铁基生物炭材料、其制备工艺以及其在土壤污染治理中的应用”（专利公开号 CN104388094A）获中国专利奖银奖（2018），是我国第一个获银奖以上的农田重金属治理技术专利；同时作为核心技术创新，获得 2018 年度的大北农环境工程奖“镉砷污染稻田安全利用关键技术及产业化”与 2019 年度的国家科技进步奖二等奖“稻田镉砷污染阻控关键技术与应用”。

（1）经济效益

叶面阻隔技术两季成本低于 70 元 / 亩，镉砷同步钝化技术钝化效果分别为日本同和控股（集团）有限公司铁粉技术的 3.1 倍、2.1 倍，成本仅 20%，成本低于 300 元 / 亩，协同控制技术成本低于 400 元 / 亩。另外，有利于提升稻米产量、增加农民收入，亩施 150 ～ 200kg 铁改性木本泥炭调理剂，稻米产量增产幅度在 5% ～ 15% 之间。

（2）环境生态效益

通过本技术模式的实施，受镉砷中轻度污染的稻田稻谷达标率较技术模式实施前显著提高，达到 91%，有效地解决了南方稻田中轻度镉砷复合污染涉及面广、镉砷同步钝化难度大的难题，有力保障了农产品质量安全。本技术模式使用的治理修复材料均不含有害元素且对作物生长有益，不会造成二次污染，在降低镉砷污染的同时，还可以提高土壤有机碳含量、改良土壤结构，亩施 300 ～ 500kg 生物炭土壤调理剂可以提升土壤有机质含量约 1%；克服了石灰等施用量大、破坏土壤结构、活化砷的缺陷。

6.2.5　典型案例

6.1.5.1　基本情况

技术模式实施地点在广东省粤北。当地属于亚热带季风气候，年降水量 1537.4mm，土壤类型为丘陵地带和冲积小平原。附近矿山开采导致稻田受到镉砷复合污染，地块面积 6 亩，土壤镉、砷平均含量分别为 1.96mg/kg 和 86.52mg/kg，土壤 pH 值为 6.83，稻谷镉、无机砷含量分别为 0.276mg/kg、0.206mg/kg。根据《土壤环境质量　农用地土壤污染风险管控标准（试行）》（GB 15618—2018）和《全国土壤污染状况评价技术规定》，该地块镉、砷含量分别是土壤污染风险筛选值（镉 0.6mg/kg；砷 25mg/kg，6.5 ＜ pH ≤ 7.5）的 3.5 倍和 3.4 倍，属于中度（3 ～ 5 倍之间）镉砷复合污染土壤，对作物生长具有显著危害。

6.1.5.2　实施内容

技术团队开始对该受污染地块进行治理修复。结合当地镉砷中度复合污染影响稻米质量的状况，基于本技术模式有针对性地设计了水稻生长前期钝化“控”吸收、中后期生理“阻”转运的协同控制技术安全利用方案。具体如下：在水稻插秧前一周撒施铁基生物炭钝化剂 150kg/ 亩，在水稻拔节期和分蘖期各喷施一次“硒硅复合溶胶”叶面阻隔剂，喷施剂量为 500mL（稀释 100 倍）。保持田间淹水至灌浆末期，然后保持田间湿润灌溉，收获前晒田 1 周，实施周期为 3 年（图 6-5）。

(a) 撒施铁基生物炭　　(b) 施用叶面硒硅复合溶胶

图 6-5　华南稻田镉砷复合污染同步阻控技术实施现场

6.1.5.3　实施效果

该技术模式实施后，土壤有效态镉含量降幅在 30.1% ～ 42.3% 之间，有效态砷含量降幅在 36.2% ～ 52.7% 之间，稻米镉、无机砷含量平均值下降 69.0%、34.4%。收获期稻谷达标率达到 92.5%，亩产量 446kg，与对照相比增产 5.3%。

6.1.5.4　成本分析

经估算，安全利用成本为 300 元 / 亩 +70 元 / 亩 =370 元 / 亩；增产增收约 72 元 / 亩（平均增产 24kg/ 亩，当地优质稻约 3 元 /kg），同时加上稻米达标率提升带来的经济收益基本可以涵盖投入成本。

6.3 酸性镉污染稻田靶向调酸控镉技术模式

6.3.1　技术模式原理

土壤 pH 值是镉活性最为重要的影响因素之一，前期区域调研大数据分析结果表明，稻田土壤镉有效性 [稻米镉富集系数（BCF）] 与 pH 值呈分段线性关系，在 pH 值低于 6.5 时，BCF 随土壤 pH 值降低呈线性升高变化。全球施石灰调酸降镉文献数据整合分析进一步显示，土壤质地和有机质含量是影响施石灰调酸降镉的重要因素（图 6-6）。基于前述原理，提出靶向调酸控镉技术模式，结合实际应用过程中大量使用生石灰可能产生的风险，将调酸材料调整为石灰石粉，经田间定位试验验证，具有较为稳定的 pH 值调升和降镉效应 [29,30]。

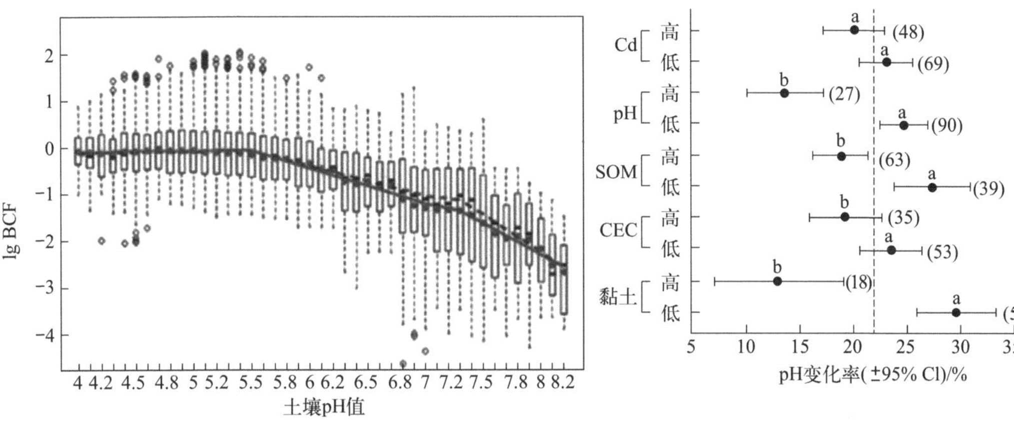

(a) BCF 与 pH 值分段线性关系　　(b) 施石灰调酸降镉主要影响因素

图 6-6　酸性稻田靶向调酸降镉技术原理

6.3.2　适用范围

该技术模式适于华中及华东地区土壤总镉含量不高于 0.8mg/kg、土壤 pH 值低于 6.5 的酸性镉污染稻田。

6.3.3　操作要点

在稻田翻耕前或翻耕同时一次性施用石灰石粉（粒径＜ 0.15mm）代替生石灰，调节 pH 值至 6.5 左右，翻耕、混匀，保持淹水或湿润状态 7 天左右，施基肥、移栽水稻秧苗。经田间验证证实，降镉效应可稳定维持 4 年左右。石灰石粉施用量按照如下模型进行计算：$Y=1.8\times[2.15\times(6.5-pH_0)+\alpha\times SOM]$。式中，1.8 为石灰需要量折算系数；2.15 为土壤容积质量系数；6.5 为 pH 值调升靶向值；pH_0 为初始 pH 值；黏土 $\alpha=0.20$、壤土 $\alpha=0.15$、砂质壤土 $\alpha=0.10$；SOM 为土壤有机质含量。

注意事项：

① 应施用均匀，避免直接堆放于田间再撒施，谨防因局部撒施过多而导致农作物僵苗贪青或绝收。

② 人工施用时应佩戴防护工具，如乳胶手套、防尘口罩和套鞋等，防止田间撒施时因石灰遇水灼伤手脚以及石灰粉尘被吸入呼吸道灼伤呼吸系统。若施工人员出现

因施用石灰造成皮肤灼伤等症状，应及时送医院进行救治。

③ 可通过种植镉低吸收水稻品种、淹水灌溉、增施有机肥、补施硅锌等中微量元素等配套措施，进一步降低稻米镉积累，保障稻米质量安全。

④ 加强土壤 pH 值跟踪监测，若土壤 pH ≥ 6.0 时，则无需再次施用；若土壤 pH ＜ 6.0 时，应施用石灰类物质，一般施用一次可保持 4 年左右。

6.3.4 示范推广及效益分析

以长沙基地为核心，确定相关技术参数。在长沙县、湘潭县等地示范和辐射推广面积超过 3000 亩。根据长沙基地监测结果，靶向调酸模式（亩施石灰石粉 733kg）连续 4 年稻米降镉幅度均保持在 55% 以上，而习惯模式（亩施生石灰 100kg/a）的降镉幅度在 15.0% ～ 49.3% 之间波动，效果的稳定性更佳。

6.3.5 典型案例

6.3.5.1 基本情况

依托湖南省环保科研专项课题“污染稻田靶向调酸降镉技术研发”，于 2018 年 1 月～ 2021 年 12 月，在湖南省长沙县北山镇荣合桥社区香田湾组，对 50 亩受污染耕地开展治理修复。该地处南方湿润平原，属亚热带季风气候，土壤以花岗岩母质发育的潴育型水稻土（麻沙泥）为主，土壤 pH 值在 4.2 ～ 5.7 之间，呈较强酸性，耕层土壤总镉含量为 0.45 ～ 2.80mg/kg，平均含量为 0.82mg/kg，种植制度为水稻 - 油菜轮作。

6.3.5.2 实施效果

靶向调酸降镉模式能够较为稳定地降低稻米镉含量，基本可保证总镉含量在 0.8mg/kg 以下的稻田实现达标生产，如结合低积累品种种植，适用范围更广（图 6-7）。此外，长期监测结果表明，土壤肥力质量和产量均无明显负效应，生态效益更为显著。

6.3.5.3 成本分析

增加成本主要是材料购置及运输和撒施人工费用。材料购置及运输成本生石灰单价 600 元 /t、石灰石粉单价 250 元 /t。习惯模式生石灰撒施，每亩约材料费 60 元 /a，用工 0.4 人 /a，人工费 60 元 /a，年均成本约 120 元 / 亩。靶向调酸模式石灰石粉撒施，每亩材料费约 185 元，每亩约需 1 个工，人工费 150 元，4 年成本小计约 335 元，年均成本约 83.75 元 / 亩，比习惯模式低 36.25 元 / 亩。

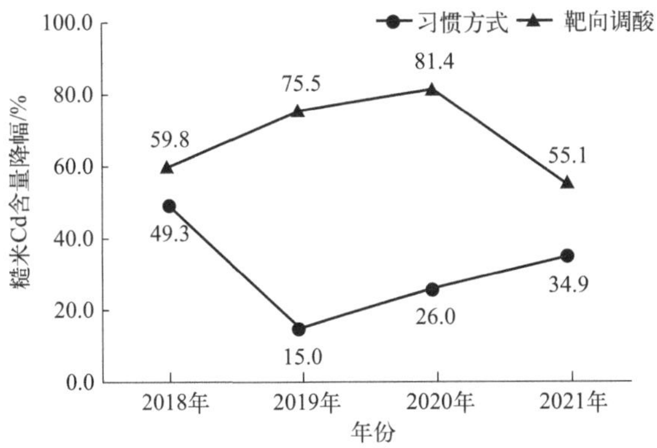

图 6-7 靶向调酸降镉模式效果稳定性考察

6.4 镉污染稻田原位钝化联合微肥调控技术模式

6.4.1 技术模式原理

针对南方镉污染稻田长效、稳定、低成本安全利用技术缺乏的关键瓶颈问题，充分发挥原位化学钝化技术经济、有效、快速、易操作、适用范围广等优点，创制适合我国南方中轻度镉污染农田“边生产，边治理”要求的安全生产技术模式（图 6-8，书后另见彩图）。

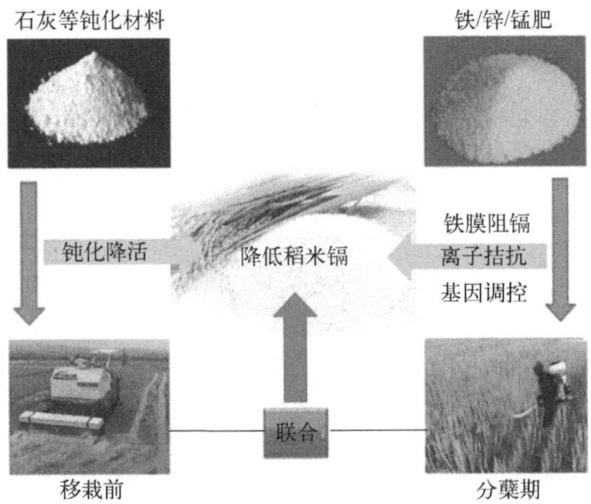

图 6-8 原位钝化联合微肥调控技术原理示意

石灰等碱性钝化材料主要通过提高土壤 pH 值、改变镉的形态、降低土壤中有效镉含量来达到调控目标，能够一定程度降低水稻对镉的吸收，但单独施用在降低土壤镉有效性的同时，也导致土壤铁、锌、锰等元素有效性降低，影响糙米降镉效果[31]。水稻根系吸收镉主要是通过锰的吸收转运通道和转运蛋白的作用，增强根系对锰的吸收可调控镉相关转运基因的表达，减少根系对镉的吸收[32]。根表铁膜是阻挡镉进入水稻体内的重要屏障，水稻根表铁膜在前期形成较少，主要在分蘖期 - 孕穗期形成，后期逐渐脱落，分蘖期施用铁、硒等微肥对铁膜形成的促进作用效果最好[33, 34]。由于水稻生长前期根系尚不发达，对外源养分和拮抗金属离子的吸收较少，而随着生育期的推进，土壤溶液中拮抗金属离子的活性会不断降低，导致锌肥等微肥利用率低，故选择根系发育良好的分蘖期追施微肥，加强水稻对肥料和拮抗离子的吸收利用。进而发展了水稻基施钝化材料与关键生育期追施微肥的联合调控技术，比单独施用石灰等钝化材料降镉效果提高 20%[35-37]。

6.4.2 适用范围

该技术模式适用于江西、湖南、安徽等酸性轻中度镉超标水稻田（土壤 pH ＜ 6.5，总镉含量范围 0.3 ～ 1.5mg/kg）。

6.4.3 操作要点

（1）原位钝化联合根系保护阻控技术

在水稻种植前，基施石灰等碱性钝化材料 100 ～ 300kg/ 亩（具体用量根据土壤 pH 值确定，pH ＜ 5.0 时 200 ～ 300kg/ 亩，pH=5.0 ～ 5.5 时 150 ～ 200kg/ 亩，pH=5.5 ～ 6.0 时 100 ～ 150kg/ 亩，pH=6.0 ～ 6.5 时 50 ～ 100kg/ 亩）；在水稻分蘖前期，保持土壤半湿润状态，将铁肥（农用 $FeSO_4 \cdot 7H_2O$，5 ～ 8kg/ 亩）撒施或溶于水后均匀施入土壤，施肥 2d 后淹水至水稻乳熟期或更晚。

（2）原位钝化联合离子拮抗阻控技术

在水稻种植前，基施石灰等碱性钝化材料 100 ～ 300kg/ 亩（具体用量根据土壤 pH 值确定，pH ＜ 5.0 时 200 ～ 300kg/ 亩，pH=5.0 ～ 5.5 时 150 ～ 200kg/ 亩，pH=5.5 ～ 6.0 时 100 ～ 150kg/ 亩，pH=6.0 ～ 6.5 时 50 ～ 100kg/ 亩）；在水稻分蘖前期，保持土壤半湿润状态，将锌肥（农用 $ZnSO_4 \cdot 7H_2O$，3 ～ 5kg/ 亩）撒施或溶于水后均匀施入土壤，施肥 2d 后淹水至水稻乳熟期或更晚。

（3）原位钝化联合根系基因调控技术

在水稻种植前，基施石灰等碱性钝化材料 100 ～ 300kg/ 亩（具体用量根据土壤 pH 值确定，pH ＜ 5.0 时 200 ～ 300kg/ 亩，pH=5.0 ～ 5.5 时 150 ～ 200kg/ 亩，pH=5.5 ～ 6.0 时 100 ～ 150kg/ 亩，pH=6.0 ～ 6.5 时 50 ～ 100kg/ 亩）；在水稻分蘖前期，

保持土壤半湿润状态，将锰肥（农用 $MnSO_4 \cdot H_2O$，4～6kg/亩）撒施或溶于水后均匀施入土壤，施肥 2d 后淹水至水稻乳熟期或更晚。也可以将锰肥（$MnSO_4 \cdot H_2O$）包膜后直接与基肥一起施用。

注意事项：施基肥前 7～10d 将石灰一次性均匀撒施在土表，再及时翻耕、整田，撒施石灰时尽量避免皮肤接触，以免灼伤；铁肥或锌肥施入土壤后，保持田间淹水至灌浆末期，然后保持田间湿润灌溉，收获前晒田 1 周；为防止微肥流失，微肥施用 2d 后灌水，至少 3 周内不排水。

6.4.4 示范推广及效益分析

该技术模式已在江西省赣州市、鹰潭市以及安徽省铜陵市等地得到推广应用，降镉效果显著，应用推广面积达 124 万亩。原位钝化技术单独应用水稻降镉效果一般低于 50%，联合追施铁肥的调控技术既降低土壤有效镉含量，又增加孕穗期水溶性铁含量，有利于铁膜形成及其阻镉作用，基施/叶面喷施硒肥、锌肥、硅肥降镉效果差、不稳定，联合土壤追施微肥的调控技术显著提高水稻根系锌和锰浓度，阻碍根系镉吸收和向地上部迁移，降镉富锌/锰双效，土壤有效镉含量降低 20%，稻谷镉含量降低 70%，收获稻谷达标率达到 95%，实现了水稻安全生产。

（1）经济效益

施用石灰成本为 120～220 元/（亩·a），在水稻分蘖期土壤追施铁肥或锌肥或锰肥等，每亩成本仅增加 50 元，联合调控技术成本低于 300 元/（亩·a），低于目前湖南等地综合治理技术模式的 600 多元/（亩·a），即可大幅度降低稻米镉含量，新增合格粮食 17.2 万吨，新增效益 3.8 亿元，新增利润 2.6 亿元，取得显著的经济效益和社会效益。

（2）生态环境效益

通过本技术模式的实施，受镉污染的稻田土壤有效镉含量降低 60%，稻谷达标率较模式实施前显著提高，达到 95%，有效解决了示范推广区域的“镉大米”问题，有力保障了人民群众菜篮子、米袋子的农产品质量安全。本技术模式使用的治理修复材料均不含有害元素且对作物生长有益，不会造成二次污染，在降低重金属有效性的同时实现水稻增产增收，达到安全生产与高产高效栽培双赢。

6.4.5 典型案例

该技术模式实施地位于江西省赣州市扬眉镇阳星村。当地属于中亚热带季风湿润气候，降水量 1323mm。附近金属采冶导致稻田受到镉污染，地块面积 20 亩，土壤镉含量为 0.79mg/kg，土壤 pH 值为 5.31，稻谷镉含量为 0.33mg/kg（图 6-9）。

2020 年，技术团队开始对该受污染地块进行治理修复。结合当地土壤环境条件，基于本技术模式有针对性地设计了具体安全利用方案。具体如下：

图 6-9　受污染水稻田区域照片

① 在水稻种植前（4 月），基于地块土壤 pH 值，计算施用石灰量为 200kg/ 亩，施用后及时翻耕、整田；

② 在水稻分蘖前期（6 月），保持土壤半湿润状态，将铁肥（农用 $FeSO_4 \cdot 7H_2O$，5 ～ 8kg/ 亩）撒施或溶于水后均匀施入土壤，施肥 2d 后淹水，保持田间淹水至灌浆末期，然后保持田间湿润灌溉，收获前晒田 1 周。

为防止微肥流失，微肥施用 2d 后灌水，至少 3 周内不排水（图 6-10）。本技术模式共应用了 2 年。

(a) 撒施石灰　　(b) 施用铁肥

图 6-10　受污染水稻田治理修复现场

技术模式实施期间，地块土壤 pH 值从 5.31 提高至 6.22，稻谷镉含量降低 59% ～ 75%，收获期稻谷达标率达到 100%（图 6-11）。经估算，安全利用成本为

250 元 / 亩（石灰 200 元 / 亩、铁 / 锌肥 50 元 / 亩），与传统安全利用模式相比，每亩少花 350 元。

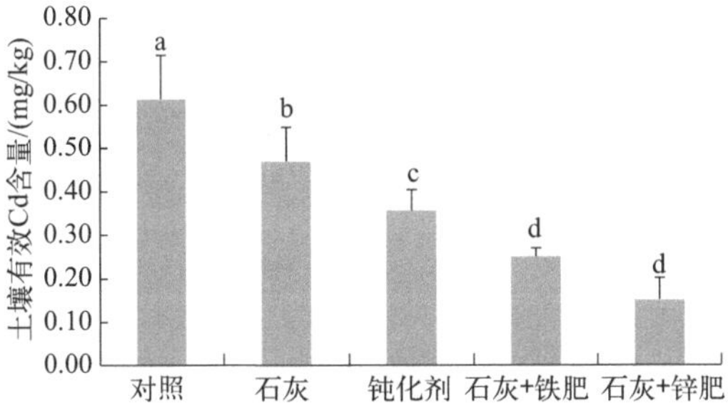

(a) 技术模式实施期间土壤有效镉含量变化

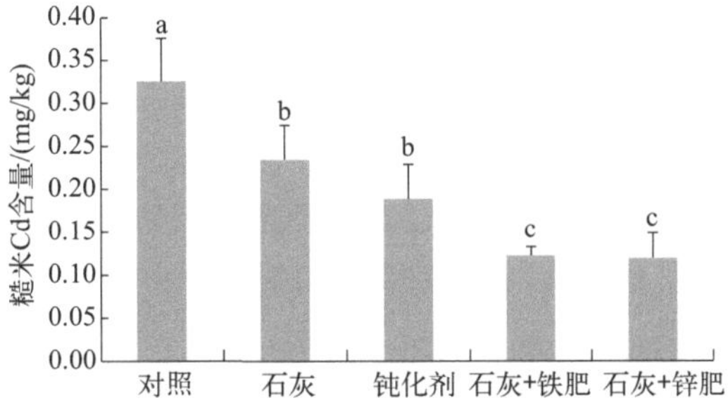

(b) 技术模式实施期间稻谷籽粒镉含量变化

图 6-11　受污染水稻田安全利用效果

6.5 华北弱碱性小麦田安全利用技术模式

6.5.1　技术模式原理

针对我国北方碱性土壤镉污染引发农产品质量安全问题以及碱性土壤镉污染农田修复缺乏有效的修复治理产品和技术的瓶颈问题，基于绿色靶向调控和精准生理阻隔等作用原理，研发出一种以高效钝化、叶面阻控为主要内容的安全利用技术体系。巯基改性坡缕石（SGP）是一种对弱碱性土壤镉具有快速靶向性强络合稳定作用的高效钝化修复材料，可以在不改变土壤 pH 值条件下，改变土壤中镉的赋存形态，提高铁锰氧化物结合态镉和残渣态镉的比例，降低碱性土壤镉的生物有效性[38-45]。在小麦关键生育期（拔节期、齐穗期和灌浆期）喷施富含铁和硒的叶面阻控剂，利用元素之间拮抗效应有效抑制小麦地上部旗叶和节点等营养器官镉的活化再分配以及镉从根系向小麦籽粒的迁移，降低小麦籽粒镉积累，实现保障农产品质量安全和耕地修复治理的目的（图 6-12）。

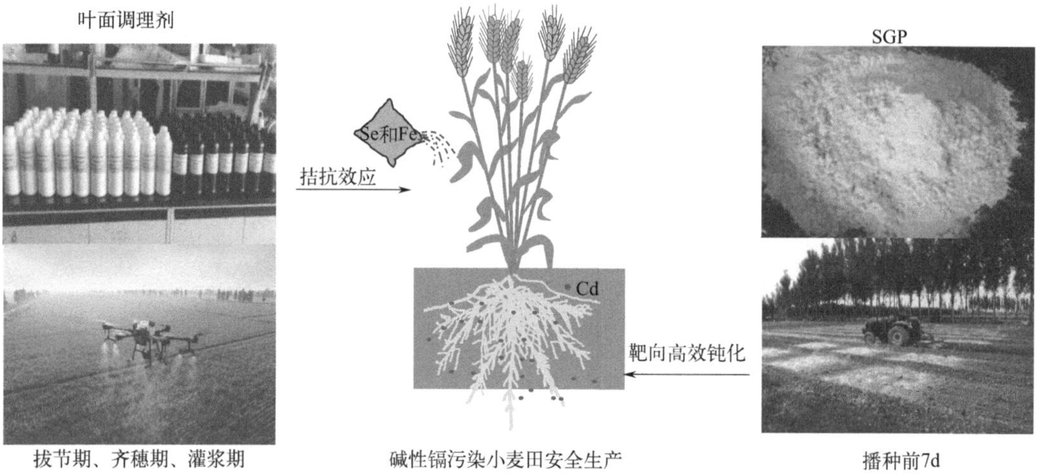

图 6-12　SGP 高效钝化联合叶面调控技术原理示意

6.5.2　适用范围

该技术模式适用于土壤 pH 值大于 7.5 的我国华北地区中轻度弱碱性镉污染土壤的修复。

6.5.3　操作要点

（1）高效钝化联合叶面调控技术

在冬小麦等播种前 7d，根据土壤镉超标风险评估情况，以 80 ～ 150kg/ 亩剂量人工或机械方式施用巯基改性坡缕石等高效钝化剂并翻耕使钝化剂与表层 0 ～ 20cm 土壤均匀混合。后续农业生产田间管理等无特殊要求。单次施用后，安全利用效果维持至少 3 年。可根据动态监测结果采取强化措施：在冬小麦生长周期的分蘖期（3 月上旬）、齐穗期（4 月中下旬）和灌浆期（5 月中旬）喷施富含铁和硒的叶面阻控剂。每次喷施时，每亩地取 100 ～ 200mL 叶面调理剂（用前先充分摇匀）兑水至 40 ～ 50L，用无人机或者喷雾器人工均匀喷洒。

（2）注意事项

至少作物播种或移栽前 7d，通过机械或人工方式将固镉灵均匀撒施于田块中，并及时翻耕使其与表层 0 ～ 20cm 土壤均匀混合，也可以与农田整地备耕或基肥施用相结合以同步完成。

6.5.4 示范推广及效益分析

碱性镉污染土壤靶向高效钝化修复技术的核心钝化材料 2019 年入选农业农村部耕地重金属污染防控联合攻关组第一层次产品，并在中南、华南和西南等水稻片区，华北小麦片区和设施蔬菜片区广泛应用验证，反馈效果优异。2018 ～ 2023 年先后在中央土壤污染防治专项四川屏山、河南济源、安徽枞阳、贵州玉屏等项目区推广应用。该技术在河南、河北等镉超标农田推广应用多年，修复治理效果显著且稳定，受到基层政府部门、农技人员和广大农户的欢迎。

（1）提质增效情况

该技术较好地解决了镉污染碱性土壤粮食安全生产的问题。应用该技术可提升小麦品质，使小麦籽粒重金属达标合格率提升至 95% 以上，每亩增收 170 元左右。2018 ～ 2023 年在河南省、河北省等推广应用 20 万亩。

（2）环境生态效益

通过本技术模式的实施，对弱碱性镉污染小麦田具有很好的治理修复效果，可显著降低小麦籽粒中镉含量，能使中轻度镉污染小麦田实现安全生产的目的。在轻度镉污染小麦田上，SGP 的镉钝化效率为 67.6% ～ 88.6%，小麦籽粒镉降低率为 23.4% ～ 36.9%，在施用量（质量分数）为 0.025% 时，小麦籽粒镉含量可以降至低于 GB 2762—2022 中规定的限值 0.10mg/kg 以下。在中度镉污染小麦田上，0.05% ～ 0.10% SGP 的镉钝化效率为 40.0% ～ 61.5%，小麦籽粒镉降低率为 64.5% ～ 71.8%[41]。另外，SGP 对弱碱性镉污染土壤具有持续高效的钝化效应，中度镉污染小麦田上 SGP 的持续钝化效应结果显示，SGP 能够连续 3 年保证中度镉污染小麦田上实现小麦的安全生产，2018 ～ 2019 年度、2019 ～ 2020 年度和 2020 ～ 2021 年度小麦籽粒镉的降低率分别为 64.5% ～ 71.8%、38.3% ～ 55.3% 和 34.6% ～ 55.9%。本技术模式的实施，有效解决了示范推广区域的“镉小麦”问题，有力保障了人民群众菜篮子、米袋子的农产品质量安全。本技术模式使用的治理修复材料均不含有害元素，不会造成二次污染，显著改善土壤质量，对作物生长和土壤环境无毒副作用。

6.5.5 典型案例

该技术模式实施地位于河南卫辉娘娘庙（东经：114.06454°；北纬：35.39843°）附近。当地属于暖温带大陆性季风气候，土壤类型为石灰性潮土。由于历史原因，以电池生产为主的工业废水通过偷排、漏排及不达标排放等途径进入卫河，造成卫河水质的恶化，其直接结果是造成附近农灌区小麦田受到重金属镉污染，地块面积为 20 亩，土壤镉含量为 2.86mg/kg，土壤 pH 值为 7.89，小麦镉含量为 0.214mg/kg（图 6-13）。

(a) (b)

图 6-13 受污染小麦田区域照片

2018 年，技术团队开始对该受污染地块进行治理修复。结合当地农田土壤镉的污染程度，基于本技术模式有针对性地设计了具体安全利用方案。具体如下：在小麦种植前（9 月中旬），基于地块土壤的污染程度确定高效钝化剂的施用剂量，轻度镉污染地块施用量为 80kg/ 亩，中度镉污染地块施用量为 150kg/ 亩。施用后及时翻耕、整田；在冬小麦生长周期的分蘖期（3 月上旬）、齐穗期（4 月中下旬）和灌浆期（5 月中旬）喷施富含铁和硒的叶面阻控剂。每次喷施时，每亩地取 100 ～ 200mL 叶面调理剂（用前先充分摇匀）兑水至 40 ～ 50L，用无人机或者喷雾器人工均匀喷洒（图 6-14）。本技术模式一共应用了 3 年。

(a) (b)

图 6-14 受污染小麦治理修复现场

该技术模式实施期间，对地块土壤 pH 值没有显著影响，在中度镉污染小麦田中土壤有效镉含量降低率为 40.0% ～ 61.5%，小麦籽粒镉含量降低率为 64.5% ～ 71.8%[41]，且连续 3 年小麦籽粒镉含量降低率分别为 64.5% ～ 71.8%、38.3% ～ 55.3% 和 34.6% ～ 55.9%，收获期小麦达标率达到 100%（图 6-15）。

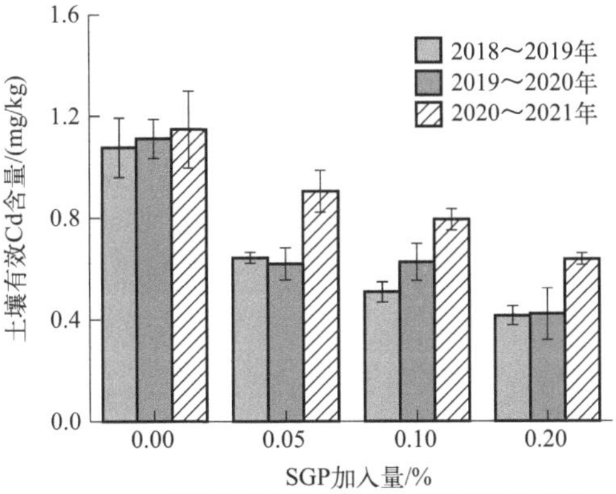

(a) 技术模式实施期间土壤有效镉含量变化

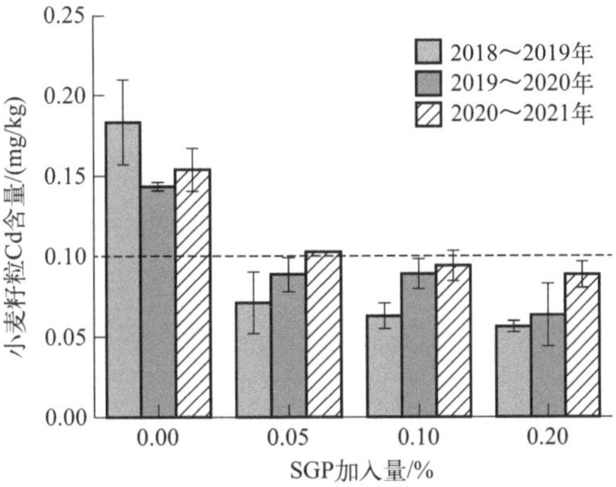

(b) 技术模式实施期间小麦籽粒镉含量变化

图 6-15　受污染麦田安全利用效果

近年来，我国华北地区冬小麦主产区镉污染风险逐渐显露，日益成为社会关注的热点和政府农产品质量安全监管的重点，小麦镉污染土壤的治理与修复已迫在眉睫。当前，有关我国农田重金属镉污染防控技术的研究主要集中在南方酸性水稻田镉污染控制技术方面，而针对华北地区麦田土壤重金属污染防控技术的研究起步较晚。华北地区镉污染小麦田大部分为弱碱性旱地土壤，难以通过调节土壤 pH 值和水分管理等农艺措施来降低土壤镉活性，从而达到降低小麦籽粒镉含量的目的。原位钝化阻控技术具有修复速率快、稳定性好、费用低、操作简单等优点，同时不影响农业生产，可以实现边生产边修复，广泛应用于重金属污染土壤的田间修复。本章主要介绍一种对弱碱性土壤镉具有靶向性的钝化修复技术。该钝化修复技术是利用新型高效钝化剂——巯基改性坡缕石（SGP），这种钝化材料对弱碱性土壤镉具有高效靶向钝化效应，能够大幅度降低土壤有效态镉含量，减少小麦对镉的吸收累积，目前已经分别通过盆栽和多地田间试验验证了 SGP 的高效钝化效应，取得了较好的效果。该技术能够为我国华北地区弱碱性镉污染土壤修复提供重要科技支撑，有效保障农产品质量安全。

6.6 稻麦轮作安全利用技术模式

6.6.1 技术模式原理

近年来，针对土壤 - 水稻系统中镉的迁移和阻控，我国科研工作者开展了大量研究，提出了较为有效的镉污染稻田安全利用技术模式[46-49]。然而，对旱地作物小麦镉超标问题认识相对有限，针对稻田研发的安全利用技术在阻控旱地作物镉积累方面效果不佳；缺乏同时有效阻控水稻和小麦籽粒镉积累的产品与技术。围绕稻麦轮作系统，水稻和小麦籽粒镉含量超标、镉污染同时阻抗难等问题，基于土壤镉降活、作物吸收阻抗等原理，研究团队在农业农村部土壤污染防治科技联合攻关基地——江苏省常熟示范基地，针对稻麦轮作系统，创制了镉污染协同阻控的多功能肥料等产品，在此基础上研发出了稻麦轮作镉污染调酸降活协同阻控技术，田间试验表明，具有较好的协同降镉效果、较高的性价比、提升农产品品质等优点，可在稻麦轮作区受污染耕地进行规模化示范与推广。

稻麦轮作镉污染调酸降活协同阻控技术，是在多功能肥料“调酸控镉活性”“锌锰控镉释放”“元素拮抗控镉吸收”等性能的基础上，结合酸性土壤改良技术，通过提高土壤 pH 值降低土壤镉活性。多功能肥料主要是有机肥外源添加锌、锰等元素，一方面能够提高酸性土壤 pH 值至 6.5 左右，显著降低水稻籽粒灌浆期土壤镉的有效性[48, 50]；另一方面提高土壤锌、锰等微量元素含量，抑制水稻或小麦根系对镉的吸收和转运，从而减少籽粒中镉的累积量[51-53]。

在中轻度镉污染农田，稻季种植前施用多功能肥料，麦季不施加，能显著降低水稻和小麦籽粒镉含量，对水稻籽粒的降镉效率为 75% ～ 83% [图 6-16（a）]，对小麦籽粒的降镉效率为 36% ～ 42% [图 6-17（a）]，同时将稻季和麦季土壤有效态镉含量都降低了 50% 以上 [图 6-16（b），图 6-17（b）]。此外，相较于传统土壤调理剂而言，多功能肥料在施加时不会产生大量扬尘，适用于人工或机器抛撒等多种施用方式，对环境更为友好。

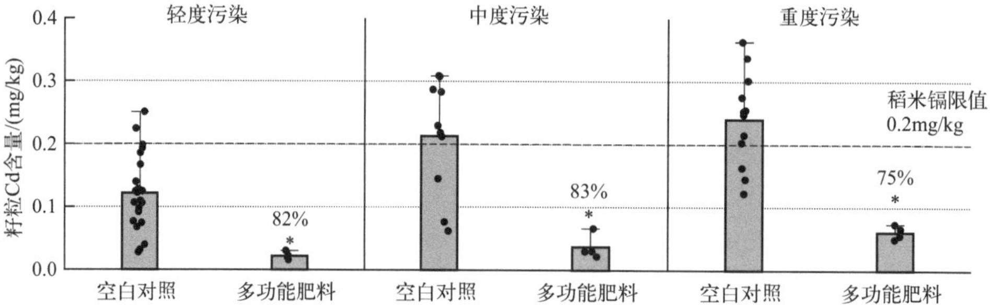

(a)

图 6-16

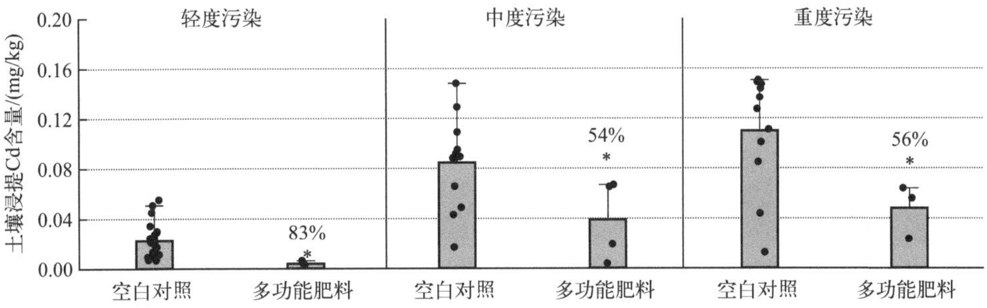

(b)

图 6-16 施加多功能肥料对水稻籽粒镉含量和土壤镉有效态的影响

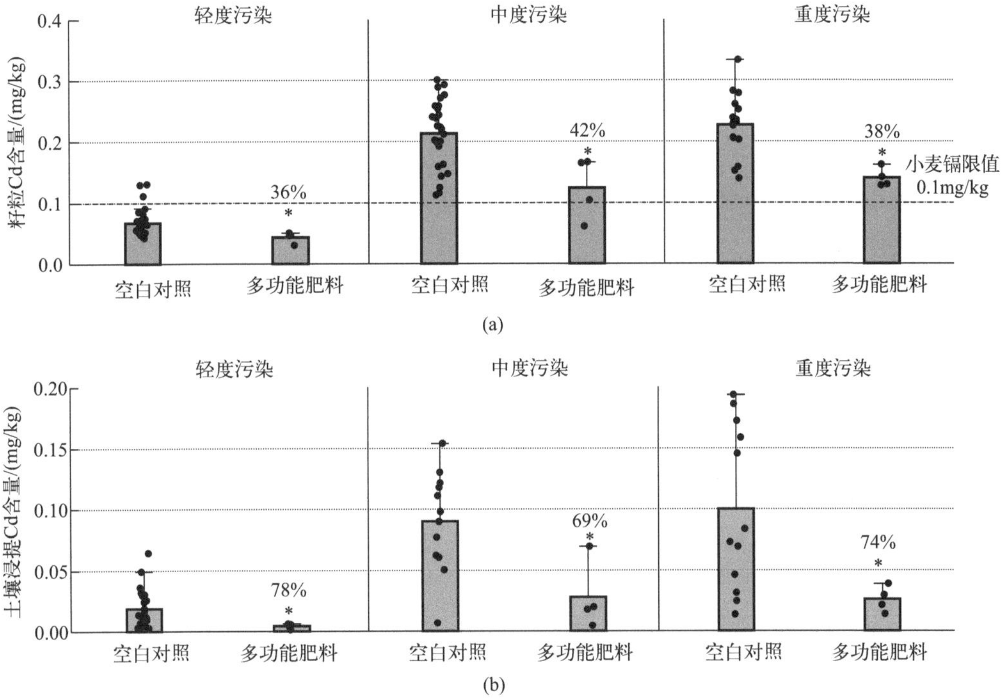

图 6-17 施加多功能肥料对小麦籽粒镉含量和土壤镉有效态的影响

6.6.2 适用范围

该技术模式适用于土壤 pH 值低于 6.5 的受镉污染安全利用类耕地、稻麦轮作耕地。

6.6.3 操作要点

6.6.3.1 施用量的确定

依据土壤镉浓度和农产品超标程度来确定多功能肥料的施用量，推荐施用量的范围为 250 ～ 500kg/ 亩。水稻籽粒镉含量低于 0.2 ～ 0.3mg/kg 时，多功能肥料施用量为 200 ～ 300kg/ 亩；水稻籽粒镉含量高于 0.3mg/kg 时，多功能肥料施用量为 400 ～ 500kg/ 亩。

6.6.3.2 结合酸性土壤改良措施

对于酸性（pH ＜ 6.5）土壤，推荐配施 300 ～ 400kg/ 亩的石灰石粉（50 ～ 100 目），通过提高土壤 pH 值来调控土壤镉的活性。pH ＜ 5.5 时施用量为 400kg/ 亩，pH=5.5 ～ 6.0 时施用量为 350kg/ 亩，pH=6.0 ～ 6.5 时施用量为 300kg/ 亩，也可以利用酸化土壤治理碱性物料用量计算微信小程序计算石灰石粉的施用量（图 5-2）。

6.6.3.3 施用方法

收获小麦后，用人工或机器撒施多功能肥料，农田灌水，陈化一周后翻耕土壤 2 次或 3 次，进行水稻插秧，其他田间水肥管理措施按当地生产习惯进行。其中，要确保多功能肥料撒施均匀。

6.6.3.4 注意事项

① 多功能肥料一般仅需施用 1 次。施用 3 年后，跟踪监测土壤和稻米中镉含量超标的情况，根据情况适量补施 50 ～ 100kg/ 亩。

② 严格管控多功能肥料、石灰石粉等农用投入品的重金属含量，其中镉含量低于 1mg/kg。

③ 为避免出现土壤板结和形成扬尘，推荐使用粒径＞ 25 目（＞ 0.70mm）的石灰石粉，石灰石粉和土壤调理剂也可与湿度较大的有机肥混合后，再进行撒施，确保撒施均匀。

④ 物料撒施可采取机械撒施和人工撒施。若选用人工撒施的方式，工人应佩戴防护工具，如乳胶手套、防尘口罩和鞋套等。

6.6.4 示范推广及效益分析

该技术模式已在湖南省湘潭、江苏省常熟和江苏省昆山等地得到推广应用，降镉效果显著，应用推广面积达 3000 亩。稻麦轮作污染协同阻控的多功能肥料，一次施加效果可持续 3 年，能将土壤 pH 值提高至 6.5，降低土壤有效镉含量达 50% 以上，对水稻籽粒降镉效率达 50% 以上，对小麦籽粒降镉效率达 20% ～ 30%，通过显著降低土壤镉的有效性来减弱作物对镉的吸收和转运，实现了酸性土壤改良和保障水稻、小麦安全生产的多目标治理。

（1）经济效益

施用石灰石粉的成本为 200 ～ 300 元 / 亩，施用多功能肥料的成本为 400 ～ 600 元 / 亩。虽然与传统土壤调理剂的施用成本相比略高，但一次施用，其降镉效果可保持 3 年，不仅能够改良酸性土壤，还能大幅度降低水稻和小麦籽粒的镉含量，如果换算成每年，那施用成本仅为 130 ～ 200 元 /（亩 · a）。

（2）环境生态效益

通过本技术模式的实施，江苏省常熟示范基地示范区（2500 亩）受镉污染的稻田土壤有效镉含量降低 50% 以上，稻谷达标率较技术模式实施前显著提高，达到 98.24%，有效解决了示范推广区域的“镉大米”问题，有力保障了农产品质量安全。本技术模式使用的治理修复材料均不含有害元素且对作物生长有益，不会造成二次污染，在降低重金属有效性的同时，实现水稻和小麦增产增收，达到酸性土壤改良、安全生产与高产、高效栽培等多种目标，适宜在稻麦轮作区受镉污染耕地进行规模化推广与示范。

6.6.5　典型案例

该技术模式实施地位于古里镇紫霞村、董浜镇杜桥村、支塘镇长桥村片区（东经：120.908751°；北纬：31.611285°）附近。当地属于亚热带季风性海洋气候，年降水量 1135.6mm，土壤类型以黄泥土和乌泥土为主。过去工厂排放污水等历史遗留问题导致稻田受到镉污染，地块面积 2500 亩，土壤总镉含量为 0.11 ～ 1.28mg/kg，土壤 pH 值为 5.14 ～ 8.33，稻谷镉含量为 0.01 ～ 0.66mg/kg（图 6-18，书后另见彩图）。

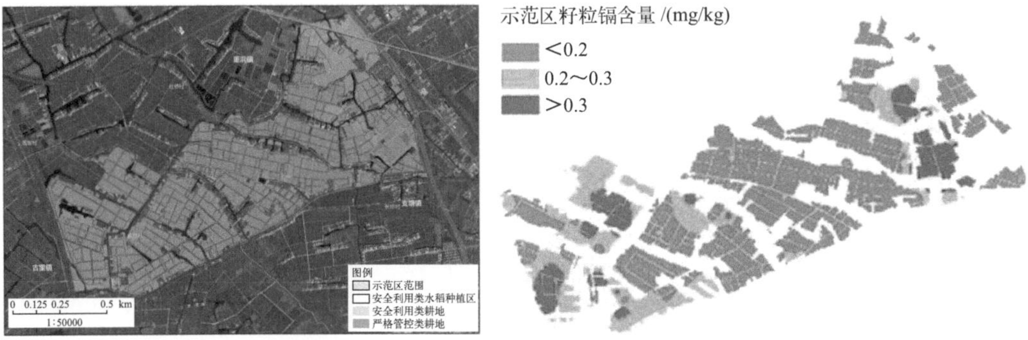

图 6-18　受污染水稻田区域照片

2022 年，技术团队开始对该受污染地块进行治理修复（图 6-19）。结合当地水稻籽粒镉污染程度将其划分为 3 个片区，分别是轻度风险超标区域（籽粒镉含量低于 0.2mg/kg）、中度风险超标区域（籽粒镉含量 0.2 ～ 0.3mg/kg）和重度风险超标区域（籽粒镉含量＞0.3mg/kg），再结合该区域的土壤 pH 值，精准地调控受污染农田土壤的镉活性，基于本技术模式有针对性地设计了具体安全利用方案。具体如下：在小麦收获结束后（5 月），基于示范区（2500 亩）的土壤 pH 值，计算施用石灰量为 300 ～ 400kg/ 亩；针对中度超标风险区域，施用土壤钝化剂或多功能肥料 250kg/ 亩；针对重度超标风险区域，施用多功能肥料 400 ～ 500kg/ 亩。利用机械撒施石灰石粉、土壤调理剂和多功能肥料，施用后及时翻耕、整田，推荐淹水一周后再进行翻耕，确保物料撒施均匀。本技术模式一共应用了 1 年。

(a) 施用土壤调理剂　　(b) 施用多功能肥料

图 6-19　受污染水稻田治理修复现场

该技术模式实施期间，地块土壤 pH 值的平均值从 6.08 提高至 6.49，土壤有效镉含量的平均值降低 85.29%，稻谷镉含量的平均值降低 54.55%，收获期稻谷达标率达到 98.24%（图 6-20）。经估算，安全利用成本约为 355 元 / 亩（物料成本、运输和撒施共计 88.77 万元，示范区安全利用面积为 2500 亩），与传统安全利用模式（600 元 / 亩）相比，每亩约少花 245 元。

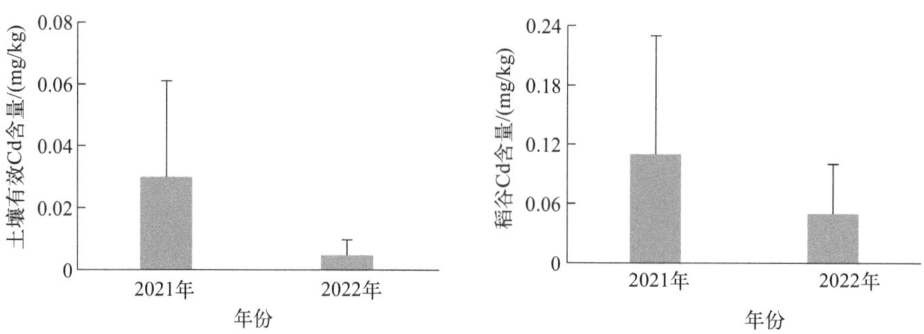

(a) 技术模式实施期间土壤有效镉含量变化　　(b) 技术模式实施期间稻谷籽粒镉含量变化

图 6-20　受污染水稻田安全利用效果

每年样品数 N=170

6.7 西北干旱区严格管控耕地安全生产技术模式

6.7.1　技术模式原理

针对我国西北干旱区重金属重度污染的严格管控类耕地，采用土地平整的工程措施对重度污染的表土层进行剥离，剥离的表层土壤进行异位储存或填埋，并加强对储存区或填埋场的风险管控与监测。表土层剥离后的心土层则采取联合耕作、调理剂施用、肥料施用等多种措施进行土壤结构改良与肥力提升，构建合理的耕作层。重构后的耕层土壤重金属含量降至风险管制值以下后，可种植低积累玉米品种，实现农产品的安全生产（图 6-21）。利用土地平整 + 耕层重构 + 低积累农作物种植的联合技术模式，最终可实现重度污染耕地土壤环境质量类别划分由“红区”向“黄区”的动态调整，以及农产品可食部分重金属含量达标的修复目标。

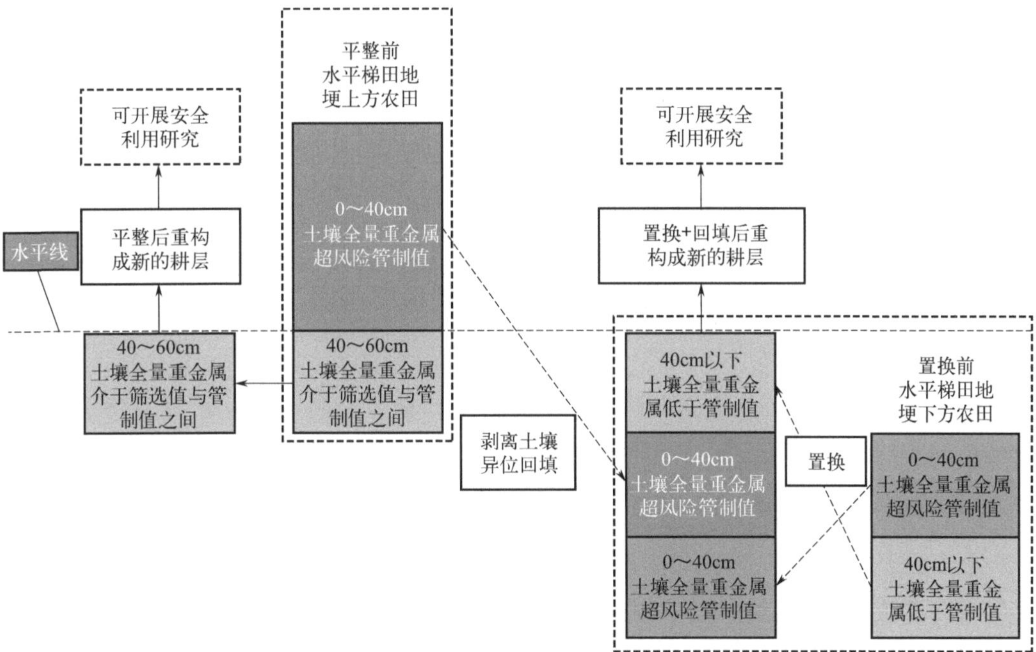

图 6-21　土地平整技术示意

6.7.2　适用范围

该技术模式适用于严格管控类的水浇地和旱地，不适用于水田。耕地土壤重金属应具有表层富集、深层下降的剖面垂直分布特征。土壤重金属含量超过风险管制值的表土层厚度不宜过深（50cm 以内），以减少工程量。

6.7.3 操作要点

6.7.3.1 现场调查与评价

按照 NY/T 395 的规定开展耕地土壤环境质量监测，包括表层和土壤剖面样品。土壤剖面采样深度建议为 0 ～ 100cm，每隔 20cm 采集一个土层，重点监测土壤剖面上重金属全量、pH 值、肥力等指标。同时开展地形地貌、水文、气象、耕作制度、污染源种类与分布、农作物产量、农产品超标状况、地质图、水系图等现场调查与资料收集。

6.7.3.2 编制土地平整实施方案

依据土壤表层与剖面上重金属、养分、质地等指标的水平和垂直空间分布的调查结果，结合治理修复目标需求，编制土地平整实施方案。

6.7.3.3 土地平整

（1）土壤剥离

参考 DB32/T 4216 选择适宜的剥离工艺与机械，剥离前清除耕地表面杂草、砾石、垃圾等异物。依据机械的宽度、功率，确定单次土壤剥离的宽度和深度，土壤含水量建议在田间最大持水量的 70% 左右，不宜过高或过低。

（2）剥离土壤运输

根据土壤剥离区与土壤储存区的空间距离，遵循线路最短、成本最低的原则，设置最优的土壤运输路线。做好土壤运输的防护工作，避免污染土壤散落。

（3）剥离土壤贮存或填埋

土壤贮存或填埋区应避开地质灾害频发或隐患区、水源保护区以及可能危及贮存或填埋安全等区域。土壤贮存或填埋前应做好防渗防漏措施，加强地下水、渗滤液、地表径流中污染物的监测，实施生态、物理阻控技术来避免污染物的扩散。

6.7.3.4 耕作层重构与土壤污染评估

采用联合耕作、调理剂施用、肥料施用等措施对表土层剥离后的心土层进行耕作层构建，实现土壤结构改良与肥力提升，评估重构后耕作层土壤重金属污染程度。

6.7.3.5 低积累农作物种植与安全生产评价

耕作层重构后的土壤上建议种植重金属低积累作物品种。低积累作物品种既可通过田间试验筛选的方式获得，也可选用已公开的品种。农作物成熟期开展样品采集，评价可食部分重金属的达标情况。若超标，建议与钝化修复、叶面阻控等技术联合，持续降低可食部分重金属的积累。

6.7.4 示范推广及效益分析

该技术模式还未进行规模化推广。若推广，可在西北干旱区增加大量的安全利用类耕地，保障区域粮食安全生产。

6.7.5 典型案例

6.7.5.1 基本概况

该案例的实施主要依托“农用地土壤污染治理与修复新技术开发项目”，项目建设单位为甘肃省生态环境科学设计研究院，施工单位为中国科学院南京土壤研究所和甘肃新天亿环保工程有限公司。项目执行周期为 2021 年 6 月 2 日～2024 年 6 月 1 日，包括西大沟 159.62 亩安全利用类耕地和东大沟 136.42 亩严格管控类耕地。该案例地点位于甘肃省白银市白银区王岘镇东大沟项目区。总体修复目标是采用化学、物理或生物等技术方法去除土壤中重金属污染物，修复后的土壤中镉等主要重金属含量降低 10% 以上；轻度污染土壤上粮食作物可食部分镉等重金属含量满足《食品安全国家标准　食品中污染物限量》（GB 2762—2022）的限值要求。

项目区位于甘肃省中部，属于黄河中上游西北黄土高原中部丘陵地带，是我国重要的有色金属冶炼加工与化工工业基地之一。主要土壤类型为灰钙土，土壤 pH 均呈碱性，0～20cm 表层土壤全量镉范围为 0.94～253mg/kg，均值为 71.2mg/kg ±32.6mg/kg，属于严格管控类耕地。长期使用工业废水灌溉是耕地土壤重金属污染的重要原因，但目前全区农业生产用水绝大部分取自黄河，灌溉水中重金属均达标。当地农作物以玉米种植为主，春小麦种植为辅，零星分布着菜地、果园。经调查，项目区农产品可食部分镉浓度均超标。

6.7.5.2 技术实施要点

（1）土壤污染调查

施工区域共计 3 亩，土地平整前开展土壤污染情况调查。调查结果表明，0～20cm、

20～40cm和40～60cm土层重金属镉浓度分别为72.7mg/kg±28.1mg/kg、10.3mg/kg±2.2mg/kg和2.09mg/kg±0.97mg/kg，40cm以下土壤全镉低于风险管制值（4mg/kg）。

（2）土地平整方案

依据调查结果，确定表土层剥离深度为40cm。项目区的耕地具有明显的阶梯状，因此施工区域划分为高差明显的两个相邻地块，高差约1m。首先对地埂下方田块0～40cm表土层进行剥离，剥离土壤运输至临时堆场。再把块埂下方田块40～100cm心土层挖出堆放于临时堆场，心土层挖出的田块用作填埋场。

（3）土壤剥离

剥离机械选择推土机，剥离工艺选择条带土壤外移剥离法。土壤剥离前，清除耕地表层杂草。

（4）土壤运输

直接利用推土机将剥离土壤运输至临时堆场或填埋点，运输距离＜100m。

（5）土壤填埋

填埋场设置防渗防漏措施，用于地埂上方和下方田块被剥离的表土层土壤填埋。表土层填埋完成后，再在填埋场表面回填临时堆场的心土层土壤。计算好填埋场的面积和土方量，保证填埋场地最终的地表高度不高于剥离后的田埂上方田块。

（6）耕作层重构

首先利用旋耕机对剥离表土后的心土层土壤进行翻耕，并采集土壤样品进行分析。然后在翻耕后的土壤中施入有机肥、调理剂等进行土壤结构、肥力改良，形成适宜农作物生长的耕作层。

（7）低积累玉米品种种植

选择本项目筛选出的低积累玉米品种DF636进行种植，成熟期采集玉米籽粒样品进行分析。

6.7.5.3　修复效果评价

（1）土壤总镉变化

土地平整前0～20cm表层土壤总镉含量为72.7mg/kg±28.1mg/kg。土地平整后，重构后的0～20cm土壤全量镉降至3.26mg/kg±1.43mg/kg，降低率高达95.5%。土地平整重构后的0～20cm表层土壤全量镉低于4.0mg/kg的风险管制值（GB 15618—2018），因此可用于安全利用类农田的开发利用（图6-22）。

（2）玉米籽粒镉浓度变化

2022～2023年，连续施用有机肥和调理剂进行耕层重构的土壤上，玉米籽粒镉浓度均达标（GB 2762—2022）。

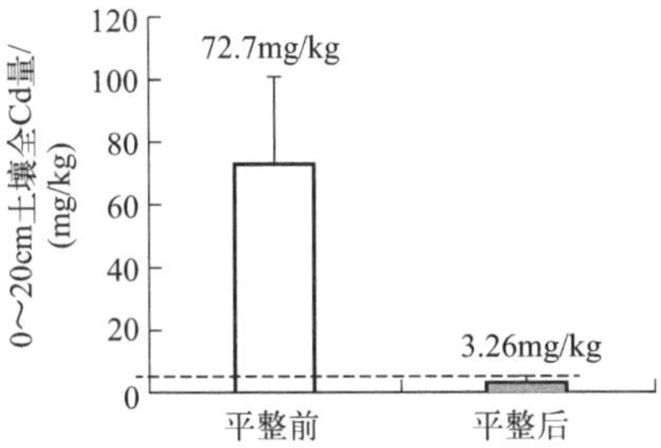

图 6-22　土地平整前后土壤全 Cd 变化

综上，土地平整技术可快速实现严格管控类耕地向安全利用类耕地的动态调整，结合耕层重构与低积累玉米联合技术，可实现玉米籽粒镉浓度达标。

6.7.5.4　效益评估

机械设备推土机使用成本最高，完成土地平整（剥离、填埋）的成本投入为 5000 元 / 亩；耕作层重构的旋耕机、有机肥、调理剂成本为 2000 元 / 亩；低积累玉米品种种植、田间管理与收获成本为 600 元 / 亩。每亩玉米的产量按 400kg 计算，单价 2 元 /kg，每亩收入 800 元。

6.8 设施菜地安全利用技术模式

6.8.1　技术模式原理

鲜食玉米又称蔬菜玉米，因其具有丰富的营养、甜、鲜、脆、嫩的特色而深受各阶层消费者青睐。鲜食玉米由于含糖量高、适宜采收期长而得到广泛种植。其茎秆粗大，高 1 ～ 3m，生物量大。鲜食玉米生长期一般 2 ～ 3 个月，有效减少玉米茎秆镉往籽粒迁移，相对于土壤镉含量，镉在土壤、玉米秸秆、籽粒中迁移系数有显著差异，不同鲜食玉米品种籽粒镉的富集系数在 0.002 ～ 0.02 之间，秸秆镉的富集系数在 0.15 ～ 0.4 之间，秸秆镉含量比籽粒镉含量高 20 倍以上，在镉中低污染的设施菜田种植填闲鲜食玉米，一方面可以保证玉米可食用部位镉含量能满足国家食品卫生标准，实现镉污染耕地的安全利用；另一方面可通过玉米秸秆移除，从而带走土壤中部分镉，实现农田土壤镉含量的逐步降低。

6.8.2 适用范围

设施菜地在夏季高温期（6～8月）一般闲置、高温闷棚或揭膜晒田，种植填闲玉米可不影响设施菜地正常种植模式，设施菜地组在河北青县基地、江苏江宁基地开展玉米填闲安全生产与减量技术模式，河北青县基地土壤pH值平均为8.18（范围7.83～8.61），镉含量平均值为2.33mg/kg（范围1.84～2.82mg/kg）、江苏江宁基地土壤pH值为5.5（范围4.2～7.3），土壤Cd含量为0.43mg/kg（范围0.17～0.84mg/kg），根据土壤pH值和镉含量，两个基地污染程度低于风险筛选值，属于中低污染耕地。技术模式在两个基地开展试验示范，玉米籽粒镉含量为0.006～0.022mg/kg，低于《食品安全国家标准　食品中污染物限量》（GB 2762—2022）规定的镉限值（0.05mg/kg），相比于基地种植叶类蔬菜镉含量0.2mg/kg（菠菜），玉米镉含量远低于蔬菜，实现安全生产。秸秆镉含量为0.26～1.18mg/kg，远高于籽粒含量，其中河北青县基地秸秆镉含量为0.26～0.79mg/kg，低于《饲料卫生标准》（GB 13078—2017）规定的植物性饲料原料中镉限值（1mg/kg），可作为青贮饲料无害化处理，江苏江宁基地秸秆不同品种镉含量为0.6～1.2mg/kg，可根据含量分别作为青贮饲料和移除处理。

6.8.3 操作要点

① 推荐鲜食玉米品种：京科甜糯928、农科糯336、京科糯2000-1、京科糯2000-2、万糯8号（白色）、京科糯2000-3、北农科糯1号、冀彩甜糯1号、冀彩甜糯2号、京黄糯269、京科糯2000、农科玉968等品种，播种量每亩种植2500～4000株。

② 填闲种植时间：建议5～6月份种植，8～9月份收获，可根据上茬蔬菜种植时间适时调整。

③ 田间管理：根据大棚情况可揭膜种植，通过雨水灌溉减少农事活动，并做好病虫害防治。

6.8.4 示范推广及效益分析

设施菜地重金属鲜食玉米填闲安全生产与减量技术模式，在河北省沧州市青县、江苏省南京市江宁等地推广应用，两地合计示范推广300余亩，鲜食玉米籽粒镉含量在0.006～0.020mg/kg，低于《食品安全国家标准　食品中污染物限量》（GB 2762—2022）规定的镉限值（0.05mg/kg），玉米秸秆可带走的土壤镉量为3.0～13.5g/（$hm^2 \cdot a$），填闲玉米产量在800～1200kg/亩，相比设施菜地夏季闲置，可带动农民增收1000元/亩以上，玉米季可基本不施肥或少施肥，利用上茬蔬菜盈余养分，同时减少氮、磷面源污染（图6-23）。

(a)　(b)　(c)　(d)

图 6-23　技术模式示范推广

6.8.4.1　河北试验示范情况

（1）区域概况

示范区域位于华北平原东部，河北省东部，南运河畔，南接沧州，北依京津，是华北地区典型设施蔬菜种植区域。土壤以碱性为主，土壤 pH 值平均为 8.15，呈碱性，主要土壤元素为镉，土壤镉平均含量为 2.87mg/kg，根据 pH 值，属于风险筛选值内中低污染。

（2）实施方案

① 填闲时间：5 月上旬。

② 供试品种：京科甜糯 928、农科糯 336、京科糯 2000-1、京科糯 2000-2、万糯 8 号、京科糯 2000-3、北农科糯 1 号、冀彩甜糯 1 号、冀彩甜糯 2 号、京紫糯 218、超甜糯 3180。

（3）实施效果

11 种鲜食玉米品种籽粒中的镉含量均远低于《食品安全国家标准　食品中污染物限量》（GB 2762—2022）规定的谷物中镉限值（0.1mg/kg）。不同品种鲜食玉米籽粒中镉含量存在一定的差异，镉含量最高的是最低的 3.38 ～ 4.79 倍。京科甜糯 928 镉含量最高，为 0.020mg/kg，其次是超甜糯 3180，为 0.012mg/kg；C9（冀彩甜糯 2 号）镉含量最低，为 0.006mg/kg。京科甜糯 928 镉含量显著高于所有玉米品种，超甜糯 3180 显著高于北农科糯 1 号和冀彩甜糯 2 号。除了京科甜糯 928 和超甜糯 3180 外，其他所有玉米品种籽粒中镉含量均没有显著差异。

11 种鲜食玉米品种秸秆中的镉含量均低于《饲料卫生标准》（GB 13078—2017）规定的植物性饲料原料中镉限值（1mg/kg）。不同鲜食玉米秸秆中镉含量存在一定的差异，镉含量最高的是最低的 2.18 ～ 3.04 倍。北农科糯 1 号镉含量最高，为 0.65mg/kg，其次是京科甜糯 928，为 0.59mg/kg；农科糯 336 镉含量最低，为 0.30mg/kg。北农科糯 1 号和京科甜糯 928 镉含量显著高于其他所有玉米品种。除了北农科糯 1 号和京科甜糯 928 外，其他所有玉米品种均没有显著差异（图 6-24）。

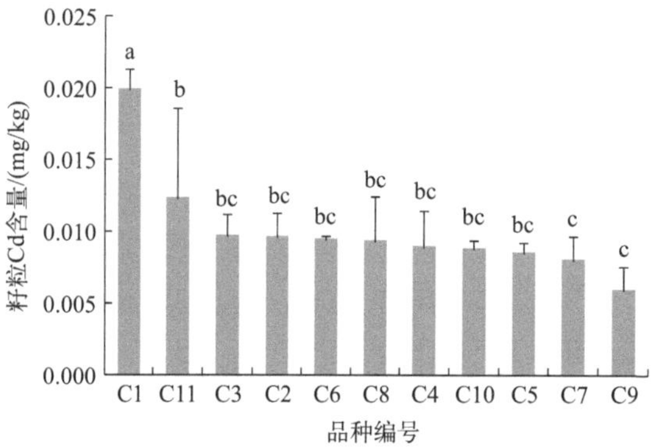

(a)

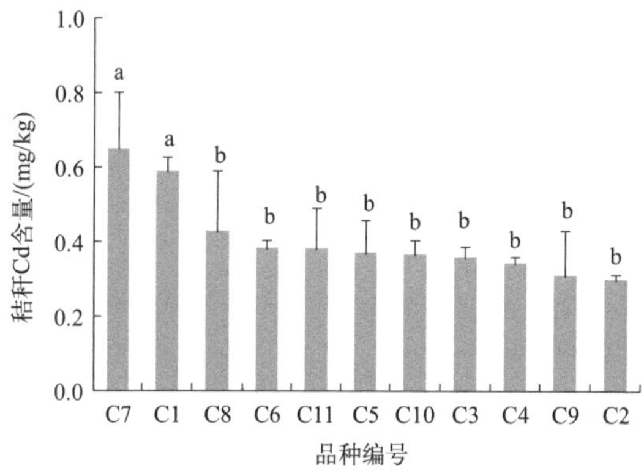

(b)

品种编号	品种名称
C1	京科甜糯928
C2	农科糯336
C3	京科糯2000-1
C4	京科糯2000-2
C5	万糯8号
C6	京科糯2000-3
C7	北农科糯1号
C8	冀彩甜糯1号
C9	冀彩甜糯2号
C10	京紫糯218
C11	超甜糯3180

图 6-24　河北示范区填闲种植玉米籽粒与秸秆镉含量

根据秸秆量计算 11 种玉米品种秸秆的镉带走量在 2.97 ～ 8.80g/hm^2 之间，北农科糯 1 号秸秆的镉吸收量最高，为 8.46g/hm^2。

（4）成本分析

鲜食玉米种子成本在 100 ～ 300 元 / 亩之间，玉米季可基本不施肥或少施肥，利用上茬蔬菜盈余养分，玉米属粗放型作物，人工投入少，填闲玉米产量在 800 ～ 1200kg/

亩之间，相比设施菜地夏季闲置，可增收 1000 元 / 亩以上。

6.8.4.2 江苏试验示范情况

（1）区域概况

示范区位于江苏省南京市，属丘陵地貌，海拔 200 ～ 300m，是南方典型春秋大棚，土壤 pH 值为 4.2 ～ 7.3，平均约 5.5，土壤呈酸性，主要污染元素为镉，土壤 Cd 含量为 0.17 ～ 0.84mg/kg，平均约 0.43mg/kg，根据 pH 值，属于风险筛选值内中低污染。

（2）实施方案

① 填闲时间：5 月上旬。

② 供试品种：京黄糯 269、京紫糯 219、京科糯 2000、农科玉 968。

（3）实施效果

4 种品种鲜食玉米籽粒镉含量在 0.008 ～ 0.022mg/kg 之间，均远低于《食品安全国家标准　食品中污染物限量》（GB 2762—2022）规定的谷物中镉限值（0.1mg/kg），不同品种籽粒镉含量存在显著差异，京黄糯 269 镉含量最低，京紫糯 219 最高。秸秆中镉含量与籽粒镉含量相似，京紫糯 219 秸秆中镉含量最高，达到 1.20mg/kg（图 6-25）。根据秸秆量计算玉米秸秆最高可带走土壤镉 13mg/hm^2，通过种植可逐步降低土壤镉含量。

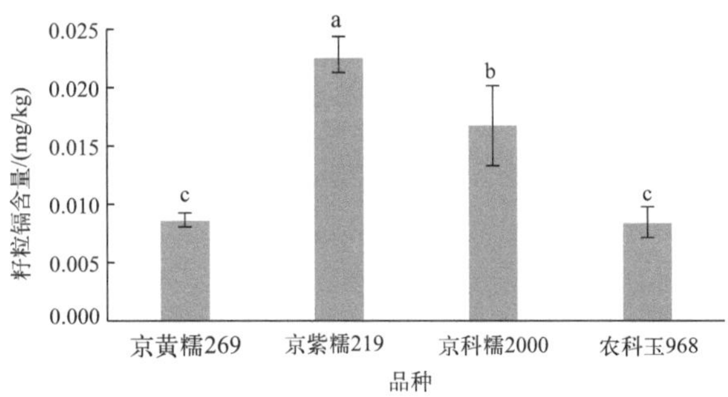

(a)

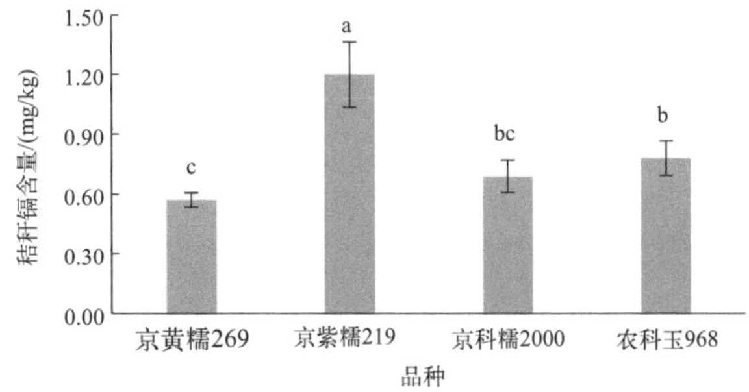

(b)

图 6-25　江苏示范区填闲种植玉米籽粒与秸秆镉含量

（4）成本分析

鲜食玉米种子成本在 100 ～ 300 元 / 亩之间，玉米季可基本不施肥或少施肥，利用上茬蔬菜盈余养分，玉米属粗放型作物，人工投入少，填闲玉米产量在 800 ～ 1200kg/ 亩之间，相比设施菜地夏季闲置，可增收 1000 元 / 亩以上。

参考文献

[1] 秦冉，娄飞，代良羽，等. 地质高背景区镉污染稻田中低累积水稻品种筛选 [J]. 南方农业学报，2021, 52(10):2709-2716.

[2] 张旺，高珍冉，郃粤鹰，等. 基于 APCS-MLR 受体模型的贵州喀斯特矿区水田土壤重金属源解析 [J]. 农业工程学报，2022, 38(3):212-219.

[3] 张容慧，张秀锦，柴冠群，等. 清镇市煤矿周边农田 Cr、Pb 水稻低积累品种筛选及健康风险评价 [J]. 种子，2023, 42(6):118-125, 131.

[4] 张容慧，张秀锦，柴冠群，等. 贵州青黄泥田重金属元素低积累水稻品种筛选 [J]. 中国稻米，2024, 30(1):75-83.

[5] 韦小了，牟力，付天岭，等. 不同钝化剂组合对水稻各部位吸收积累 Cd 及产量的影响 [J]. 土壤学报，2019, 56(4):883-894.

[6] 刘静，李筑江，王萍，等. 不同叶面肥对稻米重金属含量的影响 [J]. 农业与技术，2021, 41(8):801-804.

[7] 王灿，付天岭，龚思同，等. 叶面阻控剂对黔中喀斯特地区水稻 Cd 富集特征的影响 [J]. 浙江农业学报，2021, 33(9):1710-1719.

[8] 滕浪，付天岭，郑锋，等. 钙离子对不同水稻品种苗期镉吸收转运的影响 [J]. 种子，2022, 41(4):60-69.

[9] 滕浪，何腾兵，付天岭，等. 镉离子胁迫下钙镁离子对水稻种子萌发期耐镉性的影响 [J]. 种子，2020, 39(1):18-25.

[10] 郃粤鹰，何腾兵，陈小然，等. 叶面喷施阻控剂对常淹水稻田水稻吸收转运镉的影响 [J]. 浙江农业学报，2022, 34(6):1248-1257.

[11] Huang X, Fan C, Xie D, et al. Synergistic effects of water management and silicon foliar spraying on the uptake and transport efficiency of cadmium in rice (*Oryza sativa* L.)[J]. Plants, 2023, 12(6): 1414.

[12] Li X, Mu L, Zhang C, et al. Effect of amendments on bioavailability of cadmium in soil-rice system: a field experiment study[J]. Environmental Science and Pollution Research, 2023, 30(13): 37659-37668.

[13] Li X, Teng L, Fu T, et al. Comparing the effects of calcium and magnesium ions on accumulation and translocation of cadmium in rice[J]. Environmental Science and Pollution Research 2022, 29(27): 41628-41639.

[14] 娄飞，付天岭，代良羽，等. 不同土壤调理剂对黔中地区水稻 Cd 积累转运和产量的影响 [J].

浙江农业学报，2022, 34(7): 1493-1501.

[15] 陈小然，付天岭，郃粤鹰，等. 不同钙镁复合型钝化剂对 Cd 污染稻田的修复效果研究 [J]. 耕作与栽培，2022, 42(2):9-16.

[16] 张庭艳，何腾兵，田茂苑，等. 贵州喀斯特山区水稻土与稻米重金属含量的关联性探究 [J]. 山地农业生物学报，2021, 40 (2):60-66.

[17] 普天赟，何腾兵，滕浪，等. 外源 Mg^{2+} 对不同水稻品种苗期 Cd^{2+} 吸收转运特性的影响 [J]. 耕作与栽培，2021, 41(4):1-8.

[18] Lou F, Fu T, He G, et al. Different composites inhibit Cd accumulation in grains under the rice-oilseed rape rotation mode of karst area: A field study[J]. Ecotoxicology and Environmental Safety, 2023, 256: 114884.

[19] 刘静，王萍，代良羽，等. 喀斯特山区高镉稻田治理措施对稻米降镉的效果 [J]. 江苏农业科学，2023, 51(5):227-232.

[20] 于焕云，崔江虎，乔江涛，等. 稻田镉砷污染阻控原理与技术应用 [J]. 农业环境科学学报，2018, 37(7):1418-1426.

[21] 张晓峰，方利平，李芳柏，等. 水稻全生育期内零价铁与生物炭钝化土壤镉砷的协同效应与机制 [J]. 生态环境学报，2020, 29(7):1455-1465.

[22] Colombo C, Palumbo G, He J Z, et al. Review on iron availability in soil: Interaction of Fe minerals, plants, and microbes[J]. Journal of Soils and Sediments, 2014, 14(3):538-548.

[23] Honma T, Ohba H, Kaneko-Kadokura A, et al. Optimal soil Eh, pH, and water management for simultaneously minimizing arsenic and cadmium concentrations in rice grains[J]. Environmental Science & Technology, 2016, 50(8):4178-4185.

[24] Irshad M K, Noman A, Alhaithloul H A S, et al. Goethite-modified biochar ameliorates the growth of rice(*Oryza sativa* L.)plants by suppressing Cd and As-induced oxidative stress in Cd and As co-contaminated paddy soil[J]. Science of The Total Environment, 2020, 717:137086.

[25] Irshad M K, Noman A, Wang Y, et al. Goethite modified biochar simultaneously mitigates the arsenic and cadmium accumulation in paddy rice(*Oryza sativa* L.)[J]. Environmental research, 2022, 206:112238.

[26] Islam M S, Magid A S I A, Chen Y, et al. Effect of calcium and iron-enriched biochar on arsenic and cadmium accumulation from soil to rice paddy tissues[J]. Science of the Total Environment, 2021, 785:147163.

[27] Shen B, Wang X, Zhang Y, et al. The optimum pH and Eh for simultaneously minimizing bioavailable cadmium and arsenic contents in soils under the organic fertilizer application[J]. Science of the Total Environment, 2020, 711:135229.

[28] Yu HY, Wang X, Li F, et al. Arsenic mobility and bioavailability in paddy soil under iron compound amendments at different growth stages of rice[J]. Environmental Pollution, 2017, 224:136-147.

[29] Li B, Zhu H H, Zhu Q H, et al. Improving liming mode for remediation of Cd-contaminated acidic paddy soils: Identifying the optimal soil pH, model and efficacies[J]. Ecotoxicology and

Environmental Safety, 2024, 272:116038.

[30] Zhu H H, Chen C, Xu C, et al. Effects of soil acidification and liming on the phytoavailability of cadmium in paddy soils of central subtropical China[J]. Environmental Pollution, 2016, 219: 99-106.

[31] Huang G X, Ding C F, Guo N J, et al. Polymer-coated manganese fertilizer and its combination with lime reduces cadmium accumulation in brown rice (*Oryza sativa* L.)[J]. Journal of Hazardous Materials, 2021, 415: 125597.

[32] 汪鹏，赵方杰. 土壤 - 水稻系统中镉迁移与阻控. 南京农业大学学报，2022, 45(5): 990-1000.

[33] Huang G X, Ding C F, Guo F Y, et al. The optimum Se application time for reducing Cd uptake by rice (*Oryza sativa* L.) and its mechanism. Plant and Soil, 2018, 431(1-2): 231-243.

[34] Huang G X, Ding C F, Li Y S, et al. Selenium enhances iron plaque formation by elevating the radial oxygen loss of roots to reduce cadmium accumulation in rice (*Oryza sativa* L.)[J]. Journal of Hazardous Materials, 2020, 398: 122860.

[35] Huang G X, Ding C F, Hu Z Y, et al. Topdressing iron fertilizer coupled with pre-immobilization in acidic paddy fields reduced cadmium uptake by rice (*Oryza sativa* L.)[J]. Science of the Total Environment, 2018, 636: 1040-1047.

[36] Huang G X, Ding C F, Zhou Z G, et al. A tillering application of zinc fertilizer based on basal stabilization reduces Cd accumulation in rice (*Oryza sativa* L.)[J]. Ecotoxicology and Environmental Safety, 2019, 167: 338-344.

[37] Huang G X, Ding X Y, Liu Y, et al. Liming and tillering application of manganese alleviates iron manganese plaque reduction and cadmium accumulation in rice (*Oryza sativa* L.)[J]. Journal of Hazardous Materials, 2022, 427: 127897.

[38] Liang X F, Li N, He L Z, et al. Inhibition of Cd accumulation in winter wheat (*Triticum aestivum* L.) grown in alkaline soil using mercapto-modified attapulgite[J]. Science of the Total Environment, 2019, 20: 818-826.

[39] Wang Y L, Xu Y M, Li L P, et al. Immobilization of Cd by mercapto-palygorskite in typical calcareous and acidic soil aggregates: Performance and differences[J]. Chemosphere, 2023: 138223.

[40] Wang Y L, Xu Y M, Liang X F, et al. Effects of mercapto-palygorskite on Cd distribution in soil aggregates and Cd accumulation by wheat in Cd contaminated alkaline soil[J]. Chemosphere, 2021, 271: 129590-129601.

[41] Huang Q Q, Di X R, Liu Z J, et al. Mercapto-Palygorskite efficiently immobilizes Cd in alkaline soil and reduces Cd accumulation in wheat plants at in-situ field scale[J], Ecotoxicology and Environmental Safety, 2023: 115559.

[42] Zhang Y, Li Y L, Xu Y M, Huang Q Q, et al. Effects of mercapto-palygorskite application on cadmium accumulation of soil aggregates at different depths in Cd-contaminated alkaline farmland[J] Environmental Research, 2023,216: 114448.

[43] Zhang Y, Xu Y M, Huang Q Q, et al. Transcriptome and ultrastructural analysis revealed the mechanism of Mercapto-palygorskite on reducing Cd content in wheat[J]. Journal of Hazardous

Materials, 2023: 132890.

[44] Zhang Y, Xu Y M, Liang X F, et al. Ionomic analysis reveals the mechanism of mercaptosilane-modified palygorskite on reducing Cd transport from soil to wheat[J]. Environmental Science and Pollution Research, 2023, 30(43):98091-98105.

[45] Yong Y Y, Yang T T, Wang Y L, et al. Mercapto-palygorskite decreases the Cd uptake of wheat by changing Fe and Mn fraction in Cd contaminated alkaline soil[J]. Geoderma, 2024: 116751.

[46] Zhao F J, Ma Y B, Zhu Y G, et al. Soil contamination in China: Current status and mitigation strategies. Environmental Science & Technology, 2015, 49 (2): 750-759.

[47] Wang P, Chen H P, Kopittke P M, et al. Cadmium contamination in agricultural soils of China and the impact on food safety[J]. Environmental Pollution, 2019, 249: 1038-1048.

[48] Chen H P, Wang P, Chang J D, et al. Producing Cd-safe rice grains in moderately and seriously Cd-contaminated paddy soils[J]. Chemosphere, 2021, 267: 128893.

[49] Zhao F J, Tang Z, Song J J, et al. Toxic metals and metalloids: Uptake, transport, detoxification, phytoremediation, and crop improvement for safer food[J]. Molecular Plant, 2022, 15: 27-44.

[50] Chen H P, Zhang, W W, Yang X P, et al. Effective methods to reduce cadmium accumulation in rice grain[J]. Chemosphere, 2018, 207: 699-707.

[51] Huang H, Chen H P, Kopittke P M, et al. The voltaic effect as a novel mechanism controlling the remobilization of cadmium in paddy soils during drainage[J]. Environmental Science & Technology. 2021, 55: 1750-1758.

[52] Fang X, Wang J, Chen H P, et al. Two-year and multi-site field trials to evaluate soil amendments for controlling cadmium accumulation in rice grain[J]. Environmental Pollution, 2021, 289: 117918.

[53] Huang H, Tang Z X, Qi H Y. et al. Soil amendments with $ZnSO_4$ or $MnSO_4$ are effective at reducing Cd accumulation in rice grain: An application of the voltaic cell principle[J]. Environmental Pollution, 2022, 294: 118650.

第 7 章

修复案例库构建与智能修复决策

7.1 Meta 分析驱动的土壤调理剂修复效果评价

7.1.1　Meta 分析方法简介

Meta 分析（Meta-analysis）也叫“元分析”“荟萃分析”“整合分析”，“Meta”一词来自希腊语，意思是“之后”，Meta-analysis 的意思是“分析的分析”，最早诞生于心理学、教育学领域，是 20 世纪 70 年代由 Glass 提出的 [1]。整合分析是指对已有的同一目标研究主题下相互独立的试验结果进行计量统计分析和评价，它是一种形式化、系统化和定量分析多个现有研究的方法，并根据现有数据形成新的研究结果 [2]。首先需要搜集设定标准范围内的经验证据，这包括系统地识别、选择、综合、记录和评估原始研究，目的是创建一个主题的高级概要，以解决目标研究问题。整合分析包括应用统计学方法分析和总结系统综述中的研究结果 [3]。因此，整合分析涉及对大量已发表研究或其他文献的详细审查和分析。这种方法允许量化全球效应或发现，而不是依赖在特定条件下（例如在特定区域）进行孤立研究的结果。与单个研究相比，整合分析基于数学和孤立研究的结果提供了更精确的效果估计 [4]，克服了个体研究小样本的限制，还可以澄清不同研究结果之间的异质性，并分析结果中的差异，此外它比每个单独研究的结果更有效。

Meta 分析最早可以追溯到 18 世纪初，英国统计学家 Karl Pearson 为评估某种疫苗的效果，根据样本量大小给出了 5 个样本的平均值 [5]，也有部分学者认为该方法起源于 20 世纪 30 年代 Tippett、Fisher 和 Yates 三位统计学家提出的结合概率统计检验 [6,7]，美国教育学家 Glass 于 1976 年正式提出“Meta-analysis”这一概念 [1]。随后在 20 世纪 70 年代初该方法在医学领域应用，并有相关图书的出版，Meta 分析在医学领域快速发展，方法也不断完善 [8]。随着 Meta 分析的发展，20 世纪 90 年代后开始在生态学领域得到应用 [9]。20 世纪 90 年代末彭少麟等将 Meta 分析方法首次引入生态学领域，描述了 Meta 分析的起源、发展历程、具体方法、原理和应用情况 [10]，国内学者将 Meta 分析定义为“整合分析”，在医学、教育、心理学和应用经济学等多个领域 [11] 广泛应用。Hew 等基于整合分析方法统计了 19 项关于翻转课堂的研究，发现翻转课堂确实比非翻转课堂更能提高学习者的认知和行为结果 [12]。Yang 等为确定吸烟对成人循环维生素 D 的影响，统计了 24 项研究发现吸烟者的循环维生素 D 水平低于非吸烟者 [13]。

近年来，整合分析方法在农业生态学领域特别是土壤重金属污染及修复方面也发展迅猛。Ren 等 [14] 通过整合分析选择 1998 ～ 2019 年间发表的 112 篇文章研究我国农田土壤重金属的总体污染状况，研究表明我国农田土壤中的大多数重金属与世界平均水平相近，Cd与Hg已成为我国农田的首要污染元素，农田土壤重金属污染在该时间段内呈上升趋势，总体分布范围逐渐扩大，污染重心有由内陆向西北和西南迁移的趋势。Tian等[15]通过对52篇文献的分析发现生物炭的应用降低了50.12%土壤Cd有效态含量，同时略微增加了土壤As有效态含量（2.39%），更有意义的是生物炭的应用使作物中As和Cd浓度分别降低了25.48%和38.66%。Liao等[16]为量化石灰对水稻产量和糙米Cd浓度的影响，综合了35项研究的数据，发现石灰应用显著增加了水稻产量（+12.9%）和土壤pH值（+0.85个单位），并降低了谷物Cd浓度（−48%）。Wang等[17]为全面和定量分析添加剂如何影响小麦Cd积累、小麦产量、土壤Cd有效性和土壤特性，统计了65篇相关文献，发现大多数添加剂的施用降低了小麦籽粒和根部的Cd含量，亚组分析表明在钙质土壤中，黏土矿物处理（129.87%）对小麦籽粒Cd含量的降低幅度最高，其次是复合材料（75.36%）和磷材料（73.55%）处理。

7.1.2 Meta分析步骤

首先要确定好题目，通过前期文献阅读与积累，特别是高质量的文献综述，发现目前研究的不足之处；选题时还应注意合理性、创新性等，明确主题[18]。围绕所选主题先进行检索词设计，选择合适的数据库，接着在所选数据库中进行文献检索，为了保证研究的全面性和准确度，要尽可能搜集到所有涉及研究主题的文献，包括期刊中的论文、会议论文、摘要等资料[18]；从文献标题、摘要和关键词中进一步筛选目标文献，为了确保试验数据的有效性，并防止整理数据过程中的偏差与疏漏，仔细阅读文献的研究目的、试验方法和试验结果，再与本研究的目的相结合，设定相关纳入标准（如保证文献结果的独立性与重复次数），筛选出相关文献。对筛选出来的文献进行数据提取，文字和表格中的数据可直接提取，图片中的数据利用GetDate等软件获取具体数据，文献中未明确的数据信息可向文献的作者发送邮件请教，若仍无法获得，则舍弃这组数据[19]，从文献中提取与主题相关的数据，明确输入参数与响应指标；通过对采集的数据进行预处理，如对数据进行参数单位变换和标准化操作，确保数据的质量和可用性，完成Meta分析数据库的建立。接下来，通过Reviewer Manager和MetaWin等软件对上述数据库进行定量分析[18]，量化估计目标指标的变化幅度（即效应大小），判断异质性并选择合适的模型进行计算，针对异质性，需要进一步展开敏感性分析或亚组分析。最后对计算结果进行整理并绘图分析，得出结论并进行合理解释（具体步骤详见图7-1）。

7.1.3 修复案例库构建与分析

7.1.3.1 主题确定

原位钝化技术是修复土壤Cd污染和降低Cd在作物中累积的有效措施，加之其

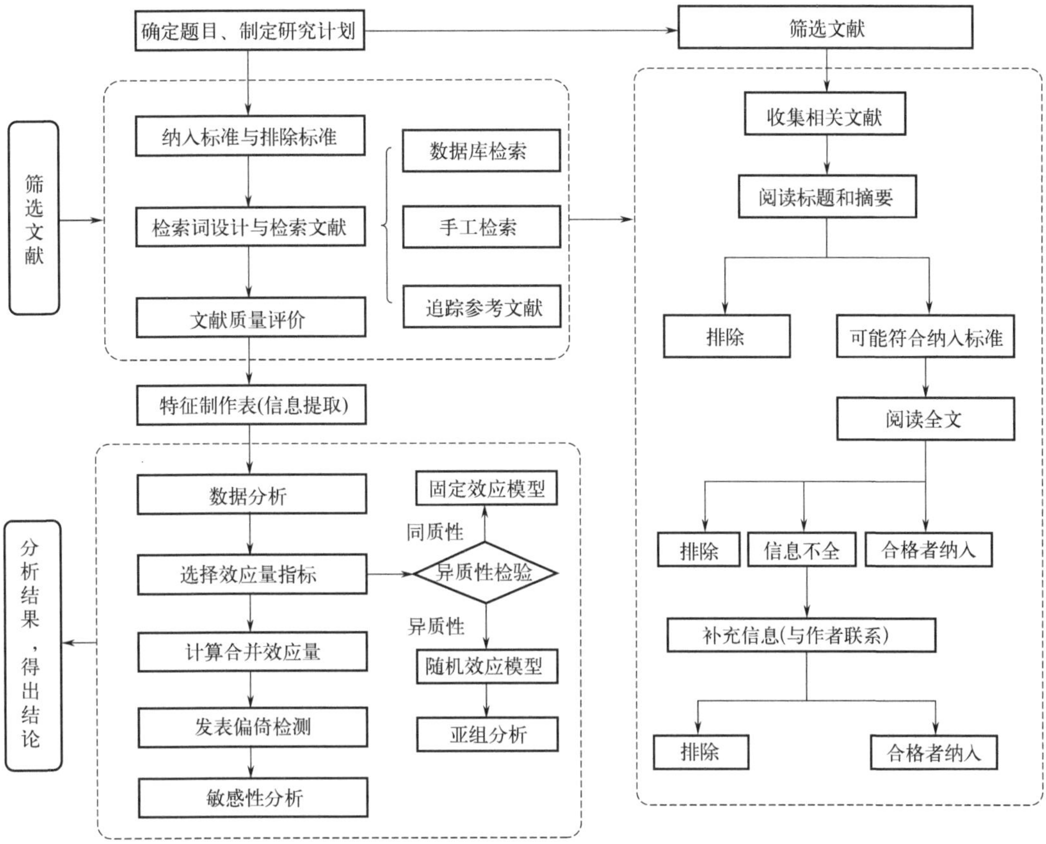

图 7-1 Meta 分析内容与步骤[18]

成本低、实施方便等优点，在水稻安全生产实践中得到大规模推广应用。然而，受钝化材料种类与结构性质差异性、土壤性质空间异质性等因素的影响，钝化效果（如土壤 Cd 有效态含量和稻米 Cd 含量降低情况）差异很大，造成在选择钝化材料时面临很大困难。因此，本案例通过 Meta 分析对已有文献进行统计分析，定量评估不同种类土壤调理剂对土壤理化性质、土壤 Cd 有效态含量和稻米 Cd 含量的平均效应值，并对影响调理剂施用效果的主要因素进行亚组分析，重点分析不同种类土壤调理剂的施用效果差异，从而为土壤 Cd 污染修复治理实践中土壤调理剂的选择提供科学依据和技术支撑。

7.1.3.2 数据库建立

（1）文献检索与数据提取

为系统研究土壤调理剂在土壤重金属 Cd 污染治理过程中的应用效果，进一步明确土壤调理剂对土壤理化性质、土壤 Cd 有效性及水稻吸收 Cd 含量的影响，本研究基于整合分析方法在“中国知网”和“Web of Science”两个数据库中检索 2020 年之前发表的相关文章，以“调理剂”“钝化剂”“修复剂”“镉（Cd）”“水稻”“土壤”等为关键词进行文献检索，并从文献标题、摘要和关键词中进一步筛选目标文献，所选文献不包括综述类、评价类、室内盆栽及模型模拟等论文。为了确保试验数据的有效性，并防止整理数据过程中的偏差与疏漏，仔细阅读文献的研究目的、试验方法和试验结果，再与本研究的目的相结合，设定的纳入标准如下：

① 必须是田间试验（不包括单一培养试验），考察作物为水稻，试验地点在中国范围内，重金属 Cd 污染具体地点明确；

② 必须是空白对照试验，并且将是否施用土壤调理剂作为试验的唯一变量；

③ 文献中至少报道了土壤 Cd 有效态含量和土壤 pH 值、有机质、CEC 等土壤理化性质中的一个或多个；

④ 所选文献试验结果互相独立，每个处理重复次数≥ 3，相关指标要表示为平均值。

根据以上文献筛选标准，最终获得文献共 181 篇，共计 2424 条数据。

在 Excel 2019 表格里录入从文献中提取的有用数据，提取的信息包括试验地点、年均气温、年降雨量；土壤相关信息包括土壤质地、土壤污染背景值、pH 值、SOM、CEC、碱解氮含量、有效磷含量、速效钾含量、土壤调理剂的种类及施用量；响应指标包括土壤理化性质、土壤 Cd 有效态含量及稻米 Cd 含量三个方面；此外，还包括空白组（CK）和处理组的重复次数、平均值和标准差，从而建立起本研究的数据库。为进一步探究结果的异质性来源，对关键影响因素进行分组，其中不同地区之间的分组 [20]，东南地区（苏、沪、浙、鄂、湘、赣、闽及粤）、西南地区（川、渝、贵、云及桂）、华北地区（京、津、鲁、冀、豫、晋及皖）、东北地区（黑、吉和辽）、西北地区（甘、青、宁、蒙及新），在西北地区未统计到相关试验数据；年均气温分为 10 ～ 20℃和＞ 20℃两组；年降雨量分为 500 ～ 1000mm、1000 ～ 1500mm 和＞ 1500mm 三组；土壤 pH 值分为酸性（pH ＜ 6.5）、中性（6.5 ～ 7.5）和碱性（pH ＞ 7.5）三组；土壤有机质含量分为＜ 20g/kg、20 ～ 30g/kg 和＞ 30g/kg 三组；阳离子交换量（CEC）分为＜ 10cmol/kg、10 ～ 20cmol/kg 和＞ 20cmol/kg 三组；土壤质地分为黏土、壤土和砂土三组；土壤调理剂分为复合材料、硅钙物质、黏土矿物、有机物料、含磷物质、微生物菌剂、生物炭、新型材料和工业副产品共 9 类；土壤调理剂施用量水平分为＜ 2×10^3kg/hm^2、（2 ～ 5）$\times10^3$kg/hm^2、（5 ～ 8）$\times10^3$kg/hm^2、（8 ～ 15）$\times10^3$kg/hm^2 和＞ 15×10^3kg/hm^2 5 组。具体如表 7-1 所列。

表7-1　主要分组变量情况

分组变量	G1	G2	G3	G4	G5	G6	G7	G8	G9
地区	东南地区	西南地区	华北地区	东北地区	西北地区				
年均气温 /℃	10 ～ 20	＞ 20							
年降雨量 /mm	500 ～ 1000	1000 ～ 1500	＞ 1500						
土壤 pH 值	＜ 6.5	6.5 ～ 7.5	＞ 7.5						
土壤有机质含量 /(g/kg)	＜ 20	20 ～ 30	＞ 30						

续表

分组变量	G1	G2	G3	G4	G5	G6	G7	G8	G9
CEC /(cmol/kg)	＜ 10	10 ～ 20	＞ 20						
土壤质地	黏土	壤土	砂土						
土壤调理剂种类	硅钙物质	黏土矿物	有机物料	生物质炭	复合材料	微生物菌剂	新型材料	工业副产品	含磷物质
土壤调理剂施用量 /(10^3kg/hm^2)	＜ 2	2 ～ 5	5 ～ 8	8 ～ 15	＞ 15				

注：G 表示分组情况。

（2）数据标准化处理

在运用 MetaWin 软件分析数据之前需要对数据进行标准化处理。当文章中没有明确采样深度时，默认采样深度为 0 ～ 20cm；当土壤调理剂的施用量用质量分数（如 1%）表示时，将其转换为单位面积质量（如 t/hm^2）[21]；质地分为黏土、壤土和砂土三个类别，若文章中没有明确土壤质地，则根据美国农业部土壤质地三角图得出土壤质地名称。若文章中测定土壤 pH 值提取方法为 $CaCl_2$，则通过计算公式将其转化为去离子水提取测定的数值 [22]，转化公式为：

$$pH_{[H_2O]} = 1.65 + 0.86 \times pH_{[CaCl_2]}$$

对于含有土壤有机碳含量的文献，根据下面的公式计算土壤有机质的含量：

$$SOC = 0.58 \times SOM$$

式中　SOM——土壤有机质含量，g/kg；

0.58——土壤有机碳与有机质的转换系数[23]。

如果文章中只有标准误的数据，通过如下公式计算标准差：

$$SD = SE \times \sqrt{n}$$

式中　n——重复次数；

SE——标准误；

SD——标准差。

对于 SE 仍缺失的数据，取平均值的 1/10[24]。

7.1.3.3　定量分析方法

本案例为评估施用土壤调理剂对指标响应的大小，选择随机效应模型，计算不同指标分组的效应大小，土壤调理剂对某一指标的影响大小选用自然对数 ($\ln R$) 表示，其计算公式为 [25]：

$$\ln R = \ln \frac{X_t}{X_c} = \ln X_t - \ln X_c$$

式中　R——响应比；

$\ln R$——效应值；

X_t，X_c——施用土壤调理剂与不施用土壤调理剂条件下土壤理化性质、土壤Cd有效态含量、稻米镉（Cd）含量的均值。

方差 (v) 的计算公式为：

$$v = \frac{SD_t^2}{n_t X_t^2} + \frac{SD_c^2}{n_c X_c^2}$$

式中　SD_t，SD_c——施用土壤调理剂与不施用土壤调理剂处理的标准差；

n_t，n_c——两个处理的重复次数。

通过对所有研究数据进行加权平均，得到综合效应值 $\ln R_{++}$，计算公式如下：

$$\ln R_{++} = \frac{\Sigma(\ln R_i \times w_i)}{\Sigma w_i}$$

式中　$\ln R_i$，w_i——第i组数据的效应值和权重，权重是方差的倒数。

使用 MetaWin 2.1 计算每组数据的效应值和 95% 的置信区间。当置信区间全部大于 0 时，表示施用土壤调理剂对该指标具有正向效应，即施用调理剂显著提高了该指标的数值；当置信区间全部小于 0 时，表示施用土壤调理剂对该指标具有负向效应，即施用调理剂显著降低了该指标的数值；当置信区间包含 0 时，表示施用土壤调理剂对该指标的影响不显著，与对照相比不具有显著性差异。为更直观地反映施用土壤调理剂对各指标的效应大小，本书根据下面的公式将 95% 的置信区间转化为百分数：

$$E = \left[\exp(\ln R_{++}) - 1\right] \times 100\%$$

当 $E > 0$ 时，表示施用土壤调理剂对土壤理化性质、土壤 Cd 有效态含量和稻米 Cd 含量具有正向影响；当 $E < 0$ 时则相反；当 $E=0$ 时，表示施用土壤调理剂未产生效应。

$$\ln R = \ln\frac{X_t}{X_c} \times v = \frac{SD_t^2}{n_t X_t^2} + \frac{SD_c^2}{n_c X_c^2} \ln R_{++} = \frac{\Sigma(\ln R_i \times w_i)}{\Sigma w_i} E = \left[\exp(\ln R_{++}) - 1\right] \times 100\%$$

7.1.3.4　基于Meta分析的土壤调理剂对土壤化学性质的影响

（1）土壤调理剂对土壤化学性质的总体影响

向土壤中施用调理剂可降低重金属 Cd 的活性和迁移率，还会影响土壤化学性质（pH 值、有机质含量和 CEC 等），从而在一定程度上改善土壤肥力，提高作物产量[26]。由图 7-2 可知，与不施用调理剂的对照组相比，施用调理剂后土壤 pH 值、有机质含量、CEC 和速效养分的含量均有不同程度的增加（$P < 0.05$），土壤 pH 值、

CEC、有机质含量、碱解氮含量、有效磷含量和速效钾含量的效应值分别增加了8.65%、6.28%、5.77%、4.89%、11.22% 和 13.03%。

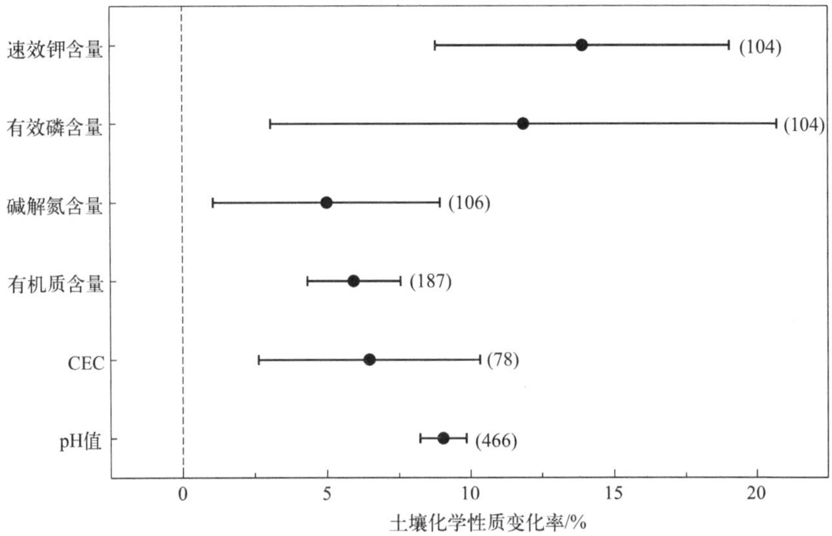

图 7-2 土壤调理剂对土壤化学性质的影响
括号里的数字为每个指标数据的对数，下同

（2）土壤调理剂对土壤 **pH** 值的影响

如表 7-2 所列，在不同地区、土壤 pH 值、土壤质地、有机质含量、有效磷含量、调理剂种类及施用量的亚组间，施用土壤调理剂后 pH 值的平均效应值异质性显著（$P < 0.05$），表明与不施用调理剂的处理相比，施用调理剂对土壤 pH 值的影响在上述亚组之间变化明显，而年均气温、年降雨量和土壤阳离子交换量的亚组间，施用调理剂后土壤 pH 值的平均效应值异质性不显著（$P > 0.05$），表明在上述三个亚组间施用调理剂后土壤 pH 值的变化不明显。

表7-2 土壤调理剂对土壤pH值影响的异质性分析

分类变量	数据对 n	异质性 Q_b	概率 P
不同地区	532	15.21	0.0002
年均气温	472	2.48	0.0790
年降雨量	474	4.00	0.0837
土壤 pH 值	533	17.46	0.0002
土壤质地	539	9.40	0.0027
有机质含量	403	8.89	0.0044

续表

分类变量	数据对 *n*	异质性 Q_b	概率 *P*
CEC	223	2.54	0.3243
调理剂种类	466	39.72	0.0000
调理剂施用量	510	25.48	0.0000

注：Q_b(between-group variability) 为组间异质性；概率 $P < 0.05$ 表示差异显著，$P < 0.01$ 表示差异极显著，下同。

如图 7-3 所示，土壤调理剂种类及不同施用量水平对土壤 pH 值具有不同程度的影响。从土壤调理剂种类来看，除施用微生物菌剂外，其他调理剂处理对土壤 pH 值均具有显著影响（$P < 0.05$）。其中，施用新型材料和复合材料提高土壤 pH 值的效果最佳，分别为 14.27% 和 12.14%；黏土矿物和硅钙物质增幅相差不大，增加量分别为 9.71% 和 8.85%；工业副产品、生物炭和含磷物质增幅分别为 7.14%、6.52% 和 6.33%；有机物料和微生物菌剂的增加量最小，分别为 3.70% 和 1.13%。

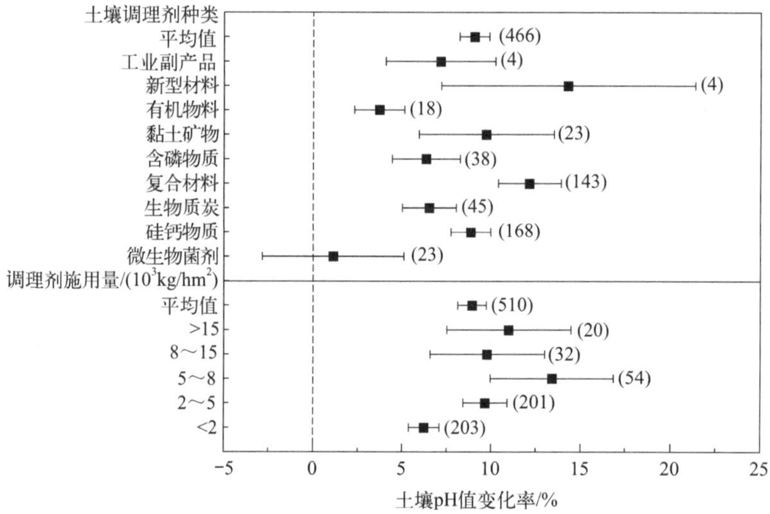

图 7-3　不同种类土壤调理剂和施用量对土壤 pH 值的影响

从土壤调理剂的施用量来看，不同施用量水平对土壤 pH 值的影响均是显著的（$P < 0.05$）。当施用量水平为（5 ～ 8）×10^3kg/hm^2 时，土壤 pH 值的增幅最大，为 13.41%；施用量水平为（2 ～ 5）×10^3kg/hm^2、（8 ～ 15）×10^3kg/hm^2 和＞ 15×10^3kg/hm^2 时，增幅分别为 9.67%、9.78% 和 10.98%；施用量水平为＜ 2×10^3kg/hm^2 时，土壤 pH 值的增幅为 6.24%。

由图 7-4 可知，不同地区（西南地区、东南地区和华北地区）、年降雨量（500 ～ 1000mm、1000 ～ 1500mm 和＞ 1500mm）和年均气温（10 ～ 20℃和＞ 20℃）对土壤 pH 值的影响均是显著的（$P < 0.05$）。在西南地区施用土壤调理剂后提高 pH

值的幅度最大，为 12.28%；在东南地区和华北地区施用调理剂后土壤 pH 值的提高幅度差异不大，分别为 7.94% 和 7.90%。

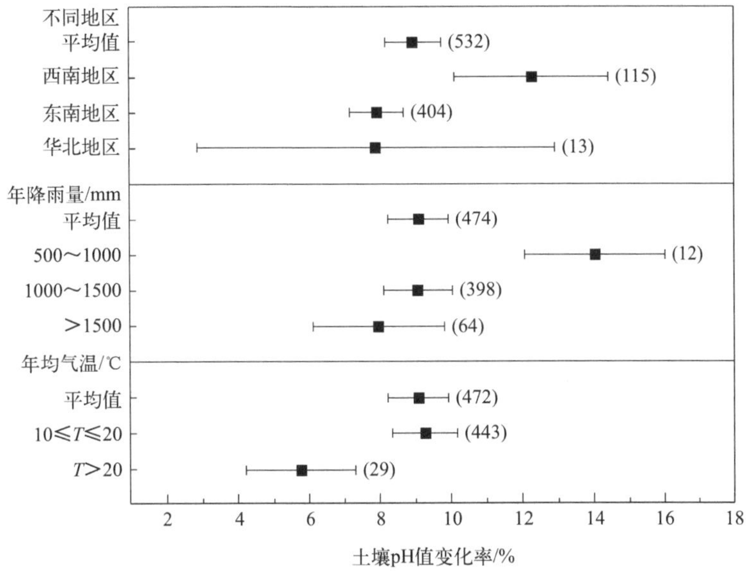

图 7-4　不同地区和气候条件下施用土壤调理剂对土壤 pH 值的影响

从年降雨量来看，施用调理剂后土壤 pH 值的效应值变化程度随降雨量的增加而变小。当降雨量为 500 ～ 1000mm 时，施用土壤调理剂后，pH 值增幅最大，为 14.04%；降雨量为 1000 ～ 1500mm 和 > 1500mm 时，施用调理剂后土壤 pH 值的增幅有所减小，增幅分别为 9.08% 和 7.97%。同样地，施用调理剂后土壤 pH 值的效应值变化程度呈现出随年均气温增加而减小的趋势。当年均气温为 10 ～ 20℃时，施用调理剂后土壤 pH 值的增加幅度为 9.26%；当年均气温 > 20℃时，施用调理剂后土壤 pH 值的增幅为 5.76%。

如图 7-5 所示，不同土壤质地（黏土、壤土和砂土）下施用调理剂均可显著提升土壤 pH 值（$P < 0.05$），且不同质地间土壤 pH 值的效应值异质性显著，表明在不同土壤质地间施用调理剂对 pH 值的影响具有显著性差异（$P < 0.05$）。与不施用调理剂的处理相比，不同土壤质地间施用调理剂后 pH 值的增加幅度大小依次为壤土 > 黏土 > 砂土，增加量依次为 10.38%、7.89% 和 7.42%。

从土壤 pH 值来看，不同土壤 pH 值间（pH < 6.5、6.5 ≤ pH ≤ 7.5 和 pH > 7.5）施用调理剂后土壤 pH 值的效应值异质性显著（$P < 0.05$），表明在酸性、中性和碱性土壤环境中施用调理剂对 pH 值的影响具有显著性差异。与不施用调理剂的处理相比，施用调理剂后土壤 pH 值的增幅大小依次为酸性（pH < 6.5）> 中性（6.5 ≤ pH ≤ 7.5）> 碱性（pH > 7.5）。与不施用调理剂的处理相比，在土壤环境为酸性和中性时，施用调理剂可显著提升土壤 pH 值（$P < 0.05$），增加量分别为 9.37% 和 3.78%；而在土壤环境为碱性时，施用调理剂后 pH 值降低了 1.81%。从本研究提

取的信息来看，田间试验研究更多地集中在酸性土壤中，且在酸性土壤环境中施用土壤调理剂 pH 值的增幅最大（$P < 0.05$）。

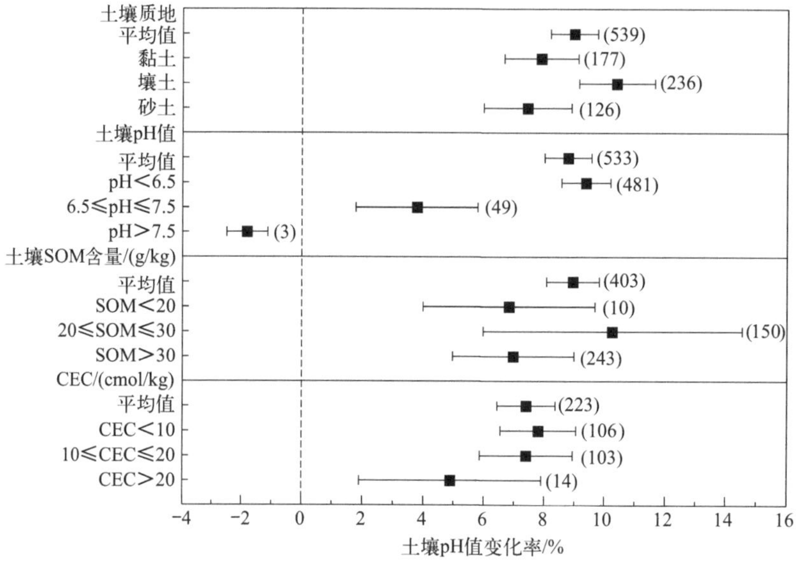

图 7-5 不同土壤条件下施用土壤调理剂对土壤 pH 值的影响

不同土壤有机质含量（SOM < 20g/kg、20g/kg ≤ SOM ≤ 30g/kg 和 SOM > 30g/kg）下施用调理剂均可显著提升土壤 pH 值（$P < 0.05$），不同有机质含量下施用调理剂对土壤 pH 值的影响具有显著性差异（$P < 0.05$）。与不施用调理剂的处理相比，当土壤有机质含量为 20 ～ 30g/kg 时，施用调理剂后提升土壤 pH 值的效果最佳，增幅为 10.26%；当有机质含量< 20g/kg 和> 30g/kg 时，施用调理剂后土壤 pH 值的增幅分别为 6.83% 和 6.97%。

从土壤阳离子交换量来看，不同土壤阳离子交换量（CEC < 10cmol/kg、10cmol/kg ≤ CEC ≤ 20cmol/kg 和 20cmol/kg ≤ CEC ≤ 30cmol/kg）下施用调理剂均可显著提升 pH 值（$P < 0.05$）。与不施用调理剂的处理相比，在阳离子交换量不同的土壤中施用调理剂后土壤 pH 的增幅由大到小依次为（< 10cmol/kg）>（10 ～ 20cmol/kg）>（> 20cmol/kg），增加量依次为 7.80%、7.40% 和 4.90%。

（3）土壤调理剂对土壤有机质含量的影响

土壤有机质是土壤可持续利用及作物生长发育的重要保障，本研究利用亚组分析研究不同条件下土壤有机质的响应。如表 7-3 所列，在不同地区、土壤有机质含量、土壤调理剂及施用量的亚组间，施用调理剂后土壤有机质含量的效应值异质性显著，这表明与不施用调理剂的处理相比，在上述条件分组下施用调理剂后土壤有机质的变化明显，即不同分组间具有显著性差异（$P < 0.05$），而在年降雨量和土壤质地分组间，施用调理剂后土壤有机质的异质性不显著，各组之间不具有显著性差异（$P > 0.05$）。

表7-3　土壤调理剂对土壤有机质影响的异质性分析

分组变量	不同地区	年降雨量	土壤质地	有机质含量	调理剂种类	调理剂施用量
数据对 n	196	144	196	179	186	181
异质性 Q_b	23.27	3.33	7.13	15.57	51.66	33.65
概率 P	0.0014	0.1600	0.1255	0.0172	0.0016	0.0016

如图 7-6 所示，不同种类土壤调理剂对有机质含量的影响明显不同。与不施用调理剂的处理相比，施用有机物料、生物炭和复合材料都可显著提升土壤有机质含量（$P < 0.05$），土壤有机质含量分别增加了 11.74%、11.25% 和 9.21%。因微生物菌剂调理剂的数据对较少，故有关微生物菌剂对提升土壤有机质含量的影响有待进一步研究。而施用含磷物质、黏土矿物、新型材料、硅钙物质对土壤有机质含量的影响不显著（$P > 0.05$）。综上，施用有机物料提升土壤有机质含量的效果最佳。

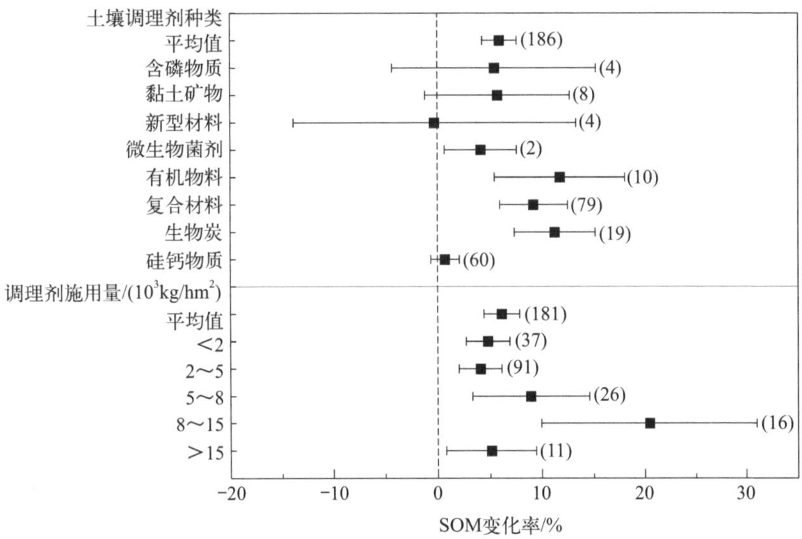

图 7-6　不同土壤调理剂及施用量水平对土壤有机质的影响

从土壤调理剂的施用量水平来看，不同施用量水平对有机质含量影响均是显著的（$P < 0.05$）。与不施用调理剂的处理相比，当施用量水平为（8 ～ 15）$\times 10^3$kg/hm^2 时，土壤有机质增加幅度最大，为 20.48%；其次是施用量为（5 ～ 8）$\times 10^3$kg/hm^2 和 $>15\times 10^3$kg/hm^2 时，增加幅度分别为 8.93% 和 5.12%；施用量水平为（2 ～ 5）$\times 10^3$kg/hm^2 和 $< 2\times 10^3$kg/hm^2 时，土壤有机质含量的增幅分别为 4.07% 和 4.79%。

如图 7-7 所示，不同地区间（西南地区、东南地区和华北地区）施用土壤调理剂后对有机质含量的影响具有一定差异。与不施用调理剂的处理相比，在西南地区和东南地区施用土壤调理剂后有机质含量显著上升（$P < 0.05$），增幅分别为 9.31% 和 3.51%，在华北地区施用土壤调理剂对有机质含量的影响不显著（$P < 0.05$）。

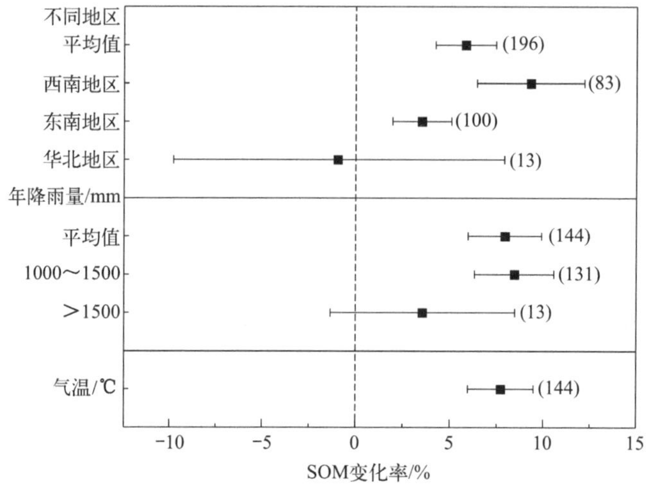

图 7-7　不同地区及气候下施用土壤调理剂对土壤有机质的影响

从年降雨量来看，施用调理剂后土壤有机质含量呈现出随着年降雨量增加而降低的趋势。与不施用调理剂的处理相比，年降雨量为 1000 ～ 1500mm 和＞ 1500mm 时，施用调理剂后土壤有机质含量分别增加 8.44% 和 3.55%（$P < 0.05$）；当年降雨量＞ 1500mm 时，施用调理剂对土壤有机质含量没有显著性影响（$P > 0.05$）。关于气温，统计施用调理剂对土壤有机质含量的影响时，年均气温只有 10℃＜ T ＜ 20℃，故未分组，当 10℃＜ T ＜ 20℃时施用调理剂可显著增加土壤有机质含量，增幅为 7.72%。

如图 7-8 所示，从土壤质地来看，与不施用调理剂的处理相比，不同土壤质地（黏土、壤土和砂土）中施用调理剂均可显著增加土壤有机质含量（$P < 0.05$），土壤有机质含量增加幅度由大到小依次为壤土（7.07%）＞黏土（4.17%）＞砂土（2.99%）。

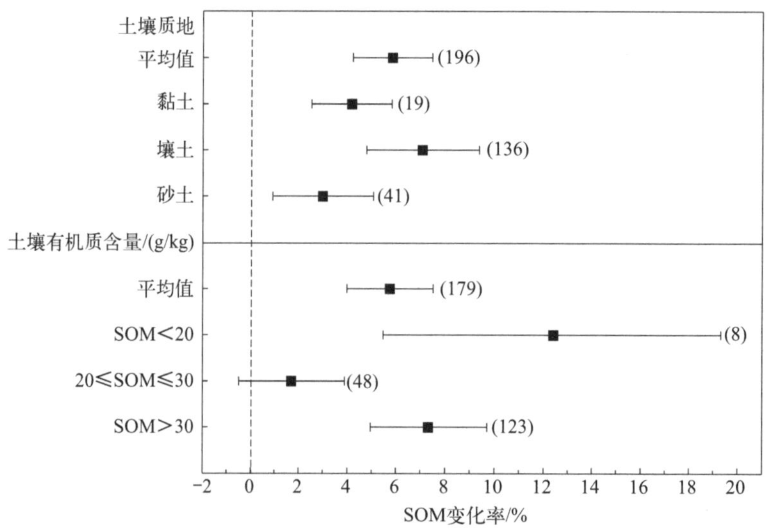

图 7-8　不同土壤条件下施用调理剂对土壤有机质的影响

从土壤有机质含量来看，与不施用调理剂的处理相比，当土壤有机质含量低于20g/kg和高于30g/kg时，施用土壤调理剂可显著增加土壤有机质含量（$P < 0.05$），增加量分别为12.40%和7.33%，而当土壤有机质含量为20～30g/kg时，施用土壤调理剂对土壤有机质含量的提升效果不明显（$P > 0.05$），表明当土壤本身有机质含量较低时，施用调理剂提升土壤有机质含量的效果最好。

（4）土壤调理剂对土壤CEC的影响

如表7-4所列，本研究借助亚组分析探究不同条件下施用土壤调理剂对CEC的影响。结果表明，在不同年降雨量和土壤CEC的分组间，施用调理剂后土壤CEC的效应值差异性显著，表明在上述组别间施用调理剂对土壤CEC的影响具有显著性差异（$P < 0.05$）；而在不同地区、土壤质地、调理剂种类和施用量水平分组下施用调理剂对土壤CEC的效应值差异性并不显著，表明在上述组别间施用调理剂对土壤CEC的影响不具有显著性差异（$P > 0.05$）。

表7-4　土壤调理剂对土壤阳离子交换量影响的异质性分析

分类变量	不同地区	年降雨量	土壤质地	CEC	调理剂种类	调理剂施用量
数据对 n	81	81	81	74	76	81
异质性 Q_b	0.52	19.38	4.05	17.57	3.43	5.64
概率 P	0.4128	0.0003	0.0814	0.0015	0.4340	0.1301

如图7-9所示，从土壤调理剂种类来看，与不施用调理剂的处理相比，施用硅钙物质、复合材料和微生物菌剂对土壤CEC影响显著（$P < 0.05$），其中硅钙物质对提升土壤CEC效果最佳，增加量为9.92%，复合材料和微生物菌剂次之，分别增加5.04%和5.61%，而施用黏土矿物、生物炭、含磷物质对土壤CEC影响不显著（$P > 0.05$）。

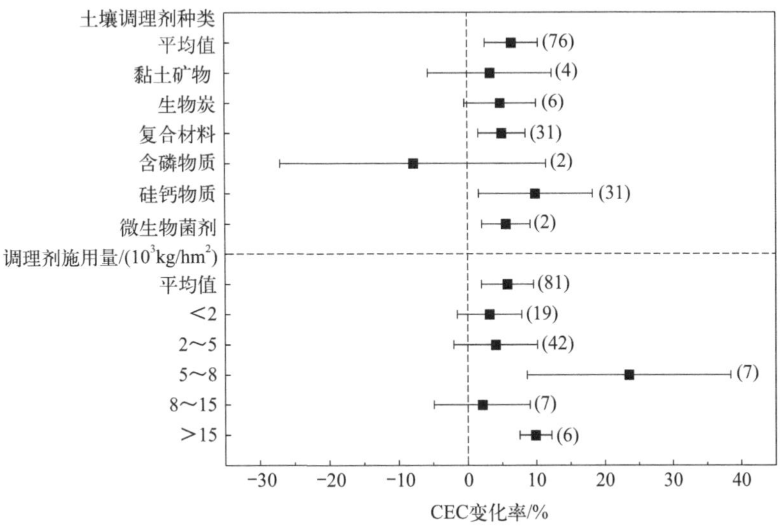

图7-9　不同土壤调理剂及施用量水平对土壤CEC的影响

从调理剂的施用量水平来看，与不施用调理剂的处理相比，施用量为（5 ～ 8）× 10^3kg/hm^2 和＞ 15×10^3kg/hm^2 时可显著提高土壤 CEC（P ＜ 0.05），其中施用量水平为（5 ～ 8）×10^3kg/hm^2 时土壤 CEC 的增幅最大，为 23.54%，施用量＞ 15×10^3kg/hm^2 时土壤 CEC 的增幅为 9.9%，而其他施用量下土壤 CEC 增加的效果并不显著（P ＞ 0.05）。

如图 7-10 所示，与不施用调理剂的处理相比，不同地区（东南地区和西南地区）施用调理剂均可显著提升土壤 CEC（P ＜ 0.05），东南地区和西南地区施用土壤调理剂后 CEC 分别提升了 6.93% 和 3.80%。

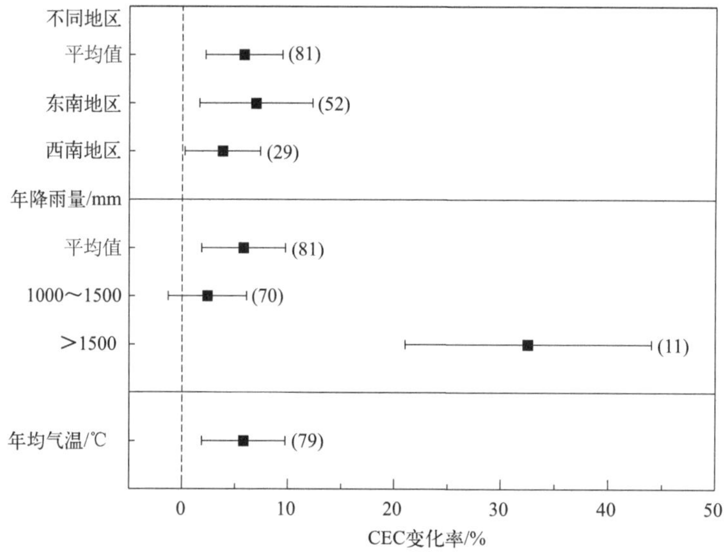

图 7-10　不同地区及气候下施用调理剂对土壤 CEC 的影响

从年降雨量来看，与不施用调理剂的处理相比，当年降雨量大于 1500mm 时，施用调理剂对土壤 CEC 的增加效果显著（P ＜ 0.05），增幅为 32.52%，而当年降雨量为 1000 ～ 1500mm 时，施用调理剂对土壤 CEC 的影响不显著（P ＞ 0.05）；因本节统计施用调理剂对 CEC 的影响时，年均气温只有 10 ～ 20℃一组，故未分组，当年均气温在 10 ～ 20℃时施用调理剂对土壤 CEC 影响显著（P ＜ 0.05），增幅为 3.95%。

如图 7-11 所示，从土壤 CEC 来看，与不施用调理剂的处理相比，当 CEC 为＜ 10cmol/kg 和 10 ～ 20cmol/kg 时，施用调理剂对土壤 CEC 的影响具有显著性差异（P ＜ 0.05），增幅分别为 14.08% 和 3.93%，而当土壤 CEC ＞ 20cmol/kg 时，施用调理剂对土壤 CEC 影响不显著（P ＞ 0.05），且施用调理剂后土壤 CEC 的增加幅度随着土壤 CEC 的增加而减小。

从土壤质地来看，不同土壤质地（黏土、壤土和砂土）中施用调理剂对土壤 CEC 的影响不同。与不施用调理剂的处理相比，在壤土中施用调理剂可显著提升土壤 CEC（P ＜ 0.05），增幅为 7.10%，在黏土中施用调理剂对土壤 CEC 的影响不显著（P ＞ 0.05），砂土中施用调理剂后 CEC 降低了 5.62%，差异性显著（P ＜ 0.05）。

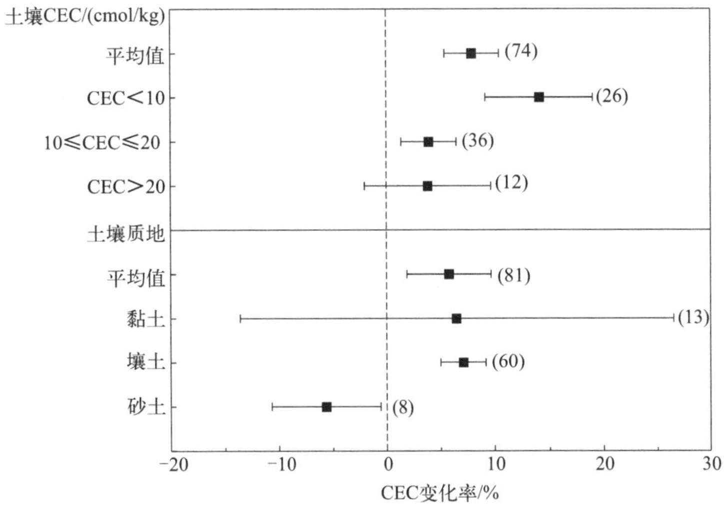

图 7-11　不同土壤条件下施用调理剂对土壤 CEC 的影响

7.1.3.5　基于Meta分析的土壤调理剂对土壤镉有效态含量的影响

（1）土壤调理剂类别及施用量对土壤 Cd 有效态含量的影响

如图 7-12 所示，从土壤调理剂种类来看，与不施用调理剂的处理相比，施用不同种类的土壤调理剂均可显著降低土壤 Cd 有效态含量（$P < 0.05$），其中施用黏土矿物和复合材料两种调理剂降低土壤 Cd 有效态含量的幅度达 30% 以上。施用不同种类调理剂后土壤 Cd 有效态含量降低幅度由大到小依次为黏土矿物＞复合材料＞微生物菌剂＞生物炭＞新型材料＞有机物料＞含磷物质＞硅钙物质＞工业副产品，分别

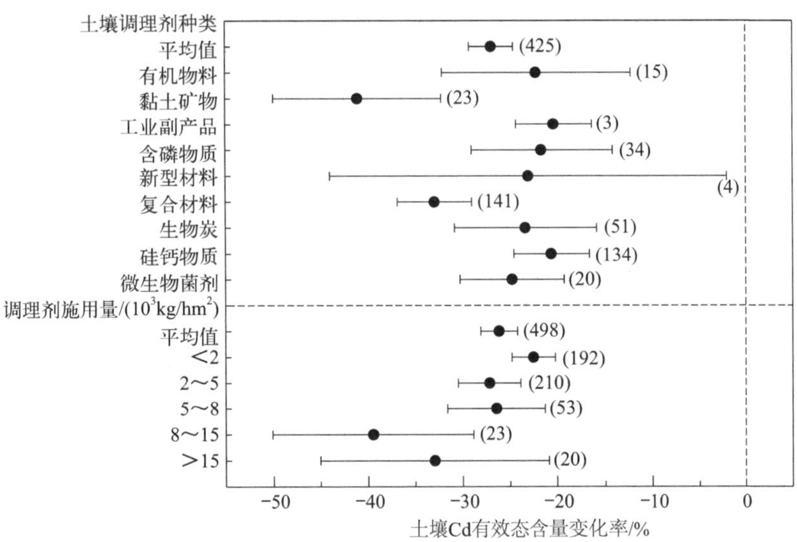

图 7-12　不同土壤调理剂类别及施用量水平对土壤 Cd 有效态含量的影响

降低了 41.07%、32.93%、24.76%、23.35%、23.02%、22.19%、21.63%、20.60% 和 20.34%。

从不同施用量水平来看，不同施用量水平对土壤 Cd 有效态含量的影响也是显著的（$P < 0.05$）。此外，随调理剂施用量的增加，土壤 Cd 有效态含量的降低幅度呈现出先增大后减小的趋势，当施用量为（8 ～ 15）$\times 10^3$kg/hm^2 时土壤 Cd 有效态含量的降幅最大，为 39.49%。

（2）不同土壤条件下施用土壤调理剂对土壤 Cd 有效态含量的影响

从土壤质地来看，在不同土壤质地（黏土、壤土和砂土）施用调理剂对土壤 Cd 有效态含量的影响不同。如图 7-13 所示，与不施用调理剂的处理相比，不同土壤质地间施用调理剂对土壤 Cd 有效态含量的影响是显著的（$P < 0.05$），不同土壤质地中施用土壤调理剂后土壤 Cd 有效态含量的降低幅度由大到小依次为黏土 (30.66%) ＞壤土 (29.02%) ＞砂土 (22.02%)，表明土壤质地为黏土时施用调理剂降低土壤 Cd 有效态含量的幅度最大。

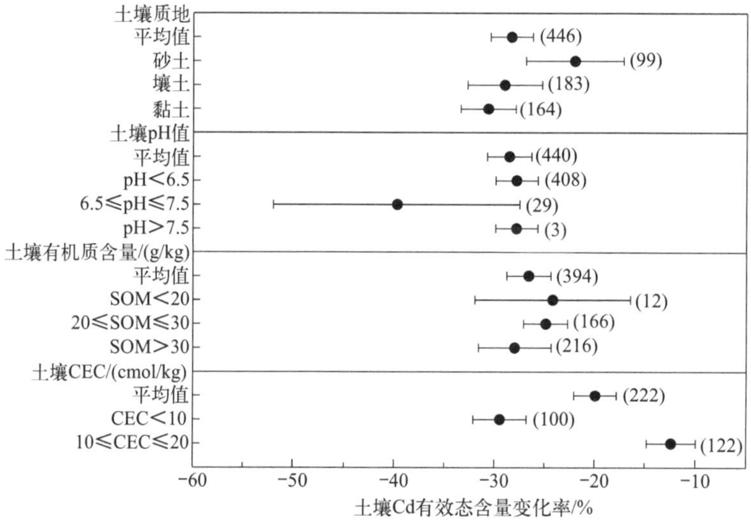

图 7-13　不同土壤条件下施用土壤调理剂对土壤 Cd 有效态含量的影响

从土壤酸碱性来看，与不施用调理剂的处理相比，酸性、中性和碱性土壤环境中施用调理剂对土壤 Cd 有效态含量的影响都是显著的（$P < 0.05$）。当土壤为中性（$6.5 \leqslant pH \leqslant 7.5$）环境时，施用土壤调理剂降低土壤 Cd 有效态含量的幅度最大，降幅为 39.7%；当土壤为酸性（$pH < 6.5$）和碱性（$pH > 7.5$）环境时，施用调理剂后土壤 Cd 有效态含量的降低幅度一致，均为 27.79%。

从土壤有机质含量来看，与不施用调理剂的处理相比，不同土壤有机质含量（SOM ＜ 20g/kg、20g/kg ≤ SOM ≤ 30g/kg 和 SOM ＞ 30g/kg）下施用调理剂对土壤 Cd 有效态含量的影响都是显著的（$P < 0.05$），且施用调理剂后土壤 Cd 有效态

含量降低幅度呈现出随土壤有机质含量升高而增大的趋势。在 SOM ＞ 30g/kg 时，施用调理剂后土壤 Cd 有效态含量的降低幅度最大，为 32.80%；当 20 ≤ SOM ≤ 30g/kg 和 SOM ＜ 20g/kg 时，施用调理剂后土壤 Cd 有效态含量的降幅分别为 24.88% 和 24.18%。

从土壤 CEC 来看，与不施用调理剂的处理相比，不同 CEC（＜ 10cmol/kg 和 10 ～ 20cmol/kg）下施用调理剂对土壤 Cd 有效态含量的影响都是显著的（$P < 0.05$），不同土壤 CEC 时施用调理剂后土壤 Cd 有效态含量的降低幅度为（CEC ＜ 10cmol/kg）＞（10cmol/kg ＜ CEC ＜ 20cmol/kg），降幅分别为 29.43% 和 12.38%。

（3）不同土壤 Cd 全量中施用土壤调理剂对土壤 Cd 有效态含量的影响

如图 7-14 所示，与不施用调理剂的处理相比，在不同土壤 Cd 全量（＜ 0.5mg/kg、0.5 ～ 1mg/kg、1 ～ 2mg/kg 和＞ 2mg/kg）时施用调理剂均可显著降低土壤 Cd 有效态含量（$P < 0.05$）。当土壤 Cd 全量＞ 2mg/kg 时，施用调理剂后降低土壤 Cd 有效态含量的幅度最大，降幅为 45.58%；当土壤 Cd 全量为＜ 0.5mg/kg、0.5 ～ 1mg/kg、1 ～ 2mg/kg 时，施用调理剂后土壤 Cd 有效态含量分别降低 19.16%、35.09% 和 23.83%。表明当土壤 Cd 含量较高时，施用土壤调理剂后土壤 Cd 有效态含量的降幅较大。

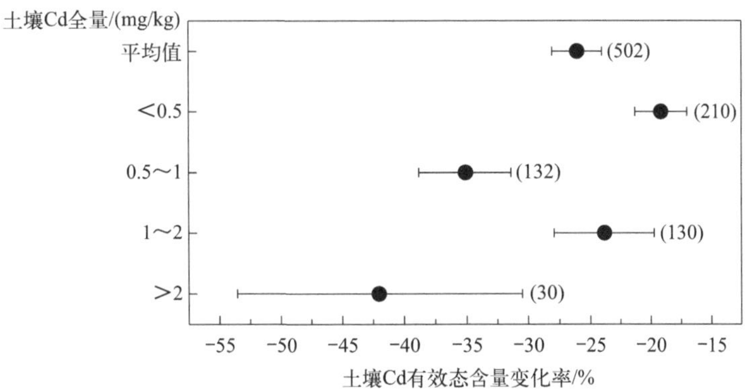

图 7-14　不同土壤 Cd 全量时施用调理剂对土壤 Cd 有效态含量的影响

（4）土壤理化性质与土壤 Cd 有效态含量的相关性分析

土壤 pH 值是影响重金属 Cd 活性的重要因素，如表 7-5 所列，分析施用不同调理剂后土壤pH值与土壤Cd有效态含量效应值的相关性。其中施用含磷物质、黏土矿物、生物炭和微生物菌剂后土壤 pH 值与土壤 Cd 有效态含量呈显著负相关（$P < 0.05$），施用复合材料、硅钙物质调理剂后两者呈负相关但不显著（$P > 0.05$）；施用新型材料和有机物料调理剂后两者呈负相关但相关性不显著，这可能是因为这两种调理剂的数据样本量较少。土壤有机质含量和 CEC 也是影响土壤 Cd 有效态含量的重要因素，如图 7-15（书后另见彩图）所示，施用土壤调理剂后土壤 Cd 有效态含量效应值与有机质含量的效应值呈正相关但不显著（$P > 0.05$），而土壤 Cd 有效态含量效应值与土壤 CEC 效应值两者之间呈负相关。

表7-5 施用不同土壤调理剂后土壤pH值的效应值与土壤Cd有效态含量效应值的关系

调理剂种类	数据对 n	拟合方程	R^2	P
复合材料	116	$y=-1.0452x-0.3372$	0.6860	$P>0.05$
工业副产品	3	$y=2.1707x-0.3605$	0.9200	$P<0.05$
硅钙物质	121	$y=-0.8354x-0.1875$	0.0294	$P>0.05$
含磷物质	32	$y=-3.6075x-0.0938$	0.2408	$P<0.05$
黏土矿物	21	$y=-3.4511x-0.2856$	0.4693	$P<0.05$
生物炭	42	$y=-3.0798x-0.0970$	0.2111	$P<0.05$
微生物菌剂	20	$y=-1.7778x-0.2517$	0.5965	$P<0.05$
新型材料	4	$y=-3.8309x+0.2505$	0.7249	$P>0.05$
有机物料	14	$y=-1.3847x-0.1972$	0.0272	$P>0.05$

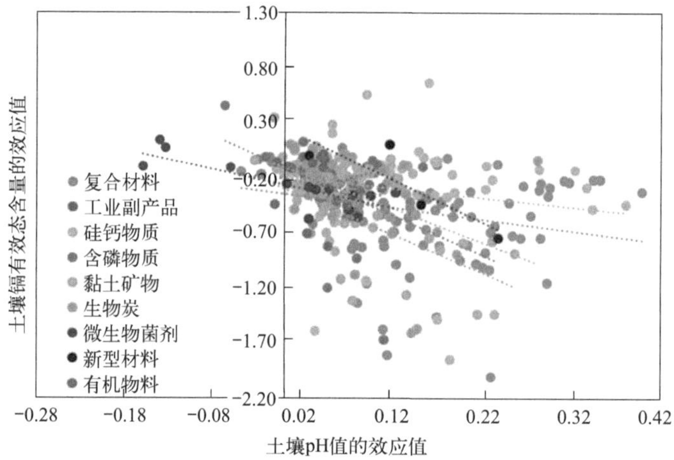

(a)

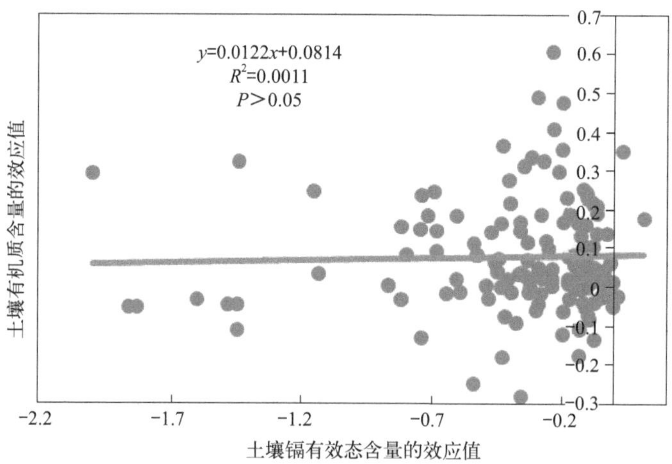

(b)

图 7-15

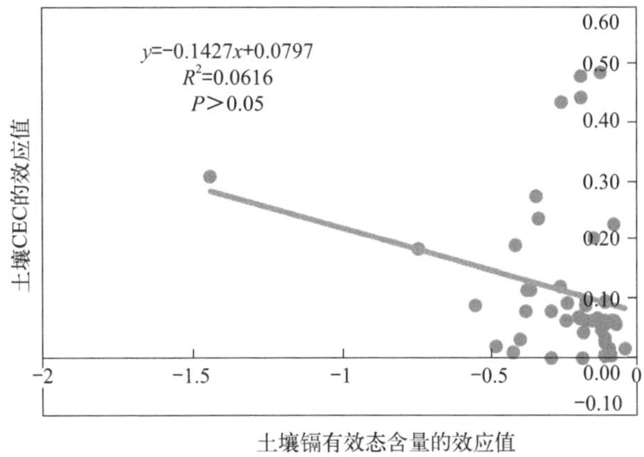

(c)

图 7-15　施用土壤调理剂后土壤 pH 值与 Cd 有效态含量、Cd 有效态含量与有机质含量、Cd 有效态含量与 CEC 效应大小的相关性分析

7.1.3.6　基于Meta分析的土壤调理剂对稻米镉含量的影响

（1）土壤调理剂类别及施用量对稻米 Cd 含量的影响

如图 7-16 所示，从土壤调理剂种类来看，与不施用调理剂的处理相比，不同种类土壤调理剂均可显著降低稻米 Cd 含量（$P < 0.05$）。其中工业副产品和新型材料对稻米 Cd 含量的降幅达 50% 以上，整体上来说，因工业副产品和新型材料的数据对

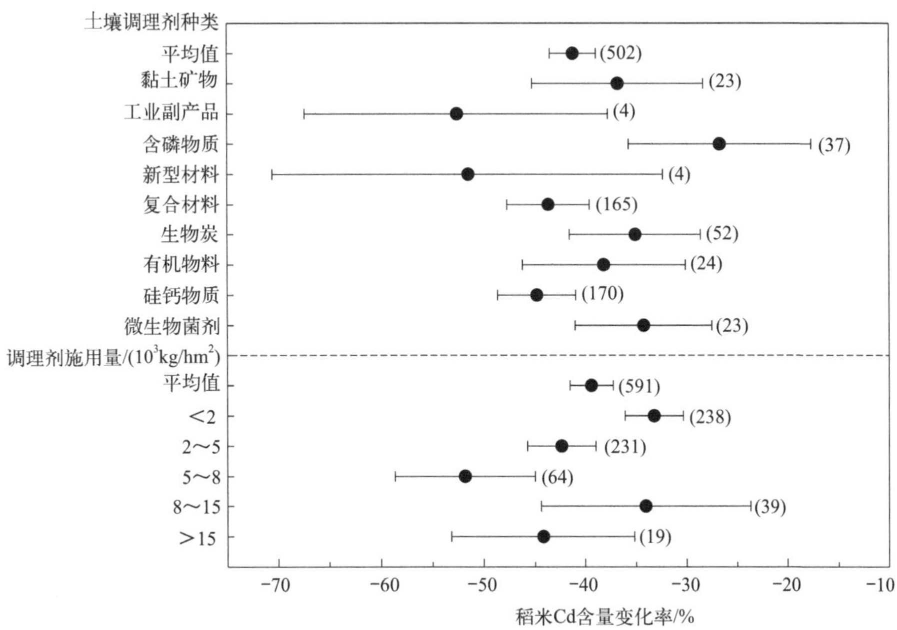

图 7-16　不同土壤调理剂及施用量水平对稻米 Cd 含量变化的影响

较少（n=4），故以硅钙物质（n=170）和复合材料（n=165）降低稻米 Cd 含量的幅度最大，降幅分别为 44.77% 和 43.62%，其他调理剂处理下降低稻米镉含量的幅度由大到小依次为有机物料＞黏土矿物＞生物炭＞微生物菌剂＞含磷物质，降幅分别为 38.16%、36.77%、35.06%、34.24% 和 26.70%。

土壤调理剂施用量水平是影响稻米 Cd 含量的重要因素之一，一般情况下，施用量过高或过低均不能实现最好的降镉效果。如图 7-16 所示，不同施用量水平对稻米 Cd 含量的影响都是显著的（$P < 0.05$）。当土壤调理剂的施用量水平为（5 ～ 8）$\times10^3$kg/hm^2 时，稻米 Cd 含量的降幅最大，为 51.82%；施用量水平为＞ 15$\times10^3$kg/hm^2 和（2 ～ 5）$\times10^3$kg/hm^2 时降幅次之，分别为 44.17% 和 42.35%；施用量水平为（8 ～ 15）$\times10^3$kg/hm^2 和＜ 2$\times10^3$kg/hm^2 时降幅差异不大，分别为 34.05% 和 33.22%。

（2）不同土壤条件下土壤调理剂对稻米 Cd 含量的影响

如图 7-17 所示，从土壤质地来看，与不施用调理剂的处理相比，不同质地土壤（黏土、壤土和砂土）中施用调理剂均可显著降低稻米 Cd 含量（$P < 0.05$），黏土、壤土和砂土质地土壤中施用调理剂稻米 Cd 含量分别降低 47.29%、39.65% 和 39.06%，这表明黏土质地中施用调理剂对稻米 Cd 含量的降低幅度要大于壤土和砂土。

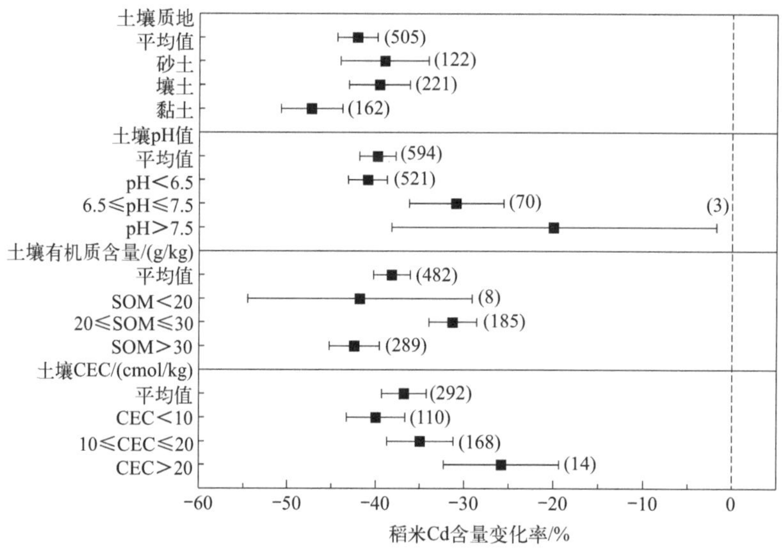

图 7-17　不同土壤条件下施用调理剂对稻米 Cd 含量变化的影响

从土壤 pH 值来看，与不施用调理剂的处理相比，在不同土壤 pH 值（pH ＜ 6.5、6.5 ≤ pH ≤ 7.5 和 pH ＞ 7.5）下施用调理剂对稻米 Cd 含量的影响均是显著的（$P < 0.05$），且施用调理剂后稻米 Cd 含量降低幅度随着土壤 pH 值的降低而增大。不同土壤 pH 值下施用调理剂后稻米 Cd 含量降幅由大到小为（pH ＜ 6.5）＞（6.5 ≤ pH ≤ 7.5）＞（pH ＞ 7.5），降低量依次为 40.96%、30.93% 和 20.01%，表明在酸性土壤环境中施用调理剂降低稻米 Cd 含量的效果最佳。

从土壤有机质含量来看，与不施用调理剂的处理相比，不同有机质含量的土壤中施用调理剂也都能显著降低稻米 Cd 含量（$P<0.05$），土壤中有机质含量分别为＜ 20g/kg、20 ～ 30g/kg 和＞ 30g/kg 时，施用调理剂后稻米 Cd 含量分别降低了 41.83%、31.30% 和 42.43%。

从土壤阳离子交换量（CEC）来看，与不施用调理剂的处理相比，不同土壤阳离子交换量下施用调理剂均可显著降低稻米 Cd 含量（$P<0.05$）。当土壤阳离子交换量＜ 10cmol/kg 时，施用调理剂后稻米 Cd 含量的降幅最大，为 39.97%；土壤阳离子交换量分别为 10 ～ 20cmol/kg 和＞ 20cmol/kg 时，稻米 Cd 含量的降幅分别为 34.94% 和 25.79%。

（3）不同土壤 Cd 全量下施用土壤调理剂对稻米 Cd 含量的影响

土壤 Cd 全量可直接影响稻米 Cd 含量的变化。如图 7-18 所示，与不施用调理剂的处理相比，不同土壤 Cd 全量下施用调理剂对稻米 Cd 含量的影响均是显著的（$P<0.05$）。当土壤 Cd 全量＞ 2mg/kg 时，施用调理剂后稻米 Cd 含量的降低幅度最大，为 45.58%；土壤 Cd 全量分别为＜ 0.5mg/kg、0.5 ～ 1mg/kg 和 1 ～ 2mg/kg 时，稻米 Cd 含量降幅依次为 37.32%、43.28% 和 36.19%。整体上看，施用调理剂后稻米 Cd 含量的降低幅度随着土壤本身 Cd 浓度的增大而变大。

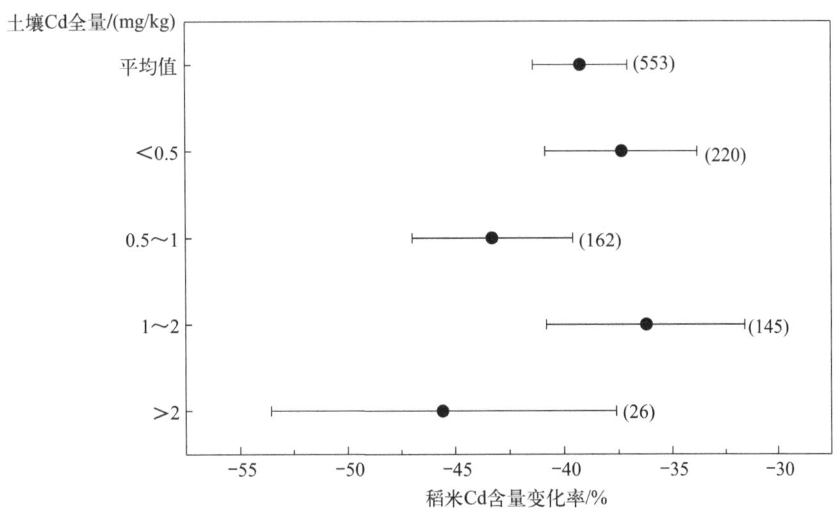

图 7-18　不同土壤 Cd 全量下施用调理剂对稻米 Cd 含量的影响

（4）土壤 Cd 有效态含量与稻米 Cd 含量的相关性分析

作物可直接吸收利用的部分就是土壤有效态 Cd，因此土壤 Cd 有效态含量与作物吸收积累 Cd 密切相关。如表 7-6 所示，施用不同种类的土壤调理剂后土壤 Cd 有效态含量的效应值与稻米 Cd 效应值均呈现正相关，但相关性存在差异。其中施用复合材料、硅钙物质、含磷物质、微生物菌剂和新型材料调理剂后两者之间相关性显著（$P < 0.05$），施用工业副产品、黏土矿物、生物炭和有机物料调理剂后两者之间相关性不显著（$P > 0.05$）。

表7-6　施用不同种类土壤调理剂后有效态Cd含量效应值与稻米Cd含量效应值的关系

调理剂种类	数据对 n	拟合方程	R^2	P
复合材料	125	$y=0.7101x-0.3176$	0.2460	$P < 0.05$
工业副产品	3	$y=0.7593x-0.3634$	0.0402	$P > 0.05$
硅钙物质	129	$y=0.3211x-0.4625$	0.0581	$P < 0.05$
含磷物质	32	$y=0.6211x-0.0743$	0.4393	$P < 0.05$
黏土矿物	17	$y=0.3969x-0.3527$	0.1824	$P > 0.05$
生物炭	43	$y=0.3375x-0.3096$	0.0804	$P > 0.05$
微生物菌剂	20	$y=0.9000x-0.1348$	0.4934	$P < 0.05$
新型材料	4	$y=0.9982x-0.6344$	0.9385	$P < 0.05$
有机物料	14	$y=0.3541x-0.4516$	0.0768	$P > 0.05$

7.1.3.7　不同土壤调理剂对镉污染修复效果影响分析

施用土壤调理剂可在一定程度上改善土壤结构，提高土壤肥力。整合分析结果表明，在不同条件（土壤条件、调理剂种类及施用量）下施用调理剂对各土壤理化性质都有一定的影响。从土壤调理剂来看，新型材料和复合材料对提升土壤 pH 值的效果要优于其他调理剂，但新型材料的数据样本少（n=4），故关于新型材料对提升土壤 pH 值的效果还有待进一步研究；复合材料通常由无机类、有机类、硅钙类、矿物类等按不同配比组成，硅钙类调理剂通常呈碱性[27]，碳酸盐可消耗土壤中的 H^+，有机物分解产生的有机阴离子与 OH^- 竞争点位[28]，释放 OH^-，施用复合材料可有效弱化土壤酸性，提升土壤 pH 值。研究也发现调理剂的不同施用量均可显著提高土壤 pH 值，以（5 ～ 8）$\times 10^3$kg/hm^2 的效果最好，可见调理剂施用量过高或过低均不能达到最佳效果，这与林小兵等[29]的研究结果一致。本研究还发现，土壤理化性质也会影响到施用调理剂对土壤 pH 值的作用，对于土壤 pH 值，壤土质地中施用调理剂，土壤 pH 值的提高幅度要大于黏土和砂土质地，这可能是因为壤土具有透气、保温、保水等优点[30]。酸性（pH $<$ 6.5）土壤环境的施用效果要优于中性（6.5 $\leqslant$ pH $\leqslant$ 7.5）土壤环境。施用有机物料和生物炭调理剂时可显著提升土壤有机质含量，因为有机物料本身就含有一定的有机质。另外生物炭施入土壤中，因其自身强大的吸附能力也

提高了土壤的吸附性能，可将土壤中的有机分子合并在一起形成有机质，进而提高土壤有机质含量。同土壤 pH 值一样，适量的调理剂施用量可最大限度地提升土壤有机质含量和 CEC，壤土质地中施用调理剂，有机质含量和 CEC 的增幅较大；施用硅钙物质和复合材料可有效提升土壤 CEC，张秋梅等[31]研究表明硅钙类调理剂施入土壤中，水解后会增加土壤中的钙、镁等离子的含量，这些阳离子可与重金属之间发生交换、吸附等反应，使土壤阳离子含量进一步提高。因此，施用土壤调理剂，除弱化土壤酸度外，可有针对性地调节土壤有机质含量和 CEC，从而进一步降低土壤 Cd 活性。

施用土壤调理剂可显著影响土壤Cd有效态含量和稻米Cd含量。整合分析结果表明，土壤Cd有效态含量和稻米Cd含量受调理剂种类、施用量、土壤理化性质和土壤Cd含量的影响。就土壤调理剂种类而言，不同种类的土壤调理剂均可显著降低土壤Cd有效态含量，其中黏土矿物降低土壤Cd有效态含量的幅度最大，为41.7%，施用硅钙类调理剂后稻米Cd含量降幅最大，为44.77%。施用土壤调理剂可有效降低土壤Cd有效态含量和稻米Cd含量的原因：一是调理剂施用到土壤中，调理剂可与重金属Cd发生吸附、沉淀等反应，降低土壤Cd活性；二是施用调理剂也会通过影响土壤理化性质间接增强土壤胶体对重金属的吸附作用[32]。与壤土和砂土相比，在黏土质地中施用调理剂降低Cd有效态含量的效果最为突出，王坤等[33]研究发现随着物理性黏粒增多，土壤对Cd的吸附能力也增强。另外，不同土壤Cd全量下施用调理剂对土壤Cd有效态含量的影响也是有差别的，土壤Cd全量高，施用调理剂后，Cd有效态含量降低幅度大，这可能是因为土壤中更多的有效Cd被固定下来，有效态含量降低[34]。

不同种类（硅钙物质、黏土矿物、复合材料、有机物料、生物炭、微生物菌剂和含磷物质）的土壤调理剂均可在一定程度上调节土壤酸碱度，降低重金属Cd活性，此外调理剂还可以改良土壤环境，提升土壤氮、磷、钾速效养分的含量，一定程度上可以促进水稻增产[35]。整合分析统计结果表明，硅钙类调理剂降低稻米镉含量的幅度最大，为44.77%。硅钙类调理剂如石灰、钙镁氧化物、硅酸盐类、白云石等，这些物质通常呈碱性，含有丰富的碱性基团[36]，施入土壤中一方面可以弱化土壤酸度，另一方面其丰富的 Ca^{2+}、Mg^{2+}、K^{+} 等提高了土壤 CEC，降低了 H^{+} 含量，此外 SiO_2 在土壤中水解后产生的 OH^{-} 也会提高土壤 pH 值。相关性分析表明，施用黏土矿物类调理剂后，土壤 pH 值与土壤 Cd 有效态含量呈负相关，表明土壤酸度降低，土壤 Cd 有效态含量也随之降低，从而抑制水稻对 Cd 的吸收。海泡石、沸石等是常见的黏土矿物。海泡石的结构单元是二氧化硅四面体和氧化镁八面体交替排列，内部有微通道，呈纤维状多孔结构，因此其比表面积大，离子交换能力强[37]，有利于土壤对 Cd^{2+} 的吸附；此外，海泡石中同时发生同晶置换和表面络合可以增强其对 Cd^{2+} 的吸附钝化；Sun 等[38]研究表明海泡石的应用可以改变土壤中 Cd 的化学形态，促进污染土壤中 Cd 从具有高生物利用度的可交换形态转变为低生物利用度的其他形态。本研究统计分析也表明，黏土矿物降低土壤 Cd 有效态含量的效果最好，如羟基磷灰石是一种常见的用于 Cd 污染农田土壤修复的磷酸盐矿物，羟基磷灰石金属离子固定化的反应机制包括离子交换过程、表面络合、其自身溶解形成新的金属磷酸盐以及重结晶过程中其他金属取代羟基磷灰石中的 Ca。Chen 等[39]研究发现粒径较小的磷酸盐降低土壤 Cd 活性的效果比粒径较大的磷酸盐更为突出，另外由于其比表面积高，还能促进土壤中大量重金属 Cd 从非残留部分向残留部分转化，从而降低土壤 Cd 有效态含量。此外，含磷物质施入土壤中可在一定程度上提升土壤速效磷含量，促进水稻对养分的吸收，促进水稻增产，田间试验研究结果也证实了这一点。但应当注意的是，含磷物质一般本身重金属含量较高，会有增加土壤重金属含量的风险，且大量施用可溶性磷物质还可能导致附近水体的富营养化，因此在实际的农业实践中应将含磷物质的施用量控制在一定范围内，避免造成二次污染等环境问题。

有机物料主要包括农作物秸秆、畜禽粪便、堆肥等，微生物的代谢活动将有机物料降解成腐殖质，降解过程中产生有机阴离子，与 OH^- 发生点位竞争反应，土壤中 OH^- 增多，酸度弱化，腐殖质带负电荷，通过静电吸引作用提高对 Cd 的吸附；此外有机物料的施入也增加了土壤中的微生物数量，如细菌、真菌和放线菌等，这些微生物细胞壁产生的抗生素、酶和有机酸可直接吸附土壤重金属 Cd，降低土壤 Cd 有效态含量。李开叶等[40]研究发现，在 Cd 和 As 复合污染稻田土壤中施用有机物料显著提升了土壤 pH 值，土壤 Cd 有效态含量降低了 34.77% ～ 82.69%，土壤有机质含量和水稻产量也显著提升。骆文轩等[41]在酸性 Cd 污染农田中施用以牛粪和熟石灰为主要原料的有机肥，低施用量水平与高施用量水平下土壤 pH 值分别提升了 0.37、0.77，稻米 Cd 含量分别降低了 46.24% 和 68.20%，高施用量水平下土壤 Cd 有效态含量降低了 24.13%，可见施用量的多少也会影响到修复效果。此外，生物炭也是一种常用的提高土壤吸附性能的环保改性材料，具有良好的应用前景。生物炭具有较大的比表面积和孔隙结构，其优良的理化性质有助于对土壤中重金属的吸附和固定化。Bian 等[42]研究表明，添加小麦秸秆生物炭的土壤中有效态 Cd 含量降低了 20% ～ 90%，水稻 Cd 含量低于 0.4mg/kg。Li 等[43]研究发现，土壤中施用 5% 醋渣生物炭后，有效态 Cd 含量降幅最大。

微生物菌剂是由一种或多种有益微生物培养发酵后生成的生物性肥料。微生物菌剂主要通过生物吸附和生物积累机制降低 Cd 的迁移率，其自身代谢活动可主动转运或被动转运来吸收 Cd，之后重金属 Cd 通过微生物过程（沉淀、积累、隔离和转化）被固定。另外，微生物还原或氧化过程会影响 Cd 的离子状态，可将其从有毒的移动形式转化为毒性较小的固定形式。张淼等[44]研究发现在 Cd 污染土壤中施用微生物菌剂，在田间试验中谷壳和稻米 Cd 含量分别降低了 65.52% 和 69.57%。复合材料由两种或两种以上的调理剂混合而成，如黏土矿物 - 硅钙物质、生物炭 - 硅钙物质、生物炭 - 有机肥等，相比单一调理剂，复合材料兼具单一调理剂的优点，效果往往优于单一调理剂，其原理主要是通过吸附、配位和离子交换等作用降低土壤 Cd 活性。杨兰等[45]发现牛粪、海泡石、石灰、钙镁磷肥混合施用比单施牛粪处理稻米 Cd 含量降低了 50% 以上。因此当单一调理剂施用效果不明显或者土壤板结、酸化严重时，可考虑施用复合材料。

7.2 智能修复决策方法

7.2.1 重金属污染耕地修复治理的智能化决策方法

对已有重金属污染耕地修复治理信息进行整合分析，通过计算各个不同案例得出每种修复措施对应的待决策指标修复指数，以计算出的待决策指标修复指数作为输入，构建对应修复措施的适用概率计算模型，通过不同案例给出的数据，得到对应修复技术的模型，然后根据待处理土壤的待决策指标的输入，获取最优修复措施。该方法包括修复案例库建立、修复指数计算、修复技术模型参数确定、修复技术及措施推荐4个环节，各环节相辅相成，这样可以防止人为决策的盲目性，极大地提高了决策准确度，同时还可以有效利用历史数据为后期相关修复工作提供数据支撑。

该方法流程如图7-19所示。

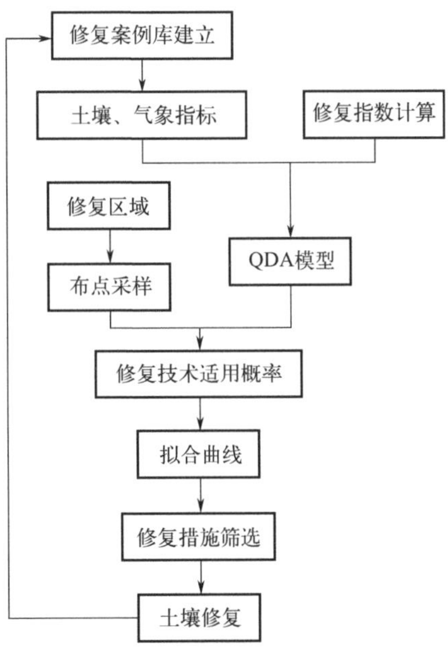

图7-19 重金属污染耕地修复治理的智能化决策方法流程

7.2.1.1 修复案例库构建

利用已有耕地信息、区域背景信息、产量信息、修复信息等构建案例库，所述案例库含有的信息包含但不限于修复区域土壤碱解氮含量、土壤速效磷含量、土壤速效钾含量、土壤 pH 值、土壤重金属总量、土壤重金属有效态含量、土壤有机质含量、土壤黏粒含量、土壤有效硅含量、土壤交换性钙含量、土壤交换性镁含量、土壤有效铜含量、土壤有效锌含量、土壤有效铁含量、土壤有效锰含量、农产品种类、农产品常年产量、农产品可食部位重金属含量、农产品地上部重金属含量、生长季降水量、生长季平均气温、生长季日照时长、修复技术类别、修复材料年均亩用量、修复材料年均亩成本。

7.2.1.2 修复指数计算

计算每个修复案例中重金属 M 的修复指数 I_q，具体公式如下：

$$I_q=\frac{M_q N}{C}$$

式中 M_q——重金属M在q技术下的污染修复目标完成率，包含但不限于土壤重金属全量降低率、土壤重金属有效态降低率、农产品重金属含量降低率等；

N——修复组农产品产量与对照组农产品产量的比值；

C——年均亩修复成本和当季种植成本之和与正常年份种植成本的比值。

7.2.1.3 修复技术模型参数确定

以修复案例的修复指数 I_q 与数据库中对应的土壤指标和气象指标为输入（x），构建二次判别分析（QDA）模型，确定各类修复技术模型对应参数，具体如下：

$$I_{q_y}(y=i\mid x)=\frac{\pi_i\left|2\boldsymbol{\Sigma}_i\right|^{-\frac{1}{2}}\exp\left[-\frac{1}{2}(\boldsymbol{x}-\boldsymbol{\mu}_i)^{\mathrm{T}}\boldsymbol{\Sigma}_0^{-1}\left(\boldsymbol{x}-\boldsymbol{\mu}_i\right)\right]}{\sum\limits_{i=0}^{i=1}\left\{\pi_i\left|2\boldsymbol{\Sigma}_i\right|^{-\frac{1}{2}}\exp\left[-\frac{1}{2}(\boldsymbol{x}-\boldsymbol{\mu}_i)^{\mathrm{T}}\boldsymbol{\Sigma}_i^{-1}\left(\boldsymbol{x}-\boldsymbol{\mu}_i\right)\right]\right\}}$$

其中，当修复案例的修复指数 I_q 值≤ 1 时，取 i=0；当修复案例的修复指数 I_q 值＞ 1 时，取 i=1。两种情况代入模型获取两组 QDA 模型，分别为 QDA_0 模型、QDA_1 模型。π_i 的取值范围为 0 ～ 1，$\boldsymbol{\mu}$ 为所有指标均向量，$\boldsymbol{\Sigma}$为所有指标协方差矩阵。

7.2.1.4 修复技术及措施推荐

① 计算待修复区域的修复技术适宜性。在待修复区域进行采样监测，监测指标包括输入 QDA 模型的土壤指标和气象指标，采样点位数量不低于 30 个。土壤指标包括土壤碱解氮含量、土壤速效磷含量、土壤速效钾含量、土壤重金属 M 有效态含

量、土壤有机质含量、土壤 pH 值、土壤有效硅含量、土壤交换性钙含量、土壤交换性镁含量、土壤有效铜含量、土壤有效锌含量、土壤有效铁含量、土壤有效锰含量。气象指标包括生长季降水量、生长季平均气温、生长季日照时长。

结合上步获取的各类修复技术对应的 QDA_0 模型、QDA_1 模型参数，计算各类修复技术的正负修复概率 P_y。

$$P_y(y=i\mid x)=\frac{\pi_i\left|2\boldsymbol{\Sigma}_i\right|^{-\frac{1}{2}}\exp\left[-\frac{1}{2}(\boldsymbol{x}-\boldsymbol{\mu}_i)^{\mathrm{T}}\boldsymbol{\Sigma}_0^{-1}(\boldsymbol{x}-\boldsymbol{\mu}_i)\right]}{\sum\limits_{i=0}^{i=1}\left\{\pi_i\left|2\boldsymbol{\Sigma}_i\right|^{-\frac{1}{2}}\exp\left[-\frac{1}{2}(\boldsymbol{x}-\boldsymbol{\mu}_i)^{\mathrm{T}}\boldsymbol{\Sigma}_i^{-1}(\boldsymbol{x}-\boldsymbol{\mu}_i)\right]\right\}}$$

正负修复概率＞1 时记为 P（1），正负修复概率≤ 1 时记为 P（0），依据正负修复概率计算修复概率 $P_{(M,\ q)}$，具体公式如下：

$$P_{(M,\ q)}=\frac{P(1)}{P(0)+P(1)}$$

② 按修复技术类别，根据对应的修复措施修复指数 I_q，以物种敏感性分布法建立拟合曲线，筛选出大于 85% 适用概率下适用于待修复区域的修复技术对应的各修复措施的最大修复指数，修复指数大小即可表示待修复区域的修复措施推荐程度。修复技术包括添加钝化剂、添加调理剂、农艺调控、品种调整、叶面调控、深翻耕等，一类修复技术包括多种修复措施，具体修复措施包括添加海泡石、添加生物炭、添加石灰、添加黏土矿物、添加蒙脱土、添加调理剂、调节土壤 pH 值、调节土壤 Eh 值、植物富集等。

拟合曲线以同一修复措施所对应的所有修复案例的修复指数 I_q 为横坐标，以适用概率 L 为纵坐标，具体公式如下：

$$L=\frac{x}{X+1}$$

式中 x——对所有修复案例的修复指数I_q进行升序排列后的第x个案例；

X——总案例数量。

根据分析结果，选取相应的修复措施。

7.2.1.5 案例分析

（1）修复案例库构建

① 通过查阅文献资料和地区年鉴、下载政府官网数据等方式获取 4 个区域（广西省都安瑶族自治县、湖南省湘潭县、江西省金溪县、贵州省惠水县）重金属污染耕地修复治理案例的背景信息，包括土壤重金属总量、农产品类型及产量、修复材料类

型及成本等，每个区域均包括 10 个具体案例。

② 4 个区域案例均为 Cd 污染，依据区域特征进行土壤修复治理实施的修复技术包括两类，分别为添加钝化剂（生物炭、海泡石、黏土矿物）和添加调理剂。

（2）修复指数计算

以重金属 Cd 含量降低量为污染修复目标完成率，分别计算 4 个区域的修复指数。

（3）模型构建

① 将收集到的 4 个区域的土壤重金属总量数据（Cd、Hg、As、Pb、Cr、Cu、Zn、Ni）和气象指标（年均气温、年降水量、年均太阳照射强度）数据以及上步计算出的修复指数代入 QDA 模型，计算获得两类修复技术（添加钝化剂、调理剂）的模型参数。

② 确定 A 村为研究区域，布设采样点位 55 个，检测 Cd、Hg、As、Pb、Cr、Cu、Zn、Ni 8 项指标数据，同时收集研究区域背景信息，包括年均产量、气象指标等。

③ 将 A 村检测结果及气象指标分别输入 2 类修复技术对应的 QDA 模型，分别计算 2 类修复技术的正负修复概率，并计算出添加钝化剂和调理剂的修复概率分别为 0.75 和 0.62，结果显示添加钝化剂更适用于 A 村土壤的修复治理。

（4）修复技术推荐

① 通过 Origin 软件，分别绘制添加钝化剂对应的 3 类修复措施的拟合曲线，获取各类修复措施的适用概率（图 7-20）。对比 3 类修复措施在 85% 适用概率下的修复指数（最大修复指数，见图 7-21），确定添加黏土矿物和添加生物炭为 A 村最适宜的修复措施。

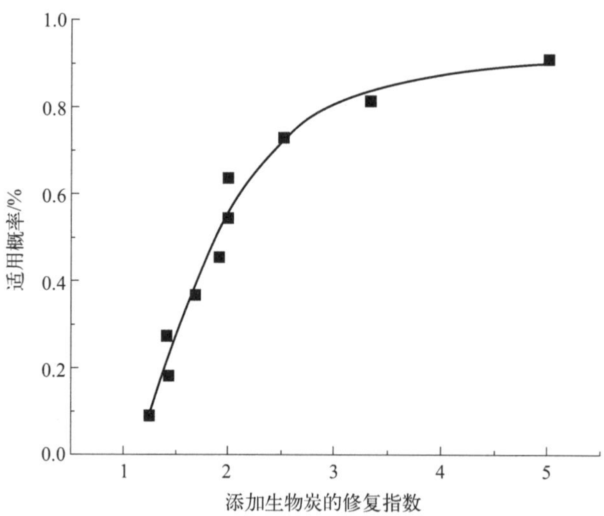

(a) 添加生物炭的适用概率

图 7-20

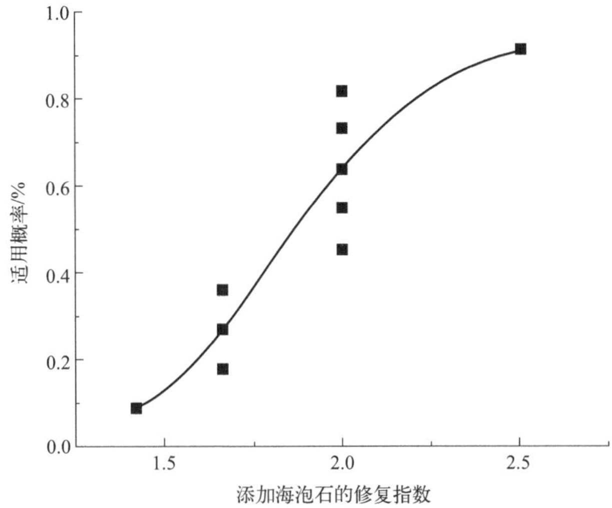

(b) 添加海泡石的适用概率

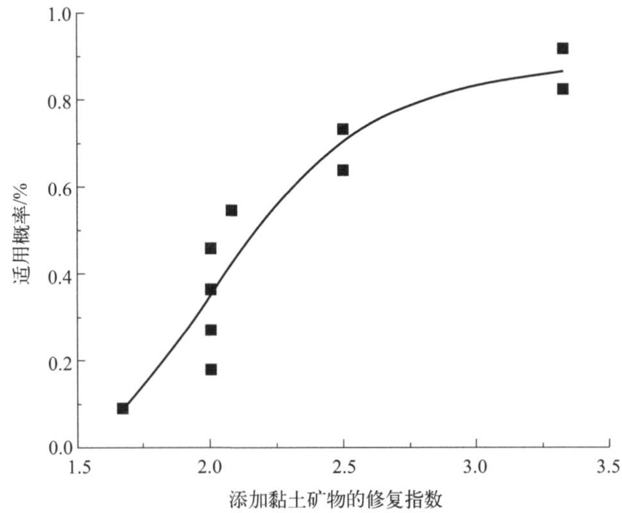

(c) 添加黏土矿物的适用概率

图 7-20　3 类修复措施的适用概率

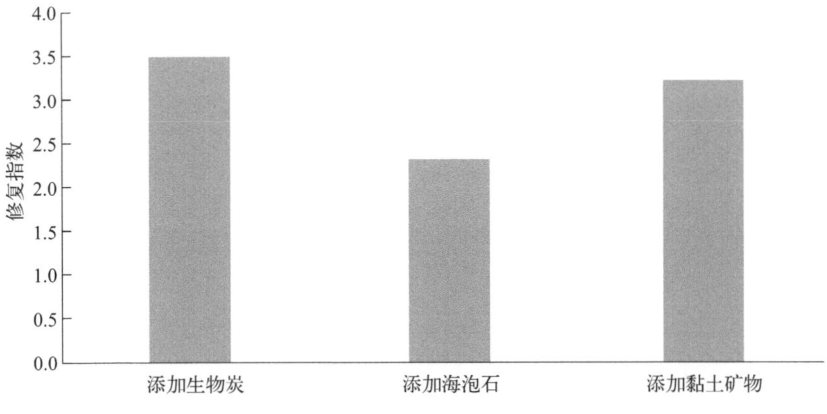

图 7-21　3 类修复措施在 85% 适用概率下的修复指数

② 综合考虑A村土壤特性、气候条件、经济情况等，确定添加生物炭为最佳修复措施，依据数据库信息获取添加生物炭的相关数据信息，并完成修复工作。

③ 获取A村实施生物炭修复后的所有结果数据（与数据库信息一致），上传数据库，更新实施添加钝化剂修复技术的QDA模型对应参数。

7.2.2 受污染耕地综合治理及动态调控方法

在加密布点监测结果基础上，对目标区域进行初步单元划分，依据各单元污染特征进一步分区，选取对应修复治理措施，并对治理效果进行跟踪评估及动态调整。该方法包括数据库建立、单元划分、技术措施筛选实施、动态调整4个环节，各环节相辅相成，保障了监测工作的高效开展及土壤治理修复措施的针对性实施。此外，该方法在两次单元划分基础上开展后期土壤修复治理措施的筛选实施，依据单元特性进行针对性防治技术措施筛选实施，减少大面积实施同一技术措施的资源浪费，同时有效提升土壤质量，保障农产品安全，并综合利用数据库信息，减少受污染耕地综合治理过程中样品监测、技术筛选等多过程的资金投入和时间耗费。

该方法流程如图7-22所示。

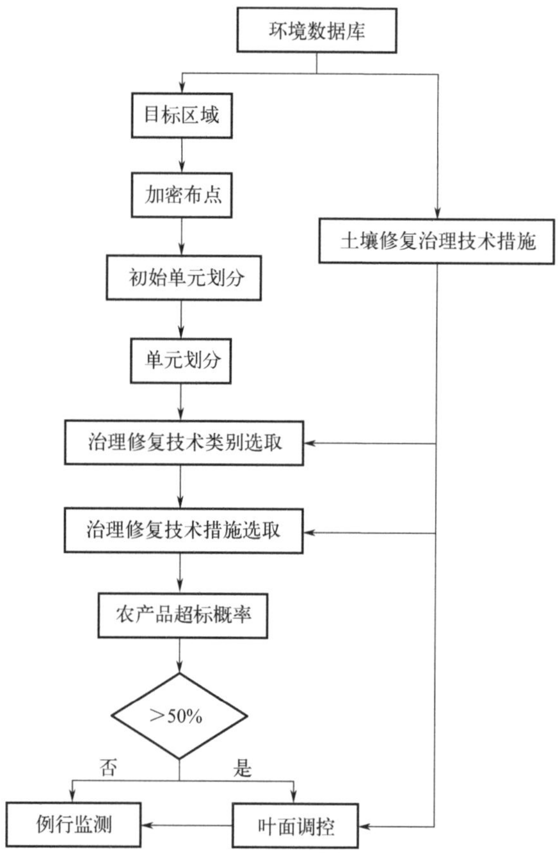

图7-22 受污染耕地综合治理及动态调控方法流程

7.2.2.1 数据库建立

① 明确目标区域重金属污染情况及背景信息。目标区域重金属污染情况包括污染类型、污染指标、污染程度、污染范围。污染类型分别为土壤污染、农产品污染、土壤 - 农产品污染。污染指标包括土壤监测指标和 / 或农产品监测指标中的超标指标，土壤监测指标包括 Cd、Hg、As、Pb、Cr、Cu、Zn、Ni、pH、CEC、SOM，农产品监测指标包括 Cd、Hg、As、Pb、Cr。所述背景信息包括目标区域地理位置，耕地类型、面积，农产品类型、产量、种植制度，已实施土壤治理修复技术措施种类、施用量、频率、治理修复效果等，治理修复效果包括土壤重金属降低率、农产品未超标率。

② 收集整理各类土壤治理修复技术措施，依据作用目标物及治理修复强度将土壤治理修复技术措施分为农艺调控、土壤调理、重金属钝化、深度修复四类，每个技术类别包括若干技术措施。农艺调控技术类别包括但不限于肥料类型替代或调整、灌溉用水替换、作物类型替代、耕种方式调整，土壤调理技术类别包括但不限于 pH 调节、土壤氧化还原调节、土壤吸附及沉淀调节，重金属钝化技术类别包括但不限于添加海泡石、活性炭、蒙脱土、黏土矿物质，深度修复技术类别包括但不限于客土、土壤淋溶、种植超富集植物。农艺调控、土壤调理、重金属钝化、深度修复四类土壤治理修复技术措施对应土壤污染程度由轻到重。

③ 收集整理已实施的各类土壤治理修复技术措施的实施信息，包括实施前、实施中、实施后三个阶段的数据。

7.2.2.2 单元划分

（1）加密布点

① 计算目标区域协同点位的最少布设数量，并采用均匀布点法、对角线布点法、梅花形布点法、棋盘式布点法、蛇形布点法中的一种或多种布点法进行点位布设并获取点位信息，点位数量计算公式如下：

$$N=\frac{t^2C_v^2}{m^2}$$

式中　N——点位数量；

t——t检验的通过阈值；

m——容忍误差；

C_v——变异系数，$C_v=\sigma/\mu$，σ和μ分别为目标区域内土壤监测指标的标准差和平均值。

② 依据加密布点点位地理信息，进行协同样品采集，完成实验室检测，分别获取土壤及农产品检测结果；测定土壤 Cd、Hg、As、Pb、Cr 五种重金属监测指标可交换态、碳酸盐结合态、铁锰氧化态、有机态和残渣态五种存在形态的含量。

土壤与农产品监测指标同数据库监测指标一致。

（2）单元划分

1）初始单元划分

基于加密布点的布点密度及点位分布情况划分初始单元，初始单元内点位数量不低于 2 个。

2）污染主因筛选

基于各初始单元内的土壤检测结果，计算各项重金属的信息熵、相关系数、熵权系数及信息度。信息熵 F_i 计算公式具体如下：

$$F_i = -\sum_{i=1}^{n} p(x_i) \lg p(x_i)$$

式中　$p(x_i)$——重金属监测指标i归一化后数值构成的向量中的第i个分量。

相关系数（r_i）计算公式具体如下：

$$r_i = \frac{\mathrm{Cov}\left[p(x_i), q(x_i)\right]}{\sqrt{\mathrm{Var}\left[p(x_i)\right]\mathrm{Var}\left[q(x_i)\right]}}$$

式中　$q(x_i)$——除重金属监测指标i外的所有土壤监测指标归一化后数值构成的向量中的第i个分量。

熵权系数 W_i 计算公式具体如下：

$$W_i = \frac{1-F_i}{k-\sum F_i}$$

式中　k——重金属监测指标类型数量。

利用各初始单元内各项重金属监测指标的熵权系数及相关系数，依据线性回归模型分别获取对应系数 a_i，计算各项重金属监测指标信息度 V_i，计算公式具体如下：

$$V_i=a_iW_i+r_i$$

3）聚类分区

依据目标区域内各初始单元的信息度 V_i 进行聚类分析，并结合目标区域空间界限进行单元划定，各单元内信息度最大的 1 ～ 3 种重金属监测指标即为该单元污染主因。聚类方法包括但不限于 K 均值聚类算法、层次聚类算法、自组织映射（SOM）聚类算法、模糊 C 均值（FCM）聚类算法；空间界限包括但不限于行政边界、地物（河流水系、公路铁路、房屋等）边界、海拔。

7.2.2.3　技术措施筛选实施

（1）目标区域污染指数计算

依据确定的各单元重金属监测指标，计算特定重金属监测指标 i 的单项污染指数 P_i，计算公式具体如下：

$$P_i = \frac{C_i}{S_i}$$

式中　C_i——特定重金属监测指标检测结果；

S_i——《土壤环境质量　农用地土壤污染风险管控标准（试行）》中重金属监测指标i的农用地土壤污染风险筛选值。

若单元内重金属监测指标为多项，则计算综合污染指数 $P_{综}$，公式具体如下：

$$P_{综} = \sqrt{\frac{P_{均}^2 + P_{i\max}^2}{2}}$$

式中　$P_{均}$——各项重金属监测指标的加权平均值，$P_{均} = \frac{\sum P_i V_i}{\sum V_i}$；

$P_{i\max}$——单元内单项重金属监测指标的最大污染指数。

（2）数据库技术类别选取

基于数据库内治理修复技术措施类型及实施数据，计算历史研究区域各项修复治理技术类别的单项污染指数 $P_{i(历)}$ 和 / 或综合污染指数 $P_{综(历)}$；基于目标区域各单元计算出的单项污染指数及综合污染指数，择优选取数据库内含有对应指数的技术类别。

择优选取为选取 $P_i-10 \leqslant P_{i(历)} \leqslant P_i+10$ 或 $P_{综}-10 \leqslant P_{综(历)} \leqslant P_{综}+10$ 对应指数的技术类别。若 $P_{i(历)}$ 和 / 或 $P_{综(历)}$ 未在范围内，则选取与 P_i 和 / 或 $P_{综}$ 最为接近的一个或多个 $P_{i(历)}$ 和 / 或 $P_{综(历)}$。当最为接近的多个 $P_{i(历)}$ 和 / 或 $P_{综(历)}$ 之间的差值≤ 5 时，选取多个，否则选取一个。若选取出的 $P_{i(历)}$ 或 $P_{综(历)}$ 对应的技术类别一致，直接选定该技术类别；若技术类别不一致，则选取修复治理效果最优的技术类别。

（3）数据库技术措施改善度

依据筛选出的技术类别，确定历史研究区域的技术措施改善度 $\cos\theta_i$，具体计算公式如下：

$$\cos\theta_i = 1 - \left| \frac{\boldsymbol{S}_1 \cdot \boldsymbol{S}_2}{\|\boldsymbol{S}_1\| \times \|\boldsymbol{S}_2\|} \right|$$

式中　$\boldsymbol{S}_1$——实施治理修复措施前某一特定重金属监测指标i对应的5种存在形态含量 S_{i1}^1、S_{i2}^1、S_{i3}^1、S_{i4}^1、S_{i5}^1所组成的矩阵；

$\boldsymbol{S}_2$——实施治理修复措施后某一特定重金属监测指标i对应的5种存在形态含量 S_{i1}^2、S_{i2}^2、S_{i3}^2、S_{i4}^2、S_{i5}^2所组成的矩阵。

（4）技术措施实施

依据目标区域单元特征，选取实施后改善度最大的技术措施并实施。

7.2.2.4 动态调整

各单元种植下一季农产品时，在农产品关键生长期进行协同样品采样及实验室检测，预测农产品超标概率 q。当农产品超标概率＞50%，则在下一关键生长期之前实施叶面调控技术措施。农产品超标概率计算公式具体如下：

$$q_y(y=i\,|\,x)=\frac{\pi_i\left|2\boldsymbol{\Sigma}_i\right|^{-\frac{1}{2}}\exp\left[-\frac{1}{2}(\boldsymbol{x}-\boldsymbol{\mu}_i)^{\mathrm{T}}\boldsymbol{\Sigma}_0^{-1}(\boldsymbol{x}-\boldsymbol{\mu}_i)\right]}{\sum\limits_{i=0}^{i=1}\left\{\pi_i\left|2\boldsymbol{\Sigma}_i\right|^{-\frac{1}{2}}\exp\left[-\frac{1}{2}(\boldsymbol{x}-\boldsymbol{\mu}_i)^{\mathrm{T}}\boldsymbol{\Sigma}_i^{-1}(\boldsymbol{x}-\boldsymbol{\mu}_i)\right]\right\}}$$

式中 π_i——目标区域农产品历史超标率；

$\boldsymbol{\mu}$——所有土壤监测指标均向量；

$\boldsymbol{\Sigma}$——所有土壤监测指标协方差矩阵。

当 y=0 时模型结果为 q（0），当 y=1 时模型结果为 q（1），农产品超标概率 q 计算公式具体如下：

$$q=\frac{q(1)}{q(0)+q(1)}$$

农产品历史超标率由前一阶段农产品样品检测结果依据《食品安全国家标准　食品中污染物限量》评价获得。关键生长期因农产品类型不同而时间点不同，如水稻的分蘖期、拔节抽穗期、灌浆期；叶面调控技术措施依据数据库内信息确定喷施阻控剂及喷施浓度与频率。

7.2.2.5 案例分析

（1）数据库建立

① 确定 R 县为目标区域，收集整理历史土壤及农产品监测信息；

② 通过查阅文献、会议记录、新闻采访等方式获取土壤修复治理技术措施，并进行分类；

③ 收集整理历史研究区域已实施过土壤修复治理技术措施案例 79 个，并获取各案例的单项污染指数及综合污染指数。

（2）单元划分

① 通过计算获得 R 县加密布点点位数量为 118 个，点均面积为 120 亩，采取均匀布点法，获取点位信息（图 7-23），同时采集农产品及土壤样品，进行实验室检测，获取检测结果；

② 以 500 亩为一个初始单元，按照从左往右、从上至下的原则，划分初始单元 37 个，分别计算各初始单元内土壤重金属监测指标的信息熵、相关系数、熵权系数

及信息度；

③ 利用SPSS软件，对各初始单元内重金属监测指标的信息度进行聚类分析，将R县分为5个单元，选取各单元内适用概率＞85%的重金属监测指标为该单元的主要污染因子，见图7-24。

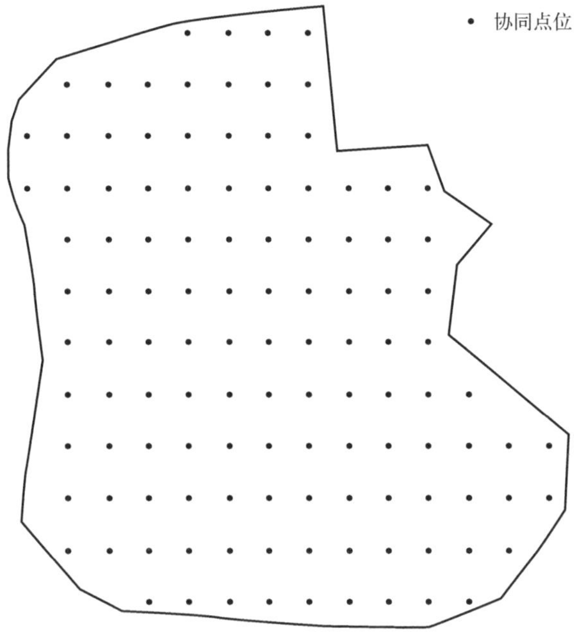

图7-23　R县的加密布点分布

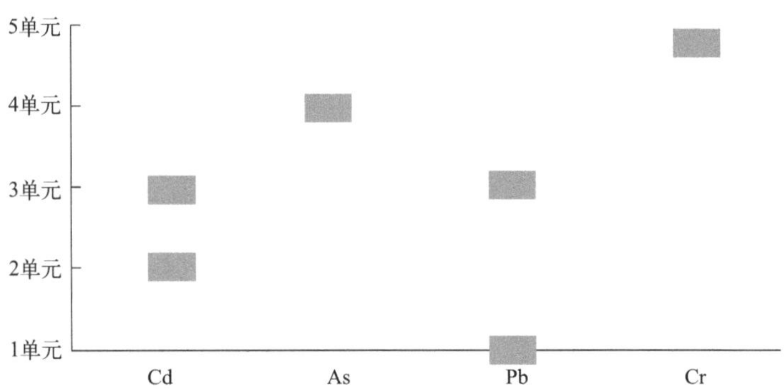

图7-24　各单元污染主导因子示意

（3）技术措施筛选实施

① 计算各单元重金属污染指数，其中2、4、5三个单元为单项污染指数，1、3两个单元为综合污染指数。

② 依据各单元土壤污染指数（图7-25），确定2、3、4单元应选取重金属钝化技术，1单元应选取土壤调理技术，5单元应选取农艺调控技术。

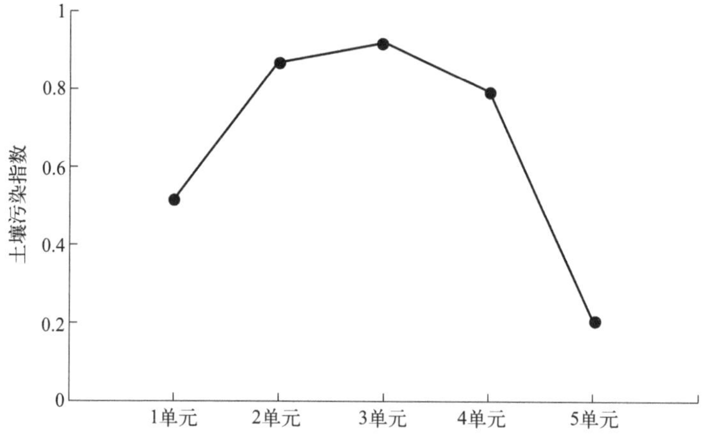

图 7-25 各单元土壤污染指数示意

③ R 县主要为水田，多种植水稻，且土壤为酸性土壤，主要为红壤。选取数据库内与 R 县土壤、农产品特征相似的土壤修复治理技术措施实施案例，各单元选取改善度最大的技术措施并实施。

（4）动态调整

① 各单元土壤修复治理技术措施实施完毕，计算加密布点的水稻超标率；

② 下一季农产品（水稻）种植关键期之前，计算农产品超标概率，结果显示 3 单元水稻灌浆期之前农产品超标概率＞ 50%，其余 4 个单元各阶段农产品超标概率均＜ 50%；

③ 依据 3 单元土壤、农产品特征及重金属污染指数，结合数据库历史研究区域的叶面调控技术措施改善度，选择喷施含硅的阻控剂（1g/L），阻断重金属进入水稻籽粒。

7.2.3 重金属污染土壤钝化材料区域适宜性筛选方法

通过采集和分析不同钝化材料的吸附性能数据，并利用机器学习模型进行特征选择和预测，高效地筛选出适用于农业土壤污染修复的钝化材料，通过引入机器学习模型，实现了对农田土壤污染修复钝化材料的快速、准确筛选。该方法包括数据库建立、重要特征选择、模型开发、模型解释和模型应用 5 个环节，各环节相辅相成，具有操作简便、成本低、效率高等优点，可广泛应用于农业土壤污染修复领域，提供了一种更为可行和可持续的解决方案，为农业土壤污染修复提供了一种新的钝化材料区域性筛选策略，有助于提高土壤修复效率，保护生态环境和食品安全。

该方法流程如图 7-26 所示。

7.2.3.1 数据库建立

（1）数据获取

基于全国布局建设的多年多点试验工作和针对性的文献检索，分类整合信息包

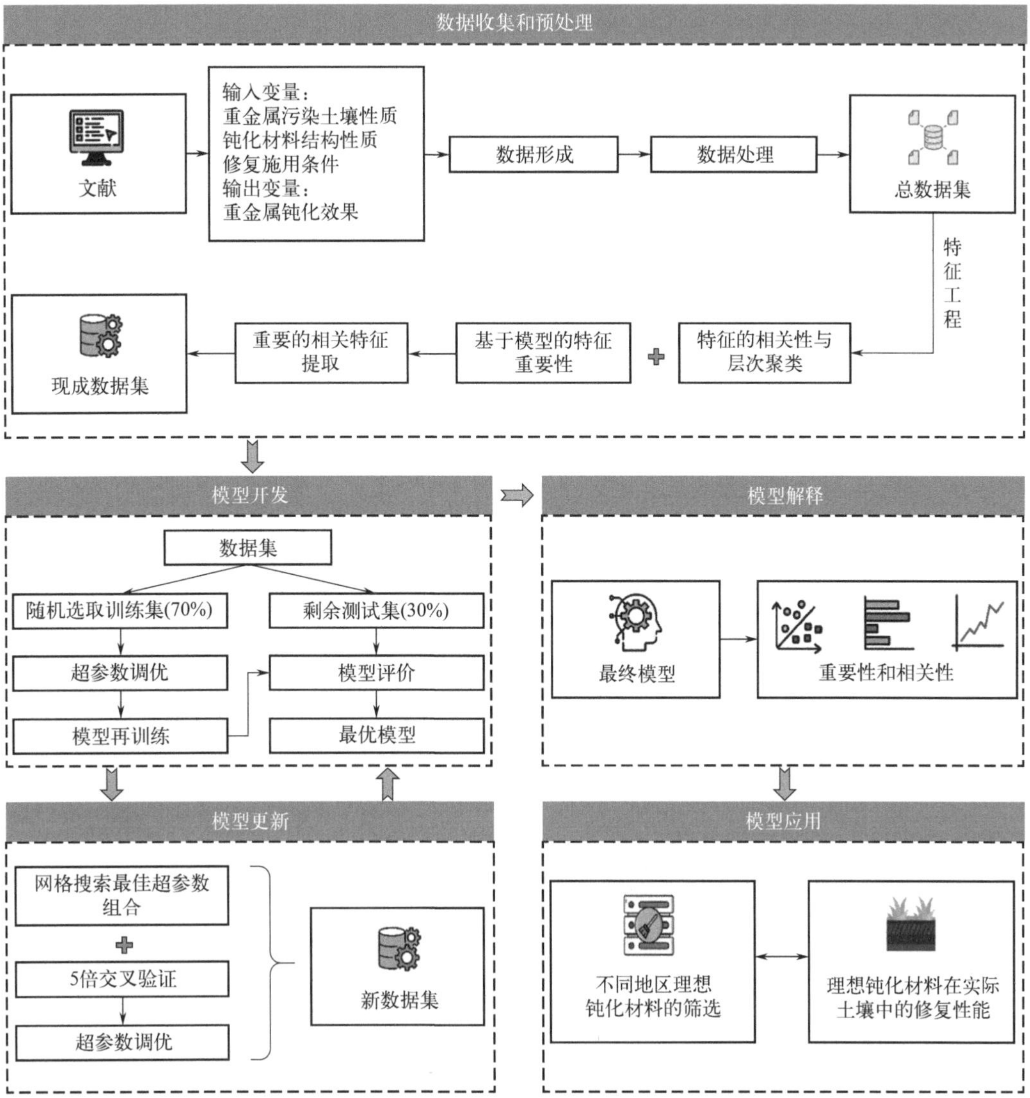

图 7-26　基于机器学习模型的重金属污染土壤修复钝化材料筛选方法流程

括区域地理位置，耕地类型、面积等，重金属污染土壤性质如土壤有机质含量、土壤 pH 值、土壤阳离子交换量、重金属浓度等，钝化材料结构性质与施用条件如钝化材料元素含量、比表面积、施加量及施用时间等，修复前后土壤重金属有效态含量变化，重金属污染指标包括 Cd、Hg、As、Pb、Cr，构建钝化材料修复案例数据库。

重金属钝化效果（heavy metals immobilization efficiency）通过修复前后重金属有效态含量的变化来评价，能直接从实验数据中得到，也能使用如下公式计算得出：

$$E=\frac{C_{\mathrm{B0}}-C_{\mathrm{B}}}{C_{\mathrm{B0}}}\times 100\%$$

式中　E——重金属钝化效果；

C_{B0}——对照处理即钝化材料修复前的土壤重金属有效态浓度；

C_B——钝化材料修复后的土壤重金属有效态浓度。

（2）数据预处理

通过对采集的数据进行预处理，包括对数据进行参数单位变换、缺失值补充和标准化操作，确保数据的质量和可用性。

① 单位变换。在收集数据后，为保证单元的均匀性，对所有收集到的数据进行单位变换，包括将钝化材料的施用质量分数换算为单位面积质量（kg/hm^2）（1% 相当于 15000kg/hm^2）；将 pH_{CaCl_2} 转化为 pH_{H_2O}，具体公式如下：

$$pH_{H_2O} = 1.65 + 0.86 \times pH_{CaCl_2}$$

土壤有机碳（SOC）转化为土壤有机质（SOM），具体公式如下：

$$SOM = SOC/0.58$$

② 缺失值补充。为了避免丢弃具有缺失值的数据集，引入 Python 通过观察数据集中的变量分布和彼此之间的关系来生成合理的数字对缺失数据进行预测，将所有数据集分为有缺失值的样本和无缺失值的样本，对其进行拟合，获得缺失值的预测。缺失数据输入包括均值算法、插值算法和机器模型回归算法。具体使用过程如下：首先遍历每一列以识别和处理缺失的值，考虑的列分为两个子集，即有缺失值的样本和无缺失值的样本；特征矩阵由除当前缺失值外的所有列组成，目标值对应缺失值不存在的当前列的值；此外，为有缺失值的样本创建一个单独的特征矩阵，使用 SimpleImputer 填充特征矩阵中的缺失值，然后使用算法对缺失值与样本进行拟合，获得缺失值的预测。

③ 标准化操作。为了获得所选变量值的一致单位，在将输入和输出参数输入机器学习模型之前，使用 Z 分数归一化对其进行标准化；使用 Scikit-Learn 中的 StandardScaler 对输入特征进行标准化，具体公式如下：

$$x_i^* = \frac{x_i - \mu}{\sigma}$$

式中　x_i^*, x_i——输入变量的标准化值和原始值；

μ,σ——样本数据的均值和标准差。

7.2.3.2　重要特征选择

综合考虑相关性分析、聚类分析和重要特征分析结果，明确输入特征对输出变量的影响，筛选既具有代表性又包含关键信息的重要特征，具体流程如下。

（1）相关性分析

通过相关性分析，评估每个输入特征与输出变量之间的关联程度；采用 Pearson 相关系数（ρ_{xy}）对不同变量进行相关性分析，相关系数 ρ_{xy} 具体公式如下：

$$\rho_{xy}=\frac{\sum_{i=1}^{n}(x_i-\bar{x})\times\sum_{i=1}^{n}(y_i-\bar{y})}{\sqrt{\sum_{i=1}^{n}(x_i-\bar{x})^2}\times\sqrt{\sum_{i=1}^{n}(y_i-\bar{y})^2}}$$

式中 ρ_{xy}——特征到目标或目标到目标的PCC（Pearson相关系数）；

$\bar{x}$，$\bar{y}$——输入特征x_i和输出变量y_i的平均值；

n——数据集中的数据样本数。

（2）聚类分析

基于 Pearson 的秩序相关进行聚类分析，具有高相关性的特征表示相似的信息，被分组到一个聚类集群中。聚类分析法包括 K 均值聚类算法、层次聚类算法、自组织映射聚类算法、模糊 C 均值聚类算法。

（3）重要特征筛选

基于机器模型研究，解释输入特征对输出变量的作用，得到输入特征对应的重要性值，合理确定输入特征的重要性。在筛选过程中，同一聚类集群中属于不同经验类别的特征不被去除；对于同一聚类集群中同一经验类别的特征，依据其重要性及其与输出变量的相关性大小来决定保留或剔除，相对重要且相关性大的输入特征保留，反之则剔除。

7.2.3.3 模型开发

（1）模型选择

根据数据的特性，选择多个潜在的机器学习算法，包括线性回归（LR）、贝叶斯岭回归和岭回归，以及 K 最近邻（KNN）、人工神经网络（ANN）、随机森林（RF）、梯度提升决策树（GBDT）、决策树（DT）和支持向量回归（SVR）等。

（2）模型构建

数据集被随机分为两部分：70% 用于模型训练；30% 用于模型测试。为了评估模型的泛化能力和随机性，所有模型均进行了 5 次交叉验证，以减轻过拟合。使用 5 种不同的随机种子进行 5 次重复验证，结果报告平均识别精度，取 5 次平均测试性能，得到准确度高、泛化能力强的预测模型，以预测钝化材料的修复效果。测试性能中，均方根误差（RMSE）、平均绝对误差（MAE）和决定系数 R^2 具体公式如下：

$$\mathrm{RMSE}=\sqrt{\frac{\sum_{i=1}^{n}(y_{\mathrm{t}}^{i}-y_{\mathrm{p}}^{i})^2}{n}}$$

$$\mathrm{MAE}=\frac{\sum_{i=1}^{n}\left|y_{\mathrm{t}}^{i}-y_{\mathrm{p}}^{i}\right|}{n}$$

$$R^2=1-\frac{\sum_{i=1}^{n}(y_{\mathrm{p}}^{i}-y_{\mathrm{t}}^{i})^2}{\sum_{i=1}^{n}(y_{\mathrm{t}}^{i}-y_{\mathrm{m}})^2}$$

式中　y_{p}^{i}——预测输出；

y_{t}^{i}——输出的报告真值；

y_{m}——输出值的平均值；

n——训练或测试数据集中的数据样本数。

采用预测区间覆盖概率（PICP），计算落在预测区间 5% ～ 95% 内的概率。预测区间覆盖概率具体公式如下：

$$\mathrm{PICP}=\frac{1}{n}\sum_{t=1}^{n}C,\quad C=\begin{cases}1 & \mathrm{PL}_{\mathrm{t}}^{\mathrm{lower}}<y_{\mathrm{t}}<\mathrm{PL}_{\mathrm{t}}^{\mathrm{upper}}\\ 0 & \text{其他}\end{cases}$$

式中　y_{t}——观测值；

$\mathrm{PL}_{\mathrm{t}}^{\mathrm{lower}}$，$\mathrm{PL}_{\mathrm{t}}^{\mathrm{upper}}$——预测下限和上限；

n——训练或测试数据集中的数据样本数。

最后利用网格搜索的方法得到最优的超参数。

（3）模型优化

通过交叉验证、网格搜索等技术手段对模型构建中得到的最佳模型进行调优，确定需要调试的超参数及范围，采用基于 RMSE 的试错方法对超参数进行调整，在训练过程中采用了 5 次交叉验证，将数据集划分为 5 个子集，每个子集在一次迭代中作为测试集，其余子集作为训练集；对每个训练集和测试集组合进行训练和测试，交叉验证重复 5 次，取 5 次迭代的结果，通过比较每个参数组合的 RMSE 得分，选择 RMSE 值最小的参数组合作为最终的超参数设置，优化模型性能，优化后再次进行模型构建。

7.2.3.4 模型解释

通过特征重要性分析、沙普利（Shapley）加性解释、偏依赖图等手段，解释模型结果背后的原因，结合前期钝化材料结构与重金属去除性能的构效关系的理论基础，进一步分析重金属污染土壤性质、钝化材料结构性质、修复施用条件中关键影响因子对重金属钝化效果的贡献度以及如何积极或消极地影响模型预测。

（1）特征重要性分析

利用随机森林模型中的特征重要性排序函数来评估重金属污染土壤性质、钝化材料结构性质、修复施用条件中各输入特征的重要性，在 Scikit-Learn 中通过 feature_importances_ 属性来获取，计算每个输入特征在所有决策树中分裂节点上的加权平均值，得到对应的重要性值，阐明每个输入特征对模型结果的贡献。

（2）Shapley 加性解释

Shapley 加性解释（Shapley additive explanation）即 SHAP 方法用于描述重金属污染土壤性质、钝化材料结构性质、修复施用条件中各输入特征对输出变量的相对重要性，通过计算每个输入特征对输出变量的边际贡献，对黑箱模型（如深度神经网络或集成模型）进行全局和局部解释。对每个输出变量结果，模型都会产生一个 SHAP 值，表示该描述符对数据点行为的影响。

（3）偏依赖图

利用偏依赖图（partial dependence plots，PDP）系统地表达重金属污染土壤性质、钝化材料结构性质、修复施用条件中各输入特征与输出变量以及一组输入特征之间的相关性，并将其他输入特征即互补特征的值边缘化，解释输入特征如何正向或负向地影响输出变量，确定对重金属钝化效果的影响趋势。

7.2.3.5 模型应用

将采样和检测得到的土壤性质值输入得到的模型中，根据模型的输出变量结果，筛选出具有较好修复效果的钝化材料结构性质的数据集。同时基于重金属污染土壤性质和钝化材料结构性质，预测这些材料的重金属钝化效果，进而确定钝化材料的修复潜力。

7.2.3.6 案例分析

（1）数据库建立

1）数据获取

选择常用的钝化材料生物炭为模式材料，选择常见的重金属镉为目标污染物，基于全国布局建设的多年多点试验工作和针对性的文献检索，检索来自“中国知网”和“Web of Science”在过去 20 年中发表的同行评议文献；通过系统的文献回顾和数据收集，使用 Plot Digitizer 2.6.8 软件直接从表格、补充资料或图表中提取数据，共获得 1465 个数据点，涉及 25 个变量，并进行分类。

鉴于所收集数据的多样性，将根据以下 3 大类对影响变量进行筛选：

① 重金属污染土壤性质包括：砂含量、粉含量、黏土含量、土壤阳离子交换量（CEC_{soil}）、电导率（EC_{soil}）、土壤 pH 值（pH_{soil}）、土壤有机质（SOM）。

② 生物炭结构性质包括：生物炭 pH 值（pH_{BC}）、产率、灰分含量、阳离子交换量（CEC_{BC}）、比表面积（SSA）、总孔体积（TPV）、碳含量、氮含量、氢含量、氧含量、氧碳摩尔比（O/C）、氢碳摩尔比（H/C）、氧氮碳摩尔比［（O+N）/C］、生物炭电导率（EC_{BC}）。

③ 修复施用条件包括生物炭施用量、试验时间、土壤总 Cd 浓度。

2）数据预处理

在本实施案例中，引入了 sklearn.ensemble 包（版本 1.3.2）来实现基于随机森林模型的回归算法插值。遍历每一列以识别和处理缺失的值，考虑的列分为有缺失值的样本和无缺失值的样本两个子集；特征矩阵由除当前缺失值外的所有列组成，目标值对应不存在缺失值的当前列的值。此外，为有缺失值的样本创建一个单独的特征矩阵，使用 SimpleImputer 填充特征矩阵中的缺失值，然后使用随机森林模型对缺失值与样本进行拟合，获得缺失值的预测。根据正态分布中 $\pm 3\sigma$ 的确定，在 $[u-3\sigma, u+3\sigma]$ 的分布区间内，样本数据覆盖率达到 100%，表明数据样本的分布遵循正态分布的原则。对采集的数据进行单位变换、缺失值处理等操作，以确保数据的质量和可用性。通过 Python 对相对理想的数据集进行标准化来开发机器学习模型。

（2）重要特征选择

皮尔逊系数用于研究任意两个输入特征之间的相关性（图 7-27，书后另见彩图）。利用领域知识（包括重金属污染土壤性质、生物炭结构性质和修复施用条件）确定聚类和经验分类。在过滤过程中，同一聚类中属于不同经验类别的特征没有被去除。通过阈值 1.5，具体分为 4 个聚类（图 7-28），结合特征重要性（图 7-29），聚类Ⅰ包含 pH_{BC}、灰分含量、EC_{BC}、pH_{soil}、SOM、EC_{soil}、黏土含量和粉含量，保留 pH_{BC}、pH_{soil} 和 SOM 作为输入特征，而将其他特征作为非必要特征删除。CEC_{BC}、（O+N）/C、O/C 和 O 含量在聚类Ⅱ中，考虑到 O 含量的重要性高于其他 3 个特征，O 含量被保留为输入特征。SSA、TPV、产率和氮含量在聚类Ⅲ中，由于产量与 Cd 有效性还原效率的相关性极弱 (PCC = 0.13)，因此作为冗余特征被删除。SSA 与 TPV 呈正相关 (PCC = 0.97)。为了避免多重共线性，排除了 TPV，因为就特征重要性而言，它被认为不如 SSA 重要。选择总 Cd 浓度作为输入特征，因为它是聚类Ⅲ中唯一的土壤属性。在最终聚类Ⅳ中，考虑到皮尔逊相关性和重要性分析，H/C 和砂含量被识别为非必要特征并被删除。选择生物炭施用量、试验时间、碳含量、氢含量以及 CEC_{soil} 作为模型开发的输入特征。

（3）模型开发

比较所选的输入特征对土壤 Cd 钝化效果的预测。对所选模型的 R^2、RMSE 和 MAE 经过 5 次交叉验证后，使用回归图进行可视化，如图 7-30 ～图 7-32 所示（书后另见彩图）。

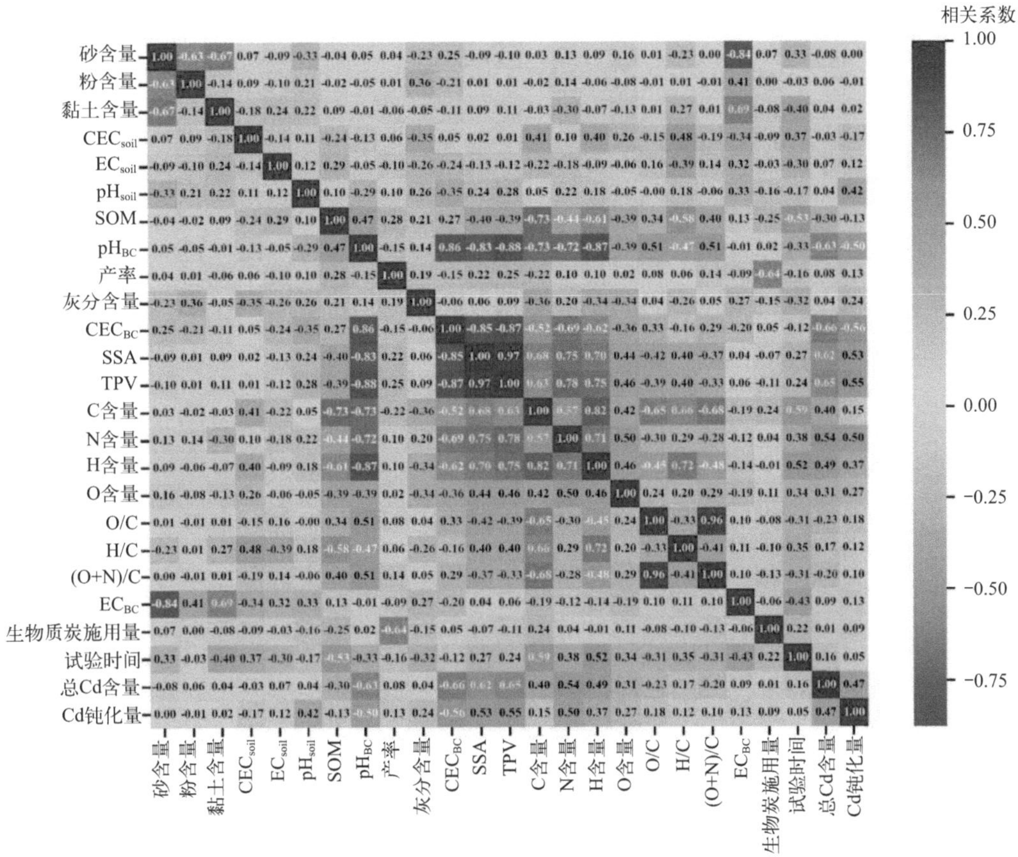

图 7-27　任意两个特征之间的皮尔逊相关矩阵图

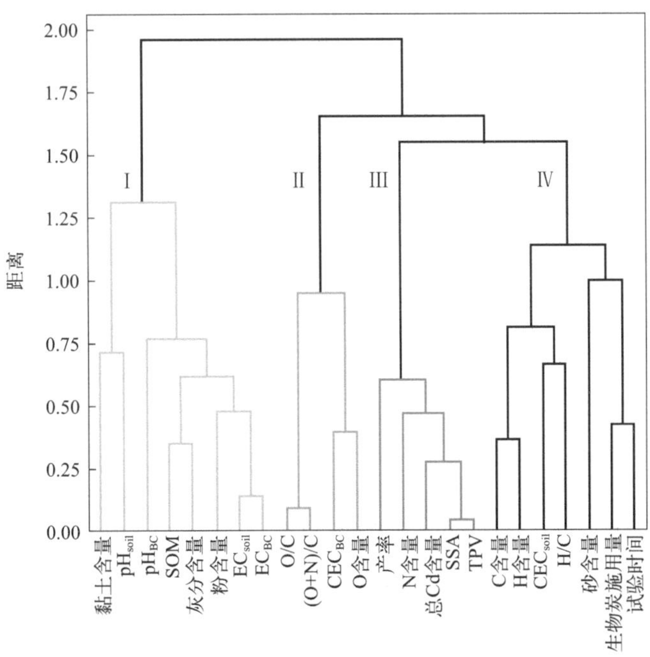

图 7-28　分层聚类的输入特征分析图

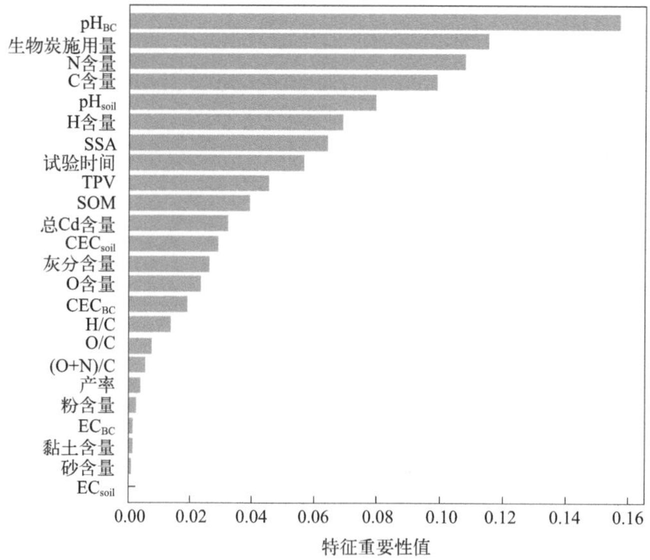

图 7-29　基于机器学习模型的输入特征重要性分析图

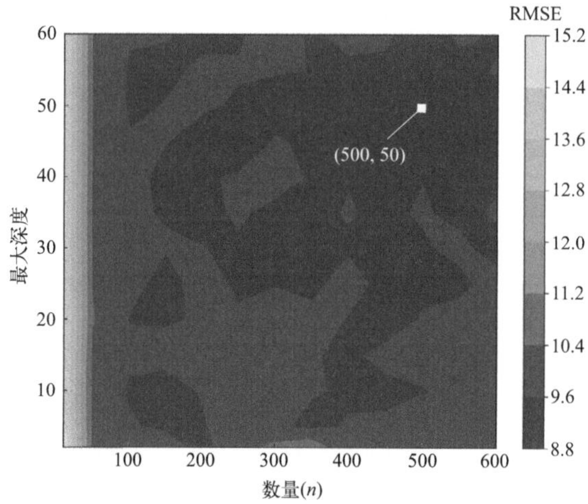

图 7-30　机器学习模型的超参数调整图

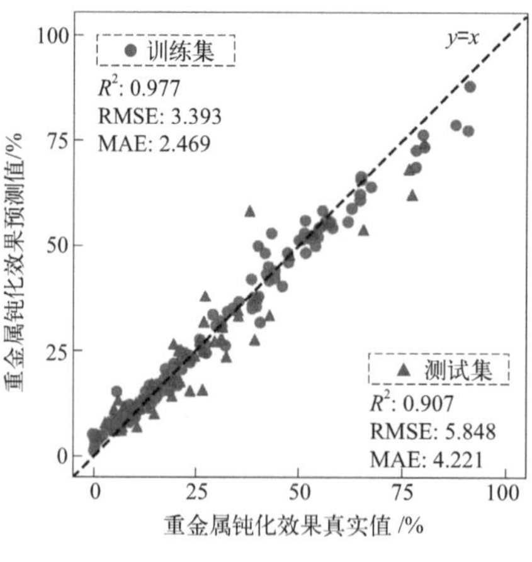

图 7-31　机器学习模型的真实值与预测值回归图

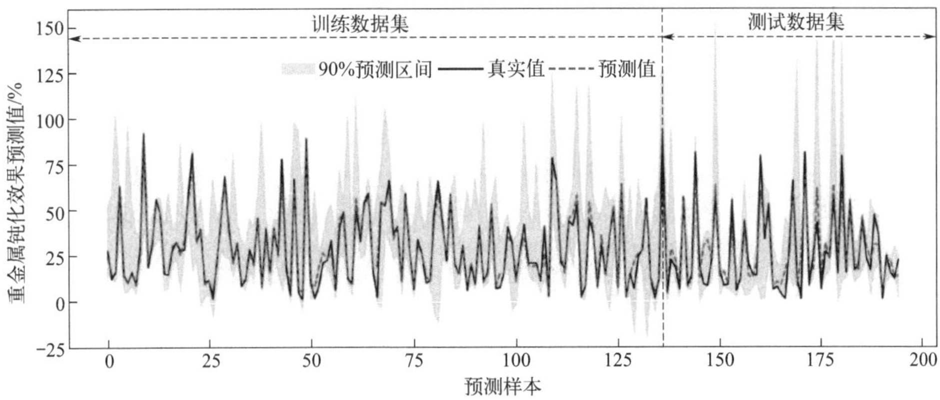

图 7-32　机器学习模型的预测区间图

非线性模型在精度方面优于线性模型。3 种基于树的机器学习模型（RF、GBDT 和 DT）的预测精度更高，检验 R^2 值分别为 0.869、0.853 和 0.826。RF 模型的检验 R^2 为 0.869（大于 GBDT 和 DT 模型），RMSE 和 MAE 分别为 8.513 和 6.505（小于 GBDT 和 DT 模型）。这表明 RF 模型在精度性能方面优于其他模型，且 RF 模型在各聚类中的不确定性最低（PICP 为 0.864），在所有阶段获得的 PICP 比较接近，置信水平接近 90%，表明预测模型稳健性较高。不同模型算法对土壤中 Cd 钝化效果的统计测量和不确定度分析结果如表 7-7 所列。

表7-7　不同模型算法对土壤中Cd钝化效果的统计测量和不确定度分析结果

模型	数据	统计指标			不确定性指标
		R^2	RMSE	MAE	PICP
LR	训练	0.552	14.036	10.505	0.735
	测试	0.351	18.982	14.162	0.627
贝叶斯岭回归	训练	0.535	14.290	11.141	0.610
	测试	0.341	19.128	14.578	0.627
岭回归	训练	0.550	14.055	10.634	0.713
	测试	0.349	18.994	14.273	0.627
KNN	训练	0.854	8.014	5.521	0.816
	测试	0.670	13.522	9.751	0.661
ANN	训练	0.982	2.828	2.113	0.889
	测试	0.757	11.612	7.986	0.733
RF	训练	0.971	3.555	2.512	0.897
	测试	0.869	8.513	6.505	0.864

续表

模型	数据	统计指标			不确定性指标
		R^2	RMSE	MAE	PICP
GBDT	训练	0.981	2.914	2.159	0.985
	测试	0.853	9.033	6.803	0.789
DT	训练	0.999	0.127	0.018	1.000
	测试	0.826	9.839	7.107	0.712
SVR	训练	0.989	2.141	0.944	0.985
	测试	0.761	11.518	7.644	0.667

分析发现RF模型具有准确可靠的性能，是预测土壤Cd钝化效果的最佳算法。因此，它被选中进行进一步的后处理。为了进一步提高RF预测模型的可靠性和准确性，采用基于RMSE的试错方法对超参数进行调整，优化模型性能。优化的重点是调整RF模型中决策树的最大深度和决策树的数量（n），分别为1～60和10～600之间的值。当最大深度和数量分别为50和500时，RMSE最小，从而获得最佳的预测性能。

优化后的RF模型在训练数据集和测试数据集上的表现均优于原始RF模型，R^2分别为0.977和0.907，RMSE分别为3.393和5.848，MAE分别为2.469和4.221。优化后的RF模型的不确定性带中，大部分观测值落在预测区间内。此外，优化后的RF模型比原始RF模型获得了更大的训练和测试PICP。优化后的RF模型的统计测量和不确定度分析如表7-8所列。

表7-8　优化后的RF模型的统计测量和不确定度分析

数据	统计指标			不确定性指标
	R^2	RMSE	MAE	PICP
训练	0.977	3.393	2.469	0.936
测试	0.907	5.848	4.221	0.903

（4）模型解释

RF解释器根据RF中每个输入特征的重要性提供一个分数，表明每个输入特征对模型中决策树的贡献。该分数是为数据集中的每个变量显式计算的，从而可以对属性进行排名和比较。相反，SHAP将预测视为描述符贡献的累积和，每个描述符都有一个SHAP值。在具体实施案例中，特征重要性和SHAP分析的输入变量重要性值大致相似（图7-33、图7-34，书后另见彩图）。特征重要性分析表明，输入特征的重要性顺序依次为：生物炭结构性质（60.96%）＞修复施用条件（19.6%）≈重金属污染土壤性质（19.44%）。pH_{BC} 被认为是最关键的因素，这与它在生物炭施用后土壤 Cd 钝化中的关键作用一致，由于数据集中 88% 的生物炭类型是碱性的，它们往往会提高土壤 pH 值，导致不溶性 Cd 沉淀的形成。而重要性靠前的生物炭施用量和试验时间与土壤 Cd 钝化效果呈正相关。

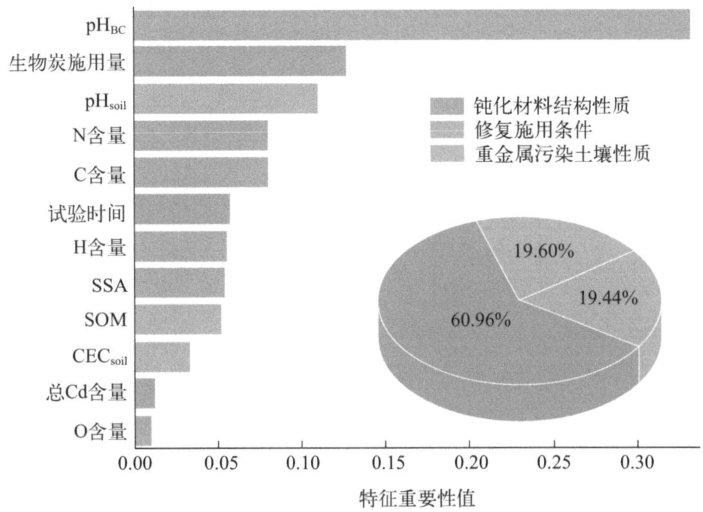

图 7-33　基于随机森林模型的特征重要性的选择经验类别的相对重要性分析图

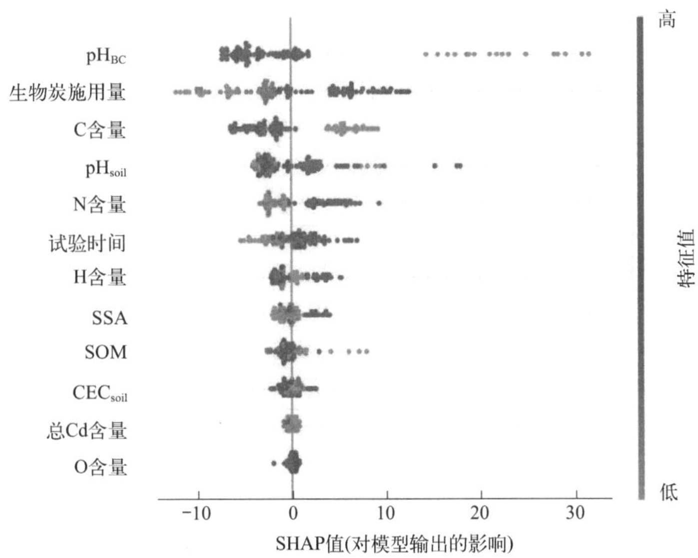

图 7-34　Shapley 加性解释方法的选择经验类别的相对重要性分析图

利用偏依赖图了解最重要特征对生物炭钝化土壤重金属 Cd 的贡献（图 7-35），其中生物炭 pH 值（10 ～ 11）和用量（750 ～ 7500kg/hm^2）是影响土壤 Cd 钝化最重要的特征参数。当生物炭和土壤的 pH 值分别约为 10.8 和 8.2 时，土壤 Cd 钝化效果最好。对于生物炭用量，在剂量为 4500kg/hm² 后，由于 Cd 结合位点过剩，Cd 钝化效果逐渐达到平衡。时间的影响也呈现类似的趋势，从 60d 到 90d，观察到 Cd 钝化效果缓慢增强。生物炭的 N、C 含量是预测土壤 Cd 钝化效果的重要指标。N 含量在 0.5% ～ 2.0% 范围内与土壤 Cd 钝化效果呈正相关，而 C 含量在 20% ～ 40% 时 Cd 的钝化效果较好。

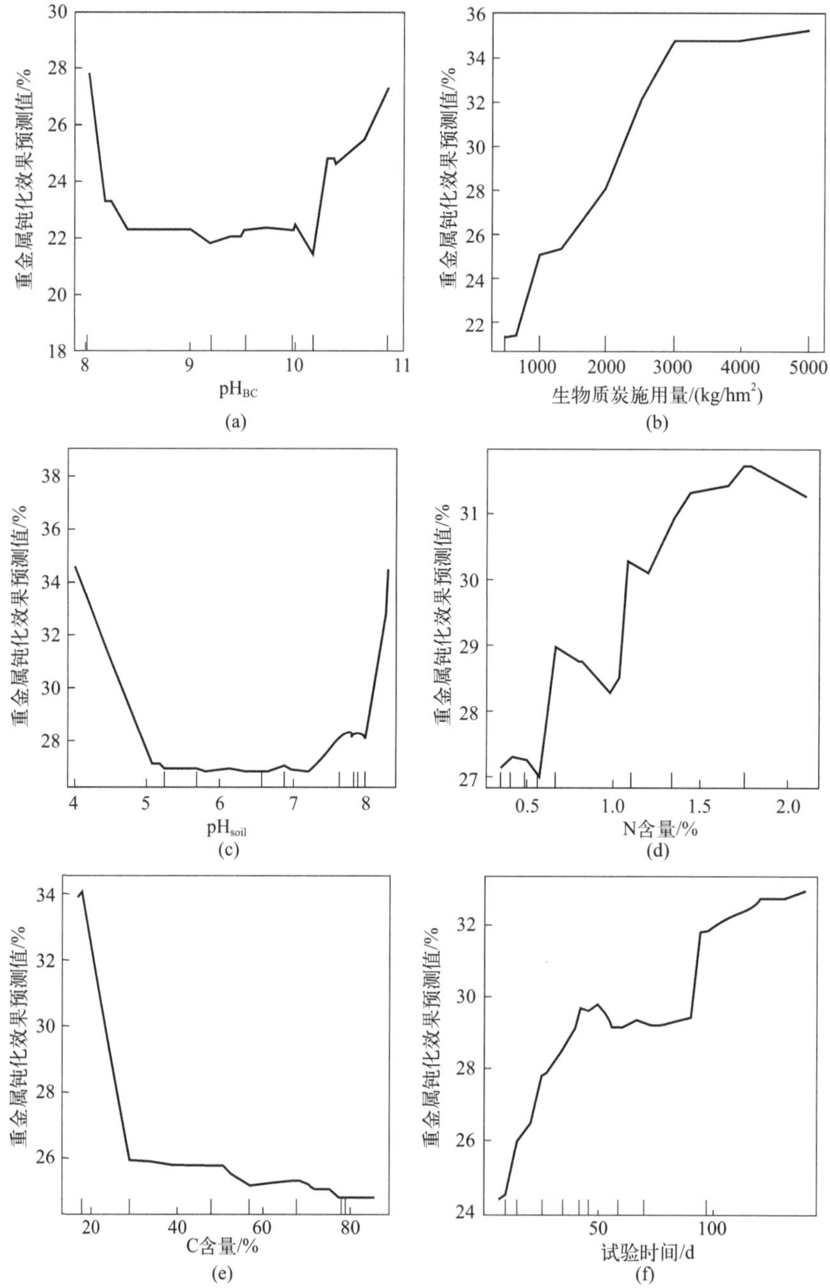

图 7-35

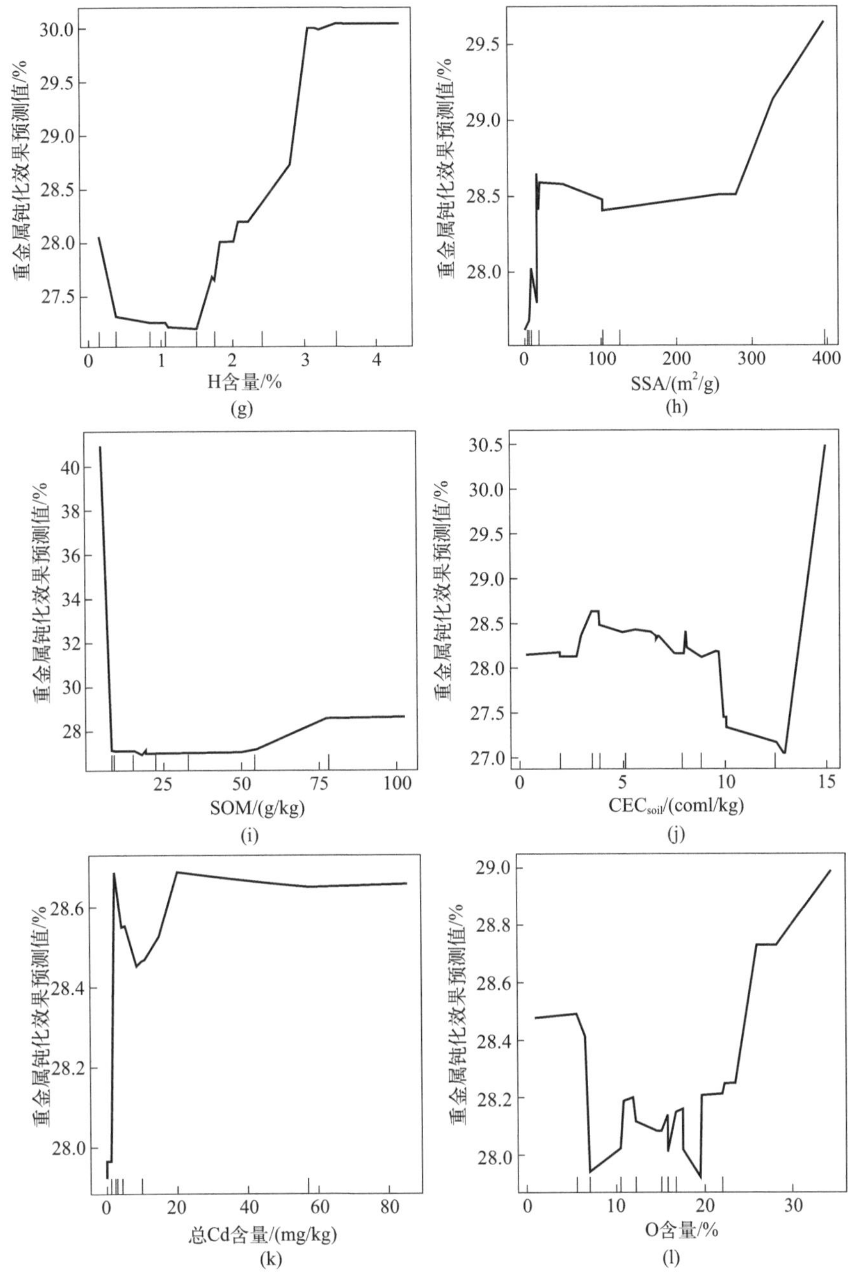

图 7-35　每个输入特征的单向偏相关图

（5）模型应用

本实施案例选取偏酸性、中性和偏碱性 3 个站点的 pH_{soil}、CEC_{soil}、SOM 和总 Cd 含量数据。pH_{BC}、SSA、C 含量、N 含量、H 含量和 O 含量的范围从数据集中选取，步长分别为 0.5、50m²/g、10%、0.5%、0.5% 和 5%。为了提高固定效率，根据偏依赖图将试验时间设置为 139d，生物炭施加量设置为 4500kg/hm^2。

利用优化后的模型，将 3 个站点的土壤属性值输入模型，生成了每个站点的一组目标生物炭特性数据和每个站点的最优土壤 Cd 固定效率。碱性生物炭（$9.04 < pH_{BC} < 11.21$）在 Cd 污染土壤修复中表现优异，每个位点的钝化效果均超过 50%。特别是在有机质含量较高的酸性土壤中。由 RF 模型预测的最佳生物炭性能数据如表 7-9 所示。

表7-9　由RF模型预测的最佳生物炭性能数据

序号	土壤性质	预测值	pH_{BC}	SSA /(m^2/g)	C 含量 /%	N 含量 /%	H 含量 /%	O 含量 /%	钝化效果 /%
1	偏酸性	范围	10.96 ～ 11.46	200.75 ～ 350.75	16.63 ～ 46.63	0.35 ～ 1.85	2.14 ～ 3.64	10.99 ～ 40.99	58
		均值	11.21	250.75	36.63	1.43	2.22	24.32	
2	中性	范围	8.96 ～ 10.96	200.75 ～ 350.75	6.63 ～ 26.63	0.35 ～ 1.35	3.14 ～ 4.64	0.99 ～ 10.99	52
		均值	10.46	300.75	16.63	0.85	3.81	5.99	
3	偏碱性	范围	7.96 ～ 10.96	300.75 ～ 400.75	16.63 ～ 46.63	1.35 ～ 3.85	2.64 ～ 3.14	10.99 ～ 20.99	50
		均值	9.04	350.75	36.63	2.10	3.06	15.99	

本方法取得的优点和效果如下：

① 本方法通过引入机器学习模型，实现了对农田土壤污染修复钝化材料的快速、准确筛选，传统方法多依赖多年（2 ～ 3 年）多点的试验，本方法一次预测耗时仅为几十秒到几分钟，可以加快修复试验的速度且预测精度高，R^2 和 PICP 值均达到 0.9 以上，准确性高。本方法具有操作简便、成本低、效率高等优点，可广泛应用于农业土壤污染修复领域，提供了一种更为可行和可持续的解决方案，为农业土壤污染修复提供了一种新的钝化材料筛选策略，有助于提高土壤修复效率，保护生态环境和食品安全。

② 本方法通过模型预测，可以快速筛选出具有较好修复效果的钝化材料，大大缩短了筛选周期。基于大量数据的训练，模型具有较高的预测精度，在训练和测试数据集上，R^2 分别为 0.977 和 0.907，RMSE 分别为 3.393 和 5.848，MAE 分别为 2.469 和 4.221。本方法能够准确评估钝化材料的修复效果，提高了钝化材料筛选的效率和准确性，还降低了成本，为农业土壤污染修复提供了一种新的解决方案。

③ 本方法通过模型可解释性，保证了模型的时效性和决策的可信度。同时，模型可以根据不同的污染土壤条件进行预测和筛选，如碱性生物炭（$9.04 < pH_{BC} < 11.21$）在 Cd 污染土壤修复中表现优异，每个位点的钝化效果均超过 50%，特别是在有机质含量较高的酸性土壤中。优化后的模型具有较强的适应性和灵活性。

④ 本方法包括建立一个包含重金属污染土壤性质、钝化材料结构性质、修复施用条件和重金属钝化效果的修复案例数据库；对数据进行预处理和特征选择，以降

低模型的复杂性；接着构建多种机器学习模型，并通过交叉验证和网格搜索来优化模型；然后通过解释模型预测结果，提高决策的可信度；最后根据不同地区土壤的待决策指标的输入，获取最优修复效果。这样可以防止人为决策的盲目性，极大地提高了决策准确度，同时可以有效利用历史数据为后期相关修复工作提供数据支撑。

参考文献

[1] Glass G V. Primary, secondary, and meta-analysis of research[J]. Educational Researcher, 1976, 5: 3-8.

[2] Borenstein M, Higgins J P T, Hedges L V, et al. Basics of meta-analysis: I^2 is not an absolute measure of heterogeneity[J]. Research Synthesis Methods, 2017, 8(1): 5-18.

[3] Higgin J P T, Thomas J, Chandle J, et al. Cochrane handbook for systematic reviews of interventions[M]. New York: John Wiley & Sons Ltd, 2019.

[4] Egger M, Smith G D, Phillips A N. Meta-analysis: Principles and procedures[J]. BMJ, 1997, 315(7121): 1533-1537.

[5] Pearson K. Report on certain enteric fever inoculation statistics[J]. British Medical Journal, 1904, 2(2288): 1243-1246.

[6] Tippett L H C. The methods of statistics[M]. New York: John Wiley & Sons, Inc, 1953.

[7] Yates F, Cochran W G. The analysis of groups of experiments[J]. The Journal of Agricultural Science, 1938, 28(4): 556-580.

[8] Hedges L V. Advances in statistical methods for meta-analysis[J]. New Directions for Program Evaluation, 1984, 1984(24): 25-42.

[9] Brett M T. Meta-analysis in ecology[J]. The Bulletin of the Ecological Society of America, 1997, 78: 92-94.

[10] 彭少麟，唐小焱．Meta 分析及其在生态学上的应用 [J]．生态学杂志，1998, 17(5): 74-79.

[11] Lei Q I, Tang Q. Study on origin and research ideas of multi-case oriented literature meta-analysis method[J]. Journal of Beijing University of Aeronautics and Astronautics(Social Sciences Edition), 2019, 32(2): 139-145.

[12] Hew K F, Bai S R, Dawson P, et al. Meta-analysis of flipped classroom studies: A review of methodology[J]. Educational Research Review, 2021, 33: 100393.

[13] Yang L, Zhao H, Liu K, et al. Smoking behavior and circulating vitamin D levels in adults: A meta-analysis[J]. Food Science & Nutrition, 2021, 9(10): 5820-5832.

[14] Ren S Y, Song C Q, Ye S J, et al. The spatiotemporal variation in heavy metals in China's farmland soil over the past 20 years: A meta-analysis[J]. Science of the Total Environment, 2022, 806: 150322.

[15] Tian X S, Wang D Y, Chai G Q, et al. Does biochar inhibit the bioavailability and bioaccumulation of as and Cd in co-contaminated soils? A meta-analysis[J]. Science of the Total Environment, 2021, 762: 143117.

[16] Liao P, Huang S, Zeng Y J, et al. Liming increases yield and reduces grain cadmium concentration in rice paddies: A meta-analysis[J]. Plant and Soil, 2021, 465(1): 157-169.

[17] Wang Y L, Xing W Q, Liang X F, et al. Effects of exogenous additives on wheat Cd accumulation, soil Cd availability and physicochemical properties in Cd-contaminated agricultural soils: A meta-analysis[J]. Science of the Total Environment, 2022, 808: 152090.

[18] 赵健. 钝化材料对受污染耕地土壤理化性质、重金属有效性及植物吸收影响的整合分析 [D]. 杭州：浙江大学，2020.

[19] Demalach N, Zaady E, Kadmon R, et al. Contrasting effects of water and nutrient additions on grassland communities: A global meta-analysis[J]. Global Ecology and Biogeography, 2017, 26(8): 983-992.

[20] 柴如山，王擎运，叶新新，等. 我国主要粮食作物秸秆还田替代化学氮肥潜力 [J]. 农业环境科学学报，2019, 38(11): 2583-2593.

[21] Peng X, Deng Y E, Peng Y, et al. Effects of biochar addition on toxic element concentrations in plants: A meta-analysis[J]. Science of the Total Environment, 2018, 616: 970-977.

[22] Cayuela M L, van Zwieten L, Singh B P, et al. Biochar's role in mitigating soil nitrous oxide emissions: A review and meta-analysis[J]. Agriculture, Ecosystems & Environment, 2014, 191: 5-16.

[23] Pribyl D W. A critical review of the conventional SOC to SOM conversion factor[J]. Geoderma, 2010, 156(3/4): 75-83.

[24] Mo F, Yu K L, Crowther T W, et al. How plastic mulching affects net primary productivity, soil C fluxes and organic carbon balance in dry agroecosystems in China[J]. Journal of Cleaner Production, 2020, 263: 121470.

[25] Hedges L V, Gurevitch J, Curtis P S. The meta-analysis of response ratios in experimental ecology[J]. Ecology, 1999, 80(4): 1150-1156.

[26] Azhar M, Rehman M Z U, Ali S, et al. Comparative effectiveness of different biochars and conventional organic materials on growth, photosynthesis and cadmium accumulation in cereals[J]. Chemosphere, 2019, 227: 72-81.

[27] 陈远其，张煜，陈国梁. 石灰对土壤重金属污染修复研究进展 [J]. 生态环境学报，2016, 25(8): 1419-1424.

[28] 吴霄霄，曹榕彬，米长虹，等. 重金属污染农田原位钝化修复材料研究进展 [J]. 农业资源与环境学报，2019, 36(3): 253-263.

[29] 林小兵，武琳，王惠明，等. 不同用量土壤调理剂对镉污染农田土壤环境的影响 [J]. 长江流域资源与环境，2021, 30(7): 1734-1745.

[30] 梁佳怡，王泳森，段敏，等. 生物炭对土壤有效态镉及植物镉吸收影响的整合分析 [J]. 广西师范大学学报（自然科学版），2021, 39(6): 1-12.

[31] 张秋梅，王惠明，林小兵，等. 不同土壤钝化剂对农田土壤中镉的钝化效果研究 [J]. 江西农业大学学报，2021, 43(3): 703-710.

[32] Beesley L, Inneh O S, Norton G J, et al. Assessing the influence of compost and biochar

amendments on the mobility and toxicity of metals and arsenic in a naturally contaminated mine soil[J]. Environmental Pollution, 2014, 186: 195-202.

[33] 王坤，王小敏，赵勇，等. 土壤质地和碳氮比对龙葵富集重金属 Cd 的影响 [J]. 水土保持学报，2014, 28(2): 199-203, 220.

[34] 赵健. 钝化材料对受污染耕地土壤理化性质、重金属有效性及植物吸收影响的整合分析 [D]. 杭州：浙江大学，2020.

[35] 江棋. 土壤调理剂对镉污染稻田土壤质量和稻米品质的影响 [D]. 武汉：华中农业大学，2020.

[36] 李心，林大松，刘岩，等. 不同土壤调理剂对镉污染水稻田控镉效应研究 [J]. 农业环境科学学报，2018, 37(7): 1511-1520.

[37] Krekeler M P S, Guggenheim S. Defects in microstructure in palygorskite–sepiolite minerals: A transmission electron microscopy (TEM) study[J]. Applied Clay Science, 2008, 39(1/2): 98-105.

[38] Sun Y B, Sun G H, Xu Y M, et al. Evaluation of the effectiveness of sepiolite, bentonite, and phosphate amendments on the stabilization remediation of cadmium-contaminated soils[J]. Journal of Environmental Management, 2016, 166: 204-210.

[39] Chen S B, Zhu Y G, Ma Y B. The effect of grain size of rock phosphate amendment on metal immobilization in contaminated soils[J]. Journal of Hazardous Materials, 2006, 134(1/2/3): 74-79.

[40] 李开叶，赵婷婷，陈佳，等. 不同有机物料对水稻根表铁膜及砷镉吸收转运的影响 [J]. 环境科学，2021, 42(4): 2047-2055.

[41] 骆文轩，宋肖琴，陈国安，等. 田间施用石灰和有机肥对水稻吸收镉的影响 [J]. 水土保持学报，2020, 34(3): 232-237.

[42] Bian R J, Chen D, Liu X Y, et al. Biochar soil amendment as a solution to prevent Cd-tainted rice from China: Results from a cross-site field experiment[J]. Ecological Engineering, 2013, 58: 378-383.

[43] Li Y X, Pei G P, Qiao X L, et al. Remediation of cadmium contaminated water and soil using vinegar residue biochar[J]. Environmental Science and Pollution Research International, 2018, 25(16): 15754-15764.

[44] 张淼，叶长城，喻理，等. 矿物硅肥与微生物菌剂对水稻吸收积累镉的影响 [J]. 农业环境科学学报，2016, 35(4): 627-633.

[45] 杨兰，李冰，王昌全，等. 牛粪配合无机改良剂对稻田土壤 Cd 赋存形态及生物有效性的影响 [J]. 生态与农村环境学报，2016, 32(4): 651-658.

附录

- 受污染耕地治理与修复导则
- 耕地污染治理效果评价准则
- 稻田重金属治理　第 1 部分：总则
- 稻田重金属治理　第 2 部分：钝化调理
- 稻田重金属治理　第 3 部分：生理阻隔
- 稻米镉控制　田间生产技术规范

附录 1　受污染耕地治理与修复导则

1　范围

本标准规定了受污染耕地治理与修复的基本原则、目标、范围、流程、总体技术性要求及受污染耕地治理与修复实施方案的编制提纲与要点。

本标准适用于对种植食用类农产品的受污染耕地开展治理与修复，且治理与修复前后均种植食用类农产品。

2　规范性引用文件

下列文件对本文件的应用是必不可少的。凡是注日期的引用文件，仅注日期的版本适用于本标准；凡是不注日期的引用文件，其最新版本（包括所有的修改单）适用于本文件。

GB 15618　土壤环境质量 农用地土壤污染风险管控标准（试行）

GB 2762　食品安全国家标准 食品中污染物限量

NY/T 395　农田土壤环境质量监测技术规范

NY/T 398　农、畜、水产品污染监测技术规范

NY/T 497　肥料效应鉴定田间试验技术规范

NY/T 3343　耕地污染治理效果评价准则

HJ 25.5　污染地块风险管控与土壤修复效果评估技术导则

3　术语和定义

下列术语和定义适用于本文件

3.1

耕地 cultivated land

用于农作物种植的土地。

3.2

受污染耕地 contaminated cultivated land

污染物积累到一定程度，对周边环境造成污染，存在危害食用类农产品质量安全的风险的耕地。

3.3

受污染耕地治理与修复 pollution control and soil remediation of contaminated cultivated land

指通过源头控制、农艺调控、土壤改良、植物修复等措施，减少耕地土壤中污染物的输入、总量或降低其活性，从而降低农产品污染物超标风险，改善受污染耕地土壤环境质量。本文件所规定的治理与修复措施不包括改变食用类农产品种植结构的措施，如改种花卉林木、退耕还林还草等。

3.4

食用类农产品 edible agricultural products

指供食用的源于农业的初级产品。

3.5

治理与修复效果 effects of pollution control and soil remediation of contaminated cultivated land

治理与修复效果包括两方面，一方面是治理与修复措施对受污染耕地农产品可食部位中污染物含量降低所起的作用，另一方面是对耕地土壤中污染物含量降低所起的作用。

3.6

耕地污染风险评估 risk assessment for contaminated cultivated land

在耕地污染调查的基础上，协同农产品质量安全，分析耕地污染状况，评估耕地种植的农产品中污染物超标风险，确定耕地污染治理与修复的区域范围、污染物种类和目标等，其方法、程序、目标等由相关标准予以规定。

3.7

目标污染物 target contaminant

根据 GB 2762 规定的污染物种类，由耕地污染风险评估所确定的需要进行治理与修复的污染物。

4 基本原则

4.1 科学性

基于资料调查和数据分析，综合考虑受污染耕地的污染类型、污染程度和范围、污染成因，以及备选的治理与修复技术，技术的效果、时间、成本和环境影响等因素，科学合理选择治理与修复技术，制定实施方案。

4.2 可行性

受污染耕地治理与修复要因地制宜、合理可行。治理与修复方案与技术不能脱离当前技术、经济和社会发展的实际，要满足技术、经济的可行性。

4.3 安全性

治理与修复技术应具有环境友好性，一方面要防止对实施人员、周边人群健康产生风险；另一方面要防止治理与修复过程对周边环境产生二次污染。

4.4 可持续性

治理与修复应有利于保持或提高耕地质量，保证耕地可持续利用，在经济和技术上有一定的可持续性。优先选择不影响农业生产、不改变农产品种类、不降低土壤生产功能的治理与修复技术。

5 治理修复目标

基本目标：治理修复区域内实现当地常规或主栽农产品达标生产，评价标准参照 NY/T 3343。

参考目标：在实现基本目标的基础上，进一步使耕地土壤中目标污染物含量降低到 GB 15618 规定的筛选值以下（含），或降低到可保障当地常规或主栽农产品达标生产的含量。

6 治理修复范围

由前期耕地污染风险评估程序确定受污染耕地治理与修复区域的边界与面积。

7 治理修复流程

受污染耕地治理与修复的一般程序如图 1 所示，包括：基础数据和资料收集、受污染耕地污染特征和成因分析、治理与修复的范围和目标确定、治理与修复模式选择、治理与修复技术确定、治理与修复实施方案编制、治理与修复组织实施、治理与修复效果评估等。

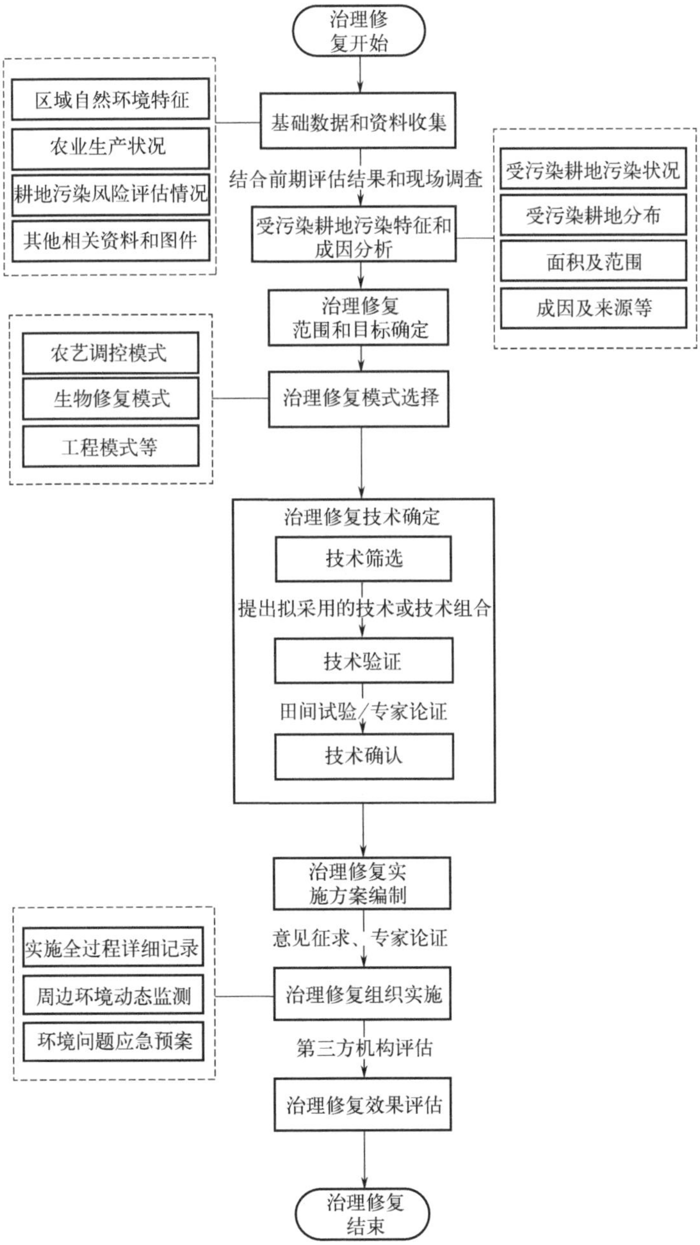

图 1 受污染耕地治理与修复流程图

7.1 基础数据和资料收集

在受污染耕地治理与修复工作开展之前，应收集治理与修复相关的资料，包括但不限于以下内容：

（1）区域自然环境特征：气候、地质地貌、水文、土壤、植被、自然灾害等。

（2）农业生产状况：农作物种类、布局、面积、产量、农作物长势、耕作制度等。

（3）耕地污染风险评估情况：包含土壤环境状况、农产品监测资料、污染成因分析等。

土壤环境状况：土壤污染物种类、含量、有效态含量、历史分布与范围，土壤环境质量背景值状况、污染源分布情况等。

农产品监测资料：农产品超标元素历年值、农产品质量现状等。

污染成因分析：受污染耕地土壤与农产品污染来源、污染物排放途径和年排放量资料、农灌水质及水系状况、大气环境质量状况、农业投入品状况等。

其他相关资料和图件：土地利用现状图、土地利用总体规划、行政区划图、农作物种植分布图、土壤（土种）类型图、高程数据、耕地地理位置示意图、永久基本农田分布图、粮食生产功能区分布图等。

注：收集资料应尽可能包括空间信息。点位数据应包括地理空间坐标，面域数据应有符合国家坐标系的地理信息系统矢量或栅格数据。

7.2 治理修复区域内耕地污染特征分析

汇总已有调查资料和数据，判断已有数据是否足以支撑治理与修复工作精准实施。如有必要，应在治理和修复工作开展前，进行土壤与农产品加密调查，摸清底数，确定治理修复边界。综合分析收集到的资料和数据，明确耕地土壤污染的成因和来源等，为制定方案和开展治理修复工作提供支撑。

7.3 治理与修复的范围和目标确定

根据耕地污染风险评估及土壤与农产品加密调查结果，综合工作基础、实际情况、经济性、可行性等因素，明确受污染耕地治理修复的范围，确定受污染耕地经治理与修复后需达到基本目标还是参考目标。

7.4 治理与修复模式选择

根据耕地污染风险评估及土壤与农产品加密调查结果，基于耕地污染类型、程度、范围、污染来源及经济性、可行性等因素，因地制宜地选择治理与修复模式，如农艺调控模式、生物修复模式、工程模式、其他模式。对已确定污染源的地块或区域，在治理和修复中，应考虑切断污染源，减少污染物的输入。

7.5 治理与修复技术确定

包括技术筛选、技术验证和技术确认 3 个环节。

（1）技术筛选：治理与修复模式确定后，从该模式备选治理与修复技术中，筛选潜在可用的技术，采用列表描述分析或权重打分等方法，对选出的技术进行排序，提出拟采用的技术或技术组合。

（2）技术验证：对拟采用的治理与修复技术进行可行性验证。参考 NY/T 497，选择与目标区域环境条件、污染种类及程度相似的耕地开展田间试验，或者直接在目标区域选择小块耕地开展田间试验。如治理修复技术已在相似耕地开展田间试验，并可提供详细试验数据和报告，经专家论证后，可以不再开展田间试验。

（3）技术确认：根据技术的田间试验结果，综合经济性、可行性等因素，最终确定目标区域内受污染耕地治理与修复技术。

7.6　治理与修复实施方案编制

根据 7.3 ～ 7.5 所确定的治理与修复的范围、目标、模式、技术等，编制受污染耕地治理与修复实施方案。实施方案所包含的内容及技术要点参考附录 A。实施方案需要经过意见征求、专家论证等过程。

7.7　治理与修复组织实施

严格按照治理与修复实施方案确定的步骤和内容，在目标区域开展受污染耕地治理与修复工作。对治理与修复实施的全过程进行详细记录，并对周边环境开展动态监测，分析治理与修复措施对耕地及其周边环境的影响。对可能出现的环境问题需有应急预案。

7.8　治理与修复效果评估

评估受污染耕地经治理与修复后是否达到治理修复目标。治理与修复完成（或阶段性完成）后，由第三方机构对治理与修复的措施完成情况及效果开展评估。对于基本目标，评估方法参照 NY/T 3343；对于参考目标，评估方法参照 NY/T 3343 与 HJ 25.5。

8　总体技术性要求

8.1　耕地污染治理与修复措施不能对土壤、地下水、大气及种植作物等周边环境造成二次污染。治理与修复过程中产生的废水、废气和固体废物，应当按照国家有关规定进行处理或者处置，并达到国家或者地方规定的环境保护标准和要求。治理与修复所使用的有机肥、土壤调理剂等耕地投入品中镉、汞、铅、铬、砷 5 种重金属含量，不能超过 GB 15618 规定的筛选值，或者治理与修复区域耕地土壤中对应元素的含量。

8.2　耕地污染治理与修复措施不能对治理区域主栽农产品产量产生严重的负面影响。农产品种类未发生改变的，治理与修复区域农产品单位产量（折算后）与治理与修复前同等条件对照相比减产幅度应小于或等于 10%。

注：治理与修复区域内农产品单位产量及其测算方式由前期耕地污染风险评估程序确定。

8.3　受污染耕地治理与修复，应当优先采取农艺调控等措施，阻断或者减少污染物和其他污染物进入农作物可食部分，降低农产品超标风险；当农艺调控等措施难以奏效时，应当优先采取不影响农业生产、不降低土壤生产功能的生物修复措施。

8.4　治理与修复期间，在农产品收获时期定期开展土壤与农产品质量协同监测评价，根据监测评价结果及时优化调整治理与修复措施。土壤与农产品协同监测的方法参照 NY/T 395 和 NY/T 398。

附录A
（规范性附录）
受污染耕地治理与修复实施方案编制提纲与要点

A.1　必要性及编制依据

A.1.1　必要性

（1）土壤污染现状及其危害。简述拟开展治理修复区域耕地污染的总体情况，包括土壤污染范围、程度、污染物种类及来源、污染源分布、农产品超标情况以及土壤污染对当地经济社会发展的影响等。

（2）与政策的符合性。简述治理修复项目与国家和地方相关环境保护规划、区域经济社会发展规划、土地利用总体规划以及《土壤污染防治行动计划》要求的符合性，明确项目在相关规划中的重要性。

（3）紧迫性。从耕地污染危害的严重性、土地资源的稀缺性、拟开展治理修复区域发展规划和生态文明建设中的地位等方面重点阐述项目实施的紧迫性。

A.1.2　编制依据

国家和地方相关法律法规、政策文件、规划（计划）、标准与技术规范。

A.2　区域概况

介绍行政区域地理位置和区域自然、经济社会及环境概况。自然概况包括土壤类型、土壤地球化学、地形地貌、气候气象、地表水文、水文地质等情况。经济社会概况包括行政区划、国民经济发展规划、产业结构和布局、土地利用规划、农用地面积与分布、农业种植结构、畜禽养殖情况、污水灌区分布、灌溉水量水质、肥料和农药使用情况、农产品质量状况、水源地及水系分布等。环境概况包括主要土壤环境污染状况、点位超标区分布、土壤重点污染源分布、土壤污染问题突出区域分布、固体废物堆放情况等。

A.3　耕地污染特征和成因分析

（1）简述已开展的耕地土壤调查和污染风险评估情况（含调查时间、调查范围；采样布点方案、采集样品种类及数量；检测指标、检测方法、检测结果；风险评估方法、风险评估结果等内容）及评审意见、论证意见等。基于已有资料和数据，明确是否需要以及哪些区域需要开展土壤和农产品加密调查。

（2）简述土壤与农产品加密调查结果（根据实际情况）。

（3）根据耕地污染风险评估及土壤与农产品加密调查结果，分析耕地污染状况、分布、面积、成因及来源等。

A.4　治理与修复的范围、目标与指标

根据耕地污染风险评估及土壤与农产品加密调查结果，综合工作基础、实际情况、经济性、可行性等因素，明确治理与修复的面积、分布和范围。采用定性语言与定量指标，逐一描述治理与修复措施实施后的目标。依据拟达到的治理与修复目标，明确治理与修复措施实施效果的评价指标（含对农业生产影响的指标），并论述其合理性。若治理修复需达到基本目标，指标设置参考 NY/T 3343；若需达到参考目标，指标设置参考 NY/T 3343 与 HJ 25.5。

A.5　治理与修复技术评选

A.5.1　技术概述

简要介绍当前国内外受污染耕地治理与修复技术及其应用案例，包括技术要点、性能效果、适用条件、限制因素、运行成本、实施周期、可操作性等。

A.5.2　技术筛选与评估

针对目标区域，逐一开展技术筛选与评估。原则上应当优先采取不影响农业生产、不降低土壤生产功能、不威胁环境安全的绿色可持续治理与修复措施，如农艺调控、施用环境友好的土壤调理剂等。可以采用列举法定性评估或利用技术评估工具表定量评估通过技术筛选的治理与修复技术，得到切实可行的技术。

A.5.3　技术方案比选

在技术筛选与评估的基础上，综合考虑土壤污染特征、土壤理化性质、农作物类型、地形地貌、种植习惯、水文地质条件、环境管理要求等因素，合理集成各种可行技术，形成若干治理与修复技术备选方案。备选方案可以由单项技术组成，也可由多项技术组合而成；可以是多个可行技术“串行”，也可以是“并行”。在充分考虑技术、经济、环境、社会等层面的诸多因素基础上，利用比选指标体系，比较与分析不同备选方案优点和不足，最终形成经济效益、社会效益、环境效益综合表现最佳的技术方案。

A.5.4　田间试验效果

根据 7.5（2）开展的田间试验结果。经专家论证未开展田间试验的，需提供相关主要试验案例与数据。

A.6　技术方案设计

阐述总体技术路线，制定涵盖技术流程、技术参数在内的操作性方案及规程，绘制治理与修复实施平面示意图。总体技术路线应反映治理与修复的总体思路、技术框架及模式；技术流程详细介绍具体技术步骤、工作量、实施周期等；技术参数应包括技术处理能力、实施条件、投入品配方及消耗、作业面积等；平面示意图应采用适宜的比例尺［一般应为（1∶10000）～（1∶50000）］，符合图式图例规范，图斑的边界和图例要清晰。

A.7　组织实施与进度安排

治理与修复工作实施及推进方式，包括与政府、农业生产者、其他企事业单位、公众的关系及协调机制，还应说明信息公开方式以及舆情应对方案；进度安排应包括计划安排、实施阶段的划分等内容，并附实施进度表。

A.8　经费预算

经费估算采用单价乘以工程量的合价法。估算价格一般采用当前的静态价格，也可考虑动态价格。应说明有关单价和税率采用的依据，总预算应包含详细的计算过程，并附总预算表。根据进度要求，提出经费使用年度计划，并说明资金的来源和额度。

A.9　效益分析

采取定性与定量描述相结合的方法，分析实施治理与修复措施后将取得的环境效益、经济效益和社会效益，主要包括治理与修复措施对土壤环境质量改善、农产品质量改善、农业创收增效、公众健康、社会稳定的影响等。

A.10　风险分析与应对

简要分析开展治理与修复过程中，可能存在的国家或地方相关政策调整导致的政策风险、相关技术操作不当导致治理与修复效果不佳的技术风险、因受到公众或媒体的高度关注引发的社会风险等，阐述对相应风险的应对措施。

A.11　二次污染防范和安全防护措施

阐述在治理与修复过程中，保护清洁土壤、地下水、地表水、大气环境、种植作物以及防止污染扩散的二次污染防范措施，及实施人员职业健康防护、周围居民警示、历史文化遗迹保护等安全防护措施。

A.12　附件

（1）耕地污染风险评估报告；

（2）拟治理修复区域土壤与农产品加密调查报告（根据需要）；

（3）治理修复技术操作规范及作业指导书。

A.13　附图

（1）治理与修复区域的地理位置图；

（2）治理与修复区域土壤污染状况空间分布图；

（3）治理与修复区域农产品污染物含量分布图；

（4）治理与修复技术方案流程图；

（5）治理与修复实施平面示意图；

（6）其他用于指导治理与修复过程的图件。

附录 2　耕地污染治理效果评价准则

1　范围

本标准规定了耕地污染治理效果评价的原则、方法与范围、标准、程序、时段、技术要求及评价报告的编制要点。

本标准适用于对污染治理前后均种植食用类农产品的耕地开展评价。

2　规范性引用文件

下列文件对于本文件的应用是必不可少的。凡是注日期的引用文件，仅注日期的版本适用于本文件。凡是不注日期的引用文件，其最新版本（包括所有的修改单）适用于本文件。

GB 2762　食物中污染物限量

GB 15618　土壤环境质量 农用地土壤环境风险管控标准（试行）

GB 18877　有机 - 无机复混肥料

NY/T 398　农、畜、水产品污染监测技术规范

3　术语与定义

下列术语和定义适用于本文件。

3.1

耕地 cultivated land

用于农作物种植的土地。本文件所规定的耕地是指种植食用类农产品的耕地。

3.2

耕地污染 pollution of cultivated land

耕地中污染物含量达到危害农产品质量安全以及对周边生态环境产生不利影响超过可接受风险水平的现象。

3.3

耕地污染治理 pollution control of cultivated land

通过源头控制、农艺调控、土壤改良、品种替代、植物修复等措施，改善受污染耕地土壤环境质量，减少农产品中污染物含量，降低农产品污染物超标风险。本文件所规定的治理措施不包括改变食用类农作物种植结构的措施，如改种花卉林木、退耕还林还草等。

3.4

耕地污染治理效果 effects of pollution control of cultivated land

耕地污染治理措施对农产品可食部位中污染物含量降低所起的作用。分为当季效果和整体效果两类，当季效果指治理措施实施后对种植的第 1 季农产品可食部位污染物含量所产生的效果；整体效果指根据连续 2 年的每季治理效果，综合评价后所得出的治理区域内耕地污染整体治理效果。

3.5

农产品 agricultural products

来源于农业的初级产品，即在农业活动中获得的植物、动物、微生物及其产品。本文件所规定的农产品指农业耕作过程中生产的食用农产品，如小麦、水稻、玉米、花生、高粱、蔬菜、水果等植物及其产品。

3.6

耕地污染风险评估 pollution risk assessment for cultivated land

在耕地污染调查的基础上，协同农产品质量安全，分析耕地污染状况，评估耕地农产品超标风险，确定耕地污染治理的区域范围、污染物种类和目标等。

3.7

目标污染物 target contaminant

由耕地污染风险评估所确定的需要进行治理的污染物，种类由 GB2762 规定。

3.8

治理效果评价点位 sampling point for effects assessment of pollution control of cultivated land

为评价耕地污染治理效果而在治理区域内设置的农产品采集地块，并根据采样监测标准设定的评价地块点位。

4 评价原则

4.1 科学性

综合考虑耕地污染风险评估情况、耕地污染治理方案、治理实施情况及效果等，科学合理地开展耕地污染治理效果评价工作。

4.2 独立性

耕地污染治理效果评价方案应由第三方效果评价单位编制，并负责组织实施，确保评价工作的独立性和客观性。

4.3 公正性

评价机构应秉持良好的职业操守，依据相关法律、法规和标准，公平、公正、客观、规范地开展耕地污染治理效果评价工作，科学、正确地评价耕地污染治理效果。

5 评价方法与范围

通过评价治理区域内农产品可食部位中目标污染物含量变化情况，反映治理措施对耕地污染治理的效果，得出治理区域内耕地污染治理的总体评价结论。评价范围应与治理范围相一致；当治理范围发生变更时，应根据实际情况对评价范围进行调整。

6 评价标准

6.1 耕地污染治理以实现治理区域内食用农产品可食部位中目标污染物含量降低到 GB 2762 规定的限量标准以下（含）为目标。

6.2 治理效果分为两个等级，达标和不达标。达标表示治理效果已经达到了目标；不达标表示耕地污染治理未达到目标。

6.3 根据治理区域连续 2 年的治理效果等级，综合评价耕地污染治理整体效果。

6.4 耕地污染治理措施不能对耕地或地下水造成二次污染。治理所使用的有机肥、土壤调理剂等耕地投入品中镉、汞、铅、铬、砷 5 种重金属含量，不能超过 GB 15618—2018 规定的筛选值，或者治理区域耕地土壤中对应元素的含量。

6.5 耕地污染治理措施不能对治理区域主栽农产品产量产生严重的负面影响。种植结构未发生改变的，治理区域农产品单位产量（折算后）与治理前同等条件对照相比减产幅度应小于或等于 10%。

注：治理区域内农产品单位产量及其测算方式由前期耕地污染风险评估确定。

7 评价程序

耕地污染治理效果评价总体流程如图 1 所示，包括制定评价方案、采样与实验室检测分析、治理效果评价 3 个阶段。

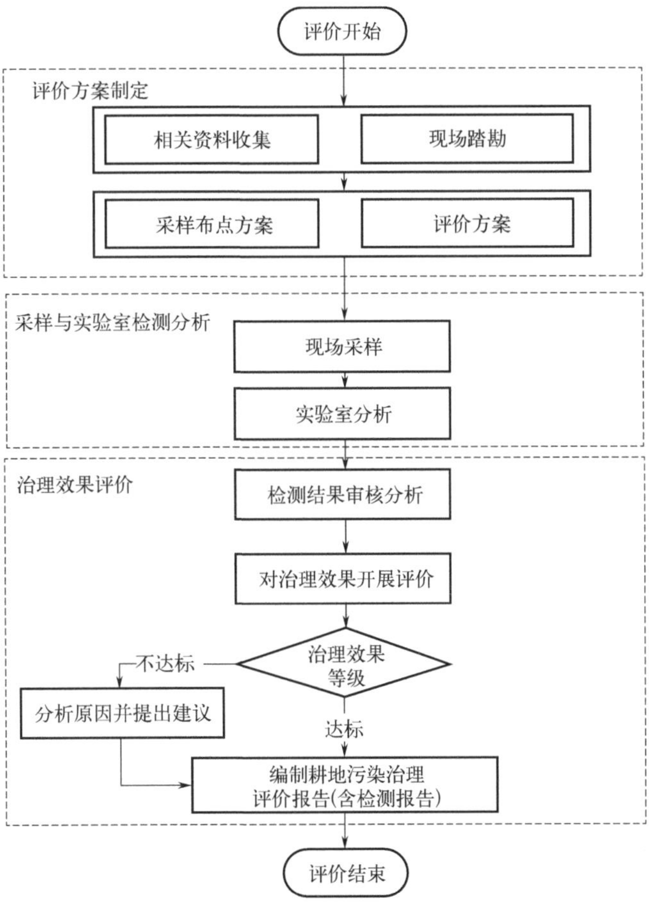

图 1 耕地污染治理效果评价总体流程图

7.1 制定评价方案

在审阅分析耕地污染治理相关资料的基础上，结合现场踏勘结果，明确采样布点方案，确定耕地污染治理效果评价内容，制定评价方案。

7.2　采样与实验室检测分析

在评价方案的指导下，结合耕地污染治理措施实施的具体情况，开展现场采样和实验室分析工作。布点采样与实验室分析工作由评价单位组织实施。

7.3　评价治理效果

在对样品实验室检测结果进行审核与分析的基础上，根据评价标准，评价治理效果，并做出评价结论。

8　评价时段

在治理后（对于长期治理的，在治理周期后）2 年内的每季农作物收获时，开展耕地污染治理效果评价；根据 2 年内每季评价结果，做出评价结论。

注：开展长期治理的，在一个治理周期结束后的农作物收获时开展评价；根据 2 年内每季评价结果，做出评价结论。

9　评价技术要求

9.1　资料收集

在治理效果评价工作开展之前，应收集与耕地污染治理相关的资料，包括但不限于以下内容：

9.1.1　区域自然环境特征：气候、地质地貌、水文、土壤、植被、自然灾害等。

9.1.2　农业生产土地利用状况：农作物种类、布局、面积、产量、农作物长势、耕作制度等。

9.1.3　土壤环境状况：污染源种类及分布、污染物种类及排放途径和年排放量、农灌水污染状况、大气污染状况、农业废弃物投入、农业化学物质投入情况、自然污染源情况等。

9.1.4　农作物污染监测资料：农作物污染元素历年值、农作物污染现状等。

9.1.5　耕地污染治理资料：耕地污染风险评估及治理方案相关文件、治理实施过程的记录文件及台账记录、治理中所使用的耕地投入品情况、二次污染监测记录、治理项目完成报告等。

9.1.6　其他相关资料和图件：土地利用总体规划、行政区划图、农作物种植分布图、土壤类型图、高程数据、耕地地理位置示意图、治理范围图、治理措施流程图、治理过程图片和影像记录等。

注：收集资料应尽可能包括空间信息：点位数据应包括地理空间坐标；面域数据应有符合国家坐标系的地理信息系统矢量或栅格数据。

9.2　治理所使用的耕地投入品采集检测

依据随机抽样原则采集治理措施中所使用的有机肥、化肥、土壤调理剂等耕地投入品，检测镉、汞、铅、铬、砷 5 种重金属。检测方法按照相关标准的规定执行，如无标准则参照 GB 18877 的规定执行。

9.3　治理效果评价点位布设

以耕地污染治理区域作为监测单元，按照 NY/T 398 的规定在治理区域内或附近布设治理效果评价点位。治理效果评价点位布点数量见表 1。

表1 治理效果评价点位布点数量

治理区域面积 / hm^2	评价点位数量 / 个
小于或等于 10	10
10 以上	每 $1hm^2$ 设置 1 个点

9.4 治理效果评价点位农产品采样及检测

治理或一个治理周期结束后，在治理效果评价点位采集农产品样品，采样方法按照 NY/T 398 的规定执行，检测方法按照 GB 2762 的规定执行。

9.5 治理效果评价

根据耕地污染治理效果评价点位的农产品可食部位中目标污染物的单因子污染指数算术平均值和农产品样本超标率判定治理区域的治理效果。

农产品中目标污染物单因子污染指数均值计算公式如下：

$$E_{平均}=\frac{\sum_{i=1}^{n}\frac{A_i}{S_i}}{n} \tag{1}$$

式中 $E_{平均}$——治理效果评价点位所采集的农产品中目标污染物单因子污染指数算术平均值；

n——治理效果评价点位数量；

A——农产品中目标污染物的实测值；

S——农产品中目标污染物的限量标准值。

农产品样本超标率按式（2）计算：

$$样本超标率(\%)=\frac{农产品超标样本总数}{监测样本总数}\times100\% \tag{2}$$

治理后，当季农产品中目标污染物单因子污染指数均值显著大于 1（单尾 t 检验，显著性水平一般小于或等于 0.05），或农产品样本超标率大于 10%，则当季效果为不达标；同时不满足以上两个条件则判定当季效果为达标。如耕地污染治理措施若不符合 6.4 或 6.5，则直接判定为不达标（表 2）。

详细说明及案例见附录 A 和附录 B。

表2 当季治理效果等级

<table>
<tr><th>农产品中目标污染物单因子污染指数算术平均值（$E_{平均}$）</th><th></th><th>农产品样本超标率 /%</th><th>污染治理效果等级</th></tr>
<tr><td>＞1[注]</td><td>或</td><td>＞10</td><td rowspan="2">不达标</td></tr>
<tr><td colspan="3">耕地污染治理措施不符合 6.4 或 6.5</td></tr>
<tr><td>＜1 或与 1 差异不显著</td><td>且</td><td>≤ 10</td><td>达标</td></tr>
</table>

注：要求单尾 t 检验达到显著性水平（显著性水平一般小于或等于 0.05）。

连续2年内每季的效果等级均为达标，则整体治理效果等级判定为达标。2年中任一季的治理效果等级不达标，则整体治理效果等级判定为不达标（表3）。

表3　整体治理效果等级

治理后连续2年内每季效果等级	整体治理效果等级
任一季的治理效果等级不达标	不达标
连续2年内每季治理效果等级均达标	达标

若耕地污染治理效果评价点位农产品目标污染物不止一项，需要逐一进行评价列出。任何一种目标污染物的当季或整体治理效果不达标，则整体治理效果等级判定为不达标。

10　评价报告编制

耕地污染治理效果评价报告应详细、真实并全面地介绍耕地污染治理效果评价过程，并对治理效果进行科学评价，给出总体结论。

评价报告应包括：治理方案简介、治理实施情况、效果评价工作、评价结论和建议以及检测报告等。评价报告提纲见附录C。

附录 A
（规范性目录）
t 检验结合样本超标率评价耕地污染治理当季效果

A.1　t 检验方法

t 检验是判定给定的常数是否与变量均值之间存在显著差异的常用方法。

假设一组样本，样本数为 n，样本均值为 $\bar{x}$，样本标准差为 S，利用单尾 t 检验判定一个给定值 μ_0 是否与样本均值 $\bar{x}$ 存在显著差异，步骤为：

1）确定显著性水平 α，如 $\alpha = 0.2$、0.1、0.05 或 0.01。

2）计算检验统计量 $t=\dfrac{\bar{x}-\mu_0}{S/\sqrt{n}}$。

3）根据样本自由度 $df=n-1$ 和显著性水平 α 查 t 分布临界值表，确定单尾临界值 $C=t_{2\alpha}(n-1)$。例如 $n=10$，$\alpha=0.05$，则 $t=1.833$。

4）统计推断：若 $|t| > C$，即 $\mu_0 > \bar{x}+CS/\sqrt{n}$ 或 $\mu_0 < \bar{x}-CS/\sqrt{n}$，则给定的常数与均值存在显著差异。当 $\mu_0>\bar{x}+CS/\sqrt{n}$ 时，则均值显著小于给定常数。当 $\mu_0<\bar{x}-CS/\sqrt{n}$ 时，则均值显著大于给定常数；若 $|t|<C$，即 $\bar{x}-CS/\sqrt{n} \leqslant \mu_0 \leqslant \bar{x}+CS/\sqrt{n}$，则给定的常数与样本均值不存在显著差异。

A.2　t 检验结合样本超标率评价治理效果示例

某污染耕地治理项目，治理区域面积 $3hm^2$，根据表 A.1，布设治理效果评价点位 10 个，目标污染物是镉，农产品为水稻。样本数和样本检测值质量满足 t 检验法评价要求，显著性水平取 0.05，治理后当季相关数据如表 A.1 所示。

表A.1　样本检测值及统计量

评价点	稻谷镉含量 /（mg/kg）	评价点镉单因子污染指数 E
S1	0.224	1.120
S2	0.206	1.030
S3	0.143	0.715
S4	0.218	1.090
S5	0.184	0.920
S6	0.110	0.550
S7	0.149	0.745
S8	0.122	0.610
S9	0.195	0.975
S10	0.117	0.585

续表

评价点	稻谷镉含量 /（mg/kg）	评价点镉单因子污染指数 E
$E_{平均}$		0.834
S		0.218
C		1.833
$\bar{x}+CS/\sqrt{n}$		0.960
$\bar{x}-CS/\sqrt{n}$		0.708

从表 A.1 可以看出，根据评价点 t 检验的结果，$\bar{x}+CS/\sqrt{n}=0.960<1$，可以判定评价点 $E_{平均}$显著小于 1，但由于样本超标率（%）为 30%（10 个样本中有 3 个超标），根据 9.5 治理效果评价，判定治理后当季治理效果等级为不达标。

附录 B
（资料性附录）
t 分布的单尾分位数表

表 B.1 是与显著性水平 α 和自由度（$n-1$）对应的 t 分布的分位数 $t_{2\alpha}(n-1)$。

表B.1　t分布的单尾分位数表

$n-1$	α						
	0.2	**0.1**	**0.05**	**0.02**	**0.01**	**0.002**	**0.001**
1	3.078	6.314	12.706	31.821	63.657	318.309	636.619
2	1.886	2.920	4.303	6.965	9.925	33.327	31.599
3	1.638	2.353	3.182	4.541	5.841	10.215	12.924
4	1.533	2.132	2.776	3.747	4.604	7.173	8.610
5	1.476	2.015	2.571	3.365	4.032	5.839	6.869
6	1.440	1.943	2.447	3.143	3.707	5.208	5.959
7	1.415	1.895	2.365	2.998	3.499	4.785	5.408
8	1.397	1.860	2.306	2.896	3.355	4.501	5.041
9	1.383	1.833	2.262	2.821	3.250	4.297	4.781
10	1.372	1.812	2.228	2.764	3.169	4.144	4.587
11	1.363	1.796	2.201	2.718	3.106	4.025	4.437
12	1.356	1.782	2.179	2.681	3.055	3.930	4.318
13	1.350	1.771	2.160	2.650	3.012	3.852	4.221
14	1.345	1.761	2.145	2.624	2.977	3.787	4.140
15	1.341	1.753	2.131	2.602	2.947	3.733	4.073
16	1.337	1.746	2.120	2.583	2.921	3.686	4.015
17	1.333	1.740	2.110	2.567	2.898	3.646	3.965
18	1.330	1.734	2.101	2.552	2.878	3.610	3.922
19	1.328	1.729	2.093	2.539	2.861	3.579	3.883
20	1.325	1.725	2.086	2.528	2.845	3.552	3.850
21	1.323	1.721	2.080	2.518	2.831	3.527	3.819
22	1.321	1.717	2.074	2.508	2.819	3.505	3.792
23	1.319	1.714	2.069	2.500	2.807	3.485	3.768
24	1.318	1.711	2.064	2.492	2.797	3.467	3.745
25	1.316	1.708	2.060	2.485	2.787	3.450	3.725

续表

$n-1$	α						
	0.2	**0.1**	**0.05**	**0.02**	**0.01**	**0.002**	**0.001**
26	1.315	1.706	2.056	2.479	2.779	3.435	3.707
27	1.314	1.703	2.052	2.473	2.771	3.421	3.690
28	1.313	1.701	2.048	2.467	2.763	3.408	3.674
29	1.311	1.699	2.045	2.462	2.756	3.396	3.659
30	1.310	1.697	2.042	2.457	2.750	3.358	3.646
31	1.309	1.696	2.040	2.453	2.744	3.375	3.633
32	1.309	1.694	2.037	2.449	2.738	3.365	3.622
33	1.308	1.692	2.035	2.445	2.733	3.356	3.611
34	1.307	1.691	2.032	2.441	2.728	3.348	3.601
35	1.306	1.690	2.030	2.438	2.724	3.340	3.591
36	1.306	1.688	2.028	2.434	2.719	3.333	3.582
37	1.305	1.687	2.026	2.431	2.715	3.326	3.574
38	1.304	1.686	2.024	2.429	2.712	3.319	3.566
39	1.304	1.685	2.023	2.426	2.708	3.313	3.558
40	1.303	1.684	2.021	2.423	2.704	3.307	3.551
41	1.303	1.683	2.020	2.421	2.701	3.301	3.544
42	1.302	1.682	2.018	2.418	2.698	3.296	3.538
43	1.302	1.681	2.017	2.416	2.695	3.291	3.532
44	1.301	1.680	2.015	2.414	2.692	3.286	3.526
45	1.301	1.679	2.014	2.412	2.690	3.281	3.520
46	1.300	1.679	2.013	2.410	2.687	3.277	3.515
47	1.300	1.678	2.012	2.408	2.685	3.273	3.510
48	1.299	1.677	2.011	2.407	2.682	3.269	3.505
49	1.299	1.677	2.010	2.405	2.680	3.265	3.500
50	1.299	1.676	2.009	2.403	2.678	3.261	3.496
51	1.298	1.675	2.008	2.402	2.676	3.258	3.492
52	1.298	1.675	2.007	2.400	2.674	3.255	3.488
53	1.298	1.674	2.006	2.399	2.672	3.251	3.484
54	1.297	1.674	2.005	2.397	2.670	3.248	3.480
55	1.297	1.673	2.004	2.396	2.668	3.245	3.476

续表

n−1	α						
	0.2	**0.1**	**0.05**	**0.02**	**0.01**	**0.002**	**0.001**
56	1.297	1.673	2.003	2.395	2.667	3.242	3.473
57	1.297	1.672	2.002	2.394	2.665	3.239	3.470
58	1.296	1.672	2.002	2.392	2.663	3.237	3.466
59	1.296	1.671	2.001	2.391	2.662	3.234	3.463
60	1.296	1.671	2.000	2.390	2.660	3.232	3.460
61	1.296	1.670	2.000	2.389	2.659	3.229	3.457
62	1.295	1.670	1.999	2.388	2.657	3.227	3.454
63	1.295	1.669	1.998	2.387	2.656	3.225	3.452
64	1.295	1.669	1.998	2.386	2.655	3.223	3.449
65	1.295	1.669	1.997	2.385	2.654	3.220	3.447
66	1.295	1.668	1.997	2.384	2.652	3.218	3.444
67	1.294	1.668	1.996	2.383	2.651	3.216	3.442
68	1.294	1.668	1.995	2.382	2.650	3.214	3.439
69	1.294	1.667	1.995	2.382	2.649	3.213	3.437
70	1.294	1.667	1.994	2.381	2.648	3.211	3.435
71	1.294	1.667	1.994	2.380	2.647	3.209	3.433
72	1.293	1.666	1.993	2.379	2.646	3.207	3.431
73	1.293	1.666	1.993	2.379	2.645	3.206	3.429
74	1.293	1.666	1.993	2.378	2.644	3.204	3.427
75	1.293	1.665	1.992	2.377	2.643	3.202	3.425
76	1.293	1.665	1.992	2.376	2.642	3.201	3.423
77	1.293	1.665	1.991	2.376	2.641	3.199	3.421
78	1.292	1.665	1.991	2.375	2.640	3.198	3.420
79	1.292	1.664	1.990	2.374	2.640	3.197	3.418
80	1.292	1.664	1.990	2.374	2.639	3.195	3.416
90	1.662	1.987	2.368	2.632	2.878	3.183	3.402
100	1.660	1.984	2.364	2.626	2.871	3.174	3.390

附录 C
（规范性目录）
耕地污染治理效果评价报告编写提纲

C.1　耕地污染治理背景

C.2　耕地污染治理依据

C.3　耕地污染风险评估情况

C.4　耕地污染治理方案（含相关审核审批文件清单，文件作为附件）

C.5　耕地污染治理开展情况

C.5.1　治理措施实施情况（治理台账及过程记录文件清单，典型文件作为附件）

C.5.2　二次污染控制情况（含耕地投入品污染物含量情况）

C.6　耕地污染治理效果评价

C.6.1　评价内容与方法

C.6.1.1　评价内容和范围

C.6.1.2　评价程序与方法

C.6.2　采样布点方案

C.6.2.1　布点原则

C.6.2.2　布点方案

C.6.2.3　监测因子

C.6.3　现场采样与实验室检测

C.6.4　治理效果评价

C.6.4.1　评价标准

C.6.4.2　对农产品产量的影响

C.6.4.3　效果评价

C.7　耕地污染治理效果评价总体结论（含建议）

附件（相关审核审批文件、治理台账及过程记录典型性文件、检测报告等）

附录 3　稻田重金属治理

第 1 部分：总则

1　范围

本文件规定了稻田重金属治理的基本原则、工作程序、前期准备、治理单元划分、分类管理与治理方案编制、工程实施与验收管理等。

本文件适用于镉、汞、砷、铅和铬等重金属污染稻田的分类治理。

本文件不适用于旱作和放射性重金属污染稻田的治理。

2　规范性引用文件

下列文件中的内容通过文中的规范性引用而构成本文件必不可少的条款。其中，注日期的引用文件，仅该日期对应的版本适用于本文件；不注日期的引用文件，其最新版本(包括所有的修改单)适用于本文件。

GB 15618—2018　土壤环境质量　农用地土壤污染风险管控标准(试行)

GB/T 43419.2　稻田重金属治理　第 2 部分：钝化调理

GB/T 43419.3　稻田重金属治理　第 3 部分：生理阻隔

3　术语和定义

下列术语和定义适用于本文件。

3.1

重金属治理　remediation and control of heavy metals

采用钝化调理、生理阻隔、农艺调控、替代种植、种植结构调整、生物化学修复等措施，降低土壤重金属生物有效性或总量及农产品重金属含量的技术措施。

3.2

调查单元　investigation unit

按照水文、土壤类型、土壤母质、地形相对一致且在同一行政区划范围内划定的稻田区域单元。

3.3

治理单元　remediation and control unit

按照土壤类型、污染成因、污染类型、污染程度的一致性划定的稻田区域单元。

3.4

钝化调理　immobilization

通过施加钝化调理剂，或辅助采用水肥管理等措施，改善土壤物理化学和(或)生物性质，降低土壤重金属有效性的技术。

3.5

生理阻隔　physiological barrier

通过施加生理阻隔剂，抑制作物吸收重金属或改变重金属在植株体内的分配特性，降低农产品可食部位重金属含量的技术。

3.6

农艺调控　agronomic regulation

通过水分管理、养分管理、土壤改良等措施，降低土壤重金属有效态含量或总量及农产品重金属含量的技术。

3.7

替代种植　alternative cultivation

通过种植具有重金属低累积特性的粮食作物替代水稻的技术。

3.8

种植结构调整　cropping adjustment

通过种植非粮食作物替代粮食作物，或非食用的经济作物替代食用农作物的技术。

4　基本原则

4.1　科学性原则

治理宜综合考虑稻田的污染类型、污染程度、污染范围、污染成因，以及备选技术的治理效果、时间、成本与环境影响等因素，确保治理科学合理。

4.2　可行性原则

治理宜因地制宜，与当前技术水平、经济和社会发展实际相适应，确保技术可实现、经济可承受。

4.3　安全性原则

治理宜避免增加共存污染物的环境风险，避免对操作人员及周边人群产生健康危害，防止产生二次污染、破坏土壤结构或降低生产力。

4.4　可持续性原则

治理宜不降低土壤生产力，保障耕地质量及可持续利用；治理后水稻产量减产幅度不超过10%。

5　工作程序

工作程序包括前期准备、治理单元划分、分类管理与治理方案编制、工程实施与验收管理。具体流程按照附录A执行。

6　前期准备

6.1　资料收集与分析

收集区域自然环境、社会经济、污染成因等背景资料，以及土壤与作物重金属污染状况等土壤环境资料，分析稻田重金属污染状况及分布范围。

6.2　确定重点区域

根据6.1资料分析结果，确定水稻产区中需要重点关注的区域，包括点位超标区、主要污染源影响区和其他受关注的重点区域。

6.3　调查与监测

6.3.1　布点与采样

针对重点区域进行布点采样，进一步确定污染分布区域、污染状况和污染风险等。布点和采样要求如下：

a）每个调查单元内布设不少于 10 个采样点，每增加 $10hm^2$ 增加 1 个采样点；当调查单元内土壤和农产品的重金属浓度变异系数均超过 50% 时，采样点适当增加；以行政单元为最大调查单元；

b）根据污染成因特征进行针对性布点；

c）土壤与农产品采样应一一对应；

d）宜选择敏感作物和敏感季节进行采样。

6.3.2　检测指标

检测指标包括土壤 pH、阳离子交换量和有机质等基本理化性质指标，以及土壤和农产品的重金属含量指标。

7　治理单元划分

7.1　等级评价

7.1.1　评价指标

7.1.1.1　土壤重金属实测浓度均值 ($\bar{C}$), 计算方法见公式 (1)。

$$\bar{C} = \frac{\sum_{i=1}^{n} C_i}{n} \tag{1}$$

式中　$\bar{C}$——调查单元内土壤重金属实测浓度均值，单位为毫克每千克(mg/kg)；

C_i——调查单元内第 i 个土壤样本的重金属实测浓度，单位为毫克每千克 (mg/kg)；

n——调查单元内土壤总样本数。

7.1.1.2　农产品重金属污染指数 ($\bar{E}$), 计算方法见公式 (2)。

$$\bar{E} = \frac{\bar{A} - S}{S} \times 100\% \tag{2}$$

式中　$\bar{E}$——调查单元内农产品重金属污染指数；

$\bar{A}$——调查单元内农产品重金属的实测含量平均值，单位为毫克每千克 (mg/kg)；

S——农产品中重金属限值，单位为毫克每千克 (mg/kg)。

7.1.1.3　农产品重金属含量达标率，计算方法见公式 (3)。

$$Q = \frac{n}{m} \times 100\% \tag{3}$$

式中　Q——农产品重金属含量达标率；

n——调查单元内农产品中重金属实测含量达标的样本数；

m——调查单元内农产品的总样本数。

将农产品重金属含量达标率 (Q) 与目标达标率 (Q_0) 进行比对，确定农产品重金属含量达标情况。当 $Q \geqslant Q_0$ 时，农产品重金属含量达标；当 $Q < Q_0$ 时，农产品重金

属含量不达标。

7.1.2　敏感重金属确定

调查单元内农产品中不达标的重金属为敏感重金属。当存在多个敏感重金属时，敏感程度按农产品重金属含量达标率从低到高依次排序。

7.1.3　治理分级

依据土壤重金属的实测浓度均值（$\bar{C}$）、农产品重金属污染指数（$\bar{E}$）和农产品重金属含量达标情况，按照表1进行治理单元治理分级。

表1　治理分级

等级		划分依据		农产品重金属含量达标情况
		土壤重金属的实测浓度均值（$\bar{C}$）	农产品重金属污染指数（$\bar{E}$）	
Ⅰ		$\bar{C} \leqslant S_i$	$\bar{E} < 0$	达标
		$S_i < \bar{C}$	$\bar{E} \leqslant 0$	达标
Ⅱ	Ⅱ$_1$	$\bar{C} \leqslant S_i$ 或 $S_i < \bar{C} \leqslant G_i$	$\bar{E} \leqslant 0$	不达标
	Ⅱ$_2$	$S_i < \bar{C} \leqslant G_i$	$\bar{E} > 0$	不达标
Ⅲ		$\bar{C} > G_i$	$\bar{E} \leqslant 0$	不达标
		$\bar{C} > G_i$	$\bar{E} > 0$	不达标

注：S_i 和 G_i 分别为土壤重金属污染风险筛选值和管制值，按照GB 15618—2018中的规定选取。

7.2　确定治理单元

7.2.1　基于调查单元的等级划分结果，确定治理单元。

7.2.2　位置相邻、同一等级、特征相似的区域，原则上划为同一治理单元。

7.2.3　具体边界依据稻田物理边界、地块边界和权属边界等确定。

8　分类管理与治理方案编制

8.1　分类管理

8.1.1　Ⅰ类

Ⅰ类属于优先保护类稻田，宜制定优先保护方案，包括严控污染输入、改善土壤质量和提升土壤环境容量、加强监测等，确保农产品质量安全。

8.1.2　Ⅱ类

Ⅱ类属于安全利用类稻田，根据治理单元的等级选择适宜的措施：

a）Ⅱ$_1$级稻田宜选择钝化调理、生理阻隔、农艺调控或组合措施；

b）Ⅱ$_2$级稻田宜选择钝化调理和生理阻隔组合措施，辅以农艺调控；通过上述措施无法实现稻米安全生产，可考虑替代种植，实现农产品达标生产；

c）根据当地社会经济发展现状，可在农闲季辅以超累积植物吸收，降低土壤中重金属含量；

d）宜根据重金属的敏感程度选择适宜的钝化调理技术和生理阻隔技术；钝化调

理与生理阻隔具体技术按照 GB/T 43419.2 和 GB/T 43419.3 执行。

8.1.3 Ⅲ类

Ⅲ类属于严格管控类稻田，宜依次选择适宜的措施，具体措施如下：

a）替代种植：宜选择谷类、薯类、豆类等替代水稻；

b）种植结构调整：当上述措施无法实现农产品安全生产时，宜选择非食用农作物；

c）工程修复：宜采用客土、深翻耕、化学淋洗、植物修复等措施，降低稻田土壤中重金属含量；

d）其他措施。

8.2 治理方案编制

8.2.1 确定治理目标

根据稻田重金属污染分类，确定治理目标：

a）Ⅰ类：确保治理单元内土壤环境质量不下降；

b）Ⅱ类：降低农产品超标风险，确保治理单元内农产品安全利用率满足国家有关规定；

c）Ⅲ类：控制食用农产品种植和土壤重金属污染风险。

8.2.2 技术比选

根据治理目标，结合土壤污染特征、理化性质、重金属有效性和作物吸收累积特征等因素，从技术成熟度、效果、成本、实施周期、工程适用性等方面分析可行性，确定适宜方案。

8.2.3 方案编制

方案包含项目概况、治理范围与目标、前期准备、治理措施筛选、工程设计与实施、进度安排与保障措施、预算和效益分析等内容。方案编制后，宜经专家组论证。

9 工程实施与验收管理

9.1 工程实施

按照治理方案进行物料准备、人员组织和技术实施，并做好全过程的施工记录。

9.2 效果评估

工程按照治理方案实施后，进行效果评估，验证治理目标的完成情况并出具评估报告。

9.3 分区验收与管理

9.3.1 对于未达到治理目标的治理单元，宜分区验收。将治理单元细化为若干验收单元，达到治理目标，且农产品减产幅度不超过 10% 的验收单元予以验收，未达到治理目标的验收单元应优化治理方案并实施。

9.3.2 经过优化治理方案并实施后，仍然不能达到治理目标的验收单元，应调高一个类别进行治理。

9.4 后期管理

验收通过后的治理单元，宜开展农产品质量跟踪监测和调查评估。

附录 A
（规范性）
稻田重金属治理工作流程图

稻田重金属治理工作流程包括前期准备、治理单元划分、分类管理与治理方案编制、工程实施与验收管理，具体流程见图 A.1。

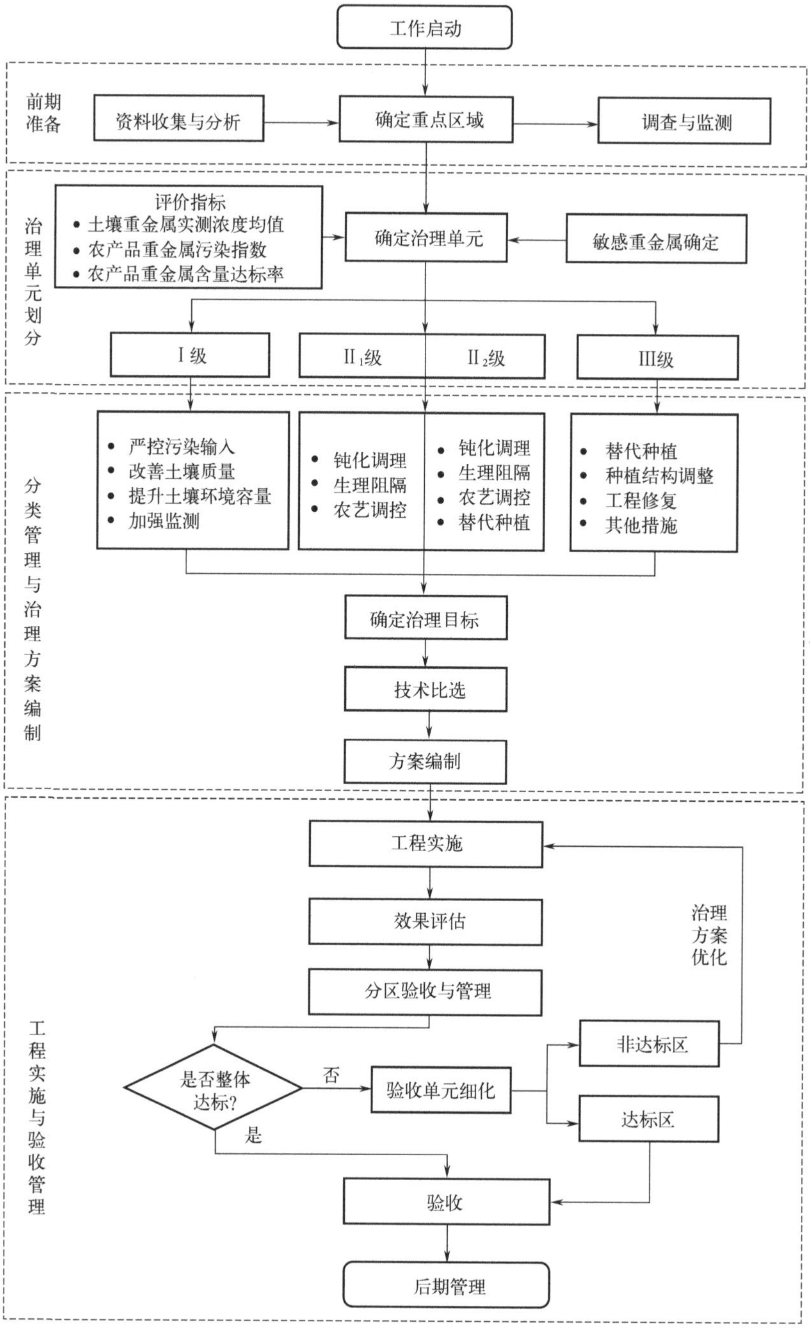

图 A.1 稻田重金属治理工作流程图

附录4　稻田重金属治理
第2部分：钝化调理

1　范围

本文件规定了镉、汞、砷、铅、铬单一污染和复合污染稻田钝化调理的钝化调理剂选择、实施方式、影响因素、次生环境风险防范等。

本文件适用于稻田镉、汞、砷、铅、铬单一污染或复合污染土壤的治理。

本文件不适用于旱作和放射性重金属污染稻田土壤的治理。

2　规范性引用文件

下列文件中的内容通过文中的规范性引用而构成本文件必不可少的条款。其中，注日期的引用文件，仅该日期对应的版本适用于本文件；不注日期的引用文件，其最新版本（包括所有的修改单）适用于本文件。

GB 15618—2018　土壤环境质量　农用地土壤污染风险管控标准(试行)

GB/T 43419.1　稻田重金属治理　第1部分：总则

3　术语和定义

GB/T 43419.1界定的以及下列术语和定义适用于本文件。

3.1

化学钝化　chemical immobilization

采用酸碱中和、氧化还原、共沉淀法、络合等单一或组合的化学方法降低土壤中重金属有效态含量的技术。

3.2

微生物钝化　microbial immobilization

利用一定数量的特定功能微生物，或施加功能材料提高特定功能微生物的活性，使土壤中重金属被微生物细胞表面静电吸附，与其代谢产物结合发生沉淀或氧化还原，或被微生物细胞吸收富集等作用，降低其移动性与生物有效性，从而减少其在农作物可食部位累积的技术。

3.3

钝化调理剂　immobilization reagent

具有改善土壤物理化学或生物性质，降低土壤中重金属有效态含量或毒性的物质。

4　钝化调理剂

4.1　无机化学钝化调理剂，包括：

a）钙基钝化调理剂，包括石灰、石灰石、石膏、白云石等农用石灰质物质；

b）硅基钝化调理剂，包括偏硅酸盐、硅藻土等；

c）铁基钝化调理剂，包括零价铁、氧化铁矿物、铁盐等；

d）硫基钝化调理剂，包括硫黄、硫化物、巯基化合物等；

e）其他无机调理剂，包括膨润土、海泡石、羟基磷灰石、凹凸棒土等。

4.2　有机化学钝化调理剂，包括：

a）炭基钝化调理剂，包括生物炭、改性生物炭；

b）泥炭和腐殖酸类钝化调理剂；

c）其他有机钝化调理剂。

4.3　微生物钝化调理剂，包括重金属转化细菌、丛枝菌根真菌、漆酶等。

5　镉钝化调理

5.1　钝化调理剂选择

5.1.1　当土壤 pH ≤ 5.5 时，宜选择钙基钝化调理剂或硅基钝化调理剂。

5.1.2　当 5.5 < 土壤 pH ≤ 6.5 时，宜选择钙基钝化调理剂或硅基钝化调理剂，辅以炭基钝化调理剂和（或）铁基钝化调理剂。

5.1.3　当土壤 pH > 6.5 时，宜选择炭基钝化调理剂或泥炭和腐殖酸类钝化调理剂，辅以铁基钝化调理剂。

5.2　实施方式

5.2.1　实施时期

宜在翻耕期撒施，与耕层土壤混合。双季稻地区宜在晚稻插秧前实施。

5.2.2　施用量

无机钝化调理剂施用量每年宜为 1500kg/hm^2 ～ 4500kg/hm^2, 有机钝化调理剂施用量每年宜为 3000kg/hm^2 ～ 7500kg/hm^2。施用量根据土壤 pH、有机质含量、质地等因素确定。

5.3　影响因素

5.3.1　肥料施用影响镉污染治理效果。如施用铵态氮等生理酸性肥料时，减弱钝化效果，宜加大钝化调理剂施用量；如施用硝态氮等生理碱性肥料时，强化钝化效果，宜减少施用量。

5.3.2　水分管理影响镉污染治理效果。一般灌浆期开始至成熟期淹水，强化钝化效果，宜减少钝化调理剂施用量。

6　汞钝化调理

6.1　钝化调理剂选择

6.1.1　当土壤 pH ≤ 5.5 时，宜选择钙基钝化调理剂或硅基钝化调理剂，辅以硫基钝化调理剂。

6.1.2　当土壤 pH > 5.5 时，宜选择炭基钝化调理剂，辅以硫基钝化调理剂和（或）铁基钝化调理剂。

6.2　实施方式

6.2.1　实施时期

宜在翻耕期撒施，与耕层土壤混合。双季稻地区宜在早稻实施。

6.2.2　施用量

无机钝化调理剂施用量每年宜为 1500kg/hm^2 ～ 4500kg/hm^2, 有机钝化调理剂施用量每年宜为 3000kg/hm^2 ～ 7500kg/hm^2。钝化调理剂施用量根据土壤 pH 等因素确定。

6.3　影响因素

水分管理影响汞污染治理效果。一般灌浆期开始至成熟期排水，抑制汞甲基化，促进汞去甲基化，强化钝化效果。

7　砷钝化调理

7.1　钝化调理剂选择

7.1.1　当土壤 pH ＜ 6.5 时，宜选择铁基钝化调理剂，辅以炭基钝化调理剂、微生物钝化调理剂。

7.1.2　当土壤 pH ≥ 6.5 时，宜选择铁基钝化调理剂，辅以泥炭和腐殖酸类钝化调理剂、微生物钝化调理剂。

7.2　实施方式

7.2.1　实施时期

宜在翻耕期撒施，与耕层土壤混合。双季稻地区宜在早稻实施。

7.2.2　施用量

无机钝化调理剂施用量每年宜为 1500kg/hm^2 ～ 4500kg/hm^2, 有机钝化调理剂施用量每年宜为 3000kg/hm^2 ～ 7500kg/hm^2。钝化调理剂施用量根据土壤 pH、有机质含量、质地等因素确定。

7.3　影响因素

7.3.1　肥料施用影响砷污染治理效果。如施用铵态氮肥活化砷，减弱钝化效果，宜加大施用量；如施用硝态氮肥钝化砷，强化钝化效果，宜减少钝化调理剂施用量。

7.3.2　水分管理影响砷污染治理效果。一般灌浆期开始至成熟期排水，强化钝化效果，宜减少钝化调理剂施用量。

7.3.3　甲硫氨酸、漆酶等施用促进砷微生物钝化，降低稻米无机砷含量，强化钝化效果。

8　铅钝化调理

8.1　钝化调理剂选择

8.1.1　当土壤 pH ≤ 5.5 时，宜选择石灰石等钙基钝化调理剂，辅以羟基磷灰石等其他类钝化调理剂。

8.1.2　当土壤 pH ＞ 5.5 时，宜选择炭基钝化调理剂或泥炭和腐殖酸类钝化调理剂，辅以羟基磷灰石等其他类钝化调理剂。

8.2　实施方式

8.2.1　实施时期

宜在翻耕期撒施，与耕层土壤混合。

8.2.2　施用量

无机钝化调理剂施用量每年宜为 1500kg/hm^2 ～ 4500kg/hm^2, 有机钝化调理剂施用量每年宜为 3000kg/hm^2 ～ 7500kg/hm^2。钝化调理剂施用量根据土壤 pH 等因素确定。

9　铬钝化调理

9.1　钝化调理剂选择

9.1.1　当土壤 pH ≤ 5.5 时，宜选择炭基钝化调理剂，辅以铁基钝化调理剂。

9.1.2　当土壤 pH ＞ 5.5 时，宜选择泥炭和腐殖酸类钝化调理剂，辅以铁基钝化调理剂。

9.2　实施方式

9.2.1　实施时期

宜在翻耕期撒施，与耕层土壤混合。双季稻地区宜在晚稻插秧前实施。

9.2.2　施用量

无机钝化调理剂施用量每年宜为 1500kg/hm^2 ～ 4500kg/hm^2, 有机钝化调理剂施用量每年宜为 3000kg/hm^2 ～ 7500kg/hm^2。钝化调理剂施用量根据土壤 pH 等因素确定。

9.3　影响因素

水分管理影响铬污染治理效果。一般灌浆期开始至成熟期淹水，强化钝化效果。

10　复合污染钝化调理

10.1　钝化调理剂选择

10.1.1　针对镉、砷复合污染稻田，宜选择炭基钝化调理剂，或泥炭和腐殖酸类钝化调理剂与铁基钝化调理剂相结合。

10.1.2　针对镉、铅、铬两种或两种以上复合污染稻田，宜选择钙基钝化调理剂或硅基钝化调理剂，辅以炭基钝化调理剂、泥炭和腐殖酸类钝化调理剂或羟基磷灰石等其他无机钝化调理剂。

10.1.3　针对镉、铅、砷复合污染稻田，宜选择炭基钝化调理剂，或泥炭和腐殖酸类钝化调理剂与铁基钝化调理剂相结合，辅以羟基磷灰石等其他无机钝化调理剂。

10.1.4　针对镉、汞复合污染稻田，宜选择钙基钝化调理剂或硅基钝化调理剂，辅以炭基钝化调理剂、泥炭和腐殖酸类钝化调理剂或硫基钝化调理剂。

10.1.5　针对砷、汞复合污染稻田，宜选择铁基钝化调理剂，辅以炭基钝化调理剂、泥炭和腐殖酸类钝化调理剂或硫基钝化调理剂。

10.2　实施方式

10.2.1　实施时期

宜在翻耕期撒施，与耕层土壤混合。

10.2.2　施用量

无机钝化调理剂施用量每年宜为 1500kg/hm^2 ～ 4500kg/hm^2, 有机钝化调理剂施用量每年宜为 3000kg/hm^2 ～ 7500kg/hm^2。钝化调理剂施用量根据土壤 pH 等因素确定。

11 次生环境风险防范

11.1 钝化调理剂施用宜避免对土壤、地下水及其周边环境造成二次污染。

11.2 钝化调理剂中镉、汞、砷、铅、铬等重金属含量不应高于治理单元的土壤重金属含量或 GB 15618—2018 中规定的相应元素的筛选值。

附录5 稻田重金属治理
第3部分：生理阻隔

1 范围

本文件规定了稻田重金属治理中硅基生理阻隔、锰生理阻隔、技术选择与组合、次生环境风险防范等。

本文件适用于稻田中重金属污染的生理阻隔技术的实施。

2 规范性引用文件

下列文件中的内容通过文中的规范性引用而构成本文件必不可少的条款。其中，注日期的引用文件，仅该日期对应的版本适用于本文件；不注日期的引用文件，其最新版本（包括所有的修改单）适用于本文件。

GB 15618—2018 土壤环境质量 农用地土壤污染风险管控标准（试行）

GB/T 43419.1 稻田重金属治理 第1部分：总则

3 术语和定义

GB/T 43419.1 界定的以及下列术语和定义适用于本文件。

3.1

硅基生理阻隔剂 silicon-based physiological barrier reagents

具有调控重金属离子拮抗、吸收、转运、累积和解毒等生理功能，降低农产品重金属超标风险的含硅物质。

3.2

锰生理阻隔剂 manganese physiological barrier reagents

具有调控重金属离子拮抗、吸收、转运、累积和解毒等生理功能，降低农产品重金属超标风险的含锰物质。

4 硅基生理阻隔

4.1 硅基生理阻隔剂选择

4.1.1 硅生理阻隔

针对稻田镉污染，当采用0.025mol/L的柠檬酸提取、硅钼蓝比色法测定土壤有效硅含量低于100mg/kg时，宜选择硅生理阻隔剂，施用剂量折合纯二氧化硅为3kg/hm^2～6kg/hm^2，当治理单元等级为Ⅱ$_2$时，施用剂量适当增加。在水稻品种的重金属累积能力较强或晚季种植的情况下，宜加大喷施剂量。

4.1.2 硒-硅复合生理阻隔

针对稻田镉、砷、汞污染，当硅生理阻隔达不到稻米重金属含量达标率要求时，宜选择硒-硅复合生理阻隔剂，施用剂量折合纯二氧化硅为3kg/hm^2～6kg/hm^2，硒与二氧化硅的质量比宜为（1∶200）～（1∶100）。硒宜选择有机态硒或亚硒酸盐。

4.1.3　锌-硅复合生理阻隔

针对稻田镉污染，当采用二乙基三胺五乙酸(DTPA)浸提法测定土壤有效锌含量低于0.5mg/kg时，宜选择锌-硅复合生理阻隔剂，施用剂量折合纯二氧化硅为3kg/hm^2～6kg/hm^2，锌与二氧化硅的质量比宜为（1∶50）～（1∶10）。

4.2　实施方式

硅基生理阻隔剂用水稀释20倍～100倍以后，宜在晴天采用叶面喷施的方式。若喷施后24h内降雨，宜补喷1次。不宜与农药混用。

注：硅基生理阻隔剂的施用量参照附录A。

4.3　实施时期

于幼穗分化始期或抽穗期喷施1次。针对$Ⅱ_2$级污染稻田治理时，宜在幼穗分化始期和抽穗期各喷施1次。

5　锰生理阻隔

5.1　锰生理阻隔剂选择

5.1.1　直播浸种

针对直播水稻种植方式，选用浸种时进行锰生理阻隔。浸种液中锰的质量浓度宜为10g/L～20g/L,宜将水稻种子在浸种液中浸泡20h～30h后捞出，待发芽。

5.1.2　移栽育秧

针对移栽水稻种植方式，选用育秧时进行锰生理阻隔。育秧宜叶面喷施2次～3次，每次间隔时间5d～7d，折合锰为25kg/hm^2～40kg/hm^2。

5.1.3　追施调控

当土壤有效锰含量低于50mg/kg时，选用追施方式进行锰生理阻隔。在水稻分蘖初期，保持土壤湿润状态，均匀施加。施用剂量折合锰为40kg/hm^2～50kg/hm^2。施肥2d后淹水至水稻乳熟期。

5.2　实施方式

实施方式包括浸种、叶面喷施、撒施。

注：锰生理阻隔剂的施用量参照附录A。

5.3　实施时期

播种前的种子浸种、育秧期的叶面喷施和分蘖初期撒施。

6　技术选择与组合

6.1　基本要求

根据治理单元风险等级、水稻分类等关键因素，筛选一种或多种组合的生理阻隔技术。

6.2　技术组合

$Ⅱ_1$级治理单元，选择硅基生理阻隔或锰生理阻隔中的一种；$Ⅱ_2$级治理单元，选择硅基生理阻隔与锰生理阻隔的联用。

6.3　水稻分类

粳稻宜选用硅生理阻隔或硒 - 硅生理阻隔，籼稻宜选择硒 - 硅生理阻隔、锌 - 硅生理阻隔或锰生理阻隔。

7 次生环境风险防范

7.1 生理阻隔剂的施用宜避免对土壤、地下水及其周边环境造成二次污染。

7.2 生理阻隔剂中镉、汞、砷、铅、铬等重金属含量不应高于 GB 15618—2018 中相应元素的筛选值。

附录 A
（资料性）
生理阻隔剂施用量

表 A.1 给出了生理阻隔剂（包括但不限于表 A.1）施用量。

表A.1　生理阻隔剂施用量

生理阻隔剂	类型	主要成分	实施方式	施用量
硅基生理阻隔剂	硅生理阻隔剂	偏硅酸钾 (K_2SiO_3)	叶面喷施	$16kg/hm^2$ ～ $33kg/hm^2$
		偏硅酸 (H_2SiO_3)	叶面喷施	$8kg/hm^2$ ～ $17kg/hm^2$
		硅溶胶 (SiO_2)	叶面喷施	$6kg/hm^2$ ～ $13kg/hm^2$
	硒 - 硅复合生理阻隔剂	亚硒酸钠 (Na_2SeO_3)	叶面喷施	$0.03kg/hm^2$ ～ $0.13kg/hm^2$
	锌 - 硅复合生理阻隔剂	硫酸锌 ($ZnSO_4$)	叶面喷施	$0.15kg/hm^2$ ～ $1.5kg/hm^2$
		硝酸锌 [$Zn(NO_3)_2$]	叶面喷施	$0.15kg/hm^2$ ～ $1.8kg/hm^2$
锰生理阻隔剂	—	一水合硫酸锰 ($MnSO_4·H_2O$)	浸种	30g/L ～ 62g/L
			叶面喷施	$76kg/hm^2$ ～ $124kg/hm^2$
			撒施	$123kg/hm^2$ ～ $154kg/hm^2$
		七水合硫酸锰 ($MnSO_4·7H_2O$)	浸种	50g/L ～ 100g/L
			叶面喷施	$126kg/hm^2$ ～ $200kg/hm^2$
			撒施	$200kg/hm^2$ ～ $253kg/hm^2$

附录6　稻米镉控制　田间生产技术规范

1　范围

本标准规定了稻米镉控制的田间生产基本要求与技术方法。

本标准适用于不同污染风险区通过源头控制、土壤调理、品种选用、水肥管理和土壤改良等田间生产技术控制稻米中的镉含量。

2　规范性引用文件

下列文件对于本文件的应用是必不可少的。凡是注日期的引用文件，仅注日期的版本适用于本文件。凡是不注日期的引用文件，其最新版本（包括所有的修改单）适用于本文件。

GB 5084 农田灌溉水质标准

GB/T 23349 肥料中砷、镉、铅、铬、汞生态指标

NY/T 395 农田土壤环境质量监测技术规范

NY/T 396 农用水源环境质量监测技术规范

NY/T 496 肥料合理使用准则　通则

NY/T 1300 农作物品种区域试验技术规范　水稻

3　稻米镉控制基本要求

3.1　动态监控、分区施策

对稻米产品和土壤重金属开展动态监测，确定区域镉污染风险程度，采取相应的防控技术措施，并持续评价技术措施对稻米镉的控制效果和产区土壤的影响。具体区域分类参见附录A。

3.2　因地制宜、综合防控

根据不同区域的分类，采取以“污染源头控制、稻田土壤调理、选用适宜品种、优化水肥管理”为主、“土壤修复改良、作物种植调整”为辅的综合防控技术措施。

3.3　经济有效、生态环保

本着“成本低廉、操作简便、资源节约、环境友好”的要求，按照“田间试验验证、示范应用推广、持续跟踪评价”的技术路线，合理采用农艺的、物理的和生物的控制技术措施，谨慎采用化学防控技术措施。采用新技术前应进行风险评估，避免产生二次污染。

4　稻米镉控制技术方法

4.1　源头控制

4.1.1　Ⅱ类、Ⅲ类控制区应开展稻米产品和土壤、灌溉水、大气沉降、酸雨以及肥料等农用投入品的镉含量动态监测，控制输入性镉污染风险。

4.1.2　土壤环境监测应按NY/T 395的规定执行。Ⅱ类、Ⅲ类控制区宜同时监测

土壤与稻米产品。

4.1.3　灌溉水监测应按 NY/T 396 的规定执行。灌溉用水水质应符合 GB 5084 的规定，不应使用工业污水灌溉。

4.1.4　肥料使用应符合 NY/T 496 的要求。避免施用酸性或生理酸性的肥料；防止施用含镉量不符合 GB/T 23349 要求的矿物肥、有机肥；禁止使用工业废料、城镇生活垃圾和河塘底泥、污泥等来源的肥料。

4.1.5　因地制宜采取秸秆还田方式。Ⅰ类控制区宜秸秆还田；Ⅱ类控制区可适量秸秆还田；Ⅲ类控制区不宜秸秆还田。

4.2　土壤调理

4.2.1　石灰调酸

4.2.1.1　适用条件

适用于Ⅱ类、Ⅲ类控制区土壤 pH 小于 6.5 的酸性稻田。砂质土壤的酸性稻田不宜采用石灰调酸。

4.2.1.2　石灰种类

根据当地的资源条件和生产习惯选择石灰种类，其镉含量应符合 GB/T 23349 的规定，氧化钙含量应不低于 85%。

4.2.1.3　施用方法

应根据稻田土壤 pH 及其调节幅度、土壤质地、稻米镉含量、石灰种类及其特性等因素，因地制宜确定石灰的施用量、施用次数、施用时期及方法，避免因长期施用石灰导致稻田土壤碱性化和结构受到破坏。具体方法可参见附录 B。

4.2.2　土壤调理剂

4.2.2.1　根据不同控制区风险分类和产地环境条件，选择施用适宜的碱性肥料、天然矿物质、生物有机物料、微生物菌剂、农业废弃物、加工副产物及新型环保物料等来源的土壤调理剂。

4.2.2.2　施用土壤调理剂应能降低稻米镉含量，经评估不存在对水稻产品和环境造成二次污染的风险。

4.2.2.3　土壤调理剂的适用条件、施用时期和施用量等技术指标，应在田间应用验证基础上确定。

4.3　品种选用

4.3.1　选择通过审定的水稻品种。Ⅱ类、Ⅲ类控制区优先选用经鉴定筛选表现稳定的低镉积累水稻品种。

4.3.2　低镉积累水稻品种与当地水稻主栽品种相比，产量、品质和抗性相当，或略有下降。

4.3.3　鉴定筛选低镉积累水稻品种应根据当地稻米产品镉含量、土壤镉污染程度及生产条件、种植习惯等因素，通过“田间初步筛选、区域试验复选、示范应用验证”的程序来确定。具体方法可参见附录 C。

4.4　水肥管理

4.4.1　灌溉

4.4.1.1　在Ⅰ类控制区，根据水稻生产需水规律和优质高产目标进行合理灌溉。可采用如下方案（不限于此）：

a) 插秧时基本无水层或浅水插秧，返青期保持浅水层；

b) 分蘖期采取干湿交替，促进分蘖发生和生长，够苗晒田，控制无效分蘖；

c) 幼穗分化期结合复水施穗肥，拔节后至开花期保持浅水层；

d) 灌浆期田间保持干湿交替，至成熟收割前 7d ～ 10d 排干水，防止断水过早。

4.4.1.2　在Ⅱ类、Ⅲ类控制区，结合当地灌溉条件和淹水控镉目标优化水分管理：

a) 在水源充足、排灌方便的水稻种植区，实行有水层灌溉，分蘖盛期露田但不晒田，乳熟期浅水灌浆不脱水，田间基本保持有水层，至收割前 7d ～ 10d 排干水。

b) 在水源不足、排灌不便的水稻种植区，实行淹水灌溉，直到收割前 7d ～ 10d 排干水层或自然落干，中间不露田、不晒田，全生育期淹水控制。

4.4.2　施肥

4.4.2.1　施用肥料应符合 4.1.4 的规定。

4.4.2.2　减量施用酸性或生理酸性肥料，增施钙镁磷肥、硅钙肥、钾肥等碱性肥料。

4.5　土壤改良

4.5.1　加深耕层

根据当地种植习惯、土壤类型和耕作层的深浅，可在秋 / 春整地时采取机械翻耕、深耕，将表层土壤翻埋到底层，增加耕层厚度至 20cm 以上。稻田耕作层较浅时，应采取逐年加深耕层，减少对犁底层的破坏。深翻耕可采取一年一翻或两年一翻。砂质土壤和冷浸田不宜深翻耕。

4.5.2　污染修复

根据不同控制区风险分类和产地环境条件，按 3.3 的规定，因地制宜采取农艺的、物理的、生物的、化学的和工程的单项或综合性污染修复措施，降低土壤镉的含量和有效性，消减或修复土壤的镉污染。

4.6　种植调整

对于Ⅲ类控制区的高风险区域或采用 4.1 ～ 4.5 的综合技术措施后稻米镉含量仍不能满足控镉要求的水稻种植区，可根据土壤状况、生产条件和栽培习惯，采取合理轮作或休耕，优先种植适宜的低镉积累水稻品种，其次替代种植玉米、高粱、低镉积累蔬果类作物，最后可考虑种植棉花、麻类、花卉、种苗等非食用性作物。

附录 A
（资料性附录）
稻米镉控制生产技术应用区域分类

A.1　分类依据

以水稻种植区的稻米产品镉含量和土壤重金属安全等级相结合，按照“就高不就低”的风险控制原则，将稻米镉控制生产技术应用区域分为Ⅰ类、Ⅱ类和Ⅲ类。土壤重金属安全等级依据水稻种植区土壤和产品同时监测确定。

A.2　区域指标及控制技术应用

稻米镉控制生产区域的具体指标及控制技术应用要求见表 A.1。

表A.1　稻米镉控制生产技术应用区域分类

<table>
<tr><th>区域分类</th><th>稻米产品镉含量（以 Cd 计）/(mg/kg)</th><th>土壤重金属安全等级</th><th>控制技术应用</th></tr>
<tr><td>Ⅰ类控制区</td><td>≤ 0.20</td><td>无风险</td><td>以绿色生产为目的，侧重于生态安全技术应用，严格控制通过灌溉水、大气以及肥料等农用投入品所带来的镉污染潜在风险</td></tr>
<tr><td rowspan="2">Ⅱ类控制区</td><td>≤ 0.20</td><td>低风险、中度风险</td><td rowspan="2">以达标生产为目的，侧重于稻米产品镉含量达标，选用低镉积累水稻品种，采取土壤调理、水肥优化、土壤改良等农艺技术措施，控制因灌溉水、大气、肥料、秸秆等输入性镉污染对稻米产品造成的超标风险</td></tr>
<tr><td>0.20 ～ 0.4</td><td>无风险、低风险、中度风险</td></tr>
<tr><td rowspan="2">Ⅲ类控制区</td><td>＜ 0.40</td><td>高风险</td><td rowspan="2">以管控生产为目的，侧重于土壤修复改良和作物种植调整，采取合理轮作、休耕和适宜的土壤改良措施，替代种植低镉积累或非食用性的作物，管控产地环境污染对稻米产品造成的食用安全风险</td></tr>
<tr><td>≥ 0.40</td><td>任意等级</td></tr>
</table>

附录 B
（资料性附录）
稻田土壤施石灰调酸方法

B.1　适用条件

施石灰调酸方法适用于 4.2.1.1 规定的酸性稻田土壤。

B.2　石灰种类

根据当地的资源条件和生产习惯选择符合 4.2.1.2 要求的生石灰、熟石灰、石灰石等石灰质类物料。

B.3　施用量和施用次数

B.3.1　根据稻田土壤 pH 及其调节幅度、土壤质地、稻米镉含量、石灰种类及其特性等因素综合考虑，因地制宜确定石灰施用量和施用次数。

B.3.2　建议石灰用量（按生石灰计）：土壤 pH 为 6.0 ～ 6.5 时，每 667m^2 施用量为 50kg ～ 75kg；pH 为 5.0 ～ 6.0 时，每 667m^2 施用量为 75kg ～ 100kg；pH ＜ 5.0 时，每 667m^2 施用量为 100kg ～ 150kg。壤质和黏质的酸性土壤分别选择低和高的施用量。

B.3.3　依据当年土壤 pH 确定下一季水稻种植是否需要施石灰及其施用量。

B.4　施用时期与方法

根据当地水稻种植习惯，优先选择施基肥前 7d ～ 10d 一次性均匀撒施在土表，再及时翻耕、整田，使其与土壤充分混匀。选择在分蘖、孕穗等生长期施用石灰时，可将石灰混入细泥或造粒成形后，均匀撒入行间，防止灼伤叶面。

B.5　注意事项

B.5.1　生长期撒施，宜在田间有少量水或成泥浆状时施用，使石灰快速溶解，防止流失。

B.5.2　施用石灰时，操作人员应采取安全防护措施，以防灼伤眼睛、皮肤或呼吸道。

B.5.3　避免因长期施用石灰导致稻田土壤碱性化，破坏土壤结构和影响土壤微生物。

附录 C
（资料性附录）
低镉累积水稻品种鉴定筛选方法

C.1　田间初步筛选

C.1.1　在Ⅱ类、Ⅲ类控制区安排 3 个初步筛选试验点，田块要求肥力均匀、形状规整、面积合适。

C.1.2　供试品种应包括近年来当地的主栽品种、主推品种或从相近生态区引进的适宜品种，数量可根据试验田块面积和每个品种的栽插规格而定，同批参试品种应安排在同一田块。

C.1.3　田间种植管理应按当地水稻生产方式。收获后取稻谷样品，测定糙米中镉含量。

C.1.4　以糙米镉含量为鉴定评价指标，选出镉含量不超过 0.2mg/ kg 的水稻品种，进入区域试验复选。

C.2　区域试验复选

C.2.1　试验点安排

在Ⅱ类、Ⅲ类控制区选择有生产代表性、试验条件和技术力量适宜的试验点。根据生产季别（早稻、晚稻、单季稻）和品种类型分组，每个试验组安排 5 个～ 8 个试验点。试验点选定后，应保持相对稳定。

C.2.2　田块要求

选择代表当地水稻土壤条件、肥力水平中等偏上、排灌方便、形状规整、面积合适、前茬一致、肥力均匀的田块。

C.2.3　参试品种

根据田间初步筛选结果，入选品种按照季别、类型、熟期进行分组，每组试验 6 个～ 12 个品种（含 1 个对照品种，为初筛入选的当地同类型同熟期主栽品种）。

C.2.4　试验设计与栽培管理

试验设计与栽培管理参照 NY/T 1300 的规定执行。

C.2.5　鉴定评价

区域试验观察记载、检测和数据分析参照 NY/T 1300 的规定执行。以糙米镉含量作为主要鉴评指标，产量、品质和抗性作为辅助鉴评指标，按 4.3.2 的规定综合评价参试品种，确定低镉积累水稻品种及其适宜的推广地区，进一步开展示范应用验证。

C.3　示范应用验证

在不同控制区选择代表当地水稻土壤条件、田块相对集中的地区建立示范片（$3.33hm^2$ ～ $6.67hm^2$），以区域试验复选的低镉积累水稻品种开展应用示范，对于综合表现好的低镉积累水稻品种可更大面积生产示范应用，明确适于不同种植区的低镉积累水稻品种。

索引

X

Y

Z

其它

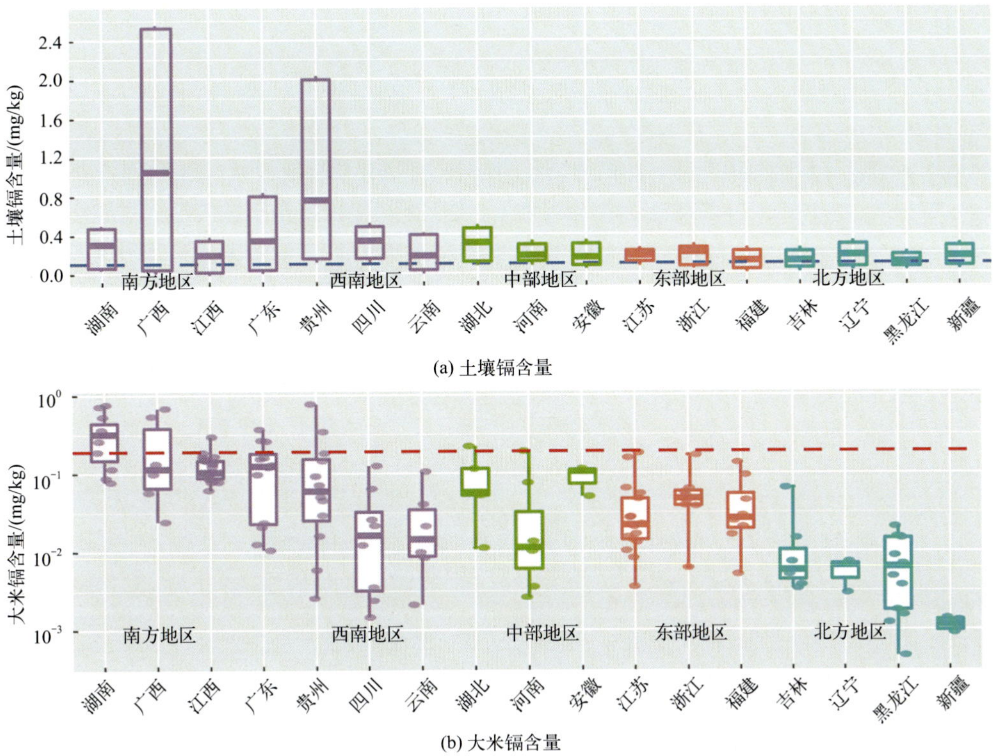

(a) 土壤镉含量

(b) 大米镉含量

图 1-1　我国部分地区土壤和稻米镉含量

（土壤镉数据来源于文献 [19]，n= 38393；部分地区市售大米镉含量数据来源于文献 [28]，n = 160）

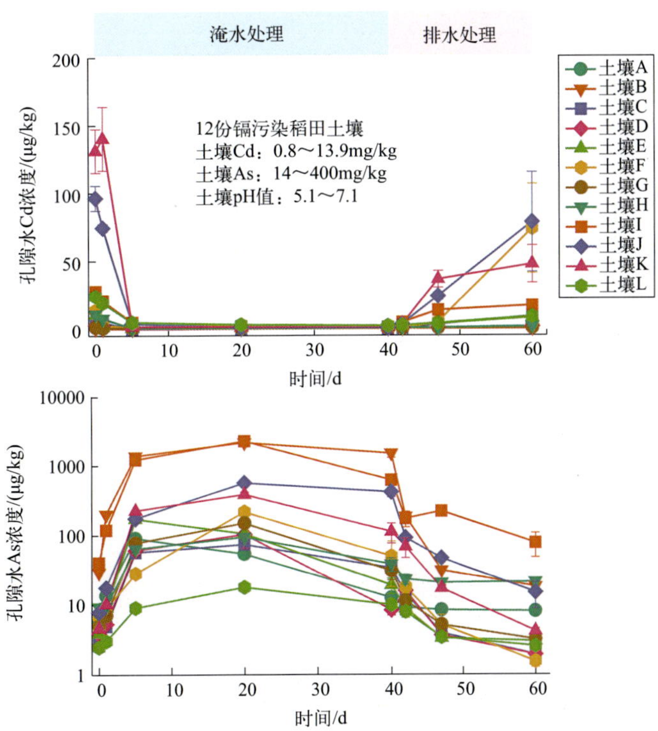

图 1-2　12 份污染农田土壤淹水和排水氧化阶段土壤孔隙水镉和砷浓度变化 [42]

12 份污染土壤采自我国南方污染农田，模拟稻田水分变化，即土壤淹水培养 40d 后缓慢氧化 20d

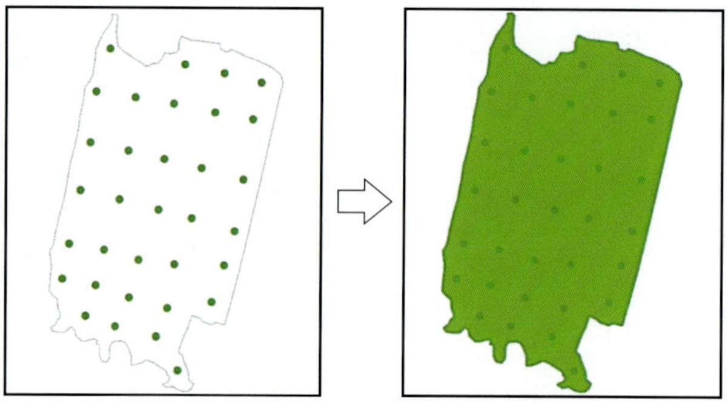

图 2-18　风险单元判定示意图（情形 1）

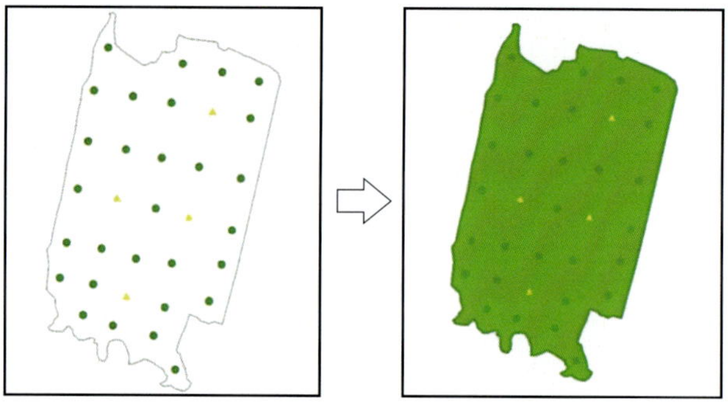

图 2-19　风险单元判定示意图（情形 2-1）

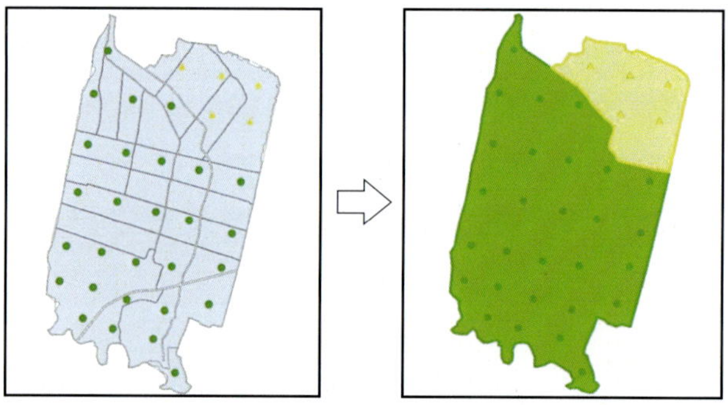

图 2-20　风险单元判定示意图（情形 2-2）

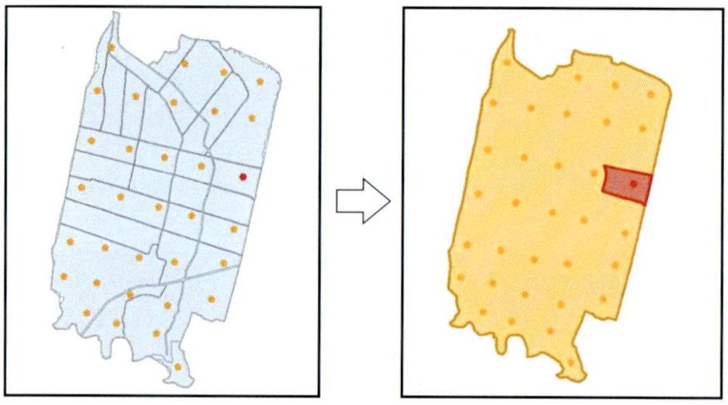

图 2-21　风险单元判定示意图（情形 3）

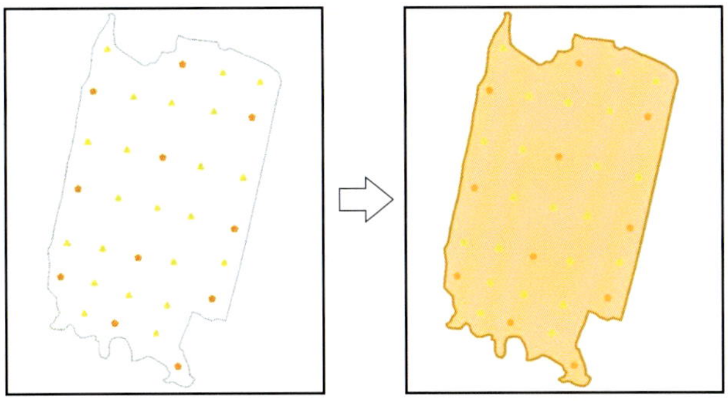

图 2-22　风险单元判定示意图（情形 4）

无风险或风险可忽略点位；低风险点位；中风险点位；

高风险点位；无风险或风险可忽略区域；低风险区域；中风险区域；高风险区域

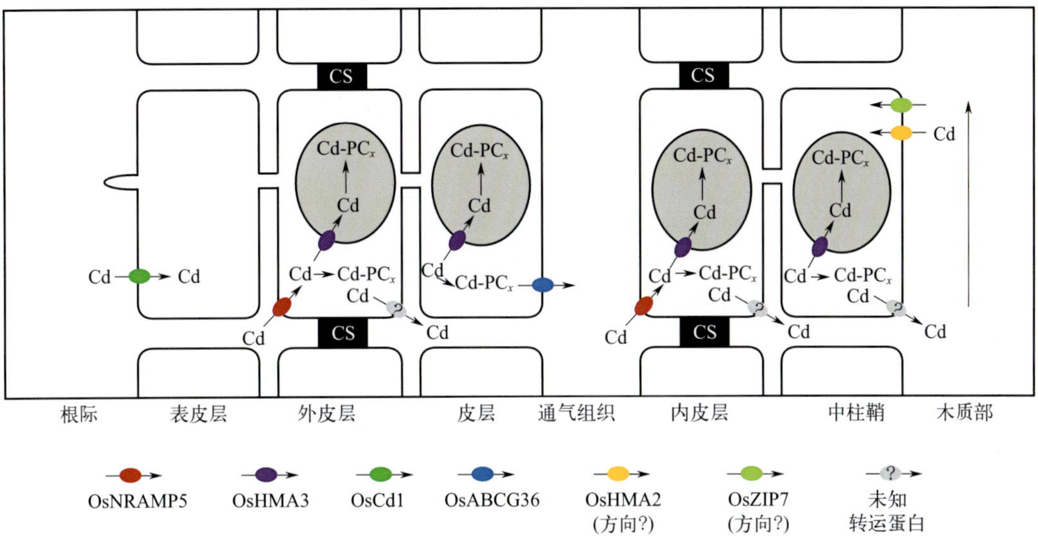

图 3-2　水稻根系镉吸收和转运蛋白[2]

CS—凯氏带；PC$_x$—植物螯合素

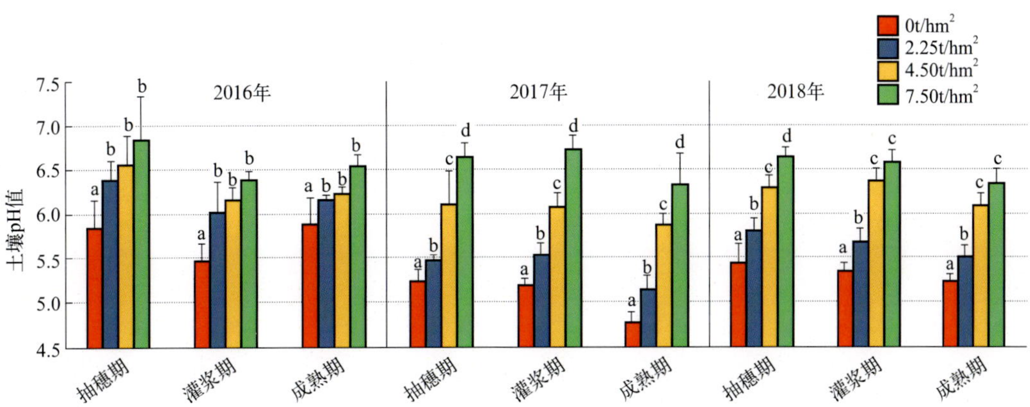

图 5-3　施用 $CaCO_3$ 对水稻不同生育期土壤 pH 值的影响[4]

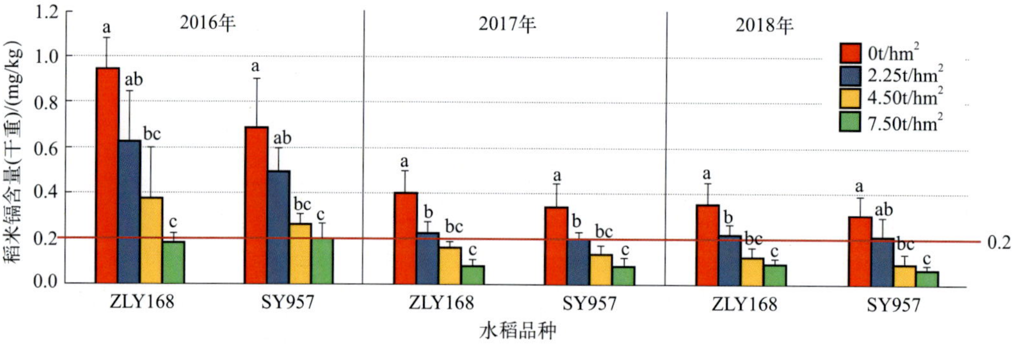

图 5-4　施用 $CaCO_3$ 对两种水稻籽粒镉含量的影响 [4]

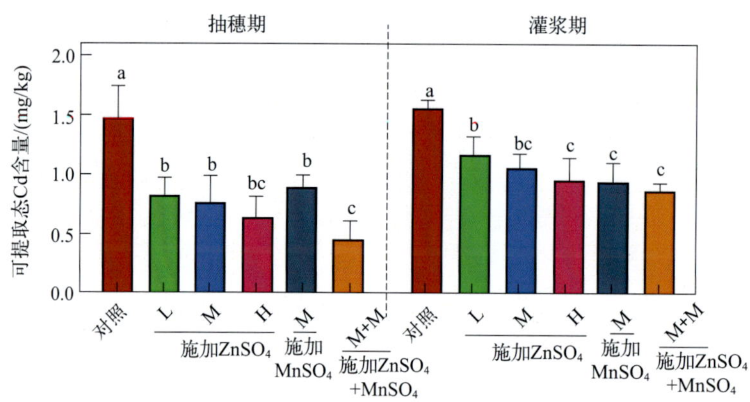

(a) 田间试验中抽穗以及灌浆期土壤可提取态Cd含量

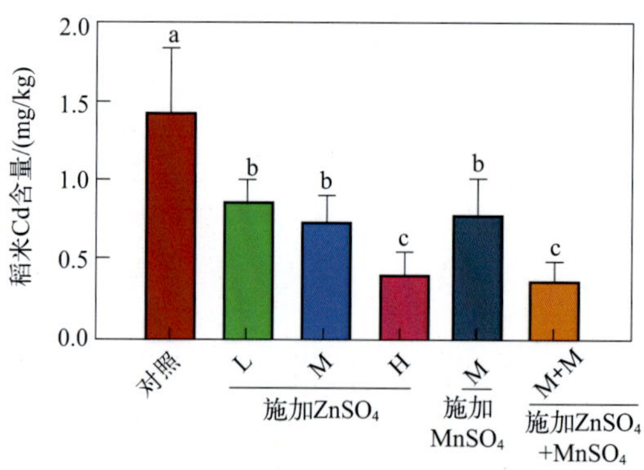

(b) 田间试验稻米Cd含量

图 5-7　施用 $MnSO_4$ 或 $ZnSO_4$ 的影响 [6]

L—低剂量（70kg/hm^2）；M—中剂量（150kg/hm^2）；H—高剂量（300kg/hm^2）

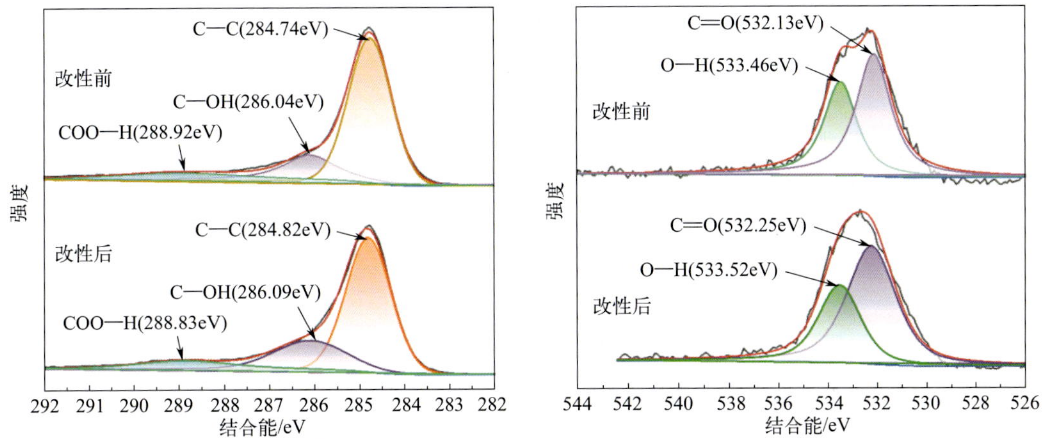

(a) C ls高分辨率XPS谱图　　(b) O ls高分辨率XPS谱图

图 5-11　材料的 C 1s 和 O 1s 高分辨率 XPS 谱图

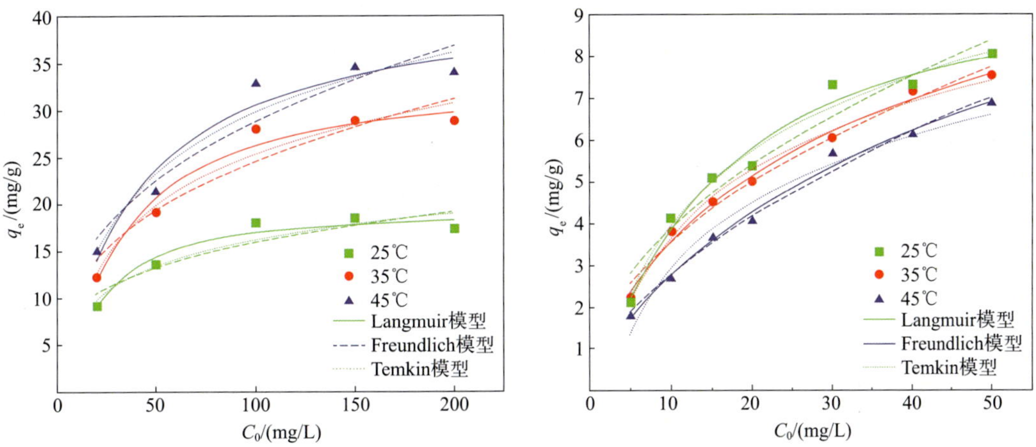

(a) Cd(Ⅱ)　　(b) NP

图 5-12　新型灌溉水净化功能材料对 Cd(Ⅱ)与 NP 的等温吸附结果

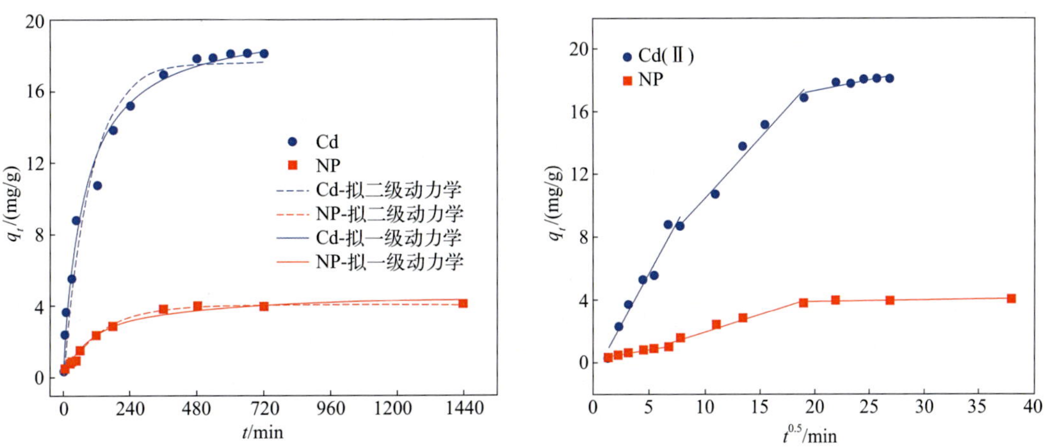

(a)　　(b)

图 5-13　新型灌溉水净化功能材料对 Cd(Ⅱ)与 NP 的吸附动力学效果

图 6-2　西南地质高背景区镉污染稻田技术模式示范推广现场

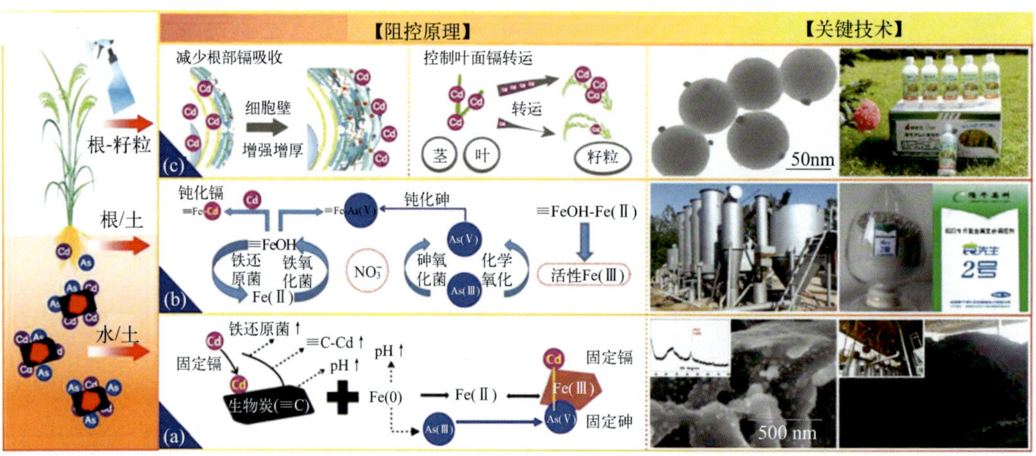

图 6-4　华南稻田镉砷复合污染同步阻控技术原理示意图

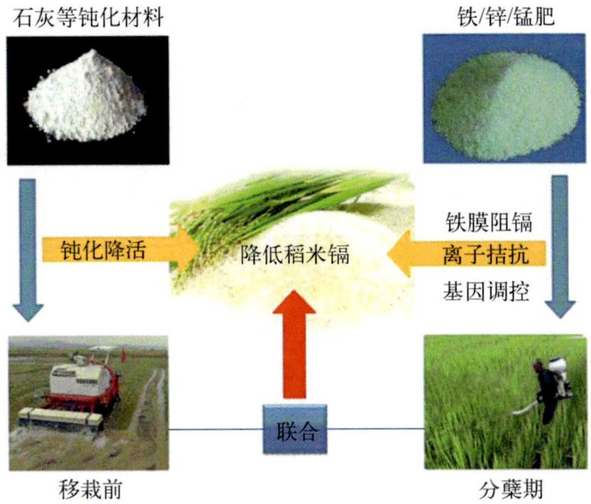

图 6-8　原位钝化联合微肥调控技术原理示意

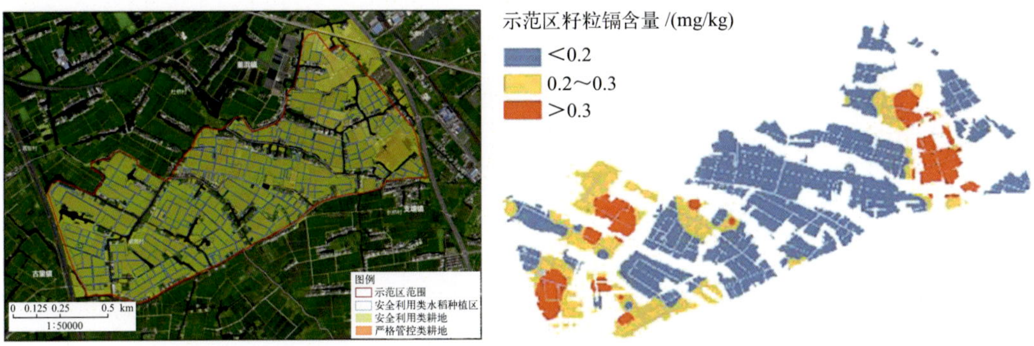

图 6-18　受污染水稻田区域照片

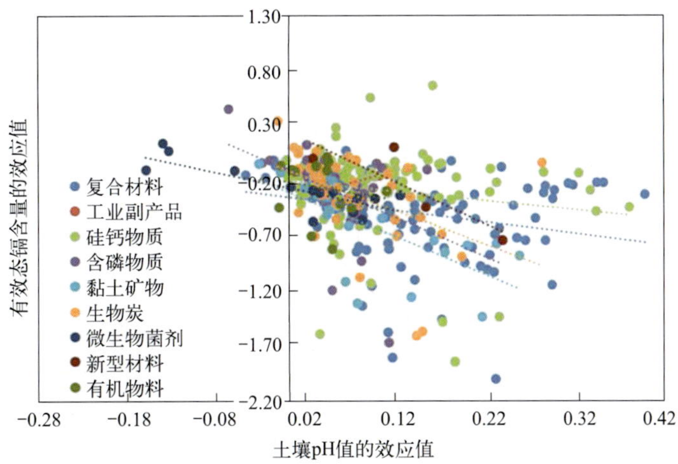

(a)

图 7-15

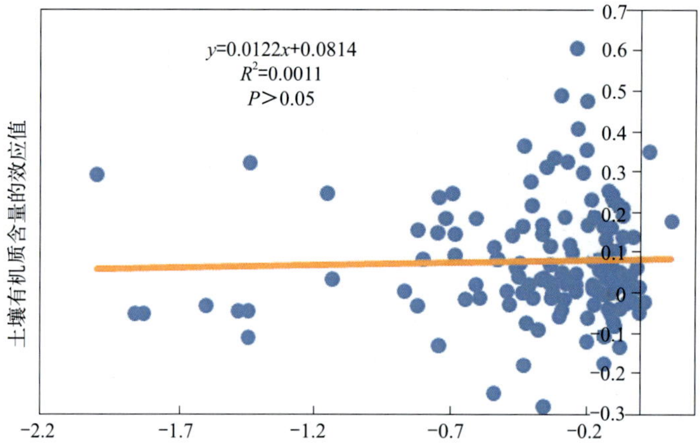

(b)

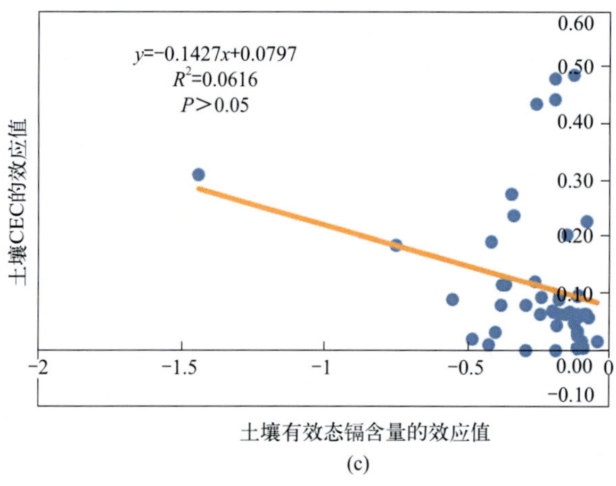

(c)

图 7-15　施用土壤调理剂后土壤 pH 值与 Cd 有效态含量、Cd 有效态含量与有机质含量、Cd 有效态含量与 CEC 效应大小的相关性分析

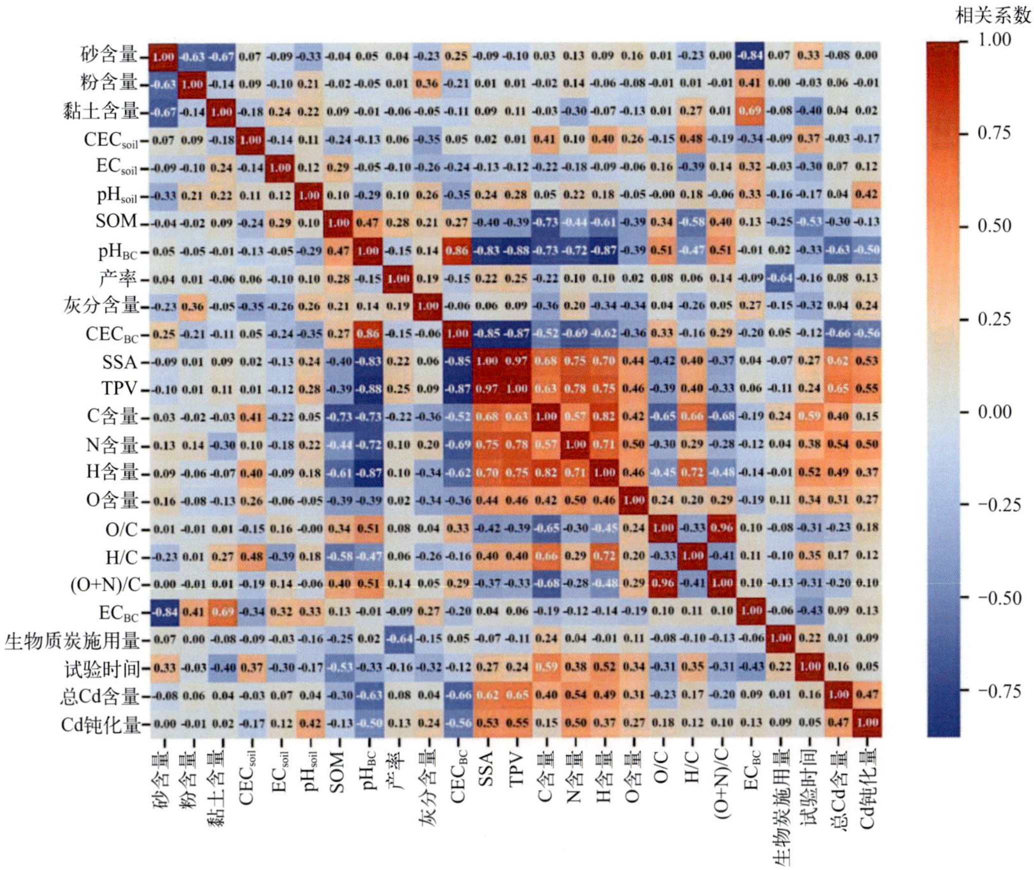

图 7-27 任意两个特征之间的皮尔逊相关矩阵图

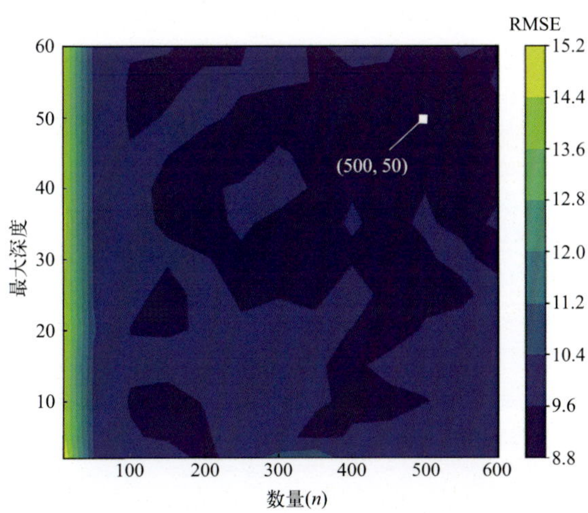

图 7-30 机器学习模型的超参数调整图

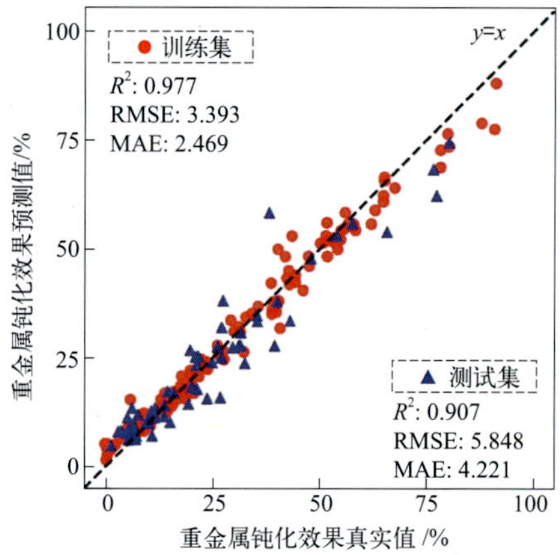

图 7-31　机器学习模型的真实值与预测值回归图

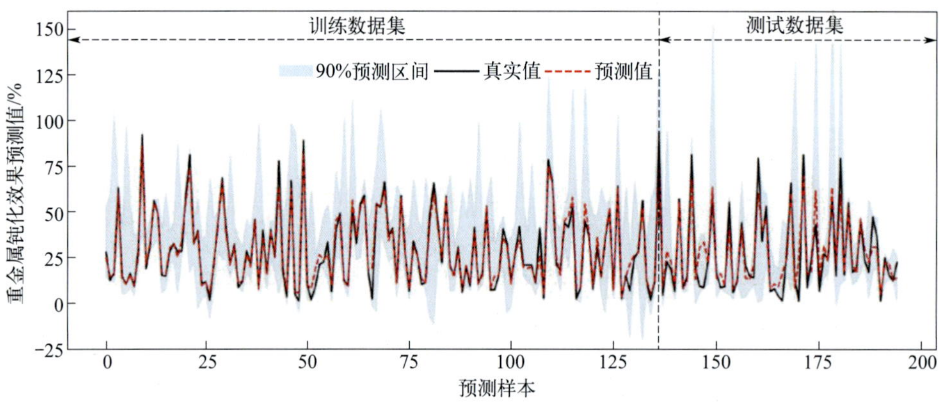

图 7-32　机器学习模型的预测区间图

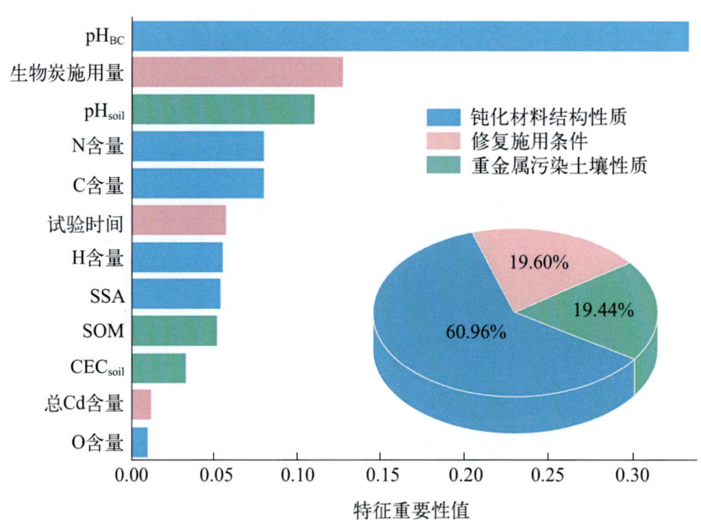

图 7-33　基于随机森林模型的特征重要性的选择经验类别的相对重要性分析图

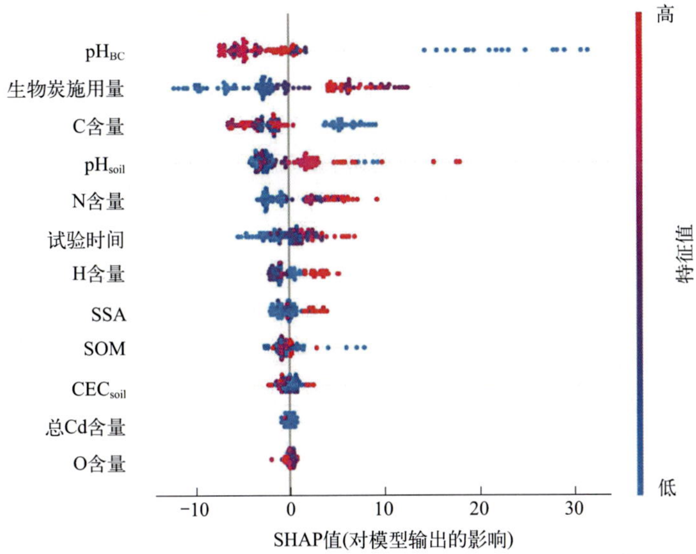

图 7-34　Shapley 加性解释方法的选择经验类别的相对重要性分析图